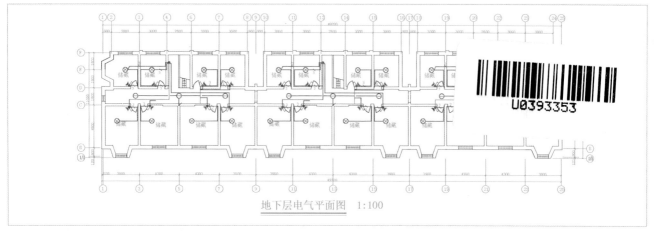

住宅地下层电气平面图

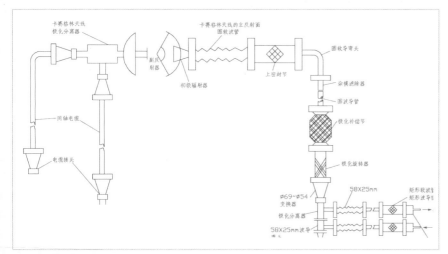

天线馈线系统图

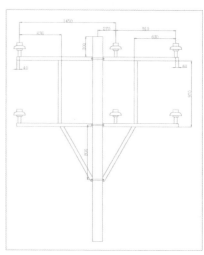

输电工程图

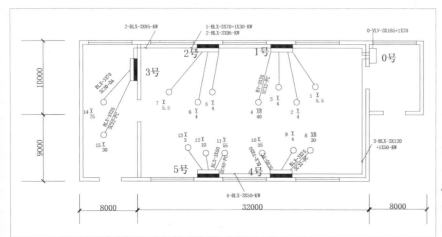

车间电力平面图

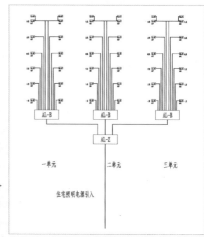

供电干线系统图

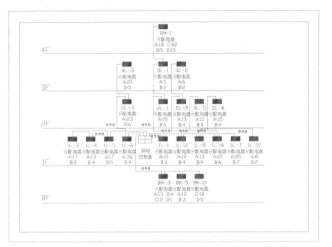

跳水馆照明干线系统图

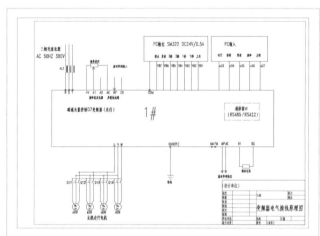

钻床电气设计

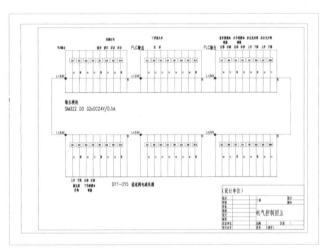

起重机电气控制图

起重机变频器电气接线原理图

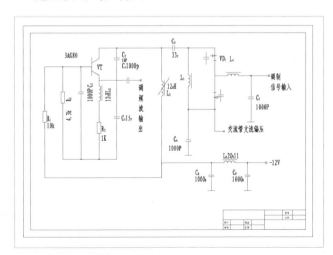

调频器电路图

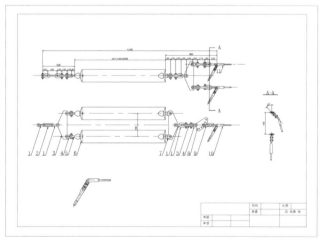

绝缘端子装配图

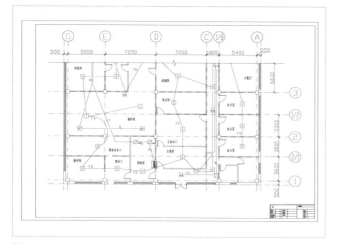

消防报警平面图

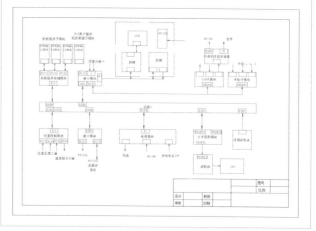

数控机床电气控制系统图设计

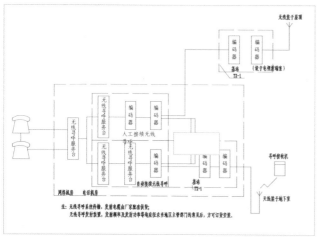

无线寻呼系统图

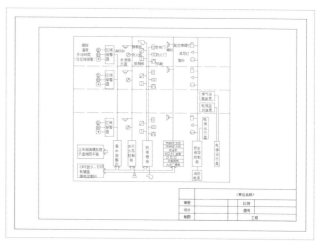

某建筑物消防安全系统图

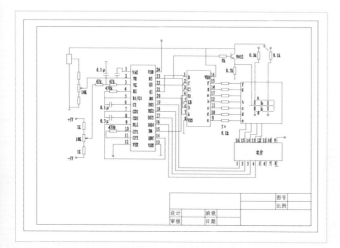

数字电压表线路图

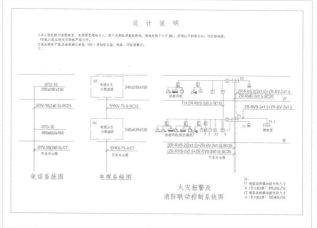

餐厅消防报警系统图和电视、电话系统图

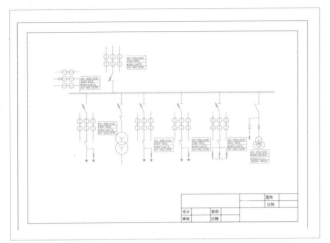

变电工程原理图

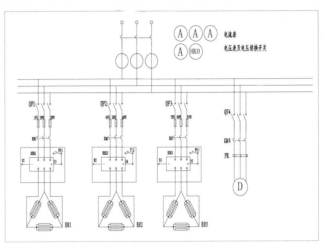

恒温烘房电气控制图

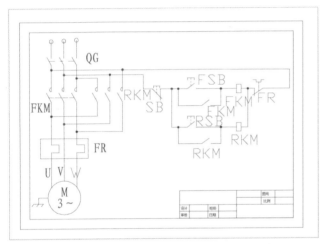

三相异步交流电动机控制线路

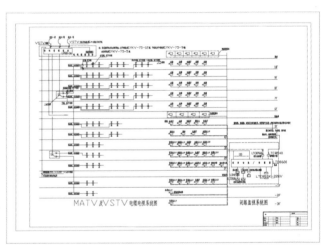

MATV及VSTV电缆电视及闭路监视系统图

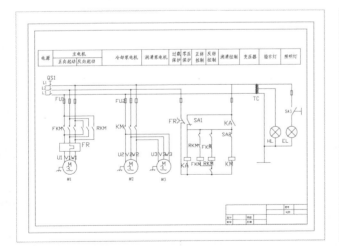

C616型车床电气设计

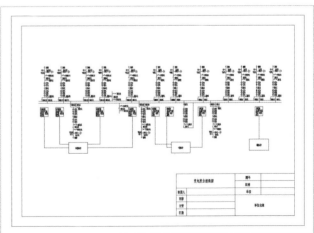

110kV变电所主接线图

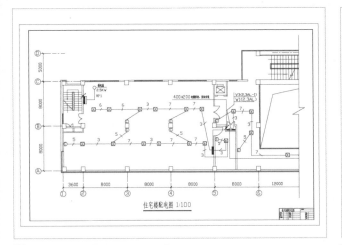

┗ 办公楼配电平面图设计

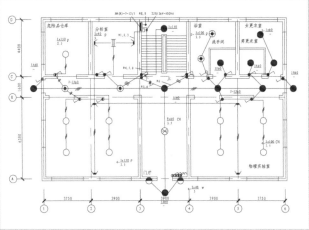

┗ 乒乓球馆照明平面图

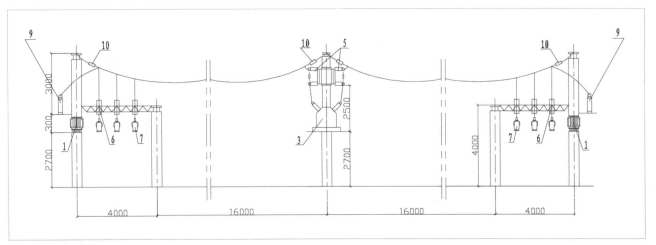

┗ 变电站断面图

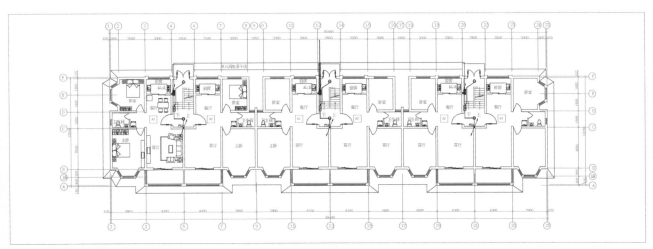

┗ 住宅一层供电干线平面图

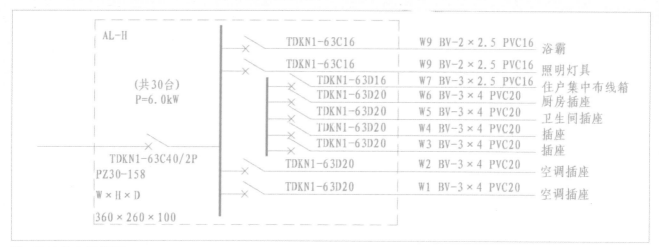

单元住户接线图

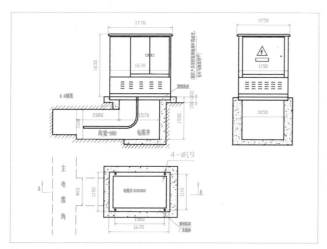

电缆分支箱

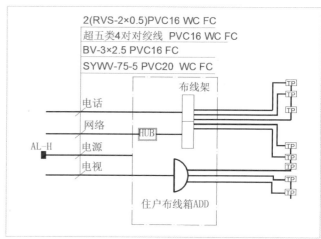

住户布线图

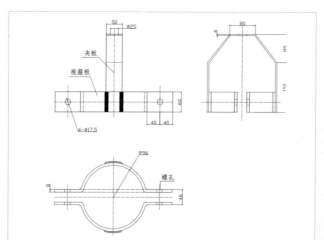

耐张铁帽三视图尺寸标注

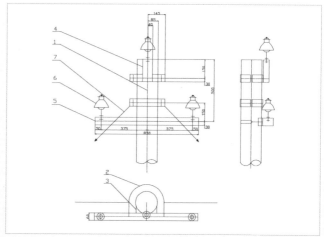

电杆安装三视图

序号	代号	名称	数量	型号	序号	代号	名称	数量	型号
1	FT	康明斯/伟力柴油发电机组	1	DY340B-300KW(550控制模块)	22		CPU315-2DP	1	PLC SIEMENS的S7-300
2	M11-M14	电磁制动电机	4	YZEPJ160M1-8-4KW变频电机	23	SA系列开关	主令开关	3	LS2-2
3	M7-M10	三相电动机	4	YZEPJ225S-4 37KW变频电机	24	YGK2系列主令控制器	按钮组	2	
4	M33,M34,M40-M42	三相异步电动机	5	Y100L2-4-3KW	25	LW12系列万能转换开关(定位型)	万能转换开关(定位型)	2	
5	M31,M32,M43,M44	三相交流电动机	4	Y160M-4-11KW	26	NK1-NK10	钮子开关	10	KN3-A(1Z2D)
6	QF	空气断路器	1	三菱AE630-SS630A-3P-US3P	27	SQ1-SQ4	行程开关	4	LXK3-20H/T
7	KM	B(交流)接触器	1	B460	28	EL系列照明灯具	防水防尘灯	40	GC15-G90(100W)
8	Q4,Q11-Q14,Q21-Q24,Q33,Q34,Q40-Q44	低压断路器	16	3VE1系列(北京机床电器厂)	29	TD系列	投光灯	15	TBN714B-2
9	Q1-Q3	低压断路器	3	3VE4系列(北京机床电器厂)	30		插座	2	X1两组,X2三组(250V,10A)
10	Q31,Q32,Q43,Q44,QF19	低压断路器	5	3VE3系列(北京机床电器厂)	31	DXP1,X2	电烙铁	1	220V,400W
11	Q5-Q7	低压断路器	3	DZ10-100/330(额定电流80A)	32	RT1-RT4	旋钮电位器	7	
12	KMG,KMB,KMD	B(交流)接触器	3	B37 (交流)线圈电压24V	33	UF制动单元		7	
13	KM1-KM3	B(交流)接触器	3	B37 (交流)线圈电压24V	34	RUFC制动电阻		7	
14	KM4	B(交流)接触器	1	B25 (交流)线圈电压24V	35	SB	急停按钮LA39-AH-11Z/R	1	按压锁定,顺时针复位.
15	KM40-KM42	B(交流)接触器	3	B12 (交流)线圈电压24V	36	JDB-1	多功能保护继电器	1	
16	KM31,KM32,KM43,KM44	B(交流)接触器	4	B30 (交流)线圈电压24V	37	C1~C12	电磁换向电磁铁铁芯	12	随液压站外购
17	KM7-KM10	B(交流)接触器	4	B85 (交流)线圈电压24V	38	DY1~DY5	电磁溢流阀电磁铁铁芯	5	随减压泵站外购
18	TC	控制变压器	1	BK-1000VA-380/24	39	J1~J18 J21~J24	中间继电器(交流)线圈电压24V	20	JZ7-44
19	FST 770 spectrum 摇杆式	遥控发射装置	1	(HBC-RADIO SYSTEMS)	40	HP	离线滤波器	4	BP1-416/2040
20	FST 770 spectrum 摇杆式	遥控接收装置	1	(HBC-RADIO SYSTEMS)	41		通用变频器	7	三菱安川G7系列变频器
21	SK,SA,S1Y	转换开关	3	HZ5-10A	42				

⌐ 绘制起重机电气元件清单

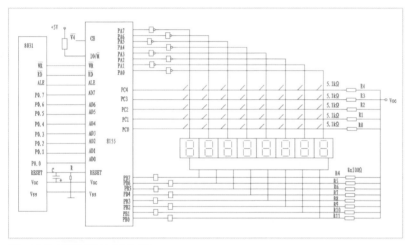

⌐ 键盘显示器接口电路

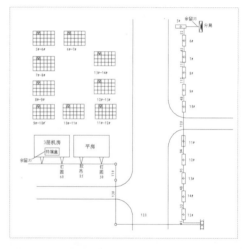

⌐ 通信光缆施工图

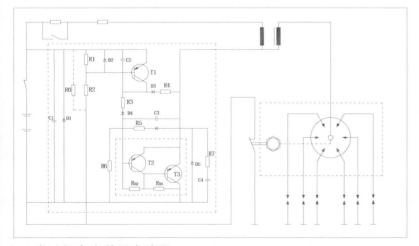

⌐ 发动机点火装置电路图

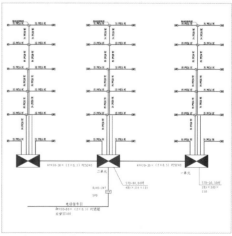

⌐ 电话系统图

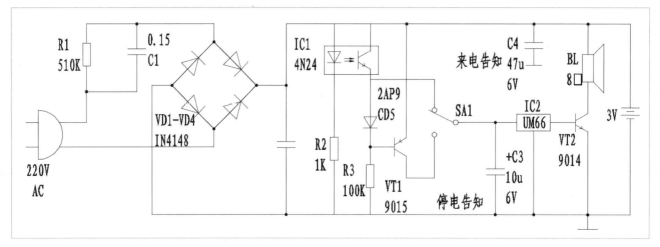

停电来电自动告知线路图

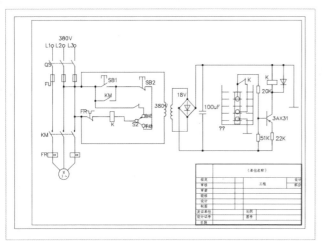

水位控制电路

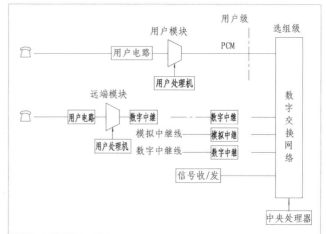

数字交换机系统图

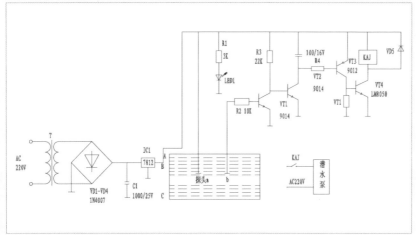

自动抽水线路图

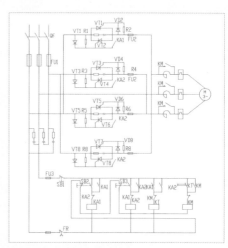

通信光缆施工图

AutoCAD 2017 中文版电气设计实例教程

CAD/CAM/CAE 技术联盟　编著

清华大学出版社

北　京

内 容 简 介

《AutoCAD 2017 中文版电气设计实例教程》一书针对 AutoCAD 认证考试最新大纲编写，重点介绍了 AutoCAD 2017 中文版的新功能及其在电气设计应用方面的各种基本操作方法和技巧。其最大的特点是，在大量利用图解方法进行知识点讲解的同时，巧妙地融入了电气设计工程应用案例，使读者能够在电气设计工程实践中掌握 AutoCAD 2017 的操作方法和技巧。

全书分为 3 篇，共 17 章，分别介绍了电气工程图概述、AutoCAD 2017 入门、二维绘制命令、基本绘图工具、编辑命令、尺寸标注、辅助绘图工具、电路图设计、机械电气设计、电力电气设计、控制电气设计、通信电气设计、建筑电气设计、建筑电气工程基础、住宅电气平面图、住宅电气系统图和住宅弱电工程图等内容。

本书内容翔实，图文并茂，语言简洁，思路清晰，实例丰富，可作为初学者的入门与提高教材，也可作为 AutoCAD 认证考试辅导与自学教材。

本书除利用传统的纸面讲解外，随书还配送了多功能学习光盘。光盘具体内容如下：

（1）60 段大型高清多媒体教学视频（动画演示），边看视频边学习，轻松学习效率高。

（2）AutoCAD 绘图技巧、快捷命令速查手册、疑难问题汇总、常用图块等辅助学习资料，极大地方便读者学习。

（3）2 套电气设计方案及长达 375 分钟同步教学视频，可以拓展视野，增强实战。

（4）53 道 AutoCAD 认证实题，名师助力，真题演练。

本书封面贴有清华大学出版社防伪标签，无标签者不得销售。

版权所有，侵权必究。侵权举报电话：010-62782989　13701121933

图书在版编目（CIP）数据

AutoCAD 2017 中文版电气设计实例教程 / CAD/CAM/CAE 技术联盟编著. —北京：清华大学出版社，2018
ISBN 978-7-302-47566-8

Ⅰ．①A… Ⅱ．①C… Ⅲ．①电气设备—计算机辅助设计—AutoCAD 软件—教材 Ⅳ．①TM02-39

中国版本图书馆 CIP 数据核字(2017)第 149943 号

责任编辑：杨静华
封面设计：李志伟
版式设计：刘艳庆
责任校对：何士如
责任印制：李红英

出版发行：清华大学出版社
　　　　　网　　　址：http://www.tup.com.cn，http://www.wqbook.com
　　　　　地　　　址：北京清华大学学研大厦 A 座　　　　　　　邮　　编：100084
　　　　　社 总 机：010-62770175　　　　　　　　　　　　　　邮　　购：010-62786544
　　　　　投稿与读者服务：010-62776969，c-service@tup.tsinghua.edu.cn
　　　　　质量反馈：010-62772015，zhiliang@tup.tsinghua.edu.cn
印 装 者：清华大学印刷厂
经　　销：全国新华书店
开　　本：203mm×260mm　　印　　张：30.75　　插　页：4　字　　数：900 千字
　　　　　（附 DVD 光盘 1 张）
版　　次：2018 年 1 月第 1 版　　印　　次：2018 年 1 月第 1 次印刷
印　　数：1～3500
定　　价：89.80 元

产品编号：074107-01

AutoCAD 是美国 Autodesk 公司推出的集二维绘图、三维设计、渲染以及通用数据库管理和互联网通信功能为一体的计算机辅助绘图软件包。自 1982 年推出以来，从初期的 1.0 版本，经多次版本更新和性能完善，不仅在机械、电子和建筑等工程设计领域得到了广泛的应用，而且在地理、气象、航海等特殊图形的绘制，甚至乐谱、灯光、幻灯和广告等领域也得到了多方面的应用，目前已成为 CAD 系统中应用最为广泛的图形软件之一。本书以 2017 版本为基础讲解 AutoCAD 在电气设计中的应用方法和技巧。

一、编写目的

本书针对 AutoCAD 认证考试最新大纲编写，重点介绍了 AutoCAD 2017 中文版的新功能及各种基本操作方法和技巧。其最大的特点是，在大量利用图解方法进行知识点讲解的同时，巧妙地融入了电气设计工程应用案例，使读者能够在电气设计工程实践中掌握 AutoCAD 2017 的操作方法和技巧。

全书分为 3 篇，共 17 章，分别介绍了电气工程图概述、AutoCAD 2017 入门、二维绘制命令、基本绘图工具、编辑命令、尺寸标注、辅助绘图工具、电路图设计、机械电气设计、电力电气设计、控制电气设计、通信电气设计、建筑电气设计、建筑电气工程基础、住宅电气平面图、住宅电气系统图和住宅弱电工程图等内容。

在介绍的过程中，由浅入深，从易到难，各章节既相对独立又前后关联。编者根据自己多年的经验及学习的通常心理，及时给出总结和相关提示，帮助读者快速掌握所学知识。全书内容翔实，图文并茂，语言简洁，思路清晰，既可作为初学者的入门教材，也可作为 AutoCAD 认证考试辅导与自学教材。

二、本书特点

与市面上类似图书比较，本书具有以下鲜明特色：

1. 专业性强，经验丰富

本书的著作责任者是 Autodesk 中国认证考试中心（ACAA）的首席技术专家，全面负责 AutoCAD 认证考试大纲制定和考试题库建设。作者均为在高校多年从事计算机图形教学研究的一线人员，具有丰富的教学实践经验，能够准确地把握学生的心理与实际需求。有一些执笔者是国内 AutoCAD 图书出版界的知名作者，前期出版的一些相关书籍经过市场检验很受读者欢迎。作者总结多年的设计经验和教学的心得体会，结合 AutoCAD 认证考试最新大纲要求编写此书，具有很强的专业性和针对性。

2. 涵盖面广，剪裁得当

本书定位于 AutoCAD 2017 在电气设计应用领域功能全貌的教学与自学结合的指导书。所谓功能全貌，不是将 AutoCAD 所有知识全面讲述清楚，而是根据认证考试大纲，结合行业需要，将必须掌握的知识讲述清楚。如本书介绍了电气工程图的相关知识、AutoCAD 的基本操作知识、不同种类电气设计的特点和设计过程，最后通过几个具体的案例将全书知识点进行融合，介绍 AutoCAD 在实际电气设计中的具体应用。为了在有限的篇幅内提高知识集中程度，作者对所讲述的知识点进行了精心剪裁，并确保各知识点为实际设计中用得到、读者学得会的内容。

3. 实例丰富，步步为营

作为 AutoCAD 软件在电气设计领域应用的图书，我们力求避免空洞的介绍和描述，而是步步为营，对每个知识点采用电气设计实例来演绎，通过实例操作使读者加深对知识点内容的理解，并在实例操作过程中牢固地掌握了软件功能。实例的种类也非常丰富，既有知识点讲解的小实例，也有几个知识点或全章知识点结合的综合实例，还有练习提高的上机实例。各种实例交错讲解，达到巩固读者理解的目标。

4. 工程案例，潜移默化

AutoCAD 是一个侧重应用的工程软件，所以最后的落脚点还是工程应用。为了体现这一点，本书采用的巧妙处理方法是：在读者基本掌握各个知识点后，通过住宅电气设计综合实例练习使读者体验软件在电气设计实践中的具体应用方法，对读者的电气设计能力进行最后的"淬火"处理。"随风潜入夜，润物细无声"，潜移默化地培养读者的电气设计能力，同时使全书的内容显得紧凑完整。

5. 认证实题训练，模拟考试环境

由于本书作者全面负责 AutoCAD 认证考试大纲的制定和考试题库建设，具有得天独厚的条件，所以本书大部分章节最后都给出了一个上机实验和模拟考试的环节，所有的模拟试题都来自 AutoCAD 认证考试题库，具有完全真实性和针对性，特别适合作为参加 AutoCAD 认证考试的辅导教材。

三、本书配套资源

1. 60 段大型高清多媒体教学视频（动画演示）

为了方便读者学习，本书针对大多数实例，专门制作了 60 段多媒体图像、语音视频录像（动画演示），读者可以先看视频，像看电影一样轻松愉悦地学习本书内容。

2. AutoCAD 绘图技巧、快捷命令速查手册等辅助学习资料

本书光盘中赠送了 AutoCAD 绘图技巧大全、快捷命令速查手册、常用工具按钮速查手册、常用快捷键速查手册、疑难问题汇总等多种电子文档，方便读者使用。

3. 电气设计常用图块

为了方便读者，本光盘赠送 108 个电气设计常用图块，读者可直接或稍加修改后使用，可大大提高绘图效率。

4. 2 套大型图纸设计方案及长达 375 分钟的同步教学视频

为了帮助读者拓展视野，本书光盘中特意赠送了 2 套电气设计图纸方案、图纸源文件、视频教学录像（动画演示），总长 375 分钟。

5. 全书实例的源文件和素材

本书附带了很多实例，光盘中包含实例和练习实例的源文件和素材，读者可以安装 AutoCAD 2017 软件，打开并使用这些文件和素材。

6. 独家提供认证考试相关资料

本书光盘中独家提供了最新 AutoCAD 认证考试大纲和 AutoCAD 认证考试样题，可以帮助读者有的放

矢地进行学习，提高参加相关考试的通过率。

四、本书服务

1. AutoCAD 2017 安装软件的获取

在学习本书前，请先在电脑中安装 AutoCAD 2017 软件（随书光盘中不附带软件安装程序），读者可在 Autodesk 官网 http://www.autodesk.com.cn/下载其试用版本，也可在当地电脑城、软件经销商处购买软件使用。读者可以加入本书学习指导 QQ 群 597056765 或 379090620，群中会提供软件安装方法教程。安装完成后，即可按照本书上的实例进行操作练习。

2. 关于本书和配套光盘的技术问题或有关本书信息的发布

读者朋友遇到有关本书的技术问题，可以加入 QQ 群 597056765 或 379090620 进行咨询，也可以将问题发送到邮箱 win760520@126.com 或 CADCAMCAE7510@163.com，我们将及时回复。另外，也可以登录清华大学出版社网站 http://www.tup.com.cn/，在右上角的"站内搜索"框中输入本书书名或关键字，找到该书后单击，进入详细信息页面，我们会将读者反馈的关于本书和光盘的问题汇总在"资源下载"栏的"网络资源"处，读者可以下载查看。

3. 关于本书光盘的使用

本书光盘可以放在电脑 DVD 格式光驱中使用，其中的视频文件可以用播放软件进行播放，但不能在家用 DVD 播放机上播放，也不能在 CD 格式光驱的电脑上使用（现在 CD 格式的光驱已经很少）。如果光盘仍然无法读取，最快的办法是建议换一台电脑读取，然后复制过来，极个别光驱与光盘不兼容的现象是有的。另外，盘面有脏物建议要先行擦拭干净。

4. 关于手机在线学习

扫描书后二维码，可在手机中观看对应教学视频，充分利用碎片化时间，随时随地提升。

五、作者团队

本书由 CAD/CAM/CAE 技术联盟组织编写。CAD/CAM/CAE 技术联盟是一个 CAD/CAM/CAE 技术研讨、工程开发、培训咨询和图书创作的工程技术人员协作联盟，包含 20 多位专职和众多兼职 CAD/CAM/CAE 工程技术专家。其中赵志超、张辉、赵黎黎、朱玉莲、徐声杰、张琪、卢园、杨雪静、孟培、闫聪聪、李兵、甘勤涛、孙立明、李亚莉、王敏、宫鹏涵、左昉、李谨、王玮、王玉秋等参与了具体章节的编写工作，对他们的付出表示真诚的感谢。

CAD/CAM/CAE 技术联盟负责人由 Autodesk 中国认证考试中心首席专家担任，全面负责 Autodesk 中国官方认证考试大纲制定、题库建设、技术咨询和师资力量培训工作，成员精通 Autodesk 系列软件。其创作的很多教材成为国内具有引导性的旗帜作品，在国内相关专业方向图书创作领域具有举足轻重的地位。

六、致谢

在写作过程中，清华大学出版社编辑团队给予了很大的帮助和支持，提出了很多中肯的建议，在此表示感谢。同时，还要感谢所有编审人员为本书的出版所付出的辛勤劳动。本书的成功出版是大家共同努力的结果，谢谢所有给予支持和帮助的人们。

编 者

目　录

Contents

第 1 篇　基础知识篇

第 2 篇 建筑电气设计综合实例篇

第3篇　建筑电气设计综合实例篇

基础知识篇

本篇主要介绍电气设计的基本理论和 AutoCAD 2017 的基础知识。

对电气设计基本理论进行介绍的目的是使读者对电气设计的各种基本概念、基本规则有一个感性的认识，了解当前应用于电气设计领域的各种计算机辅助设计软件的功能特点和发展概况，帮助读者进行一个全景式的知识扫描。

对 AutoCAD 2017 的基础知识进行介绍的目的是为下一步电气设计案例讲解进行必要的知识准备。这一部分内容主要介绍 AutoCAD 2017 的基本绘图方法、基本绘图工具的使用以及各种基本室内设计模块的绘制方法。

▶▶ **电气工程图概述**

▶▶ **AutoCAD 2017 入门**

▶▶ **二维绘制命令**

▶▶ **基本绘图工具**

▶▶ **编辑命令**

▶▶ **尺寸标注**

▶▶ **辅助绘图工具**

第 1 章

电气工程图概述

电气工程图是一种示意性的工程图，主要用图形符号、线框或者简化外形表示电气设备或系统中各有关组成部分的连接关系。本章将介绍电气工程相关的基础知识，并参照国家标准《电气工程CAD制图规则》（GB/T 18135—2008）中常用的有关规定，介绍绘制电气工程图的一般规则，并实际绘制标题栏，建立 A3 幅面的样板文件。

1.1　电气工程图的分类及特点

为了让读者在绘制电气工程图之前对电气工程图的基本概念有所了解，本节将简要介绍电气工程图的一些基础知识，包括电气工程的应用范围、电气工程图的特色和种类等知识。

【预习重点】

☑　了解电气工程的应用。

☑　了解电气工程图的特点及种类。

1.1.1　电气工程的应用范围

电气工程包含的范围很广，如电力、电子、建筑控制和工业电气等，不同的应用范围其工程图的要求大致是相同的，但也有特定要求，规模也大小不一。根据应用范围的不同，电气工程大致可分为以下几类。

1. 电力工程

（1）发电工程。根据不同电源性质，发电工程主要可分为火电、水电和核电这 3 类。发电工程中的电气工程指的是发电厂电气设备的布置、接线、控制及其他附属项目。

（2）线路工程。用于连接发电厂、变电站和各级电力用户的输电线路，包括内线工程和外线工程。内线工程指室内动力、照明电气线路及其他线路。外线工程指室外电源供电线路，包括架空电力线路、电缆电力线路等。

（3）变电工程。升压变电站将发电站发出的电能进行升压，以减少远距离输电的电能损失；降压变电站将电网中的高电压降为各级用户能使用的低电压。

2. 电子工程

电子工程主要是应用于计算机、电话、广播、闭路电视和通信等众多领域的弱电信号线路和设备。

3. 建筑电气工程

建筑电气工程主要是应用于工业与民用建筑领域的动力照明、电气设备、防雷接地等，包括各种动力设备、照明灯具、电器以及各种电气装置的保护接地、工作接地、防静电接地等。

4. 工业控制电气

工业控制电气主要是用于机械、车辆及其他控制领域的电气设备，包括机床电气、电机电气、汽车电气和其他控制电气。

1.1.2　电气工程图的特点

电气工程图有如下特点。

1．电气工程图的主要表现形式是简图

简图是采用标准的图形符号和带注释的框或者简化外形表示系统或设备中各组成部分之间相互关系的图。电气工程中的图纸大部分采用简图的形式。

2．电气图描述的主要内容是元件和连接线

一种电气设备主要由电气元件和连接线组成。因此，无论电路图、系统图，还是接线图和平面图都是以电气元件和连接线作为描述的主要内容。也正因为对电气元件和连接线有多种不同的描述方式，从而构成了电气图的多样性。

3．电气工程图的基本要素是图形、文字和项目代号

一个电气系统或装置通常由许多部件、组件构成，这些部件、组件或者功能模块称为项目。项目一般由简单的符号表示，这些符号就是图形符号。通常每个图形符号都有相应的文字符号。在同一个图上，为了区别相同的设备，需要设备编号。设备编号和文字符号一起构成项目代号。

4．电气工程图的两种基本布局方法是功能布局法和位置布局法

功能布局法指在绘图时，图中各元件的位置只考虑元件之间的功能关系，而不考虑元件实际位置的一种布局方法。电气工程图中的系统图、电路图采用的是这种方法。

位置布局法是指电气工程图中的元件位置对应于元件实际位置的一种布局方法。电气工程中的接线图、设备布置图采用的就是这种方法。

5．电气工程图具有多样性

不同的描述方法，如能量流、逻辑流、信息流和功能流等，形成了不同的电气工程图。系统图、电路图、框图和接线图就是描述能量流和信息流的电气工程图；逻辑图是描述逻辑流的电气工程图；功能表图和程序框图描述的是功能流。

1.1.3　电气工程图的种类

电气工程图一方面可以根据功能和使用场合分为不同的类别，另一方面，各种类别的电气工程图都有某些联系和共同点，不同类别的电气工程图适用于不同的场合，其表达工程含义的侧重点也不尽相同。对于不同专业和在不同场合下，只要是按照同一种用途绘成的电气图，不仅在表达方式与方法上必须是统一的，而且在图的分类与属性上也应该一致。

电气工程图用来阐述电气工程的构成和功能，描述电气装置的工作原理，提供安装和维护使用的信息，辅助电气工程研究和指导电气工程实践施工等。电气工程的规模不同，该项工程的电气图的种类和数量也不同。电气工程图的种类与工程的规模有关，较大规模的电气工程通常包含更多种类的电气工程图，从不同的侧面表达不同侧重点的工程含义。一般来讲，一项电气工程的电气图通常装订成册，包含以下内容：

1．目录和前言

电气工程图的目录好比书的目录，作用是便于资料系统化和检索图样，方便查阅，由序号、图样名称、编号、张数等构成。

前言中一般包括设计说明、图例、设备材料明细表、工程经费概算等。设计说明的主要目的在于阐述电气工程设计的依据、基本指导思想与原则，图样中未能清楚表明的工程特点、安装方法、工艺要求、特设设备的安装使用说明，以及有关的注意事项等的补充说明。图例就是图形符号，一般在前言中只列出本图样涉及的一些特殊图例，通常图例都有约定俗成的图形格式，可以通过查询国家标准和电气工程手册获得。设备材料明细表列出该电气工程所需的主要电气设备和材料的名称、型号、规格和数量，可供实验准备、经费预算和购置设备材料时参考。工程经费概算用于大致统计出该套电气工程所需的费用，可以作为工程经费预算和决算的重要依据。

2．电气系统图和框图

系统图是一种简图，由符号或带注释的框绘制而成，用来概略表示系统、分系统、成套装置或设备的基本组成、相互关系及其主要特征，为进一步编制详细的技术文件提供依据，供操作和维修时参考。系统图是绘制层次较低的其他各种电气图（主要是指电路图）的主要依据。

系统图对布图有很高的要求，强调布局清晰，以利于识别过程和信息的流向。基本的流向应该是由左至右或者由上至下，如图 1-1 所示。只有在某些特殊情况下可例外，例如，用于表达非电工程中的电气控制系统或者电气控制设备的系统图和框图，可以根据非电过程的流程图绘制，但是图中的控制信号应该与过程的流向相互垂直，以利识别，如图 1-2 所示。

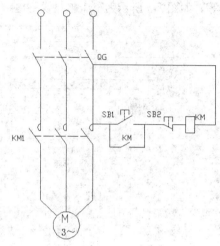

图 1-1　电机控制系统图

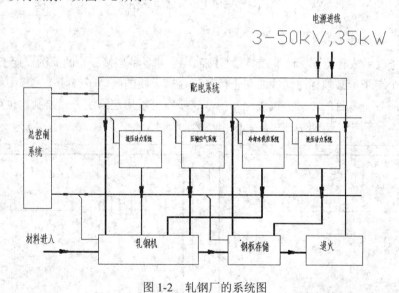

图 1-2　轧钢厂的系统图

3．电路图

电路图是用图形符号绘制，并按工作顺序排列，详细表示电路、设备或成套装置的全部基本组成部分的连接关系，侧重表达电气工程的逻辑关系，而不考虑其实际位置的一种简图。电路图的用途很广，可以用于详细地理解电路、设备或成套装置及其组成部分的作用原理，分析和计算电路特性，为测试和寻找故障提供信息，并作为编制接线图的依据，简单的电路图还可以直接用于接线。

电路图的布图应突出表示功能的组合和性能。每个功能级都应以适当的方式加以区分，突出信息流及各级之间的功能关系，其中使用的图形符号必须具有完整形式，元件画法简单而且符合国家规范。电路图应根据使用对象的不同需要，增注相应的各种补充信息，特别是应该尽可能地考虑给出维修所需的各种详细资料，例如，项目的型号与规格，表明测试点，并给出有关的测试数据（各种检测值）和资料（波形图）等。如图 1-3 所示为车床电气设备电路图。

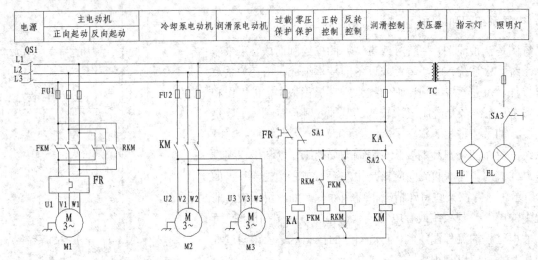

图 1-3　车床电气设备电路图

4．电气接线图

接线图是用符号表示成套装置、设备或装置的内部、外部各种连接关系的简图，便于安装接线及维护。

接线图中的每个端子都必须标注元件的端子代号，连接导线的两端子必须在工程中统一编号。接线图布图时，应大体按照各个项目的相对位置进行布局，连接线可以用连续线方式绘制，也可以用断线方式绘制。如图 1-4 所示，不在同一张图的连接线可采用断线画法。

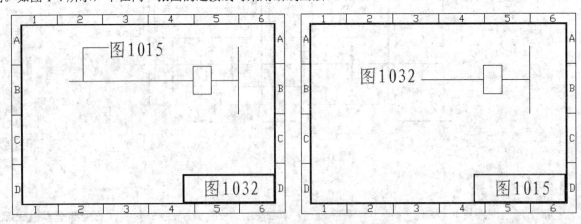

图 1-4　不在同一张图的连接线中断画法

5. 电气平面图

电气平面图主要是表示某一电气工程中电气设备、装置和线路的平面布置，一般是在建筑平面的基础上绘制而成。常见的电气工程平面图有线路平面图、变电所平面图、照明平面图、弱电系统平面图、防雷与接地平面图等。如图 1-5 所示为某车间的电气平面图。

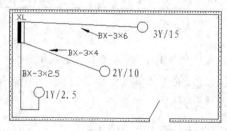

图 1-5　某车间的电气平面图

6. 其他电气工程图

在常见电气工程图中，除以上提到的系统图、电路图、接线图、平面图外，还有以下 4 种。

（1）设备布置图。设备布置图主要表示各种电气设备的布置形式、安装方式及相互间的尺寸关系，通常由平面图、立体图、断面图和剖面图等组成。

（2）设备元件和材料表。设备元件和材料表是把某一电气工程所需主要设备、元件、材料和有关的数据列成表格，表示其名称、符号、型号、规格和数量等。

（3）大样图。大样图主要表示电气工程某一部件、构件的结构，用于指导加工与安装，其中一部分大样图为国家标准。

（4）产品使用说明书用电气图。产品使用说明书用电气图用于注明电气工程中选用的设备和装置，其生产厂家往往随产品使用说明书附上电气图，这些也是电气工程图的组成部分。

1.2　电气工程 CAD 制图规范

本节简要介绍国家标准《电气工程 CAD 制图规则》（GB/T 18135—2008）中常用的有关规定，同时对其引用的有关标准中的规定加以说明与解释。

【预习重点】

☑　查找电气工程 CAD 制图图纸格式规范。

☑　观察电气工程图中文字、图线与比例。

1.2.1　图纸格式

1. 幅面

电气工程图纸采用的基本幅面有 5 种：A0、A1、A2、A3 和 A4，各图幅的相应尺寸如表 1-1 所示。

表 1-1 图幅尺寸的规定

单位：mm

幅面	A0	A1	A2	A3	A4
长	1189	841	594	420	297
宽	841	594	420	297	210

2. 图框

（1）图框尺寸如表 1-2 所示。在电气图中，确定图框线的尺寸有两个依据：一是图纸是否需要装订，二是图纸幅面的大小。需要装订时，装订的一边就要留出装订边。如图 1-6 和图 1-7 所示为不留装订边的图框和留装订边的图框。右下角矩形区域为标题栏位置。

表 1-2 图纸图框尺寸

单位：mm

幅面代号	A0	A1	A2	A3	A4
e	20		10		
c	10		5		
a	25				

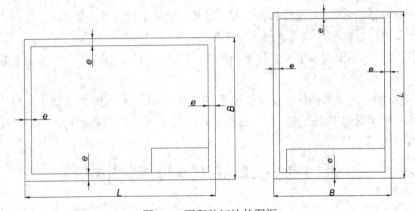

图 1-6 不留装订边的图框

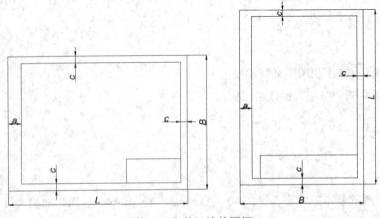

图 1-7 留装订边的图框

（2）图框线宽。对于图框的内框线，应根据不同幅面、不同输出设备采用不同的线宽，如表 1-3 所示。各种图幅的外框线均为 0.25 的实线。

表 1-3　图幅内框线宽

单位：mm

幅　　面	绘图机类型	
	喷墨绘图机	笔式绘图机
A0、A1 及其加长	1.0	0.7
A2、A3、A4 及其加长	0.7	0.5

1.2.2　文字

1．字体

电气工程图样和简图中的字体，所选汉字应为长仿宋体。在 AutoCAD 环境中，汉字字体可采用 Windows 系统所带的 TrueType "仿宋_GB2312"。

2．文本尺寸高度

（1）常用的文本尺寸宜在 2.5、3.5、5、7、10、14 和 20 中选择，单位为 mm。

（2）字符的宽高比约为 0.7。

（3）各行文字间的行距不应小于 1.5 倍的字高。

（4）图样中采用的各种文本尺寸如表 1-4 所示。

表 1-4　图样中各种文本尺寸

文 本 类 型	中　文		字母及数字	
	字　高	字　宽	字　高	字　宽
标题栏图名	7～10	5～7	5～7	3.5～5
图形图名	7	5	5	3.5
说明抬头	7	5	5	3.5
说明条文	5	3.5	3.5	1.5
图形文字标注	5	3.5	3.5	1.5
图号和日期	5	3.5	3.5	1.5

3．表格中的文字和数字

（1）数字书写：带小数的数值，按小数点对齐；不带小数点的数值，按个位对齐。

（2）文本书写：正文按左对齐。

1.2.3　图线

1．线宽

根据用途，图线宽度宜从 0.18、0.25、0.35、0.5、0.7、1.0、1.4、1.0 中选用，单位为 mm。

图形对象的线宽尽量不多于两种，每种线宽间的比值应不小于 2。

2．图线间距

平行线（包括阴影线）之间的最小距离不小于粗线宽度的两倍，建议不小于 0.7mm。

3．图线型式

根据不同的结构含义，采用不同的线型，具体要求如表 1-5 所示。

表 1-5　图线型式

图线名称	图形型式	图线应用	图线名称	图形型式	图线应用
粗实线	▬▬▬	电器线路，一次线路	点画线	— · — · —	控制线、信号线、围框图
细实线	——————	二次线路，一般线路	点画线，双点画线	—··—··—···——	原轮廓线
虚线	- - - - - - -	屏蔽线，机械连线	双点画线	— · · — · · —	辅助围框线、36V 以下线路

4．线型比例

线型比例 k 与印制比例宜保持适当关系，当印制比例为 1：n 时，在确定线宽库文件后，线型比例可取 k*n。

1.2.4　比例

推荐采用比例规定如表 1-6 所示。

表 1-6　比例

类　别	推　荐　比　例		
放大比例	50：1		
	5：1		
原尺寸	1：1		
缩小比例	1：2	1：5	1：10
	1：20	1：50	1：100
	1：200	1：500	1：1000
	1：2000	1：5000	1：10000

第2章

AutoCAD 2017 入门

本章学习 AutoCAD 2017 绘图的基本知识，了解如何设置图形的系统参数、样板图，熟悉创建新的图形文件、打开已有文件的方法等，为进入系统学习准备必要的前提知识。

2.1 操作环境简介

操作环境包括和本软件相关的操作界面、绘图系统设置等一些涉及软件的最基本的界面和参数，本节将对这些内容进行简要介绍。

【预习重点】

☑ 安装软件，熟悉其操作界面。

☑ 观察光标大小与绘图区颜色。

2.1.1 操作界面

AutoCAD 操作界面是 AutoCAD 显示、编辑图形的区域，一个完整的草图与注释操作界面如图 2-1 所示，包括标题栏、功能区、绘图区、十字光标、导航栏、坐标系图标、命令行窗口、状态栏、布局标签和快速访问工具栏等。

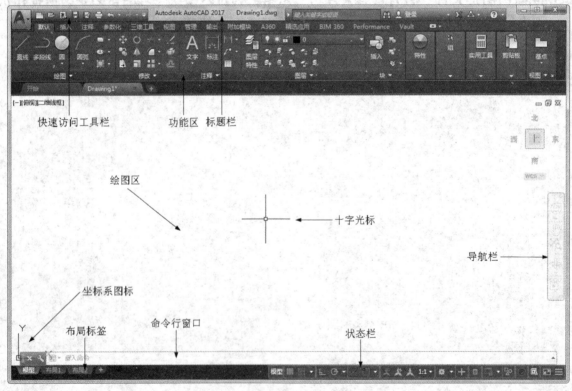

图 2-1　AutoCAD 2017 中文版的操作界面

注意 安装 AutoCAD 2017 后，默认的界面如图 2-1 所示，在绘图区中右击，弹出如图 2-2 所示的快捷菜单选择"选项"命令，打开"选项"对话框，选择"显示"选项卡，在"窗口元素"选项组的"配色方案"中设置为"明"，如图 2-3 所示，单击"确定"按钮，退出对话框，其操作界面如图 2-4 所示。

图 2-2　快捷菜单

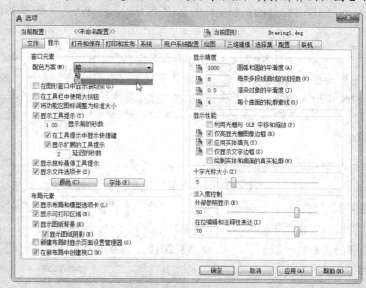

图 2-3　"选项"对话框

图 2-4　"明"界面

1. 标题栏

AutoCAD 2017中文版操作界面的最上端是标题栏。在标题栏中，显示了系统当前正在运行的应用程序（AutoCAD 2017）和用户正在使用的图形文件。第一次启动AutoCAD 2017时，在标题栏中将显示AutoCAD 2017在启动时创建并打开的图形文件的名称"Drawing1.dwg"，如图2-1所示。

> **注意** 将AutoCAD 2017的工作空间切换到"草图与注释"模式下（单击操作界面右下角中的"切换工作空间"按钮，在弹出的菜单中选择"草图与注释"命令），才能显示如图2-1所示的操作界面。本书中所有操作均在"草图与注释"模式下进行。

2. 菜单栏

在AutoCAD 2017快速访问工具栏处调出菜单栏，如图2-5所示，调出后的菜单栏如图2-6所示。同其他Windows程序一样，AutoCAD 2017的菜单也是下拉形式，并且菜单中包含子菜单。AutoCAD 2017的菜单栏中包含12个菜单："文件""编辑""视图""插入""格式""工具""绘图""标注""修改""参数""窗口"和"帮助"，这些菜单几乎包含了AutoCAD的所有绘图命令，后面的章节将对这些菜单功能作详细的讲解。一般来讲，AutoCAD 2017下拉菜单中的命令有以下3种。

图2-5 调出菜单栏

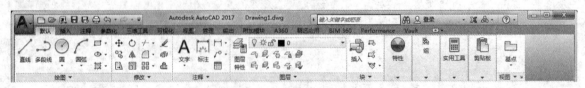

图2-6 菜单栏显示界面

（1）带有子菜单的菜单命令。这种类型的菜单命令后面带有小三角形。例如，选择菜单栏中的"绘图"命令，指向其下拉菜单中的"圆"命令，系统就会进一步显示出"圆"子菜单中所包含的命令，如图2-7所示。

（2）打开对话框的菜单命令。这种类型的命令后面带有省略号。例如，选择菜单栏中的"格式"→"表格样式"命令，如图 2-8 所示，系统就会打开"表格样式"对话框，如图 2-9 所示。

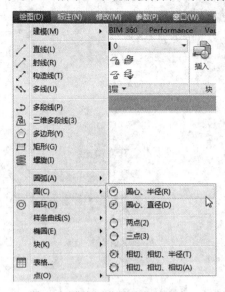

图 2-7　带有子菜单的菜单命令　　　　　图 2-8　打开对话框的菜单命令

（3）直接执行操作的菜单命令。这种类型的命令后面既不带小三角形，也不带省略号，选择该命令将直接进行相应的操作。例如，选择菜单栏中的"视图"→"重画"命令，系统将刷新显示所有视口。

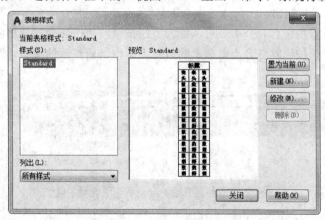

图 2-9　"表格样式"对话框

3. 工具栏

工具栏是一组按钮工具的集合，选择菜单栏中的"工具"→"工具栏"→AutoCAD 命令，调出所需要的工具栏，把光标移动到某个按钮上，稍停片刻即在该按钮的一侧显示相应的功能提示，此时，单击按钮即可启动相应的命令。

（1）设置工具栏。AutoCAD 2017 提供了几十种工具栏，选择菜单栏中的"工具"→"工具栏"→AutoCAD 命令，调出所需要的工具栏，如图 2-10 所示。单击某一个未在界面中显示的工具栏名称，系统自动在界面中打开该工具栏；反之，关闭工具栏。

图 2-10　调出工具栏

（2）工具栏的固定、浮动与打开。工具栏可以在绘图区浮动显示（如图 2-11 所示），此时显示该工具栏标题，并可关闭该工具栏；也可以拖动浮动工具栏到绘图区边界，使其变为固定工具栏，此时该工具栏标题隐藏还可以把固定工具栏拖出，使其成为浮动工具栏。

有些工具栏按钮的右下角带有一个小三角，称为下拉按钮，单击后会打开相应的下拉列表，将光标移动到某一按钮上并单击，该按钮就变为当前显示的按钮。单击当前显示的按钮，即可执行相应的命令（如图 2-12 所示）。

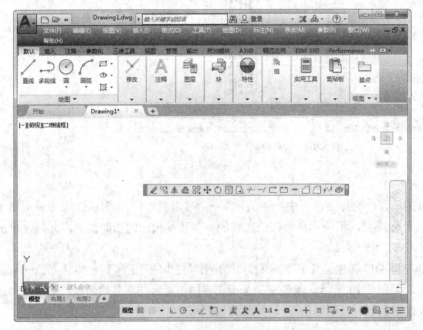

图 2-11　浮动工具栏　　　　　　　　　　　图 2-12　下拉列表

4．快速访问工具栏和交互信息工具栏

（1）快速访问工具栏。该工具栏包括"新建""打开""保存""另存为""打印""放弃""重做"和"工作空间"等最常用的工具按钮。用户也可以单击该工具栏后面的下拉按钮选择设置需要的常用工具。

（2）交互信息工具栏。该工具栏包括"搜索"、Autodesk 360、"Autodesk Exchange 应用程序""保持连接"和"帮助"等常用的数据交互访问工具按钮。

5．功能区

在默认情况下，功能区包括"默认"、"插入"、"注释"、"参数化"、"视图"、"管理"、"输出"、"附加模块"、Autodesk 360、BIM 360 以及"精选应用"选项卡，如图 2-13 所示（所有的选项卡显示面板如图 2-14 所示）。每个选项卡集成了相关的操作工具，方便了用户的使用。用户可以单击功能区选项后面的█按钮控制其展开与收缩。

图 2-13　默认情况下出现的选项卡

图 2-14　所有的选项卡

（1）设置选项卡。将光标放在面板中任意位置处并右击，打开如图 2-15 所示的快捷菜单。单击某一个未在功能区显示的选项卡名，系统自动在功能区打开该选项卡，反之，则关闭选项卡（调出面板的方法与调出选项板的方法类似，这里不再赘述）。

图 2-15　快捷菜单

（2）选项卡中面板的固定与浮动。面板可以在绘图区浮动（如图 2-16 所示），将光标放到浮动面板的右上角位置处，显示"将面板返回到功能区"，如图 2-17 所示，单击此处，使其变为固定面板。也可以把固定面板拖出，使其成为浮动面板。

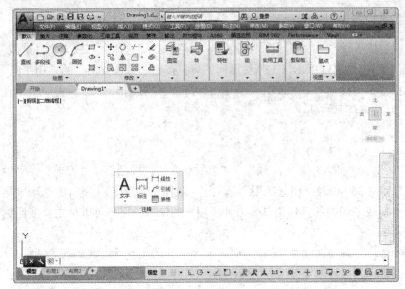

图 2-16　浮动面板　　　　　　　　　图 2-17　"绘图"面板

【执行方式】

- ☑　命令行：RIBBON（或 RIBBONCLOSE）。
- ☑　菜单栏：选择菜单栏中的"工具"→"选项板"→"功能区"命令。

6．绘图区

绘图区是指在标题栏下方的大片空白区域，绘图区是用户使用 AutoCAD 绘制图形的区域，用户要完成一幅设计图形，主要工作都是在绘图区中完成。

7．坐标系图标

在绘图区的左下角，有一个箭头指向的图标，称为坐标系图标，表示用户绘图时正使用的坐标系样式。坐标系图标的作用是为点的坐标确定一个参照系。根据工作需要，用户可以选择将其关闭。

【执行方式】

- ☑　命令行：UCSICON。
- ☑　菜单栏：选择菜单栏中的"视图"→"显示"→"UCS 图标"→"开"命令，如图 2-18 所示。

8．命令行窗口

命令行窗口是输入命令名和显示命令提示的区域，默认命令行窗口布置在绘图区下方，由若干文本行构成。对命令行窗口，有以下几点需要说明。

（1）移动拆分条，可以扩大和缩小命令行窗口。

（2）可以拖动命令行窗口，布置在绘图区的其他位置。默认情况下在图形区的下方。

（3）对当前命令行窗口中输入的内容，可以按 F2 键用文本编辑的方法进行编辑，如图 2-19 所示。AutoCAD 文本窗口和命令行窗口相似，可以显示当前 AutoCAD 进程中命令的输入和执行过程。在执行AutoCAD 某些命令时，会自动切换到文本窗口，列出有关信息。

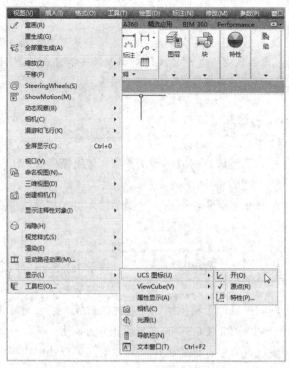

图 2-18　"视图"菜单

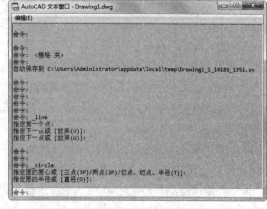

图 2-19　文本窗口

（4）AutoCAD 通过命令行窗口反馈各种信息，也包括出错信息，因此，用户要时刻关注在命令行窗口中出现的信息。

9. 状态栏

状态栏在屏幕的底部，依次有"坐标""模型空间""栅格""捕捉模式""推断约束""动态输入""正交模式""极轴追踪""等轴测草图""对象捕捉追踪""二维对象捕捉""线宽""透明度""选择循环""三维对象捕捉""动态 UCS""选择过滤""小控件""注释可见性""自动缩放""注释比例""切换工作空间""注释监视器""单位""快捷特性""图形性能""锁定用户界面""隔离对象""硬件加速""全屏显示""自定义"30 个功能按钮，如图 2-20 所示。单击某开关按钮，可以实现相应功能的开关。通过部分按钮也可以控制图形或绘图区的状态。

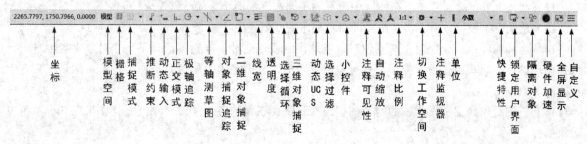

图 2-20　状态栏

注意 默认情况下，不会显示所有工具，可以通过状态栏上最右侧的按钮，选择要从"自定义"菜单显示的工具。状态栏上显示的工具可能会发生变化，具体取决于当前的工作空间以及当前显示的是"模型"选项卡还是"布局"选项卡。

（1）坐标：显示工作区鼠标放置点的坐标。

（2）模型空间：在模型空间与布局空间之间进行转换。

（3）栅格：栅格是覆盖整个坐标系 (UCS) XY 平面的直线或点组成的矩形图案。使用栅格类似于在图形下放置一张坐标纸。利用栅格可以对齐对象并直观显示对象之间的距离。

（4）捕捉模式：对象捕捉对于在对象上指定精确位置非常重要。不论何时提示输入点，都可以指定对象捕捉。默认情况下，当光标移到对象的对象捕捉位置时，将显示标记和工具提示。

（5）推断约束：自动在正在创建或编辑的对象与对象捕捉的关联对象或点之间应用约束。

（6）动态输入：在光标附近显示出一个提示框（称之为"工具提示"），工具提示中显示出对应的命令提示和光标的当前坐标值。

（7）正交模式：将光标限制在水平或垂直方向上移动，以便于精确地创建和修改对象。当创建或移动对象时，可以使用"正交"模式将光标限制在相对于用户坐标系 (UCS) 的水平或垂直方向上。

（8）极轴追踪：使用极轴追踪，光标将按指定角度进行移动。创建或修改对象时，可以使用"极轴追踪"来显示由指定的极轴角度所定义的临时对齐路径。

（9）等轴测草图：通过设定"等轴测捕捉/栅格"，可以很容易地沿 3 个等轴测平面之一对齐对象。尽管等轴测图形看似三维图形，但它实际上是由二维图形表示。因此不能期望提取三维距离和面积、从不同视点显示对象或自动消除隐藏线。

（10）对象捕捉追踪：使用对象捕捉追踪，可以沿着基于对象捕捉点的对齐路径进行追踪。已获取的点将显示一个小加号 (+)，一次最多可以获取 7 个追踪点。获取点之后，在绘图路径上移动光标，将显示相对于获取点的水平、垂直或极轴对齐路径。例如，可以基于对象端点、中点或者对象的交点，沿着某个路径选择一点。

（11）二维对象捕捉：使用执行对象捕捉设置（也称为对象捕捉），可以在对象上的精确位置指定捕捉点。选择多个选项后，将应用选定的捕捉模式，以返回距离靶框中心最近的点。按 Tab 键以在这些选项之间循环。

（12）线宽：分别显示对象所在图层中设置的不同宽度，而不是统一线宽。

（13）透明度：使用该命令，调整绘图对象显示的明暗程度。

（14）选择循环：当一个对象与其他对象彼此接近或重叠时，准确地选择某一个对象是很困难的，使用选择循环的命令，单击鼠标，弹出"选择集"列表框，里面列出了鼠标点周围的图形，然后在列表中选择所需的对象。

（15）三维对象捕捉：三维中的对象捕捉与在二维中工作的方式类似，不同之处在于在三维中可以投影对象捕捉。

（16）动态 UCS：在创建对象时使 UCS 的 XY 平面自动与实体模型上的平面临时对齐。

（17）选择过滤：根据对象特性或对象类型对选择集进行过滤。当按下图标后，只选择满足指定条件的对象，其他对象将被排除在选择集之外。

（18）小控件：帮助用户沿三维轴或平面移动、旋转或缩放一组对象。

（19）注释可见性：当图标亮显时表示显示所有比例的注释性对象；当图标变暗时表示仅显示当前比例的注释性对象。

（20）自动缩放：注释比例更改时，自动将比例添加到注释对象。

（21）注释比例：单击注释比例右下角小三角符号弹出注释比例列表，如图 2-21 所示，可以根据需要选择适当的注释比例。

（22）切换工作空间：进行工作空间转换。

（23）注释监视器：打开仅用于所有事件或模型文档事件的注释监视器。

（24）单位：指定线性和角度单位的格式和小数位数。

（25）快捷特性：控制快捷特性面板的使用与禁用。

（26）锁定用户界面：按下该按钮，锁定工具栏、面板和可固定窗口的位置和大小。

（27）隔离对象：当选择隔离对象时，在当前视图中显示选定对象。所有其他对象都暂时隐藏；当选择隐藏对象时，在当前视图中暂时隐藏选定对象。所有其他对象都可见。

（28）硬件加速：设定图形卡的驱动程序以及设置硬件加速的选项。

（29）全屏显示：该选项可以清除 Windows 窗口中的标题栏、功能区和选项板等界面元素，使 AutoCAD 的绘图窗口全屏显示，如图 2-22 所示。

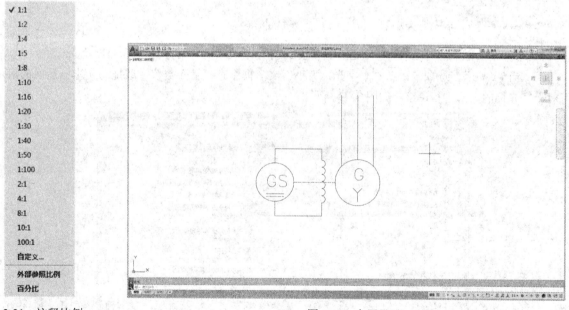

图 2-21　注释比例　　　　　　　　　　　　　　　图 2-22　全屏显示

（30）自定义：状态栏可以提供重要信息，而无须中断工作流。使用 MODEMACRO 系统变量可将应用程序所能识别的大多数数据显示在状态栏中。使用该系统变量的计算、判断和编辑功能可以完全按照用户的要求构造状态栏。

10．布局标签

AutoCAD 系统默认设定一个"模型"空间和"布局 1""布局 2"两个图样空间布局标签。在这里有两个概念需要解释一下。

（1）布局。布局是系统为绘图设置的一种环境，包括图样大小、尺寸单位、角度设定和数值精确度等，在系统预设的 3 个标签中，这些环境变量都按默认设置。用户根据实际需要改变这些变量的值，在此暂且从略。用户也可以根据需要设置符合自己要求的新标签。

（2）模型。AutoCAD 的空间分模型空间和图样空间两种。模型空间是通常绘图的环境，而在图样空间中，用户可以创建称为"浮动视口"的区域，以不同视图显示所绘图形。用户可以在图样空间中调整浮动视口并决定所包含视图的缩放比例。如果用户选择图样空间，可打印多个视图，也可以打印任意布局的视图。AutoCAD 系统默认打开模型空间，用户可以通过单击操作界面下方的布局标签选择需要的布局。

11．十字光标

在绘图区中，有一个作用类似光标的"十"字线，其交点坐标反映了光标在当前坐标系中的位置。在 AutoCAD 中，将该"十"字线称为"十字光标"，如图 2-1 所示。

☆ 贴心小帮手

> AutoCAD 通过光标坐标值显示当前点的位置。光标的方向与当前用户坐标系的 X、Y 轴方向平行，十字光标的长度系统预设为绘图区大小的 5%，用户可以根据绘图的实际需要修改其大小。

【操作实践——设置十字光标大小】

（1）选择菜单栏中的"工具"→"选项"命令，打开"选项"对话框。

（2）选择"显示"选项卡，在"十字光标大小"文本框中直接输入数值，或拖动文本框后面的滑块，即可对十字光标的大小进行调整，如图 2-23 所示。

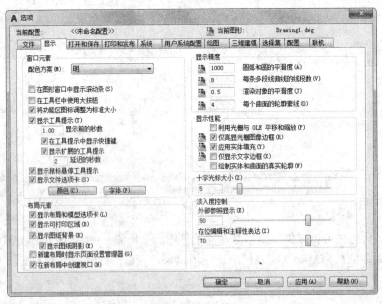

图 2-23　"显示"选项卡

此外，还可以通过设置系统变量 CURSORSIZE 的值修改其大小，命令行提示与操作如下：

```
命令: CURSORSIZE↙
输入 CURSORSIZE 的新值 <5>: 5
```

在提示下输入新值即可修改光标大小，默认值为 5%。

2.1.2　绘图系统

每台计算机所使用的显示器、输入设备和输出设备的类型不同，用户喜好的风格及计算机的目录设置也不同。一般来讲，使用 AutoCAD 2017 的默认配置即可绘图，但为了使用用户的定点设备或打印机，以及提高绘图的效率，推荐用户在开始作图前先进行必要的配置。

【执行方式】

- ☑　命令行：PREFERENCES。
- ☑　菜单栏：选择菜单栏中的"工具"→"选项"命令。
- ☑　快捷菜单：在绘图区右击，系统打开快捷菜单，如图 2-24 所示，选择"选项"命令。

【操作实践——设置绘图区的颜色】

在默认情况下，AutoCAD 的绘图区是黑色背景、白色线条，这不符合多数用户的习惯，因此修改绘图区颜色，是大多数用户都要进行的操作。下面进行操作练习。

图 2-24　快捷菜单

（1）选择菜单栏中的"工具"→"选项"命令，打开"选项"对话框，选择如图 2-25 所示的"显示"选项卡，再单击"窗口元素"选项组中的"颜色"按钮，打开如图 2-26 所示的"图形窗口颜色"对话框。

（2）在"颜色"下拉列表框中选择需要的窗口颜色，然后单击"应用并关闭"按钮，此时 AutoCAD 的绘图区就变换了背景色，通常按视觉习惯选择白色为窗口颜色。

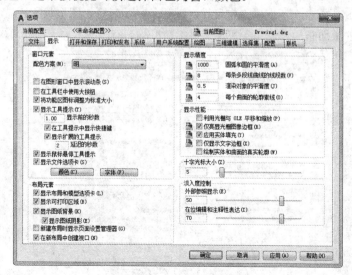

图 2-25　"显示"选项卡

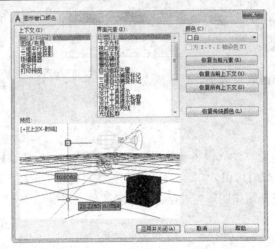

图 2-26　"图形窗口颜色"对话框

高手支招

设置实体显示精度时，请务必记住，显示质量越高，即精度越高，计算机计算的时间越长，建议不要将精度设置得太高，显示质量设定在一个合理的程度即可。

【选项说明】

执行"选项"命令后，系统打开"选项"对话框。用户可以在该对话框中设置有关选项，对绘图系统进行配置。下面对其中主要的两个选项卡做一下说明，其他配置选项在后面用到时再做具体说明。

（1）系统配置。"选项"对话框中的第 5 个选项卡为"系统"选项卡，如图 2-27 所示。该选项卡用来设置 AutoCAD 系统的有关特性。其中，"常规选项"选项组用于确定是否选择系统配置的有关基本选项。

（2）显示配置。"选项"对话框中的第 2 个选项卡为"显示"选项卡，该选项卡用于控制 AutoCAD 系统的外观，如图 2-25 所示。在该选项卡中可设定滚动条显示与否、图形状态栏显示与否、绘图区颜色、光标大小、AutoCAD 的版面布局设置、各实体的显示精度等。

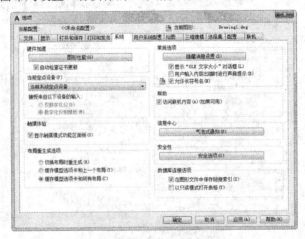

图 2-27　"系统"选项卡

2.2　文件管理

本节介绍有关文件管理的一些基本操作方法，包括新建文件、打开已有文件、保存文件、删除文件等，这些都是进行 AutoCAD 2017 操作最基础的知识。

【预习重点】

☑　了解有几种文件管理命令。

☑　简单练习新建、打开、保存、退出等操作方法。

2.2.1　新建文件

【执行方式】

☑　命令行：NEW。

☑　菜单栏：选择菜单栏中的"文件"→"新建"命令。

☑　主菜单：选择主菜单下的"新建"命令。

☑　工具栏：单击"标准"工具栏中的"新建"按钮 。

☑　快捷键：Ctrl+N。

【操作步骤】

执行上述操作后，系统打开如图 2-28 所示的"选择样板"对话框。

图 2-28　"选择样板"对话框

【选项说明】

在"文件类型"下拉列表框中有 4 种格式的图形样板，扩展名分别是.dwt、.dwg、.dws 和.dwf。

另外还有一种快速创建图形的功能，该功能是开始创建新图形的最快捷的方法。

命令行: QNEW✓

执行上述命令后，系统立即从所选的图形样板中创建新图形，而不显示任何对话框或提示。

2.2.2　快速新建文件

如果用户不愿意每次新建文件时都选择样板文件，可以在系统中预先设置默认的样板文件，从而快速创建图形，该功能是开始创建新图形的最快捷的方法。

【执行方式】

☑　命令行：QNEW。

【操作实践——快速创建图形设置】

要想运行快速创建图形功能，必须首先进行如下设置。

（1）在命令行中输入 FILEDIA 命令，按 Enter 键，设置系统变量为 1；在命令行中输入 STARTUP 命令，设置系统变量为 0。

（2）选择菜单栏中的"工具"→"选项"命令，弹出"选项"对话框，选择"文件"选项卡，单击"样板设置"前面的"+"，在展开的选项列表中选择"快速新建的默认样板文件名"选项，如图 2-29 所示。单击"浏览"按钮，打开"选择文件"对话框，然后选择需要的样板文件即可。

图 2-29　"文件"选项卡

2.2.3　打开文件

【执行方式】

☑　命令行：OPEN。

☑　菜单栏：选择菜单栏中的"文件"→"打开"命令。

☑　主菜单：选择主菜单下的"打开"命令。

☑　工具栏：单击"标准"工具栏中的"打开"按钮 📂。

☑　快捷键：Ctrl+O。

【操作步骤】

执行上述操作后，打开"选择文件"对话框，如图 2-30 所示。

图 2-30　"选择文件"对话框

【选项说明】

在"文件类型"下拉列表框中用户可选择.dwg、.dwt、.dxf 和.dws 文件。其中，.dws 文件是包含标准图层、标注样式、线型和文字样式的样板文件；.dxf 文件是用文本形式存储的图形文件，能够被其他程序读取，许多第三方应用软件都支持.dxf 格式。

🎓 **高手支招**

　有时在打开.dwg 文件时，系统会打开一个信息提示对话框，提示用户图形文件不能打开，在这种情况下先退出打开操作，然后选择菜单栏中的"文件"→"图形实用工具"→"修复"命令，或在命令行中输入 RECOVER 命令，接着在"选择文件"对话框中输入要恢复的文件，确认后系统开始执行恢复文件操作。

2.2.4　保存文件

【执行方式】

☑　命令行：QSAVE（或 SAVE）。

☑ 菜单栏：选择菜单栏中的"文件"→"保存"命令。

☑ 主菜单：选择主菜单下的"保存"命令。

☑ 工具栏：单击"标准"工具栏中的"保存"按钮 。

☑ 快捷键：Ctrl+S。

【操作步骤】

执行上述操作后，若文件已命名，则系统自动保存文件，若文件未命名（即为默认名 Drawing1.dwg），则系统打开"图形另存为"对话框，如图 2-31 所示，用户可以重新命名保存。在"保存于"下拉列表框中指定保存文件的路径，在"文件类型"下拉列表框中指定保存文件的类型。

图 2-31 "图形另存为"对话框

【操作实践——自动保存设置】

为了防止因意外操作或计算机系统故障导致正在绘制的图形文件丢失，可以对当前图形文件设置自动保存。操作步骤如下。

（1）在命令行中输入 SAVEFILEPATH 命令，按 Enter 键，设置所有自动保存文件的位置，如 D:\HU\。

（2）在命令行中输入 SAVEFILE 命令，按 Enter 键，设置自动保存文件名。该系统变量存储的文件名文件是只读文件，用户可以从中查询自动保存的文件名。

（3）在命令行中输入 SAVETIME 令，按 Enter 键，指定在使用自动保存时，多长时间保存一次图形，单位是"分"。

2.2.5 另存为

【执行方式】

☑ 命令行：SAVEAS。

☑　菜单栏：选择菜单栏中的"文件"→"另存为"命令。

☑　主菜单：选择主菜单栏下的"另存为"命令。

☑　工具栏：单击快速访问工具栏中的"另存为"按钮 。

【操作步骤】

执行上述操作后，打开"图形另存为"对话框，如图 2-31 所示，系统用新的文件名保存，并为当前图形更名。

2.2.6　退出

【执行方式】

☑　命令行：QUIT 或 EXIT。

☑　菜单栏：选择菜单栏中的"文件"→"关闭"命令。

☑　主菜单：选择主菜单栏下的"关闭"命令。

☑　按钮：单击 AutoCAD 操作界面右上角的"关闭"按钮 。

执行上述操作后，若用户对图形所做的修改尚未保存，则会打开如图 2-32 所示的系统警告对话框。单击"是"按钮，系统将保存文件，然后退出；单击"否"按钮，系统将不保存文件。若用户对图形所做的修改已经保存，则直接退出。

图 2-32　系统警告对话框

2.3　基本绘图参数

绘制一幅图形时，需要设置一些基本参数（如图形单位、图幅界限等），下面进行简要介绍。

【预习重点】

☑　了解基本参数概念。

☑　熟悉参数设置命令的使用方法。

2.3.1　设置图形单位

【执行方式】

☑　命令行：DDUNITS（或 UNITS，快捷命令：UN）。

☑　菜单栏：选择菜单栏中的"格式"→"单位"命令。

【操作步骤】

执行上述操作后，系统打开"图形单位"对话框，如图 2-33 所示，该对话框用于定义单位和角度格式。

【选项说明】

（1）"长度"与"角度"选项组：指定测量的长度与角度的当前单位及精度。

（2）"插入时的缩放单位"选项组：控制插入到当前图形中的块和图形的测量单位。如果块或图形创建时使用的单位与该选项指定的单位不同，则在插入这些块或图形时，将对其按比例进行缩放。插入比例是原块或图形使用的单位与目标图形使用的单位之比。如果插入块时不按指定单位缩放，则在其下拉列表框中选择"无单位"选项。

（3）"输出样例"选项组：显示用当前单位和角度设置的样例。

（4）"光源"选项组：控制当前图形中光度控制光源的强度测量单位。为创建和使用光度控制光源，必须从其下拉列表框中指定非"常规"的单位。如果插入比例设置为"无单位"，则将显示警告信息，通知用户渲染输出可能不正确。

（5）"方向"按钮：单击该按钮，系统打开"方向控制"对话框，如图 2-34 所示，可进行方向控制设置。

图 2-33　"图形单位"对话框

图 2-34　"方向控制"对话框

2.3.2　设置图形界限

【执行方式】

☑　命令行：LIMITS。

☑　菜单栏：选择菜单栏中的"格式"→"图形界限"命令。

【操作步骤】

命令: LIMITS↙
重新设置模型空间界限:
指定左下角点或 [开(ON)/关(OFF)] <0.0000,0.0000>:（输入图形边界左下角的坐标后按 Enter 键）
指定右上角点 <12.0000,90000>:（输入图形边界右上角的坐标后按 Enter 键）

【选项说明】

（1）开(ON)：使图形界限有效。系统在图形界限以外拾取的点将视为无效。

（2）关(OFF)：使图形界限无效。用户可以在图形界限以外拾取点或实体。

（3）动态输入角点坐标：可以直接在绘图区的动态文本框中输入角点坐标，输入了横坐标值后，按逗号（,）键，接着输入纵坐标值，如图 2-35 所示；也可以按光标位置直接单击，确定角点位置。

图 2-35　动态输入

举一反三

在命令行中输入坐标时，请检查此时的输入法是否为英文输入。如果是中文输入法，如输入"150, 20"，则由于逗号"，"的原因，系统会认定该坐标输入无效。这时，只需将输入法改为英文即可。

2.4　显 示 图 形

恰当地显示图形，最常用的方法就是利用缩放和平移命令。用这两种命令可以在绘图区域放大或缩小图像显示，或者改变观察位置。

【预习重点】

☑　了解有几种图形显示命令。

☑　简单练习缩放、平移图形。

2.4.1　实时缩放

AutoCAD 2017 为交互式的缩放和平移提供了可能。有了实时缩放，就可以通过垂直向上或向下移动光标来放大或缩小图形。利用实时平移（2.4.2 节将介绍）能单击和移动光标重新放置图形。在实时缩放命令下，可以通过垂直向上或向下移动光标来放大或缩小图形。

【执行方式】

☑　命令行：ZOOM。

☑　菜单栏：选择菜单栏中的"视图"→"缩放"→"实时"命令。

☑　工具栏：单击"标准"工具栏中的"实时缩放"按钮🔍。

☑　功能区：单击"视图"选项卡"导航"面板中的"实时"按钮🔍，如图 2-36 所示。

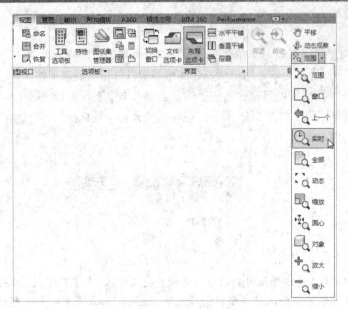

图 2-36 下拉列表

【操作步骤】

　　垂直向上或向下拖动鼠标，或者向上或向下滚动鼠标滚轮，可以放大或缩小图形。

【选项说明】

　　在"标准"工具栏的"缩放"下拉列表（如图 2-37 所示）和"缩放"工具栏（如图 2-38 所示）中还有一些类似的"缩放"命令，读者可以自行操作体会，这里不再赘述。

图 2-37 "缩放"下拉列表　　　　　　　　　　　　　　　　　　　图 2-38 "缩放"工具栏

2.4.2 实时平移

【执行方式】

☑　命令行：PAN。

☑　菜单栏：选择菜单栏中的"视图"→"平移"→"实时"命令。

☑　工具栏：单击"标准"工具栏中的"实时平移"按钮🖑。

☑　功能区：单击"视图"选项卡"导航"面板中的"平移"按钮🖑，如图 2-39 所示。

【操作步骤】

执行上述命令后，按下鼠标左键并拖动鼠标即可平移图形。当移动到图形的边沿时，光标就变成一个三角形显示。

另外，在 AutoCAD 2017 中为显示控制命令设置了一个右键快捷菜单，如图 2-40 所示。在该菜单中，用户可以在显示命令执行的过程中透明地进行切换。

图 2-39　"导航"面板

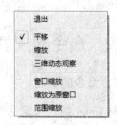

图 2-40　右键快捷菜单

2.5　基本输入操作

绘制图形的要点在于快、准，即图形尺寸绘制准确、绘图时间锐减。本节主要介绍不同命令的操作方法，读者在后面章节学习绘图命令时，尽可能掌握多种方法，从中找出适合自己且快速的方法。

【预习重点】

☑　了解基本输入方法。

2.5.1　命令输入方式

AutoCAD 交互绘图必须输入必要的指令和参数。有多种 AutoCAD 命令输入方式，下面以画直线为例，介绍命令输入方式。

（1）在命令行输入命令名。命令字符可不区分大小写，如 LINE 命令。执行命令时，在命令行提示中经常会出现命令选项。在命令行输入绘制直线命令"LINE"后，命令行提示与操作如下：

命令: LINE↙
指定第一个点: （在绘图区指定一点或输入一个点的坐标）
指定下一点或 [放弃(U)]:

命令行中不带括号的提示为默认选项（如上面的"指定下一点或"），因此可以直接输入直线段的起点坐标或在绘图区指定一点，如果要选择其他选项，则应该首先输入该选项的标识字符，如"放弃"选项的标识字符"U"，然后按系统提示输入数据即可。在命令选项的后面有时还带有尖括号，尖括号内的数值为默认数值。

（2）在命令行输入命令缩写字母。如 L（Line）、C（Circle）、A（Arc）、Z（Zoom）、R（Redraw）、M（Move）、CO（Copy）、PL（Pline）和 E（Erase）等。

（3）选择"绘图"菜单栏中对应的命令，在命令行窗口中可以看到对应的命令说明及命令名。

（4）单击"绘图"工具栏中对应的按钮，在命令行窗口中也可以看到对应的命令说明及命令名。

（5）在绘图区打开快捷菜单。如果之前刚使用过要输入的命令，可以在绘图区右击，打开快捷菜单，在"最近的输入"子菜单中选择需要的命令。"最近的输入"子菜单中存储了最近使用的命令，如果经常重复使用子菜单中存储的某个命令，这种方法就比较简捷。

（6）在绘图区右击。如果用户要重复使用上次使用的命令，可以直接在绘图区右击，打开快捷菜单，选择"重复"命令，系统立即重复执行上次使用的命令，这种方法适用于重复执行某个命令。

2.5.2　命令的重复、撤销、重做

1．命令的重复

按 Enter 键，可重复调用上一个命令，不管上一个命令是完成了还是被取消了。

2．命令的撤销

在命令执行的任何时刻都可以取消和终止命令的执行。

【执行方式】

☑　命令行：UNDO。
☑　菜单栏：选择菜单栏中的"编辑"→"放弃"命令。
☑　工具栏：单击"标准"工具栏中的"放弃"按钮 或单击快速访问工具栏中的"放弃"按钮 。
☑　快捷键：Esc。

3．命令的重做

已被撤销的命令要恢复重做，可以恢复撤销的最后一个命令。

【执行方式】

☑　命令行：REDO（快捷命令：RE）。
☑　菜单栏：选择菜单栏中的"编辑"→"重做"命令。
☑　工具栏：单击"标准"工具栏中的"重做"按钮 或单击快速访问工具栏中的"重做"按钮 。
☑　快捷键：Ctrl+Y。

AutoCAD 2017 可以一次执行多重放弃和重做操作。单击快速访问工具栏中的"放弃"按钮 或"重做"按钮 后面的下三角形，可以选择要放弃或重做的操作，如图 2-41 所示。

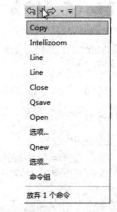

图 2-41　多重放弃选项

2.5.3　命令执行方式

有的命令有两种执行方式，即通过对话框或命令行输入命令。如指定使用命令行方式，可以在命令名前加短画线来表示，如 LAYER 表示用命令行方式执行"图层"命令。而如果在命令行中输入 LAYER 命令，系统则会打开"图层特性管理器"选项板。

另外，有些命令同时存在命令行、菜单栏、工具栏和功能区 4 种执行方式，这时如果选择菜单栏、工具栏或功能区方式，命令行会显示该命令，并在前面加一条下划线。例如，通过菜单栏、工具栏或功能区方式执行"直线"命令时，命令行会显示"_line"，命令的执行过程和结果与命令行方式相同。

【操作实践——绘制线段】

本实例利用命令行输入长度绘制线段，结果如图 2-42 所示。操作步骤如下。

（1）单击"默认"选项卡"绘图"面板中的"直线"按钮 ╱，绘制长度为 10mm 的直线。

（2）这时在绘图区移动光标指明线段的方向（但不要单击鼠标），然后在命令行中输入 10，这样就在指定方向上准确地绘制了长度为 10mm 的线段，如图 2-42 所示。

图 2-42　绘制线段

2.6　综合演练——样板图绘图环境设置

本实例设置如图 2-43 所示的样板图文件绘图环境。

手把手教你学

绘制的大体顺序是先打开.dwg 格式的图形文件，设置图形单位与图形界限，最后将设置好的文件保存成.dwt 格式的样板图文件。绘制过程中要用到打开、单位、图形界限和保存等命令。

【操作步骤】

（1）打开文件。单击快速访问工具栏中的"打开"按钮 ，打开"源文件\第 2 章\A3 样板图.dwg"文件。

（2）设置单位。选择菜单栏中的"格式"→"单位"命令，AutoCAD 2017 打开"图形单位"对话框，如图 2-44 所示。设置"长度"的"类型"为"小数"，"精度"为 0；"角度"的"类型"为"十进制度数"，"精度"为 0，系统默认逆时针方向为正，"插入时的缩放单位"设置为"毫米"。

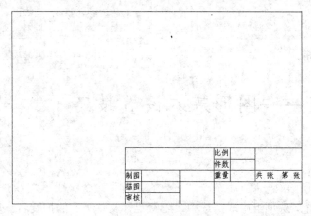

图 2-43　样板图文件

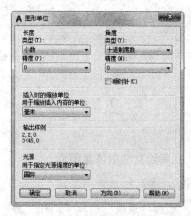

图 2-44　"图形单位"对话框

（3）设置图形边界。国家标准对图纸的幅面大小作了严格规定，如表 2-1 所示。

表 2-1　图幅国家标准

幅面代号	A0	A1	A2	A3	A4
宽×长/（mm×mm）	841×1189	594×841	420×594	297×420	210×297

在这里，不妨按国标 A3 图纸幅面设置图形边界。A3 图纸的幅面为 420mm×297mm。

选择菜单栏中的"格式"→"图形界限"命令，设置图幅，命令行提示与操作如下：

命令: LIMITS↙
重新设置模型空间界限:
指定左下角点或 [开(ON)/关(OFF)] <0.0000,0.0000>:0,0↙
指定右上角点 <420.0000,297.0000>: 420,297↙

（4）保存成样板图文件。

现阶段的样板图及其环境设置已经完成，先将其保存成样板图文件。

单击快速访问工具栏中的"另存为"按钮，打开"图形另存为"对话框，如图 2-45 所示。在"文件类型"下拉列表框中选择"AutoCAD 图形样板（*.dwt）"选项，输入文件名"A3 样板图"，单击"保存"按钮，系统打开"样板选项"对话框，如图 2-46 所示，接受默认的设置，单击"确定"按钮，保存文件。

图 2-45　保存样板图

图 2-46　样板选项

2.7　名师点拨——图形基本设置技巧

1. 从备份文件中恢复图形

（1）使文件显示其扩展名。选择"我的电脑"→"工具"→"文件夹选项"命令，打开"文件夹选项"对话框，选择"查看"选项卡，在"高级设置"选项组中取消选中"隐藏已知文件类型的扩展名"复选框。

（2）显示所有文件。选择"我的电脑"→"工具"→"文件夹选项"命令，打开"文件夹选项"对话框，选择"查看"选项卡，在"高级设置"选项组下选中"隐藏文件和文件夹"下的"显示所有文件和文件夹"单选按钮。

（3）找到备份文件。选择"工具"→"文件夹选项"，打开"文件夹选项"对话框，选择"文件类型"选项卡，在"已注册的文件类型"选项组下选择"临时图形文件"，查找到文件，将其重命名为".dwg"格式；最后用打开其他 CAD 文件的方法将其打开即可。

2. 绘图前，绘图界限（LIMITS）一定要设好吗

绘图一般按国家标准图幅设置图界。图形界限等同图纸的幅面，按图界绘图、打印很方便，还可实现自动成批出图。但一般情况下，习惯在一个图形文件中绘制多张图，此时不设置图形界限。

3. 设置自动保存功能

在命令行中输入 SAVETIME 命令，将变量设成一个较小的值，如 10（分钟）。AutoCAD 默认的保存时间为 120 分钟。

2.8　上机实验

【练习1】设置绘图环境。

1. 目的要求

任何一个图形文件都有一个特定的绘图环境，包括图形边界、绘图单位和角度等。设置绘图环境通常有两种方法：设置向导与单独的命令设置方法。通过学习设置绘图环境，可以促进读者对图形总体环境的认识。

2. 操作提示

（1）单击快速访问工具栏中的"新建"按钮 📄，系统打开"选择样板"对话框，单击"打开"按钮，进入绘图界面。

（2）选择菜单栏中的"格式"→"图形界限"命令，设置界限为"（0,0），（297,210）"，在命令行中可以重新设置模型空间界限。

（3）选择菜单栏中的"格式"→"单位"命令，系统打开"图形单位"对话框，设置长度类型为"小数"，精度为 0.00；角度类型为"十进制度数"，精度为"0"；用于缩放插入内容的单位为"毫米"，用于指定光源强度的单位为"国际"；角度方向为"顺时针"。

（4）选择菜单栏中的"工具"→"工作空间"→"草图与注释"命令，进入工作空间。

【练习2】熟悉操作界面。

1. 目的要求

操作界面是用户绘制图形的平台，操作界面的各个部分都有其独特的功能，熟悉操作界面有助于用户方便快速地进行绘图。本例要求了解操作界面各部分功能，掌握改变绘图区颜色和光标大小的方法，能够

熟练地打开、移动和关闭工具栏。

2．操作提示

（1）启动 AutoCAD 2017，进入操作界面。

（2）调整操作界面大小。

（3）设置绘图区颜色与光标大小。

（4）打开、移动、关闭工具栏。

（5）尝试同时利用命令行、菜单命令和工具栏绘制一条线段。

【练习3】观察图形。

1．目的要求

本练习要求读者熟练地掌握各种图形显示工具的使用方法。

2．操作提示

如图 2-47 所示，利用平移工具和缩放工具移动和缩放图形。

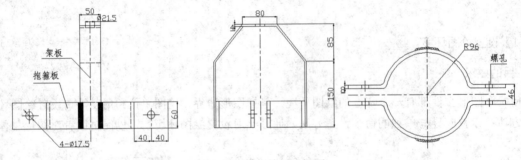

图 2-47　耐张铁帽三视图

2.9　模　拟　考　试

1．*.bmp 文件可以通过哪种方式创建？（　　　）

    A．选择"文件"→"保存"命令　　　　　　B．选择"文件"→"另存为"命令

    C．选择"文件"→"打印"命令　　　　　　D．选择"文件"→"输出"命令

2．正常退出 AutoCAD 的方法有（　　　）。

    A．QUIT 命令　　　　　　　　　　　　　B．EXIT 命令

    C．屏幕右上角的"关闭"按钮　　　　　　D．直接关机

3．在图形修复管理器中，以下哪个文件是由系统自动创建的自动保存文件？（　　　）

    A．drawing1_1_1_6865.svs$　　　　　　B．drawing1_1_68656.svs$

    C．drawing1_recovery.dwg　　　　　　　D．drawing1_1_1_6865.bak

4. 在"自定义用户界面"对话框中，如何将现有工具栏复制到功能区面板？（　　　）

　　A. 选择要复制到面板的工具栏并右击，选择"新建面板"

　　B. 选择面板并右击，选择"复制到功能区面板"

　　C. 选择要复制到面板的工具栏并右击，选择"复制到功能区面板"

　　D. 选择要复制到面板的工具栏并右击，选择"新建弹出"

5. 图形修复管理器中显示在程序或系统失败后可能需要修复的图形不包含（　　　）。

　　A. 程序失败时保存的已修复图形文件（DWG 和 DWS）

　　B. 自动保存的文件，也称为"自动保存"文件（SV$）

　　C. 核查日志（ADT）

　　D. 原始图形文件（DWG 和 DWS）

6. 如果想要改变绘图区域的背景颜色，应该如何做？（　　　）

　　A. 在"选项"对话框"显示"选项卡的"窗口元素"选项组中单击"颜色"按钮，在弹出对话框中进行修改

　　B. 在 Windows 的"显示属性"对话框"外观"选项卡中单击"高级"按钮，在弹出的对话框中进行修改

　　C. 修改 SETCOLOR 变量的值

　　D. 在"特性"面板的"常规"选项组中修改"颜色"值

7. 取世界坐标系的点（70,20）作为用户坐标系的原点，则用户坐标系的点（-20,30）的世界坐标为（　　　）。

　　A. （50,50）　　　　　　B. （90,-10）　　　　　　C. （-20,30）　　　　　　D. （70,20）

8. 绘制直线，起点坐标为（57,79），直线长度为173，与 X 轴正向的夹角为71°。将线5等分，从起点开始的第一个等分点的坐标为（　　　）。

　　A. X = 113.3233，Y = 242.5747　　　　　　　B. X = 79.7336，Y = 145.0233

　　C. X = 90.7940，Y = 177.1448　　　　　　　D. X = 68.2647，Y = 112.7149

9. 在日常工作中贯彻办公和绘图标准时，下列哪种方式最为有效？（　　　）

　　A. 应用典型的图形文件　　　　　　　　　　B. 应用模板文件

　　C. 重复利用已有的二维绘图文件　　　　　　D. 在"启动"对话框中选取公制

二维绘制命令

二维图形是指在二维平面空间绘制的图形，AutoCAD 2017 提供了大量的绘图工具，可以帮助用户完成二维图形的绘制。AutoCAD 2017 提供了许多二维绘图命令，利用这些命令可以快速方便地完成某些图形的绘制。本章主要包括下述内容：点、直线，圆和圆弧、椭圆和椭圆弧，平面图形、图案填充、多段线、样条曲线和多线的绘制与编辑。

3.1 直线类命令

直线类命令包括点、直线段、射线和构造线，是 AutoCAD 2017 中最简单的绘图命令。

【预习重点】

☑ 了解有几种直线类命令。

☑ 简单练习点、直线的绘制方法。

3.1.1 点

【执行方式】

☑ 命令行：POINT（快捷命令：PO）。

☑ 菜单栏：选择菜单栏中的"绘图"→"点"命令。

☑ 工具栏：单击"绘图"工具栏中的"点"按钮 。

☑ 功能区：单击"默认"选项卡中"绘图"面板中的"多点"按钮 。

【操作步骤】

```
命令:_point
当前点模式: PDMODE=0   PDSIZE=0.0000
指定点:（指定点所在的位置）
```

【选项说明】

（1）通过菜单方法操作时（如图 3-1 所示），"单点"命令表示只输入一个点，"多点"命令表示可输入多个点。

（2）可以单击状态栏中的"对象捕捉"按钮 ，设置点捕捉模式，帮助用户选择点。

（3）点在图形中的表示样式共有 20 种。可通过 DDPTYPE 命令或选择菜单栏中的"格式"→"点样式"命令，打开的"点样式"对话框来设置，如图 3-2 所示。

图 3-1 "点"子菜单

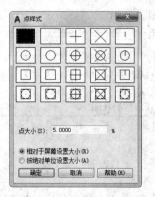

图 3-2 "点样式"对话框

3.1.2　直线

【执行方式】

- ☑　命令行：LINE（快捷命令：L）。
- ☑　菜单栏：选择菜单栏中的"绘图"→"直线"命令。
- ☑　工具栏：单击"绘图"工具栏中的"直线"按钮╱。
- ☑　功能区：选择"默认"选项卡"绘图"面板中的"直线"按钮╱（如图3-3所示）。

【操作实践——绘制动断（常闭）触点符号】

绘制如图3-4所示的动断（常闭）触点符号。操作步骤如下。

（1）单击"默认"选项卡"绘图"面板中的"直线"按钮╱，绘制连续线段，命令行提示与操作如下：

命令:_line
指定第一个点:0,0✓
指定下一点或 [放弃(U)]:0,-10✓
指定下一点或 [放弃(U)]: 6,-10✓
指定下一点或 [闭合(C)/放弃(U)]: ✓

结果如图3-5所示。

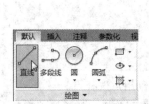

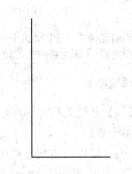

图3-3　"绘图"面板　　　　　图3-4　动断（常闭）触点符号　　　　　图3-5　绘制连续线段

（2）单击"默认"选项卡"绘图"面板中的"直线"按钮╱，绘制剩余的直线，完成普通开关符号的绘制，命令行提示与操作如下：

命令:_line
指定第一个点: 0,-28✓
指定下一点或 [放弃(U)]: 0,-18✓
指定下一点或 [放弃(U)]: 6,-8✓
指定下一点或 [闭合(C)/放弃(U)]: ✓

结果如图3-4所示。

✎ **举一反三**

> 退出"直线"命令时，可在命令行中输入U选项，也可以按Esc键、Enter键或空格键。

【选项说明】

（1）若采用按 Enter 键响应"指定第一个点"提示，系统会把上次绘制图线的终点作为本次图线的起始点。若上次操作为绘制圆弧，按 Enter 键响应后绘出通过圆弧终点并与该圆弧相切的直线段，该线段的长度为光标在绘图区指定的一点与切点之间线段的距离。

（2）在"指定下一个点"提示下，用户可以指定多个端点，从而绘制多条直线段。但是，每一段直线是一个独立的对象，可以进行单独的编辑操作。

（3）绘制两条以上直线段后，若采用输入 C 选项响应"指定下一个点"提示，系统会自动连接起始点和最后一个端点，从而绘出封闭的图形。

（4）若采用输入 U 选项响应提示，则删除最近一次绘制的直线段。

（5）若设置正交方式（按下状态栏中的"正交模式"按钮 L），只能绘制水平线段或垂直线段。

（6）若设置动态数据输入方式（按下状态栏中的"动态输入"按钮 +），则可以动态输入坐标或长度值，效果与非动态数据输入方式类似。除了特别需要，以后不再强调，只按非动态数据输入方式输入相关数据。

3.1.3　构造线

【执行方式】

- ☑　命令行：XLINE。
- ☑　菜单栏：选择菜单栏中的"绘图"→"构造线"命令。
- ☑　工具栏：单击"绘图"工具栏中的"构造线"按钮 ⟋。
- ☑　功能区：单击"默认"选项卡"绘图"面板中的"构造线"按钮 ⟋。

【操作步骤】

命令: XLINE↙
指定点或 [水平(H)/垂直(V)/角度(A)/二等分(B)/偏移(O)]：（给出根点 1）
指定通过点：（给定通过点 2，绘制一条双向无限长直线）
指定通过点：（继续给点，继续绘制线，按 Enter 键结束）

【选项说明】

（1）执行选项中有"指定点""水平""垂直""角度""二等分"和"偏移"6 种方式可绘制构造线，如图 3-6 所示。

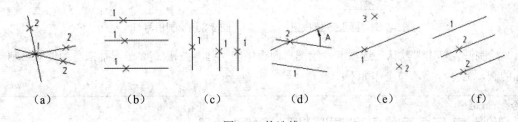

图 3-6　构造线

（2）这种线模拟手工作图中的辅助作图线。用特殊的线型显示，在绘图输出时可不作输出，常用于辅助作图。

3.2 圆类图形命令

圆类命令主要包括"圆""圆弧""椭圆""椭圆弧"以及"圆环"等，是 AutoCAD 2017 中最简单的曲线命令。

【预习重点】

☑ 了解圆类命令的使用方法。

☑ 简单练习各命令操作。

3.2.1 圆

【执行方式】

☑ 命令行：CIRCLE（快捷命令：C）。

☑ 菜单栏：选择菜单栏中的"绘图"→"圆"命令。

☑ 工具栏：单击"绘图"工具栏中的"圆"按钮⊙。

☑ 功能区：单击"默认"选项卡"绘图"面板中的"圆"下拉按钮（如图 3-7 所示）。

【操作实践——绘制信号灯】

本实例绘制如图 3-8 所示的信号灯。操作步骤如下。

图 3-7 "圆"下拉按钮   图 3-8 绘制信号灯

（1）绘制圆。单击"默认"选项卡"绘图"面板中的"圆"按钮⊙，在屏幕中适当位置绘制一个半径为 5mm 的圆，命令行提示与操作如下：

命令：_circle
指定圆的圆心或 [三点(3P)/两点(2P)/相切、相切、半径(T)]: 50,50✓
指定圆的半径或 [直径(D)]: 5✓

结果如图 3-9（a）所示。

（2）绘制灯芯线。单击"默认"选项卡"绘图"面板中的"直线"按钮 ，在圆内绘制直线 1，命令行提示与操作如下：

```
命令: _line
指定第一个点: 50,50↙
指定下一点或 [放弃(U)]: @5<45↙
指定下一点或 [放弃(U)]: ↙
```

同理，继续利用"直线"命令，以（50,50）为直线的起点，分别绘制与水平方向成 45° 夹角，长度都为 5mm 的直线 2、直线 3 和直线 4，完成灯芯线的绘制，结果如图 3-9（b）所示。

【选项说明】

（1）三点(3P)：通过指定圆周上三点绘制圆。

（2）两点(2P)：通过指定直径的两端点绘制圆。

（3）相切、相切、半径(T)：通过先指定两个相切对象，再给出半径的方法绘制圆。如图 3-10 所示给出了以"相切、相切、半径"方式绘制圆的各种情形（加粗的圆为最后绘制的圆）。

（4）选择菜单栏中的"绘图"→"圆"命令，其子菜单中比命令行中多了一种"相切、相切、相切"的绘制方法，如图 3-11 所示。

図 3-9 绘制步骤

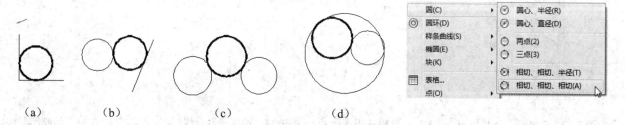

（a）　　　（b）　　　（c）　　　（d）

图 3-10　圆与另外两个对象相切　　　图 3-11　"圆"子菜单

高手支招

对于圆心点的选择，除了直接输入圆心点外，还可以利用圆心点与中心线的对应关系，利用对象捕捉的方法选择。单击状态栏中的"对象捕捉"按钮 ，命令行中会提示"命令：<对象捕捉　开>"。

3.2.2　圆弧

【执行方式】

☑　命令行：ARC（快捷命令：A）。

☑　菜单栏：选择菜单栏中的"绘图"→"圆弧"命令。

☑　工具栏：单击"绘图"工具栏中的"圆弧"按钮 。

☑　功能区：单击"默认"选项卡"绘图"面板中的"圆弧"下拉按钮（如图 3-12 所示）。

【操作实践——绘制自耦变压器符号】

本实例绘制如图 3-13 所示的自耦变压器符号。操作步骤如下。

（1）单击"默认"选项卡"绘图"面板中的"直线"按钮 ╱，在屏幕适当位置指定一点，垂直向下在适当位置指定另一点，完成竖直直线的绘制，结果如图 3-14 所示。

（2）单击"默认"选项卡"绘图"面板中的"圆"按钮 ⊙，指定竖直直线上端点上方一点，在直线上端点位置单击，绘制圆，结果如图 3-15 所示。

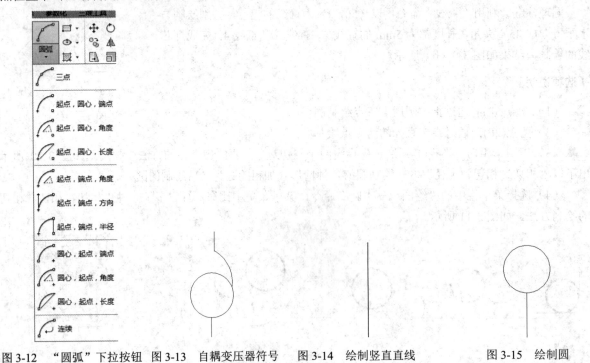

图 3-12 "圆弧"下拉按钮　图 3-13 自耦变压器符号　图 3-14 绘制竖直直线　图 3-15 绘制圆

🎓 **高手支招**

执行"圆"命令，打开"捕捉"模式，捕捉竖直直线上一点作为圆心时，将光标放置到竖直线顶点，沿绿色点线向上捕捉圆心，如图 3-16 所示。

图 3-16 捕捉圆心

（3）单击"默认"选项卡"绘图"面板中的"圆弧"按钮 ╱，在圆上捕捉一点，绘制一段圆弧，命令行提示与操作如下：

命令: _arc
指定圆弧的起点或 [圆心(C)]: (在圆上捕捉一点,如图 3-17 (a) 所示)
指定圆弧的第二个点或 [圆心(C)/端点(E)]: E↙
指定圆弧的端点: (在圆的正上方指定一点,如图 3-17 (b) 所示)
指定圆弧的中心点(按住 Ctrl 键以切换方向)或 [角度(A)/方向(D)/半径(R)]: D↙
指定圆弧起点的相切方向(按住 Ctrl 键以切换方向):

结果如图 3-17 (c) 所示。

(4) 单击"默认"选项卡"绘图"面板中的"直线"按钮 ╱,在圆弧的上端点处指定直线的起点,绘制一条竖直直线,自耦变压器符号的最终绘制结果如图 3-13 所示。

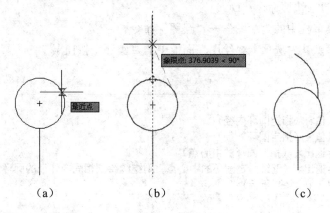

图 3-17　绘制圆弧

【选项说明】

(1) 用命令行方式绘制圆弧时,可以根据系统提示选择不同的选项,具体功能和利用菜单栏中的"绘图"→"圆弧"子菜单中提供的 11 种方式相似。这 11 种方式绘制的圆弧分别如图 3-18(a)～图 3-18(k)所示。

(2) 需要强调的是"连续"方式,绘制的圆弧与上一线段圆弧相切。连续绘制圆弧段时,只提供端点即可。

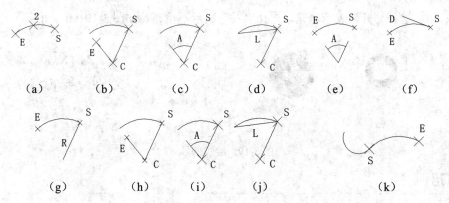

图 3-18　11 种圆弧绘制方法

🎓 **高手支招**

绘制圆弧时，注意圆弧的曲率是遵循逆时针方向的，所以在选择指定圆弧两个端点和半径模式时，需要注意端点的指定顺序，否则有可能导致圆弧的凹凸形状与预期的相反。

3.2.3 圆环

【执行方式】

- ☑ 命令行：DONUT（快捷命令：DO）。
- ☑ 菜单栏：选择菜单栏中的"绘图"→"圆环"命令。
- ☑ 功能区：单击"默认"选项卡"绘图"面板中的"圆环"按钮◎。

【操作步骤】

命令: DONUT↙
指定圆环的内径 <默认值>:（指定圆环内径）
指定圆环的外径 <默认值>:（指定圆环外径）
指定圆环的中心点或 <退出>:（指定圆环的中心点）
指定圆环的中心点或 <退出>:（继续指定圆环的中心点，则继续绘制相同内外径的圆环。用 Enter 键、空格键或鼠标右键结束命令，如图 3-19（a）所示）

【选项说明】

（1）指定不等内外径，则绘制出填充圆环，如图 3-19（a）所示。

（2）若指定内径为 0，则绘制出实心填充圆，如图 3-19（b）所示。

（3）若指定内外径相等，则绘制出普通圆，如图 3-19（c）所示。

（4）用 FILL 命令可以控制圆环是否填充，命令行提示与操作如下：

命令: FILL↙
输入模式 [开(ON)/关(OFF)] <开>:

上述命令行中，选择"开"表示填充，选择"关"表示不填充，如图 3-19（d）所示。

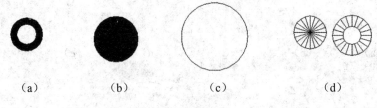

| (a) | (b) | (c) | (d) |

图 3-19 绘制圆环

🎓 **高手支招**

在绘制圆环时，可能仅一次操作无法准确确定圆环外径大小以确定圆环与内圆的相对大小，可以通过多次绘制的方法找到一个相对合适的外径值。

3.2.4　椭圆与椭圆弧

【执行方式】

☑　命令行：ELLIPSE（快捷命令：EL）。

☑　菜单栏：选择菜单栏中的"绘图"→"椭圆"→"圆弧"命令。

☑　工具栏：单击"绘图"工具栏中的"椭圆"按钮 ⬭ 或"椭圆弧"按钮 ⤾。

☑　功能区：单击"默认"选项卡"绘图"面板中的"椭圆"下拉按钮（如图 3-20 所示）。

【操作实践——绘制电话机符号】

本实例绘制如图 3-21 所示的电话机符号。操作步骤如下。

（1）单击"默认"选项卡"绘图"面板中的"直线"按钮 ✎，绘制一系列的线段，坐标分别为{（100,100）、（@100,0）、（@0,60）、（@-100,0）、c}，{（152,110）、（152,150）}，{（148,120）、（148,140）}，{（148,130）、（110,130）}，{（152,130）、（190,130）}，{（100,150）、（70,150）}，{（200,150）、（230,150）}，结果如图 3-22 所示。

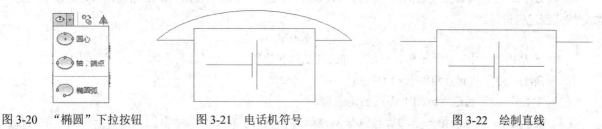

图 3-20　"椭圆"下拉按钮　　　　图 3-21　电话机符号　　　　图 3-22　绘制直线

（2）单击"默认"选项卡"绘图"面板中的"椭圆弧"按钮 ⤾，绘制椭圆弧。命令行提示与操作如下：

命令: _ellipse
指定椭圆的轴端点或 [圆弧(A)/中心点(C)]: _a
指定椭圆弧的轴端点或 [中心点(C)]: C✓
指定椭圆弧的中心点: 150,130✓
指定轴的端点: 60,130✓
指定另一条半轴长度或 [旋转(R)]: 44.5✓
指定起点角度或 [参数(P)]: 194✓
指定端点角度或 [参数(P)/夹角(I)]: （指定左侧直线的左端点）

最终结果如图 3-21 所示。

【选项说明】

（1）指定椭圆的轴端点：根据两个端点定义椭圆的第一条轴，第一条轴的角度确定了整个椭圆的角度。第一条轴既可定义椭圆的长轴，也可定义其短轴。椭圆按图 3-23（a）中显示的 1—2—3—4 顺序绘制。

（2）圆弧(A)：用于创建一段椭圆弧，与"单击'默认'选项卡'绘图'面板中的'椭圆弧'按钮 ⤾"功能相同。其中第一条轴的角度确定了椭圆弧的角度。第一条轴既可定义椭圆弧长轴，也可定义其短轴。选择该项，命令行提示与操作如下：

指定椭圆弧的轴端点或 [中心点(C)]：指定端点或输入 C ∠

指定轴的另一个端点：指定另一端点

指定另一条半轴长度或 [旋转(R)]：指定另一条半轴长度或输入 R∠

指定起点角度或 [参数(P)]：指定起始角度或输入 P ∠

指定终点角度或 [参数(P)/包含角度(I)]：

其中主要选项的含义如下。

① 指定起点角度：指定椭圆弧端点的两种方式之一，光标与椭圆中心点连线的夹角为椭圆端点位置的角度，如图 3-23（b）所示。

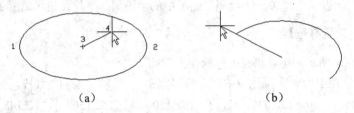

(a)   (b)

图 3-23   椭圆和椭圆弧

② 参数(P)：指定椭圆弧端点的另一种方式，该方式同样是指定椭圆弧端点的角度，但通过以下矢量参数方程式创建椭圆弧。

$$p(u) = c + a \times \cos(u) + b \times \sin(u)$$

其中，c 是椭圆的中心点，a 和 b 分别是椭圆的长轴和短轴，u 为光标与椭圆中心点连线的夹角。

③ 夹角(I)：定义从起点角度开始的夹角。

（3）中心点(C)：通过指定的中心点创建椭圆。

（4）旋转(R)：通过绕第一条轴旋转圆来创建椭圆。相当于将一个圆绕椭圆轴翻转一个角度后的投影视图。

🎓 **高手支招**

> "椭圆"命令生成的椭圆是以多段线还是以椭圆为实体，是由系统变量 PELLIPSE 决定的，当其为 1 时，生成的椭圆就是以多段线形式存在。

3.3   平 面 图 形

简单的平面图形命令包括"矩形"和"多边形"命令。

【预习重点】

☑   了解平面图形的种类及应用。

☑   简单练习矩形与多边形的绘制。

3.3.1 矩形

【执行方式】

- ☑ 命令行：RECTANG（快捷命令：REC）。
- ☑ 菜单栏：选择菜单栏中的"绘图"→"矩形"命令。
- ☑ 工具栏：单击"绘图"工具栏中的"矩形"按钮▢。
- ☑ 功能区：单击"默认"选项卡"绘图"面板中的"矩形"按钮▭。

【操作实践——绘制电阻器符号】

本实例绘制如图 3-24 所示的电阻器。操作步骤如下。

（1）单击"默认"选项卡"绘图"面板中的"矩形"按钮▢，绘制矩形，命令行提示与操作如下：

```
命令: RECTANG↙
指定第一个角点或 [倒角(C)/标高(E)/圆角(F)/厚度(T)/宽度(W)]: 100,100↙
指定另一个角点或 [面积(A)/尺寸(D)/旋转(R)]: @100,-40↙
```

结果如图 3-25 所示。

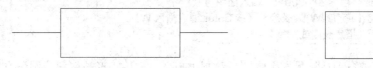

图 3-24　电阻器　　　　　　　　　　　　图 3-25　绘制矩形

（2）单击"默认"选项卡"绘图"面板中的"直线"按钮╱，绘制两条线段，命令行提示与操作如下：

```
命令: _line
指定第一个点: 100,80↙
指定下一点或 [放弃(U)]: 60,80↙
指定下一点或 [放弃(U)]: ↙
命令: _line
指定第一个点: 200,80↙
指定下一点或 [放弃(U)]: @40,0↙
指定下一点或 [放弃(U)]: ↙
```

最终结果如图 3-24 所示。

📢 **提示**

> 一般每个命令有 3 种执行方式，这里只给出了命令行执行方式，其他执行方式的操作方法与命令行执行方式相同。

【选项说明】

（1）第一个角点：通过指定两个角点确定矩形，如图 3-26（a）所示。

（2）倒角(C)：指定倒角距离，绘制带倒角的矩形，如图 3-26（b）所示。每一个角点的逆时针和顺时针方向的倒角距离可以相同，也可以不同，其中第一个倒角距离是指角点逆时针方向倒角距离，第二个倒角距离是指角点顺时针方向倒角距离。

（3）标高(E)：指定矩形标高（Z 坐标），即把矩形放置在标高为 Z 并与 XOY 坐标面平行的平面上，并作为后续矩形的标高值。

（4）圆角(F)：指定圆角半径，绘制带圆角的矩形，如图 3-26（c）所示。

（5）厚度(T)：指定矩形的厚度，如图 3-26（d）所示。

（6）宽度(W)：指定线宽，如图 3-26（e）所示。

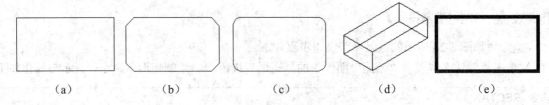

（a）   （b）   （c）   （d）   （e）

图 3-26　绘制矩形

（7）面积(A)：指定面积和长或宽创建矩形。选择该项，系统提示如下：

输入以当前单位计算的矩形面积 <20.0000>:（输入面积值）
计算矩形标注时依据 [长度(L)/宽度(W)] <长度>:（按 Enter 键或输入 W）
输入矩形长度 <4.0000>: （指定长度或宽度）

指定长度或宽度后，系统自动计算另一个维度，绘制出矩形。如果矩形被倒角或圆角，则长度或面积计算中也会考虑此设置，如图 3-27 所示。

（8）尺寸(D)：使用长和宽创建矩形，第二个指定点将矩形定位在与第一角点相关的 4 个位置之一。

（9）旋转(R)：使所绘制的矩形旋转一定角度。选择该项，命令行提示与操作如下：

指定旋转角度或 [拾取点(P)] <45>:（指定角度）
指定另一个角点或 [面积(A)/尺寸(D)/旋转(R)]:（指定另一个角点或选择其他选项）

指定旋转角度后，系统按指定角度创建矩形，如图 3-28 所示。

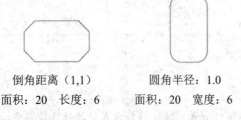

倒角距离（1,1）   圆角半径：1.0
面积：20　长度：6   面积：20　宽度：6

图 3-27　利用"面积"绘制矩形

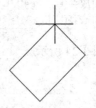

图 3-28　旋转矩形

3.3.2　多边形

【执行方式】

☑　命令行：POLYGON（快捷命令：POL）。

- ☑ 菜单栏：选择菜单栏中的"绘图"→"多边形"命令。
- ☑ 工具栏：单击"绘图"工具栏中的"多边形"按钮⬠。
- ☑ 功能区：单击"默认"选项卡"绘图"面板中的"多边形"按钮⬠。

【操作步骤】

命令: POLYGON↙
输入侧面数 <4>:（指定多边形的边数，默认值为 4）
指定正多边形的中心点或 [边(E)]:（指定中心点）
输入选项 [内接于圆(I)/外切于圆(C)] <I>:（指定是内接于圆或外切于圆，I 表示内接，如图 3-29（b）所示，C 表示外切，如图 3-29（c）所示）
指定圆的半径:（指定外接圆或内切圆的半径）

【选项说明】

（1）边(E)：选择该选项，则只要指定多边形的一条边，系统就会按逆时针方向创建该正多边形，如图 3-29（a）所示。

（2）内接于圆(I)：选择该选项，绘制的多边形内接于圆，如图 3-29（b）所示。

（3）外切于圆(C)：选择该选项，绘制的多边形外切于圆，如图 3-29（c）所示。

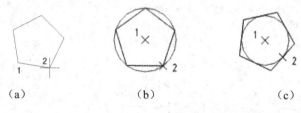

(a)   (b)   (c)

图 3-29 绘制多边形

3.4 图案填充

当用户需要用一个重复的图案（pattern）填充一个区域时，可以使用 BHATCH 命令建立一个相关联的填充阴影对象，即图案填充。

【预习重点】

- ☑ 观察图案填充结果。
- ☑ 了解填充样例对应的含义。
- ☑ 确定边界选择要求。
- ☑ 了解对话框中参数含义。

3.4.1 图案填充的操作

【执行方式】

- ☑ 命令行：HATCH（快捷命令：H）。

☑ **菜单栏**：选择菜单栏中的"绘图"→"图案填充"命令。

☑ **工具栏**：单击"绘图"工具栏中的"图案填充"按钮 ▨。

☑ **功能区**：单击"默认"选项卡"绘图"面板中的"图案填充"按钮 ▨。

【操作步骤】

执行上述命令后，系统打开如图 3-30 所示的"图案填充创建"选项卡。

图 3-30　"图案填充创建"选项卡

【选项说明】

1. "边界"面板

（1）拾取点：通过选择由一个或多个对象形成的封闭区域内的点，确定图案填充边界，如图 3-31 所示。指定内部点时，可以随时在绘图区域中右击以显示包含多个选项的快捷菜单。

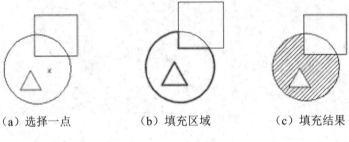

（a）选择一点　　　　（b）填充区域　　　　（c）填充结果

图 3-31　边界确定

（2）选择边界对象：指定基于选定对象的图案填充边界。使用该选项时，不会自动检测内部对象，必须选择选定边界内的对象，以按照当前孤岛检测样式填充这些对象，如图 3-32 所示。

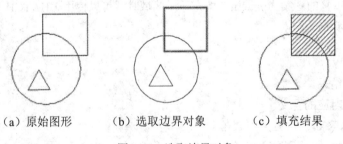

（a）原始图形　　　　（b）选取边界对象　　　　（c）填充结果

图 3-32　选取边界对象

（3）删除边界对象：从边界定义中删除之前添加的任何对象，如图 3-33 所示。

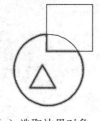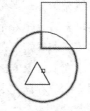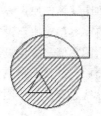

（a）选取边界对象　　　（b）删除边界　　　（c）填充结果

图 3-33　删除"岛"后的边界

（4）重新创建边界：围绕选定的图案填充或填充对象创建多段线或面域，并使其与图案填充对象相关联（可选）。

（5）显示边界对象：选择构成选定关联图案填充对象的边界的对象，使用显示的夹点可修改图案填充边界。

（6）保留边界对象：指定如何处理图案填充边界对象。选项包括：

① 不保留边界。（仅在图案填充创建期间可用）不创建独立的图案填充边界对象。

② 保留边界—多段线。（仅在图案填充创建期间可用）创建封闭图案填充对象的多段线。

③ 保留边界—面域。（仅在图案填充创建期间可用）创建封闭图案填充对象的面域对象。

④ 选择新边界集。指定对象的有限集（称为边界集），以便通过创建图案填充时的拾取点进行计算。

2．"图案"面板

显示所有预定义和自定义图案的预览图像。

3．"特性"面板

（1）图案填充类型：指定是使用纯色、渐变色、图案还是用户定义的填充。

（2）图案填充颜色：替代实体填充和填充图案的当前颜色。

（3）背景色：指定填充图案背景的颜色。

（4）图案填充透明度：设定新图案填充或填充的透明度，替代当前对象的透明度。

（5）图案填充角度：指定图案填充或填充的角度。

（6）填充图案比例：放大或缩小预定义或自定义填充图案。

（7）相对图纸空间：（仅在布局中可用）相对于图纸空间单位缩放填充图案。使用此选项，可以很容易地做到以适合于布局的比例显示填充图案。

（8）双向：（仅当"图案填充类型"设定为"用户定义"时可用）将绘制第二组直线，与原始直线成 90° 角，从而构成交叉线。

（9）ISO 笔宽：（仅对于预定义的 ISO 图案可用）基于选定的笔宽缩放 ISO 图案。

4．"原点"面板

（1）设定原点：直接指定新的图案填充原点。

（2）左下：将图案填充原点设定在图案填充边界矩形范围的左下角。

（3）右下：将图案填充原点设定在图案填充边界矩形范围的右下角。

（4）左上：将图案填充原点设定在图案填充边界矩形范围的左上角。

（5）右上：将图案填充原点设定在图案填充边界矩形范围的右上角。

（6）中心：将图案填充原点设定在图案填充边界矩形范围的中心。

（7）使用当前原点：将图案填充原点设定在 HPORIGIN 系统变量中存储的默认位置。

（8）存储为默认原点：将新图案填充原点的值存储在 HPORIGIN 系统变量中。

5．"选项"面板

（1）关联：指定图案填充或填充为关联图案填充。关联的图案填充或填充在用户修改其边界对象时将会更新。

（2）注释性：指定图案填充为注释性。此特性会自动完成缩放注释过程，从而使注释能够以正确的大小在图纸上打印或显示。

（3）特性匹配。

① 使用当前原点：使用选定图案填充对象（除图案填充原点外）设定图案填充的特性。

② 使用源图案填充的原点：使用选定图案填充对象（包括图案填充原点）设定图案填充的特性。

（4）允许的间隙：设定将对象用作图案填充边界时可以忽略的最大间隙。默认值为 0，此值指定对象必须封闭区域而没有间隙。

（5）创建独立的图案填充：控制当指定了几个单独的闭合边界时，是创建单个图案填充对象，还是创建多个图案填充对象。

（6）孤岛检测。

① 普通孤岛检测：从外部边界向内填充。如果遇到内部孤岛，填充将关闭，直到遇到孤岛中的另一个孤岛。

② 外部孤岛检测：从外部边界向内填充。此选项仅填充指定的区域，不会影响内部孤岛。

③ 忽略孤岛检测：填充图案时将忽略所有内部的对象。

（7）绘图次序：为图案填充或填充指定绘图次序。选项包括不更改、后置、前置、置于边界之后和置于边界之前。

6．"关闭"面板

关闭"图案填充创建"：退出 HATCH 并关闭上下文选项卡。也可以按 Enter 键或 Esc 键退出 HATCH。

3.4.2　渐变色的操作

【执行方式】

☑　命令行：GRADIENT。

☑　菜单栏：选择菜单栏中的"绘图"→"渐变色"命令。

☑　工具栏：单击"绘图"工具栏中的"图案填充"按钮。

☑　功能区：单击"默认"选项卡"绘图"面板中的"渐变色"按钮。

【操作步骤】

执行上述命令后系统打开如图 3-34 所示的"图案填充创建"选项卡，各面板中的按钮含义与图案填充类似，这里不再赘述。

图 3-34　"图案填充创建"选项卡

3.4.3　边界的操作

【执行方式】

☑　命令行：BOUNDARY。
☑　功能区：单击"默认"选项卡"绘图"面板中的"边界"按钮 。

【操作步骤】

执行上述命令后系统打开如图 3-35 所示的"边界创建"对话框，主要选项的含义如下。

图 3-35　"边界创建"对话框

【选项说明】

（1）拾取点：根据围绕指定点构成封闭区域的现有对象来确定边界。

（2）孤岛检测：控制 BOUNDARY 命令是否检测内部闭合边界，该边界称为孤岛。

（3）对象类型：控制新边界对象的类型。BOUNDARY 将边界作为面域或多段线对象创建。

（4）边界集：定义通过指定点定义边界时，BOUNDARY 要分析的对象集。

3.4.4　编辑填充的图案

利用 HATCHEDIT 命令可以编辑已经填充的图案。

【执行方式】

☑　命令行：HATCHEDIT（快捷命令：HE）。
☑　菜单栏：选择菜单栏中的"修改"→"对象"→"图案填充"命令。
☑　工具栏：单击"修改 II"工具栏中的"编辑图案填充"按钮 。
☑　功能区：单击"默认"选项卡"修改"面板中的"编辑图案填充"按钮 。
☑　快捷菜单：选中填充的图案右击，在打开的快捷菜单中选择"图案填充编辑"命令，如图 3-36 所示。

☑ 快捷方法：直接选择填充的图案，打开"图案填充编辑器"选项卡，如图 3-37 所示。

图 3-36 快捷菜单

图 3-37 "图案填充编辑器"选项卡

【操作实践——绘制配电箱】

本实例绘制如图 3-38 所示的配电箱。操作步骤如下。

图 3-38 配电箱

（1）绘制矩形。单击"默认"选项卡"绘图"面板中的"矩形"按钮▢，绘制一个长为 2mm、宽为 6mm 的矩形，效果如图 3-39 所示。

（2）绘制直线。启用"对象捕捉"方式，捕捉矩形宽边的中点，单击"默认"选项卡"绘图"面板中的"直线"按钮✎，连接矩形左下角与右上角，将矩形平分为两部分，如图 3-40 所示。

图 3-39 绘制矩形

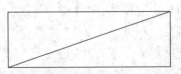

图 3-40 平分矩形

（3）填充矩形。单击"默认"选项卡"绘图"面板中的"图案填充"按钮，选择需要填充的图形进行填充，命令行提示与操作如下：

命令: BHATCH✓
拾取内部点或 [选择对象(S)/放弃(U)/设置(T)]: 正在选择所有对象...（选择填充区域，设置填充图案为 SOLID，填充比例为 1，角度为 0，如图 3-41 所示）
正在选择所有可见对象...
正在分析所选数据...
正在分析内部孤岛...
拾取内部点或 [选择对象(S)/放弃(U)/设置(T)]:

结果如图 3-38 所示。

图 3-41　图案填充创建"选项卡

📢注意　如果填充的图形需要修改，可以选择菜单栏中的"修改"→"对象"→"图案填充"命令，选择填充的图形，打开"图案填充编辑"对话框，如图 3-42 所示，修改参数。

图 3-42　"图案填充编辑"对话框

3.5　多段线与样条曲线

多段线是一种由线段和圆弧组合而成的不同线宽的多线，这种线由于其组合形式多样，线宽变化，弥补了直线或圆弧功能的不足，适合绘制各种复杂的图形轮廓，因而得到了广泛的应用。

【预习重点】

☑　比较多段线与直线、圆弧组合体的差异。

☑　了解"多段线"和"样条曲线"命令的选项含义。

☑　了解如何编辑多段线。

3.5.1　多段线

【执行方式】

☑　命令行：PLINE（快捷命令：PL）。

☑　菜单栏：选择菜单栏中的"绘图"→"多段线"命令。

☑　工具栏：单击"绘图"工具栏中的"多段线"按钮 ⏎。

☑　功能区：单击"默认"选项卡"绘图"面板中的"多段线"按钮 ⏎。

【操作实践——绘制单极拉线开关】

本实例绘制如图 3-43 所示的单极拉线开关。操作步骤如下。

（1）绘制圆。单击"默认"选项卡"绘图"面板中的"圆"按钮 ⊘，在单极拉线开关的下部绘制一个半径为 1mm 的圆。单击"默认"选项卡"绘图"面板中的"直线"按钮 ╱，用鼠标指定圆右上角一点作为起点，绘制长度为 5mm，且与水平方向成 60°角的斜线 1；并以斜线 1 的终点为起点，绘制长度为 1.5mm，与斜线成 90°角的斜线 2，如图 3-44 所示。

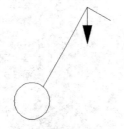

图 3-43　单极拉线开关

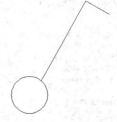

图 3-44　拉线开关

（2）绘制多段线。单击"默认"选项卡"绘图"面板中的"多段线"按钮 ⏎，按命令行提示绘制多段线，即可形成单极拉线开关，如图 3-43 所示。命令行提示与操作如下：

```
命令:_Pline↙
指定起点:（指定步骤（1）中绘制的两线交点）
当前线宽为：0.0000
```

指定下一点或 [圆弧(A)/半宽(H)/长度(L)/放弃(U)/宽度(W)]: @0，-1↙
指定下一点或 [圆弧(A)/闭合(C)/半宽(H)/长度(L)/放弃(U)/宽度(W)]: W↙
指定起点宽度<0.0000>:0.5↙
指定端点宽度<1.0000>:0↙
指定下一点或 [圆弧(A)/闭合(C)/半宽(H)/长度(L)/放弃(U)/宽度(W)]: @0，-1↙
指定下一点或 [圆弧(A)/闭合(C)/半宽(H)/长度(L)/放弃(U)/宽度(W)]: ↙

【选项说明】

多段线主要由不同长度的连续线段或圆弧组成，如果在上述提示中选择"圆弧"选项，则命令行提示：

指定圆弧的端点(按住 Ctrl 键以切换方向)或 [角度(A)/圆心(CE)/方向(D)/半宽(H)/直线(L)/半径(R)/第二个点(S)/放弃(U)/宽度(W)]:

绘制圆弧的方法与"圆弧"命令相似。

🎓 高手支招

执行"多段线"命令时，如坐标输入错误，不必退出命令，重新绘制，按下面命令行输入：

指定下一点或 [圆弧(A)/闭合(C)/半宽(H)/长度(L)/放弃(U)/宽度(W)]: 0,600（操作出错，但已按 Enter 键，出现下一行命令）
指定下一点或 [圆弧(A)/闭合(C)/半宽(H)/长度(L)/放弃(U)/宽度(W)]: U（放弃，表示上步操作出错）
指定下一点或 [圆弧(A)/闭合(C)/半宽(H)/长度(L)/放弃(U)/宽度(W)]: @0,600（输入正确坐标，继续进行下步操作）

3.5.2　样条曲线

AutoCAD 2017 使用一种称为"非一致有理 B 样条（NURBS）曲线"的特殊样条曲线类型。NURBS 曲线在控制点之间产生一条光滑的曲线，如图 3-45 所示。样条曲线可用于创建形状不规则的曲线，例如，为地理信息系统（GIS）应用或汽车设计绘制轮廓线。

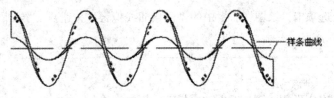

图 3-45　样条曲线

【执行方式】

- ☑ 命令行：SPLINE。
- ☑ 菜单栏：选择菜单栏中的"绘图"→"样条曲线"命令。
- ☑ 工具栏：单击"绘图"工具栏中的"样条曲线"按钮～。
- ☑ 功能区：单击"默认"选项卡"绘图"面板中的"样条曲线拟合"按钮～或"样条曲线控制点"按钮～（如图 3-46 所示）。

【操作实践——绘制整流器框形符号】

本实例绘制如图 3-47 所示的整流器框形符号。操作步骤如下。

图 3-46　"绘图"面板

图 3-47　整流器框形符号

（1）单击"默认"选项卡"绘图"面板中的"多边形"按钮⬡，绘制正方形。命令行提示与操作如下：

```
命令: _polygon
输入侧面数<4>:↙
指定正多边形的中心点或 [边(E)]:（在绘图屏幕适当指定一点）
输入选项 [内接于圆(I)/外切于圆(C)] <I>:C↙
指定圆的半径:（适当指定一点作为外接圆半径，使正四边形边大约处于垂直"正交"位置，如图 3-48 所示）
```

（2）单击"默认"选项卡"绘图"面板中的"直线"按钮╱，绘制 3 条直线，并将其中一条直线设置为虚线，如图 3-49 所示。

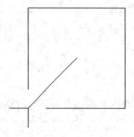

图 3-48　绘制正四边形

图 3-49　绘制直线

（3）单击"默认"选项卡"绘图"面板中的"样条曲线拟合"按钮◠，绘制所需曲线，命令行提示与操作如下：

```
命令: _spline
当前设置: 方式=拟合　节点=弦
指定第一个点或 [方式(M)/节点(K)/对象(O)]: ↙（指定一点）
输入下一个点或 [起点切向(T)/公差(L)]: ↙（适当指定一点）
输入下一个点或 [端点相切(T)/公差(L)/放弃(U)]: ↙（适当指定一点）
输入下一个点或 [端点相切(T)/公差(L)/放弃(U)/闭合(C)]: ↙（适当指定一点）
输入下一个点或 [端点相切(T)/公差(L)/放弃(U)/闭合(C)]: ↙
```

最终结果如图 3-47 所示。

【选项说明】

（1）对象(O)：将二维或三维的二次或三次样条曲线的拟合多段线转换为等价的样条曲线，然后（根据

DelOBJ 系统变量的设置）删除该拟合多段线。

（2）起点切向(T)：定义样条曲线的第一点和最后一点的切向。

如果在样条曲线的两端都指定切向，可以通过输入一个点或者使用"切点"和"垂足"对象捕捉模式使样条曲线与已有的对象相切或垂直。如果按 Enter 键，AutoCAD 2017 将计算默认切向。

（3）公差(L)：使用新的公差值将样条曲线重新拟合至现有的拟合点。

（4）闭合(C)：将最后一点定义为与第一点一致，并使它在连接处与样条曲线相切，这样可以闭合样条曲线。选择该项，命令行继续提示如下：

指定切向:（指定点或按 Enter 键）

用户可以指定一点来定义切向矢量，或者通过使用"切点"和"垂足"对象捕捉模式使样条曲线与现有对象相切或垂直。

3.6 多 线

多线是一种复合线，由连续的直线段复合组成。这种线的一个突出的优点是能够提高绘图效率，保证图线之间的统一性，建筑墙体的设置过程中需要大量用到此命令。

【预习重点】

☑ 观察绘制的多线。

☑ 了解多线的不同样式。

☑ 观察如何编辑多线。

3.6.1 绘制多线

【执行方式】

☑ 命令行：MLINE。

☑ 菜单栏：选择菜单栏中的"绘图"→"多线"命令。

【操作步骤】

命令：MLINE↙
当前设置：对正 = 上，比例 = 20.00，样式 = STANDARD
指定起点或 [对正(J)/比例(S)/样式(ST)]:（指定起点）
指定下一点:（给定下一点）
指定下一点或 [放弃(U)]:（继续给定下一点绘制线段。输入 U，则放弃前一段的绘制；右击或按 Enter 键，结束命令）
指定下一点或 [闭合(C)/放弃(U)]:（继续给定下一点绘制线段。输入 C，则闭合线段，结束命令）

【选项说明】

（1）对正(J)：该项用于给定绘制多线的基准。共有 3 种对正类型："上""无"和"下"。其中，"上"

表示以多线上侧的线为基准，依此类推。

（2）比例(S)：选择该项，要求用户设置平行线的间距。输入值为 0 时，平行线重合；值为负时，多线的排列倒置。

（3）样式(ST)：该项用于设置当前使用的多线样式。

3.6.2　定义多线样式

【执行方式】

- ☑　命令行：MLSTYLE。
- ☑　菜单栏：选择菜单栏中的"格式"→"多线样式"命令。

【操作步骤】

执行该命令后，弹出如图 3-50 所示的"多线样式"对话框。在该对话框中，用户可以对多线样式进行定义、保存和加载等操作。

3.6.3　编辑多线

【执行方式】

- ☑　命令行：MLEDIT。
- ☑　菜单栏：选择菜单栏中的"修改"→"对象→"多线"命令。

【操作实践——绘制墙体符号】

本实例绘制如图 3-51 所示的墙体。操作步骤如下。

（1）绘制辅助线。单击"默认"选项卡"绘图"面板中的"构造线"按钮，绘制出一条水平构造线和一条竖直构造线，组成"十"字构造线，如图 3-52 所示。命令行提示与操作如下：

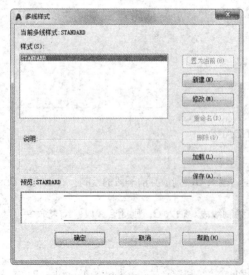

图 3-50　"多线样式"对话框

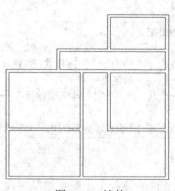

图 3-51　墙体

命令: XLINE↙
指定点或 [水平(H)/垂直(V)/角度(A)/二等分(B)/偏移(O)]: O↙
指定偏移距离或 [通过(T)] <0.0000>: 4200↙
选择直线对象：（选择刚绘制的水平构造线）
指定向哪侧偏移：（指定上边一点）
选择直线对象：（继续选择刚绘制的水平构造线）

用相同方法，将绘制得到的水平构造线依次向上偏移 5100mm、1800mm 和 3000mm，绘制的水平构造线如图 3-53 所示。用同样方法绘制垂直构造线，向右偏移依次是 3900mm、1800mm、2100mm 和 4500mm，结果如图 3-54 所示。

图 3-52 "十"字构造线

图 3-53 水平方向的主要辅助线

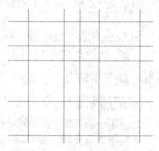

图 3-54 居室的辅助线网格

（2）定义多线样式。选择菜单栏中的"格式"→"多线样式"命令，系统打开"多线样式"对话框，在该对话框中单击"新建"按钮，系统打开"创建新的多线样式"对话框，在该对话框的"新样式名"文本框中输入"墙体线"，单击"继续"按钮。系统打开"新建多线样式:墙体线"对话框，进行如图 3-55 所示的设置。

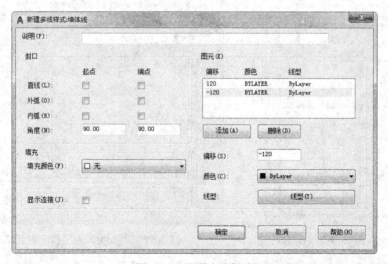

图 3-55 设置多线样式

（3）绘制多线。选择菜单栏中的"绘图"→"多线"命令，绘制多线墙体。命令行提示与操作如下：

命令: MLINE↙
当前设置: 对正 = 上，比例 = 20.00，样式 = STANDARD

指定起点或 [对正(J)/比例(S)/样式(ST)]:S↙
输入多线比例 <20.00>:1↙
当前设置: 对正 = 上, 比例 = 1.00, 样式 = STANDARD
指定起点或 [对正(J)/比例(S)/样式(ST)]:J↙
输入对正类型 [上(T)/无(Z)/下(B)] <上>:Z↙
当前设置: 对正 = 无, 比例 = 1.00, 样式 = STANDARD
指定起点或 [对正(J)/比例(S)/样式(ST)]:（在绘制的辅助线交点上指定一点）
指定下一点:（在绘制的辅助线交点上指定下一点）
指定下一点或 [放弃(U)]:（在绘制的辅助线交点上指定下一点）
指定下一点或 [闭合(C)/放弃(U)]:（在绘制的辅助线交点上指定下一点）
…
指定下一点或 [闭合(C)/放弃(U)]:C↙

用相同方法，根据辅助线网格绘制多线，绘制结果如图 3-56 所示。

（4）编辑多线。选择菜单栏中的"修改"→"对象"→"多线"命令，系统打开"多线编辑工具"对话框，如图 3-57 所示。选择其中的"T 形合并"选项，确认后，命令行提示与操作如下：

命令: MLEDIT↙
选择第一条多线:（选择多线）
选择第二条多线:（选择多线）
选择第一条多线或 [放弃(U)]:（选择多线）
…
选择第一条多线或 [放弃(U)]: ↙

用同样方法继续进行多线编辑，编辑的最终结果如图 3-51 所示。

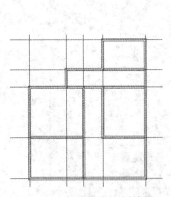

图 3-56　全部多线绘制结果

图 3-57　"多线编辑工具"对话框

3.7　综合演练——绘制简单的振荡回路

本实例绘制如图 3-58 所示的振荡回路。

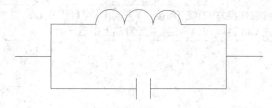

图 3-58 简单的振荡回路

🔧 **贴心小帮手**

本例目的是练习上面章节讲解的命令，采用多种绘图命令，其实本例可直接用"多段线"命令绘制得到如图 3-58 所示图形。读者可自行练习。

⭐ **手把手教你学**

本实例先绘制电感，从而确定整个回路以及电气符号的大体尺寸和位置。然后绘制一侧导线，再绘制电容符号，最后绘制剩余导线。绘制过程中要用到直线、圆弧和多段线等命令。

【操作步骤】

（1）单击"默认"选项卡"绘图"面板中的"多段线"按钮 ⟋，绘制电感符号及其相连导线，命令行提示与操作如下：

命令: _pline
指定起点：（窗口空白处适当指定一点）
当前线宽为 0.0000
指定下一个点或 [圆弧(A)/半宽(H)/长度(L)/放弃(U)/宽度(W)]：（水平向右指定一点）
指定下一点或 [圆弧(A)/闭合(C)/半宽(H)/长度(L)/放弃(U)/宽度(W)]: A↙
指定圆弧的端点(按住 Ctrl 键以切换方向)或 [角度(A)/圆心(CE)/闭合(CL)/方向(D)/半宽(H)/直线(L)/半径(R)/第二个点(S)/放弃(U)/宽度(W)]: A↙
指定夹角：-180↙
指定圆弧的端点(按住 Ctrl 键以切换方向)或 [圆心(CE)/半径(R)]：（向右与左边直线大约处于水平位置处指定一点）
指定圆弧的端点(按住 Ctrl 键以切换方向)或 [角度(A)/圆心(CE)/闭合(CL)/方向(D)/半宽(H)/直线(L)/半径(R)/第二个点(S)/放弃(U)/宽度(W)]: D↙
指定圆弧的起点切向：（竖直向上指定一点）
指定圆弧的端点(按住 Ctrl 键以切换方向)：（向右与左边直线大约处于水平位置处指定一点，使此圆弧与前面圆弧半径大约相等）
指定圆弧的端点(按住 Ctrl 键以切换方向)或 [角度(A)/圆心(CE)/闭合(CL)/方向(D)/半宽(H)/直线(L)/半径(R)/第二个点(S)/放弃(U)/宽度(W)]: ↙

结果如图 3-59 所示。

（2）单击"默认"选项卡"绘图"面板中的"圆弧"按钮 ⌒，绘制电感符号，命令行提示与操作如下：

命令: _arc
指定圆弧的起点或 [圆心(C)]：（指定多段线终点为起点）
指定圆弧的第二个点或 [圆心(C)/端点(E)]: E↙
指定圆弧的端点：（水平向右指定一点，与第一点距离及多段线圆弧直径大致相等）

指定圆弧的中心点(按住 Ctrl 键以切换方向)或 [角度(A)/方向(D)/半径(R)]: D↙

指定圆弧起点的相切方向(按住 Ctrl 键以切换方向): （竖直向上指定一点）

结果如图 3-60 所示。

图 3-59　绘制电感及其导线　　　　　　　　　　图 3-60　完成电感符号绘制

（3）单击"默认"选项卡"绘图"面板中的"直线"按钮／，绘制导线。以圆弧终点为起点绘制正交直线，如图 3-61 所示。

（4）单击"默认"选项卡"绘图"面板中的"直线"按钮／，绘制电容符号。电容符号为两条平行等长的竖线，使右边竖线的中点为刚绘制的导线端点，如图 3-62 所示。

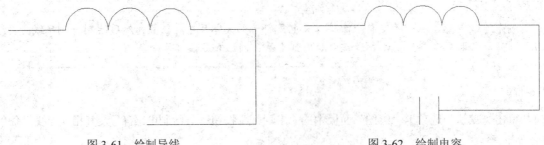

图 3-61　绘制导线　　　　　　　　　　　　图 3-62　绘制电容

（5）单击"默认"选项卡"绘图"面板中的"直线"按钮／，绘制连续正交直线，完成其他导线绘制。使直线的起点为电容符号的左边竖线中点，终点为与电感符号相连的导线直线左端点，最终结果如图 3-58 所示。

🔧 **举一反三**

> 由于所绘制的直线、多段线和圆弧都是首尾相连或水平对齐，所以要求读者在指定相应点时要细心。读者操作起来可能比较麻烦，在后面章节学习了精确绘图的相关知识后就会很简单了。

3.8　名师点拨——大家都来讲绘图

1. 多段线的宽度问题

当多段线设置成宽度不为 0 时，打印时就按此线宽打印。如果该多段线的宽度太小，就无法显示宽度效果（如以毫米为单位绘图，设置多段线宽度为 10，当用 1:100 的比例打印时，就是 0.1mm）。所以多段线的宽度设置要考虑打印比例才行。而宽度为 0 时，可按对象特性来设置（与其他对象一样）。

2. 快速继续使用执行过的命令

默认情况下，按空格键或 Enter 键表示重复 AutoCAD 2017 的上一个命令，故在连续采用同一个命令操作时，只需连续按空格键即可，而无须费时费力地连续单击同一个命令。

同时按下键盘右侧的←和↑键，则在命令行中显示上步执行的命令；松开其中一键，继续按下另外一键，显示倒数第二步执行的命令，继续按键，依此类推。反之，则同时按→和↑键。

3.9 上机实验

【练习1】绘制如图3-63所示的电抗器符号。

1．目的要求

本练习主要利用基本绘图工具，熟练掌握绘图技巧。

2．操作提示

（1）利用"直线"命令绘制两条垂直相交的直线。
（2）利用"圆弧"命令绘制连接弧。
（3）利用"直线"命令绘制竖直直线。

【练习2】绘制如图3-64所示的暗装开关符号。

1．目的要求

本练习主要使用"图案填充"命令，复习使用基本绘图工具，并学习使用填充命令，在绘制过程中，注意选择图案样例、填充边界。

2．操作提示

（1）利用"圆弧"命令绘制多半个圆弧。
（2）利用"直线"命令绘制水平和竖直直线，其中一条水平直线的两个端点都在圆弧上。
（3）利用"图案填充"命令填充圆弧与水平直线之间的区域。

图3-63 电抗器符号

图3-64 暗装开关符号

3.10 模 拟 考 试

1. 可以有宽度的线有（　　）。
   A．构造线　　　　　B．多段线　　　　　C．直线　　　　　D．样条曲线

2．执行"样条曲线"命令后，某选项用来输入曲线的偏差值。值越大，曲线离指定的点越远；值越小，曲线离指定的点越近。该选项是（　　　）。

    A．闭合　　　　　　　B．端点切向　　　　　　C．拟合公差　　　　　　D．起点切向

3．以同一点作为正五边形的中心，圆的半径为 50，分别用 I 和 C 方式画的正五边形的间距为（　　　）。

    A．15.32　　　　　　B．9.55　　　　　　　　C．7.43　　　　　　　　D．12.76

4．利用 ARC 命令刚刚结束绘制一段圆弧，现在执行 LINE 命令，提示"指定第一个点:"时直接按 Enter 键，结果是（　　　）。

    A．继续提示"指定第一点:"　　　　　　　　B．提示"指定下一点或 [放弃(U)]:"

    C．LINE 命令结束　　　　　　　　　　　　D．以圆弧端点为起点绘制圆弧的切线

5．重复使用刚执行的命令，按什么键？（　　　）

    A．Ctrl　　　　　　　B．Alt　　　　　　　　C．Enter　　　　　　　D．Shift

6．动手试操作一下，进行图案填充时，下面图案类型中不需要同时指定角度和比例的有（　　　）。

    A．预定义　　　　　　B．用户定义　　　　　　C．自定义

7．根据图案填充创建边界时，边界类型可能是以下哪个选项？（　　　）。

    A．多段线　　　　　　B．样条曲线　　　　　　C．三维多段线　　　　　　D．螺旋线

8．绘制如图 3-65 所示的多种电源配电箱符号。

9．绘制如图 3-66 所示的蜂鸣器符号。

图 3-65　多种电源配电箱符号

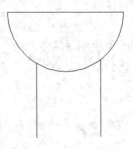

图 3-66　蜂鸣器符号

基本绘图工具

　　AutoCAD 2017 提供了图层工具，对每个图层规定其颜色和线型，并把具有相同特征的图形对象放在同一层上绘制，这样绘图时不用分别设置对象的线型和颜色，不仅方便绘图，而且存储图形时只需存储几何数据和所在图层，因而既节省了存储空间，又可以提高工作效率。为了快捷准确地绘制图形，AutoCAD 2017 还提供了多种必要的和辅助的绘图工具，如工具条、对象选择工具、对象捕捉工具、栅格和正交模式等。利用这些工具，可以方便、迅速、准确地实现图形的绘制和编辑，不仅可提高工作效率，而且能更好地保证图形的质量。

4.1 精确定位工具

精确定位工具是指能够帮助用户快速准确地定位某些特殊点（如端点、中点和圆心等）和特殊位置（如水平位置和垂直位置）的工具。

精确定位工具主要集中在状态栏上，如图 4-1 所示为默认状态下显示的状态栏按钮。

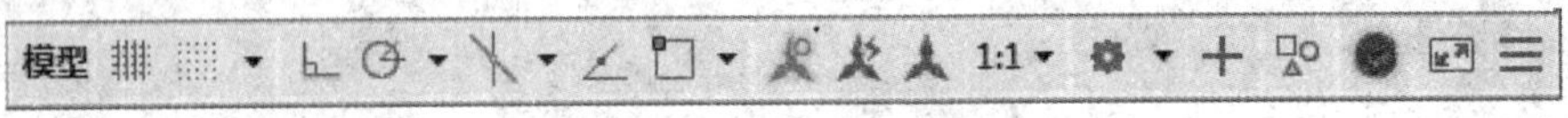

图 4-1 默认状态栏

【预习重点】

☑ 了解定位工具的应用。

☑ 逐个对应各按钮与命令的相互关系。

☑ 练习"正交模式""栅格"和"捕捉"按钮的应用。

4.1.1 捕捉模式

为了准确地在绘图区捕捉点，AutoCAD 2017 提供了捕捉工具，可以在绘图区生成一个隐含的栅格（捕捉栅格），这个栅格能够捕捉光标，约束它只能落在栅格的某一个节点上，使用户能够高精度地捕捉和选择这个栅格上的点。本节主要介绍捕捉栅格的参数设置方法。

【执行方式】

☑ 菜单栏：选择菜单栏中的"工具"→"绘图设置"命令。

☑ 状态栏：单击状态栏中的"捕捉模式"按钮▒（仅限于打开与关闭）。

☑ 快捷键：F9（仅限于打开与关闭）。

【操作步骤】

选择菜单栏中的"工具"→"绘图设置"命令，打开"草图设置"对话框，选择"捕捉和栅格"选项卡，如图 4-2 所示。

【选项说明】

（1）"启用捕捉"复选框：控制捕捉功能的开关，与按 F9 键或单击状态栏上的"捕捉模式"按钮▒功能相同。

（2）"捕捉间距"选项组：设置捕捉参数，其中，"捕捉 X 轴间距"与"捕捉 Y 轴间距"文本框用于确定捕捉栅格点在水平和垂直两个方向上的间距。

（3）"捕捉类型"选项组：确定捕捉类型和样式。AutoCAD 2017 提供了两种捕捉栅格的方式，即"栅格捕捉"和 PolarSnap（极轴捕捉）。"栅格捕捉"是指按正交位置捕捉位置点，"极轴捕捉"则可以根据设置的任意极轴角捕捉位置点。

"栅格捕捉"又分为"矩形捕捉"和"等轴测捕捉"两种方式。在"矩形捕捉"方式下捕捉栅格是标准的矩形，在"等轴测捕捉"方式下捕捉栅格和光标十字线不再互相垂直，而是成绘制等轴测图时的特定角度，这种方式对于绘制等轴测图十分方便。

（4）"极轴间距"选项组：该选项组只有在选择 PolarSnap 捕捉类型时才可用。可在"极轴距离"文本框中输入距离值，也可以在命令行中输入 SNAP 命令，设置捕捉的有关参数。

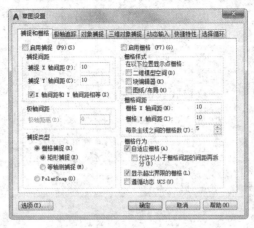

图 4-2 "捕捉和栅格"选项卡

4.1.2 栅格显示

用户可以应用栅格显示工具使绘图区显示网格，这是一个形象的画图工具，就像传统的坐标纸一样。本节介绍控制栅格显示及设置栅格参数的方法。

【执行方式】

☑ 菜单栏：选择菜单栏中的"工具"→"绘图设置"命令。

☑ 状态栏：单击状态栏中的"栅格"按钮 ▦（仅限于打开与关闭）。

☑ 快捷键：F7（仅限于打开与关闭）。

【操作步骤】

选择菜单栏中的"工具"→"绘图设置"命令或在"栅格显示"按钮上右击，系统打开"草图设置"对话框，选择"捕捉和栅格"选项卡，如图 4-2 所示。

其中，"启用栅格"复选框用于控制是否显示栅格；"栅格 X 轴间距"和"栅格 Y 轴间距"文本框用于设置栅格在水平与垂直方向的间距。如果"栅格 X 轴间距"和"栅格 Y 轴间距"设置为 0，则系统会自动将捕捉栅格间距应用于栅格，且其原点和角度总是与捕捉栅格的原点和角度相同。另外，还可以通过 GRID 命令在命令行设置栅格间距。

🎓 **高手支招**

在"栅格间距"选项组下"栅格 X 轴间距"和"栅格 Y 轴间距"文本框中输入数值时，若在"栅格 X 轴间距"文本框中输入一个数值后按 Enter 键，系统将自动传送这个值给"栅格 Y 轴间距"，这样可减少工作量。

4.1.3　正交模式

在绘图过程中，经常需要绘制水平直线和垂直直线，但是用光标控制选择线段的端点时很难保证两个点严格沿水平或垂直方向，为此，AutoCAD 2017 提供了正交功能，当启用正交模式时，画线或移动对象时只能沿水平方向或垂直方向移动光标，也只能绘制平行于坐标轴的正交线段。

【执行方式】

☑　命令行：ORTHO。
☑　状态栏：单击状态栏中的"正交模式"按钮 ┗。
☑　快捷键：F8。

【操作步骤】

命令: ORTHO↙
输入模式 [开(ON)/关(OFF)] <开>:（设置开或关）

🎓 **高手支招**

"正交"模式必须依托于其他绘图工具，才能显示其功能效果。

4.2　对象捕捉工具

在利用 AutoCAD 2017 画图时经常要用到一些特殊的点，例如，圆心、切点、线段或圆弧的端点、中点等，但是如果用鼠标拾取，要准确地找到这些点是十分困难的。为此，AutoCAD 2017 提供了对象捕捉工具，通过这些工具可轻易找到这些点。

【预习重点】

☑　了解捕捉对象范围。
☑　练习如何打开捕捉。
☑　了解对象捕捉在绘图过程中的应用。

4.2.1　对象捕捉设置

在 AutoCAD 2017 中绘图之前，可以根据需要事先设置开启一些对象捕捉模式，绘图时系统就能自动捕捉这些特殊点，从而加快绘图速度，提高绘图质量。

【执行方式】

☑　命令行：DDOSNAP。
☑　菜单栏：选择菜单栏中的"工具"→"绘图设置"命令。
☑　工具栏：单击"对象捕捉"工具栏中的"对象捕捉设置"按钮 ⋒。

☑ 状态栏：单击状态栏中的"对象捕捉"按钮▢（仅限于打开与关闭）。

☑ 快捷键：F3（仅限于打开与关闭）。

☑ 快捷菜单：按 Shift 键右击，在弹出的快捷菜单中选择"对象捕捉设置"命令。

【操作实践——绘制双极开关】

本实例绘制如图 4-3 所示的双极开关。操作步骤如下。

（1）绘制圆。单击"默认"选项卡"绘图"面板中的"圆"按钮⊙，在屏幕合适位置绘制一个半径为 1mm 的圆。

（2）设置对象捕捉。在状态栏上单击对象捕捉右侧的小三角，在弹出的快捷菜单中选择"对象捕捉设置"命令，如图 4-4 所示。打开"草图设置"对话框，如图 4-5 所示。

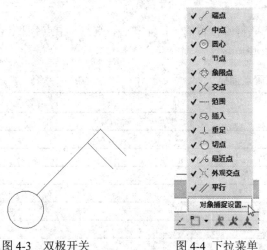

图 4-3　双极开关　　　　图 4-4　下拉菜单

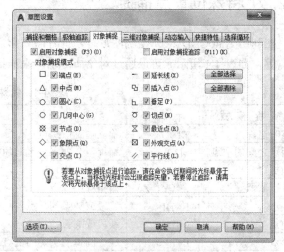

图 4-5　"草图设置"对话框

（3）绘制折线。单击"默认"选项卡"绘图"面板中的"直线"按钮／，在"对象捕捉"绘图方式下，用鼠标捕捉圆右上角一点作为起点，绘制长度分别为 4mm 和 1mm，且与水平方向成 45°夹角的斜线 1 和斜线 2，如图 4-6（a）所示；重复"直线"命令，以斜线 2 的终点为起点，绘制长度为 2mm，与斜线成 90°角的斜线 3，如图 4-6（b）所示。

（4）绘制折线。单击"默认"选项卡"绘图"面板中的"直线"按钮／，在斜线 2 上捕捉起点，绘制平行于斜线 3 的斜线 4，效果如图 4-6（c）所示，即为绘制完成的双极开关符号。

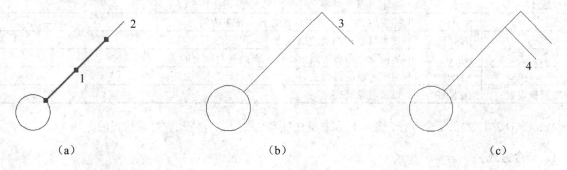

（a）　　　　　　　　　　（b）　　　　　　　　　　（c）

图 4-6　绘制双极开关

【选项说明】

（1）"启用对象捕捉"复选框：选中该复选框，在"对象捕捉模式"选项组中选中的捕捉模式处于激活状态。

（2）"启用对象捕捉追踪"复选框：用于打开或关闭自动追踪功能。

（3）"对象捕捉模式"选项组：此选项组中列出各种捕捉模式的复选框，被选中的复选框处于激活状态。单击"全部清除"按钮，则所有模式均被清除。单击"全部选择"按钮，则所有模式均被选中。

（4）"选项"按钮：单击该按钮可以打开"选项"对话框的"草图"选项卡，利用该对话框可决定捕捉模式的各项设置。

4.2.2 特殊位置点捕捉

在利用 AutoCAD 2017 绘制图形时，有时需要指定一些特殊位置的点，如圆心、端点、中点、平行线上的点等，如表 4-1 所示。可以通过对象捕捉功能来捕捉这些点。

表 4-1 特殊位置点捕捉

捕 捉 模 式	命 令	功 能
临时追踪点	TT	建立临时追踪点
两点之间的中点	M2P	捕捉两个独立点之间的中点
捕捉自	FROM	建立一个临时参考点，作为指出后继点的基点
点过滤器	X（Y、Z）	由坐标选择点
端点	ENDP	线段或圆弧的端点
中点	MID	线段或圆弧的中点
交点	INT	线、圆弧或圆等的交点
外观交点	APPINT	图形对象在视图平面上的交点
延长线	EXT	指定对象的延伸线
圆心	CEN	圆或圆弧的圆心
象限点	QUA	距光标最近的圆或圆弧上可见部分的象限点，即圆周上 0°、90°、180° 和 270° 位置上的点
切点	TAN	最后生成的一个点到选中的圆或圆弧上引切线的切点位置
垂足	PER	在线段、圆、圆弧或其延长线上捕捉一个点，使之与最后生成的点的连线与该线段、圆或圆弧正交
平行线	PAR	绘制与指定对象平行的图形对象
节点	NOD	捕捉用 POINT 或 DIVIDE 等命令生成的点
插入点	INS	文本对象和图块的插入点
最近点	NEA	离拾取点最近的线段、圆、圆弧等对象上的点
无	NON	关闭对象捕捉模式
对象捕捉设置	OSNAP	设置对象捕捉

AutoCAD 2017 提供了命令行、工具栏和右键快捷菜单 3 种执行特殊点对象捕捉的方法。

1. 命令方式

绘图时，当在命令行中提示输入一点时，输入相应特殊位置点命令，如表 4-1 所示，然后根据提示操作即可。

2．工具栏方式

使用如图 4-7 所示的"对象捕捉"工具栏可以使用户更方便地实现捕捉点的目的。当命令行提示输入一点时，从"对象捕捉"工具栏上单击相应的按钮。当把光标放在某一图标上时，会显示出该图标功能的提示，然后根据提示操作即可。

图 4-7　"对象捕捉"工具栏

3．快捷菜单方式

快捷菜单可通过同时按 Shift 键和右击来激活，菜单中列出了 AutoCAD 2017 提供的对象捕捉模式，如图 4-8 所示。操作方法与工具栏相似，只要在系统提示输入点时选择快捷菜单中相应的命令，然后按提示操作即可。

【操作实践——绘制简单电路】

本实例绘制如图 4-9 所示的简单电路。操作步骤如下。

（1）单击状态栏中的"正交模式"按钮打开该功能，再单击"默认"选项卡"绘图"面板中的"矩形"按钮▢，绘制一个适当大小的矩形，表示操作器件符号。

（2）单击状态栏中的"对象捕捉"按钮打开该功能，再单击"默认"选项卡"绘图"面板中的"直线"按钮╱，将光标放在刚绘制的矩形的左下角端点附近，然后往下移动鼠标，这时系统显示一条追踪线，如图 4-10 所示，表示目前鼠标位置处于矩形左边下方的延长线上，适当指定一点为直线起点，再往下适当指定一点为直线终点。

（3）单击状态栏中的"对象捕捉追踪"按钮打开该功能，再单击"默认"选项卡"绘图"面板中的"直线"按钮╱，将光标放在刚绘制的竖线的上端点附近，然后往右移动鼠标，这时，系统显示一条追踪线，如图 4-11 所示，表示目前鼠标位置处于竖线上端点的同一水平线上，适当指定一点为直线起点。

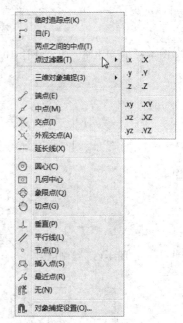

图 4-8　"对象捕捉"快捷菜单

（4）将光标放在刚绘制的竖线的下端点附近，然后往右移动鼠标，这时，系统也显示一条追踪线，如图 4-12 所示，表示目前光标位置处于竖线的下端点同一水平线上，在刚绘制直线起点大约正下方指定一点为直线起点并单击，这样系统就捕捉到直线的终点，使该直线竖直，同时起点和终点与前面绘制的竖线的起点和终点在同一水平线上。这样，就完成电容符号的绘制。

（5）单击"默认"选项卡"绘图"面板中的"矩形"按钮▢，在电容符号下方适当位置处绘制一个矩形，表示电阻符号，如图 4-13 所示。

（6）单击"默认"选项卡"绘图"面板中的"直线"按钮╱，在绘制的电气符号两侧绘制两条适当长度的竖直直线，表示导线主线，如图 4-14 所示。

（7）单击状态栏中的"对象捕捉"按钮打开该功能，并将所有特殊位置点设置为可捕捉点。

（8）矩形左边中点为直线起点，如图 4-15 所示。捕捉左边导线主线上一点为直线终点，如图 4-16 所示。

（9）用同样方法，利用"直线"命令绘制操作器件和电容的连接导线以及电阻的连接导线，注意捕捉电阻导线的起点为电阻符号矩形左边的中点，终点为电容连线上的垂足，如图 4-17 所示。完成的导线绘制如图 4-18 所示。

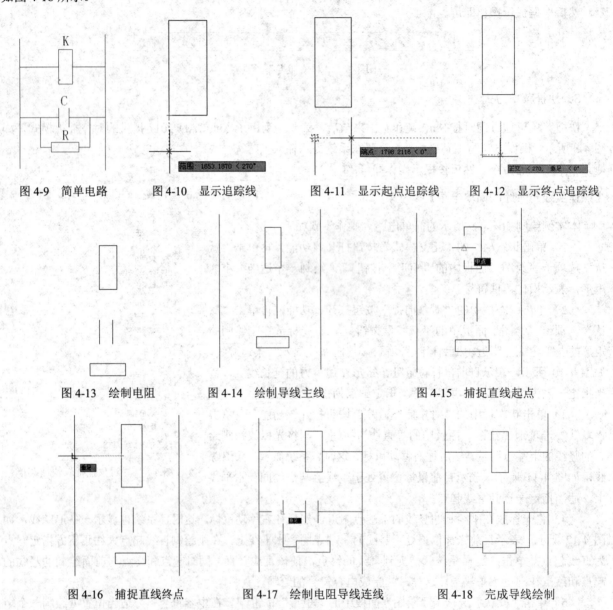

图 4-9　简单电路　　图 4-10　显示追踪线　　图 4-11　显示起点追踪线　　图 4-12　显示终点追踪线

图 4-13　绘制电阻　　图 4-14　绘制导线主线　　图 4-15　捕捉直线起点

图 4-16　捕捉直线终点　　图 4-17　绘制电阻导线连线　　图 4-18　完成导线绘制

输入文字（将在第 6 章介绍）后的最终结果如图 4-9 所示。

4.3　图　层　设　计

图层的概念类似投影片，将不同属性的对象分别放置在不同的投影片（图层）上。例如，将图形的主要线段、中心线、尺寸标注等分别绘制在不同的图层上，每个图层可设定不同的线型、线条颜色，然后把不同的图层堆叠在一起成为一张完整的视图，这样可使视图层次分明，方便图形对象的编辑与管理。一个完整的图形就是由它所包含的所有图层上的对象叠加在一起构成的，如图 4-19 所示。

图 4-19　图层效果

【预习重点】

- ☑　建立图层概念。
- ☑　练习图层命令设置。

4.3.1　设置图层

1. 图层特性管理器

AutoCAD 2017 提供了详细直观的"图层特性管理器"选项板，用户可以方便地通过对该选项板中的各选项及其二级选项板进行设置，从而实现建立新图层、设置图层颜色及线型等各种操作。

【执行方式】

- ☑　命令行：LAYER。
- ☑　菜单栏：选择菜单栏中的"格式"→"图层"命令。
- ☑　工具栏：单击"图层"工具栏中的"图层特性管理器"按钮🗐。
- ☑　功能区：单击"默认"选项卡"图层"面板中的"图层特性"按钮🗐或单击"视图"选项卡"选项板"面板中的"图层特性"按钮🗐。

【操作步骤】

执行上述操作后，系统打开如图 4-20 所示的"图层特性管理器"选项板。

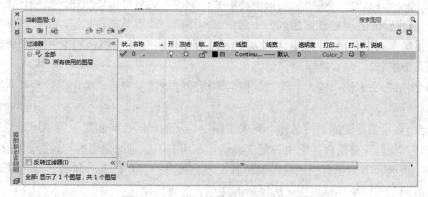

图 4-20　"图层特性管理器"选项板

【选项说明】

（1）"新建特性过滤器"按钮 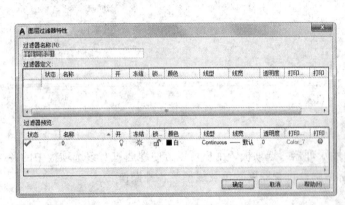：单击该按钮，可打开"图层过滤器特性"对话框，如图 4-21 所示。从中可以基于一个或多个图层特性创建图层过滤器。

（2）"新建组过滤器"按钮 ：单击该按钮，可创建一个"组过滤器"，其中包含用户选定并添加到该过滤器的图层。

（3）"图层状态管理器"按钮 ：单击该按钮，可打开"图层状态管理器"对话框，如图 4-22 所示。从中可以将图层的当前特性设置保存到命名图层状态中，以后可以再恢复这些设置。

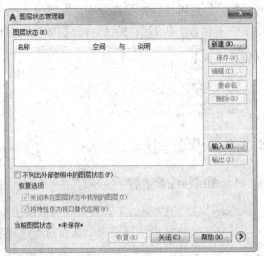

图 4-21　"图层过滤器特性"对话框　　　　图 4-22　"图层状态管理器"对话框

（4）"新建图层"按钮 ：单击该按钮，图层列表中出现一个新的图层名称"图层 1"，用户可使用此名称，也可改名。要想同时创建多个图层，可选中一个图层名后，输入多个名称，各名称之间以逗号分隔。图层的名称可以包含字母、数字、空格和特殊符号，AutoCAD 2017 支持长达 222 个字符的图层名称。新的图层继承了创建新图层时所选中的已有图层的所有特性（颜色、线型、开/关状态等），如果新建图层时没有图层被选中，则新图层具有默认的设置。

（5）"在所有视口中都被冻结的新图层视口"按钮 ：单击该按钮，将创建新图层，然后在所有现有布局视口中将其冻结。可以在"模型"空间或"布局"空间上访问此按钮。

（6）"删除图层"按钮 ：在图层列表中选中某一图层，然后单击该按钮，则把该图层删除。

（7）"置为当前"按钮 ：在图层列表中选中某一图层，然后单击该按钮，则把该图层设置为当前图层，并在"当前图层"列中显示其名称。当前层的名称存储在系统变量 CLAYER 中。另外，双击图层名也可将其设置为当前图层。

（8）"搜索图层"文本框：输入字符时，按名称快速过滤图层列表。关闭图层特性管理器时并不保存此过滤器。

（9）状态行：显示当前过滤器的名称、列表视图中显示的图层数和图形中的图层数。

（10）"反转过滤器"复选框：选中该复选框，显示所有不满足选定图层特性过滤器中条件的图层。

（11）图层列表区：显示已有的图层及其特性。要修改某一图层的某一特性，单击其所对应的图标即可。右击空白区域或利用快捷菜单可快速选中所有图层。列表区中各列的含义如下。

① 状态：指示项目的类型，有图层过滤器、正在使用的图层、空图层或当前图层 4 种。

② 名称：显示满足条件的图层名称。如果要对某图层进行修改，首先要选中该图层的名称。

③ 状态转换图标：在"图层特性管理器"选项板的名称栏分别有一列图标，在图标上单击可以打开或关闭该图标所代表的功能，或从详细数据区中选中或取消选中关闭（♀/♀）、锁定（🔓/🔒）、在所有视口内冻结（☼/❄）及不打印（🖨/🖨）等项目，各图标功能说明如表 4-2 所示。

表 4-2　各图标功能

图　　示	名　　称	功　能　说　明
♀/♀	打开/关闭	将图层设定为打开或关闭状态，当呈现关闭状态时，该图层上的所有对象将隐藏不显示，只有打开状态的图层会在屏幕上显示或由打印机中打印出来。因此，绘制复杂的视图时，先将不编辑的图层暂时关闭，可降低图形的复杂性。图 4-23（a）和图 4-23（b）分别表示文字标注图层打开和关闭的情形
☼/❄	解冻/冻结	将图层设定为解冻或冻结状态。当图层呈现冻结状态时，该图层上的对象均不会显示在屏幕或由打印机输出，而且不会执行重生（REGEN）、缩放（ROOM）、平移（PAN）等命令的操作，因此若将视图中不编辑的图层暂时冻结，可加快执行绘图编辑的速度。而♀/♀（打开/关闭）功能只是单纯地将对象隐藏，因此并不会加快执行速度
🔓/🔒	解锁/锁定	将图层设定为解锁或锁定状态。被锁定的图层仍然显示在画面上，但不能以编辑命令修改被锁定的对象，只能绘制新的对象，如此可防止重要的图形被修改
🖨/🖨	打印/不打印	设定该图层是否可以打印图形

　　　　　　（a）打开　　　　　　　　　　　　　　　　（b）关闭

图 4-23　打开或关闭"文字标注"图层

④ 颜色：显示和改变图层的颜色。如果要改变某一层的颜色，单击其对应的颜色图标，打开如图 4-24 所示的"选择颜色"对话框，用户可从中选取需要的颜色。

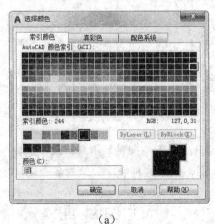
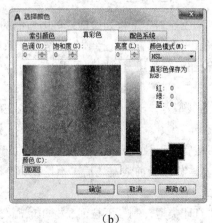

　　　　　　　　（a）　　　　　　　　　　　　　　　　　　（b）

图 4-24　"选择颜色"对话框

⑤ 线型：显示和修改图层的线型。如果要修改某一层的线型，单击该层的"线型"项，打开"选择线型"对话框，如图 4-25 所示，其中列出了当前可用的线型，用户可从中选取。具体内容将在 4.3.2 节详细介绍。

⑥ 线宽：显示和修改图层的线宽。如果要修改某一层的线宽，单击该层的"线宽"项，打开"线宽"对话框，如图 4-26 所示，其中列出了 AutoCAD 设定的线宽，用户可从中选取。其中，"线宽"列表框显示可以选用的线宽值，包括一些绘图中经常用到线宽，用户可从中选取需要的线宽。"旧的"显示行显示前面赋予图层的线宽。当建立一个新图层时，采用默认线宽（其值为 0.01in，即 0.25mm），默认线宽的值由系统变量 LWDEFAULT 设置。"新的"显示行显示赋予图层的新的线宽。

⑦ 打印样式：修改图层的打印样式。打印样式是指打印图形时各项属性的设置。

2. "特性"面板

AutoCAD 2017 提供了一个"特性"面板，如图 4-27 所示。用户可以利用面板下拉列表框中的选项，快速查看和改变所选对象的图层、颜色、线型和线宽等特性。"特性"面板上的图层颜色、线型、线宽和打印样式的控制增强了查看和编辑对象属性的命令。在绘图屏幕上选择任何对象都将在面板上自动显示其所在图层及颜色、线型等属性。下面对"特性"面板各部分的功能进行简单说明。

图 4-25 "选择线型"对话框　　图 4-26 "线宽"对话框　　图 4-27 "特性"面板

（1）"颜色控制"下拉列表框：单击右侧的向下箭头，弹出一个下拉列表，用户可从中选择颜色使之成为当前颜色，如果选择"选择颜色"选项，系统打开"选择颜色"对话框以选择其他颜色。修改当前颜色之后，不论在哪个图层上绘图都采用这种颜色，但对各个图层的颜色设置没有影响。

（2）"线型控制"下拉列表框：单击右侧的向下箭头，弹出一个下拉列表，用户可从中选择某一线型使之成为当前线型。修改当前线型之后，不论在哪个图层上绘图都采用这种线型，但对各个图层的线型设置没有影响。

（3）"线宽"下拉列表框：单击右侧的向下箭头，弹出一个下拉列表，用户可从中选择一个线宽使之成为当前线宽。修改当前线宽之后，不论在哪个图层上绘图都采用这种线宽，但对各个图层的线宽设置没有影响。

（4）"打印类型控制"下拉列表框：单击右侧的向下箭头，弹出下拉列表，用户可从中选择一种打印样式使之成为当前打印样式。

4.3.2　图层的线型

在国家标准 GB/T 4457.4－2002 中，对机械图样中使用的各种图线的名称、线型、线宽以及在图样中的应用作了规定，如表 4-3 所示，其中常用的图线有 4 种，即粗实线、细实线、虚线和细点画线。图线分为粗、细两种，粗线的宽度 b 应按图样的大小和图形的复杂程度，在 0.5～2mm 之间选择，细线的宽度约为 b/2。根据电气图的需要，一般只使用 4 种图线，如表 4-4 所示。

表 4-3　图线的线型及应用

图线名称	线型	线宽	主要用途
粗实线		b=0.5~2	可见轮廓线、可见过渡线
细实线		约 b/2	尺寸线、尺寸界线、剖面线、引出线、弯折线、牙底线、齿根线、辅助线等
细点画线		约 b/2	轴线、对称中心线、齿轮节线等
虚线		约 b/2	不可见轮廓线、不可见过渡线
波浪线		约 b/2	断裂处的边界线、剖视与视图的分界线
双折线		约 b/2	断裂处的边界线
粗点画线		b	有特殊要求的线或面的表示线
双点画线		约 b/2	相邻辅助零件的轮廓线、极限位置的轮廓线、假想投影的轮廓线

表 4-4　电气图用图线的线型及应用

图线名称	线型	线宽	主要用途
实线		约 b/2	基本线、简图主要内容用线、可见轮廓线、可见导线
点画线		约 b/2	分界线、结构图框线、功能图框线、分组图框线
虚线		约 b/2	辅助线、屏蔽线、机械连接线、不可见轮廓线、不可见导线、计划扩展内容用线
双点画线		约 b/2	辅助图框线

按照 4.3.1 节讲述的方法，打开"图层特性管理器"选项板，如图 4-20 所示。在图层列表的线型项下单击线型名，系统打开"选择线型"对话框。该对话框中主要选项的含义如下。

（1）"已加载的线型"列表框：显示在当前绘图中加载的线型，可供用户选用，其右侧显示出线型的形式。

（2）"加载"按钮：单击此按钮，打开"加载或重载线型"对话框，如图 4-28 所示，用户可通过此对话框加载线型并将其添加到线型列表中，不过加载的线型必须在线型库（LIN）文件中定义过。标准线型都保存在 acad.lin 文件中。

【执行方式】

☑　命令行：LINETYPE。

在命令行输入上述命令后按 Enter 键，系统打开"线型管理器"对话框，如图 4-29 所示，用户可在该对话框中设置线型。该对话框中的选项含义与前面介绍的选项含义相同，此处不再赘述。

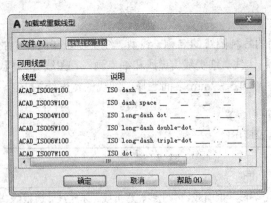

图 4-28　"加载或重载线型"对话框　　　　　　图 4-29　"线型管理器"对话框

【操作实践——绘制手动开关符号】

本实例利用图层命令绘制如图 4-30 所示的手动开关符号。操作步骤如下。

【操作步骤】

（1）新建两个图层。

实线层：颜色为黑色，线型为 Continuous，线宽为 0.25mm，其他默认。

虚线层：颜色为红色，线型为 ACAD_ISO02W100，线宽为 0.25mm，其他默认。具体方法如下：

① 单击"默认"选项卡"图层"面板中的"图层特性"按钮，打开"图层特性管理器"选项板。

② 单击"新建"按钮，创建一个新图层，把该图层的名字由默认的"图层 1"改为"实线"，如图 4-31 所示。

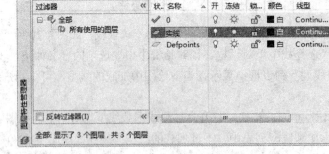

图 4-30　手动开关符号　　　　　　　　　　　图 4-31　更改图层名

③ 单击"实线"图层对应的"线宽"项，打开"线宽"对话框，选择 0.25mm 线宽，如图 4-32 所示，确认后退出。

④ 再次单击"新建"按钮，创建一个新图层，把该图层的名字命名为"虚线"。

⑤ 单击"虚线"图层对应的"颜色"项，打开"选择颜色"对话框，选择红色为该层颜色，如图 4-33 所示，确认后返回"图层特性管理器"选项板。

图 4-32 选择线宽

图 4-33 选择颜色

⑥ 单击"虚线"图层对应"线型"项，打开"选择线型"对话框，如图 4-34 所示。

⑦ 在"选择线型"对话框中，单击"加载"按钮，系统打开"加载或重载线型"对话框，选择 ACAD_ISO02W100 线型，如图 4-35 所示。确认退出。

⑧ 用同样方法将"虚线"层的线宽设置为 0.25mm。

（2）将"实线"图层设为当前图层，单击"默认"选项卡"绘图"面板中的"直线"按钮 ╱，绘制手动开关左侧图形，如图 4-36 所示。

图 4-34 选择线型

图 4-35 加载新线型

图 4-36 左侧图形

（3）将"虚线"图层设为当前图层，单击"默认"选项卡"绘图"面板中的"直线"按钮 ╱，利用"直线"命令绘制右侧图形。

4.4 对 象 约 束

约束能够用于精确地控制草图中的对象。草图约束有两种类型：几何约束和尺寸约束。

几何约束建立起草图对象的几何特性（如要求某一直线具有固定长度）或是两个或更多草图对象的关系类型（如要求两条直线垂直或平行，或是几个弧具有相同的半径）。在图形区用户可以使用"参数化"选项卡内的"全部显示""全部隐藏"或"显示"来显示有关信息，并显示代表这些约束的直观标记（如

图 4-37 所示的水平标记 和共线标记 ）。

尺寸约束建立起草图对象的大小（如直线的长度、圆弧的半径等）或是两个对象之间的关系（如两点之间的距离）。如图 4-38 所示为一带有尺寸约束的示例。

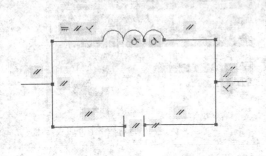

图 4-37 "几何约束"示意图

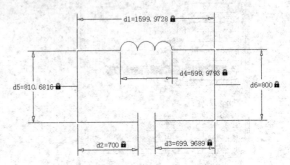

图 4-38 "尺寸约束"示意图

【预习重点】

☑ 了解对象约束菜单命令的使用。

☑ 练习几何约束命令的执行方法。

☑ 练习尺寸约束命令的执行方法。

4.4.1 几何约束

使用几何约束，可以指定草图对象必须遵守的条件，或是草图对象之间必须维持的关系。几何约束面板及工具栏（面板在"参数化"标签内的"几何"面板中）如图 4-39 所示，其主要几何约束选项功能如表 4-5 所示。

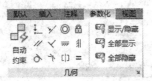

图 4-39 几何约束面板及工具栏

表 4-5 特殊位置点捕捉

约束模式	功　　能
重合	约束两个点使其重合，或者约束一个点使其位于曲线（或曲线的延长线）上。可以使对象上的约束点与某个对象重合，也可以使其与另一对象上的约束点重合
共线	使两条或多条直线段沿同一直线方向
同心	将两个圆弧、圆或椭圆约束到同一个中心点。结果与将重合约束应用于曲线的中心点所产生的结果相同
固定	将几何约束应用于一对对象时，选择对象的顺序以及选择每个对象的点可能会影响对象彼此间的放置方式
平行	使选定的直线位于彼此平行的位置。平行约束在两个对象之间应用
垂直	使选定的直线位于彼此垂直的位置。垂直约束在两个对象之间应用
水平	使直线或点对位于与当前坐标系的 X 轴平行的位置。默认选择类型为对象

约 束 模 式	功　　能
竖直	使直线或点对位于与当前坐标系的 Y 轴平行的位置
相切	将两条曲线约束为保持彼此相切或其延长线保持彼此相切。相切约束在两个对象之间应用
平滑	将样条曲线约束为连续，并与其他样条曲线、直线、圆弧或多段线保持 G2 连续性
对称	使选定对象受对称约束，相对于选定直线对称
相等	将选定圆弧和圆的尺寸重新调整为半径相同，或将选定直线的尺寸重新调整为长度相同

绘图中可指定二维对象或对象上的点之间的几何约束。之后编辑受约束的几何图形时，将保留约束。因此，通过使用几何约束，可以在图形中包括设计要求。

在用 AutoCAD 2017 绘图时，可以控制约束栏的显示，使用"约束设置"对话框，可控制约束栏上显示或隐藏的几何约束类型。可单独或全局显示/隐藏几何约束和约束栏。可执行以下操作：

（1）显示（或隐藏）所有的几何约束。

（2）显示（或隐藏）指定类型的几何约束。

（3）显示（或隐藏）所有与选定对象相关的几何约束。

【执行方式】

☑　命令行：CONSTRAINTSETTINGS（CSETTINGS）。

☑　菜单栏：选择菜单栏中的"参数"→"约束设置"命令。

☑　工具栏：单击"参数化"工具栏中的"约束设置"按钮 🔲。

☑　功能区：单击"参数化"选项卡"几何"面板中的"对话框启动器"按钮 ↘。

【操作实践——绘制带磁芯的电感器符号】

本实例绘制如图 4-40 所示的带磁芯的电感器符号。操作步骤如下。

【操作步骤】

（1）绘制绕线组。单击"默认"选项卡"绘图"面板中的"圆弧"按钮 ⌒，绘制半径为 10mm 的半圆弧。命令行提示与操作如下：

```
命令: _arc
指定圆弧的起点或 [圆心(C)]:（指定一点作为圆弧起点）
指定圆弧的第二个点或 [圆心(C)/端点(E)]: E↙（采用端点方式绘制圆弧）
指定圆弧的端点: @-20,0↙（指定圆弧的第二个端点，采用相对方式输入点的坐标值）
指定圆弧的中心点(按住 Ctrl 键以切换方向)或 [角度(A)/方向(D)/半径(R)]: R↙
指定圆弧的半径(按住 Ctrl 键以切换方向): 10↙（指定圆弧半径）
```

用相同方法绘制另外 3 段相同的圆弧，每段圆弧的起点为上一段圆弧的终点，如图 4-41 所示。

（2）绘制引线。单击"默认"选项卡"绘图"面板中的"直线"按钮 ╱，打开"正交模式" ⊾，绘制竖直向下的电感两端引线，如图 4-42 所示。

图 4-40　带磁芯的电感器符号　　　　图 4-41　绘制绕线组　　　　图 4-42　绘制引线

（3）相切对象。单击"参数化"选项卡"几何"面板中的"相切"按钮○↑，使直线与圆弧相切，命令行提示与操作如下：

```
命令: _GcTangent
选择第一个对象:（使用鼠标选择最左端圆弧）
选择第二个对象:（使用鼠标选择最左端竖直直线）
```

（4）系统自动将竖直直线与圆弧相切，用同样的方式建立右端相切的关系。

（5）单击"默认"选项卡"修改"面板中的"修剪"按钮，将多余的部分剪切掉（"修剪"命令将在后面的章节中详细介绍）。

（6）单击"默认"选项卡"绘图"面板中的"直线"按钮，在电感器上方绘制水平直线表示磁芯，效果如图 4-40 所示。

【选项说明】

利用执行方式中的命令，系统打开"约束设置"对话框，该对话框中的"几何"选项卡如图 4-43 所示，利用该选项卡可以控制约束栏上约束类型的显示。

图 4-43　"约束设置"对话框

（1）"推断几何约束"复选框：可以在创建和编辑几何对象时自动应用几何约束。

（2）"约束栏显示设置"选项组：此选项组控制图形编辑器中是否为对象显示约束栏或约束点标记。例如，可以为水平约束和竖直约束隐藏约束栏的显示。

（3）"全部选择"按钮：选择全部几何约束类型。

（4）"全部清除"按钮：清除所有选定的几何约束类型。

（5）"仅为处于当前平面中的对象显示约束栏"复选框：仅为当前平面上受几何约束的对象显示约束栏。

（6）"约束栏透明度"选项组：设置图形中约束栏的透明度。

（7）"将约束应用于选定对象后显示约束栏"复选框：手动应用约束或使用 AUTOCONSTRAIN 命令时，显示相关约束栏。

（8）"选定对象时显示约束栏"复选框：临时显示选定对象的约束栏。

4.4.2 尺寸约束

建立尺寸约束是限制图形几何对象的大小，与在草图上标注尺寸相似，同样设置尺寸标注线，与此同时建立相应的表达式，不同的是可以在后续的编辑工作中实现尺寸的参数化驱动。标注约束面板及工具栏（面板在"参数化"选项卡内的"标注"面板中）如图 4-44 所示。

在生成尺寸约束时，用户可以选择草图曲线、边、基准平面或基准轴上的点，以生成水平、竖直、平行、垂直和角度尺寸。

生成尺寸约束时，系统会生成一个表达式，其名称和值显示在一个弹出的对话框文本区域中，如图 4-45 所示，用户可以接着编辑该表达式的名和值。

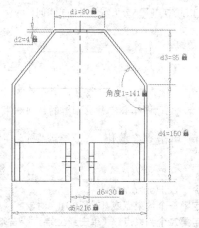

图 4-44 标注约束面板及工具栏　　　　　　图 4-45 "尺寸约束编辑"示意图

生成尺寸约束时，只要选中了几何体，其尺寸及其延伸线和箭头就会全部显示出来。将尺寸拖动到位，然后单击。完成尺寸约束后，用户还可以随时更改尺寸约束。只需在图形区选中该值双击，然后可以使用与生成过程所采用的同一方式，编辑其名称、值或位置。

在用 AutoCAD 2017 绘图时，可以控制约束栏的显示，使用"约束设置"对话框内的"标注"选项卡，可控制显示标注约束时的系统配置。标注约束控制设计的大小和比例。可以约束以下内容：

（1）对象之间或对象上的点之间的距离。

（2）对象之间或对象上的点之间的角度。

【执行方式】

☑ 命令行：CONSTRAINTSETTINGS（CSETTINGS）。

☑ 菜单栏：选择菜单栏中的"参数"→"约束设置"命令。

☑ 工具栏：单击"参数化"工具栏中的"约束设置"按钮 。

☑ 功能区：单击"参数化"选项卡"标注"面板中的"对话框启动器"按钮┙。

【操作实践——利用尺寸驱动更改电阻尺寸】

本实例绘制如图 4-46 所示的电阻并修改尺寸。操作步骤如下。

（1）单击"默认"选项卡"绘图"面板中的"直线"按钮／和"矩形"按钮囗，绘制长、宽为 10、4，导线长度为 5 的电阻，如图 4-47 所示。

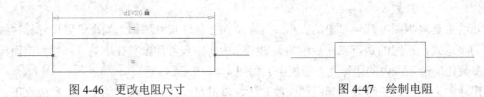

图 4-46　更改电阻尺寸　　　　　　　　　　图 4-47　绘制电阻

（2）单击"参数化"选项卡"几何"面板中的"相等"按钮＝，使最上端水平线与下面各条水平线建立相等的几何约束，如图 4-48 所示。

（3）单击"参数化"选项卡"几何"面板中的"重合"按钮┗，使线 1 右端点和线 2 中点及线 4 左端点和线 3 的中点建立"重合"的几何约束，如图 4-49 所示。

图 4-48　建立相等的几何约束　　　　　　图 4-49　建立"重合"几何约束

（4）单击"参数化"选项卡"标注"面板中的"水平"按钮┌┐，更改水平尺寸，命令行提示与操作如下：

```
命令: _DcHorizontal
指定第一个约束点或 [对象(O)] <对象>:（单击最上端直线左端）
指定第二个约束点:（单击最上端直线右端）
指定尺寸线位置（在合适位置单击）
标注文字 = 10（输入长度 20）↙
```

（5）系统自动将长度 10 调整为 20。最终结果如图 4-46 所示。

【选项说明】

在"约束设置"对话框中选择"标注"选项卡，对话框显示如图 4-50 所示。利用该选项卡可以控制约束类型的显示。

（1）"标注约束格式"选项组：该选项组内可以设置标注名称格式和锁定图标的显示。

① "标注名称格式"下拉列表框：为应用标注约束时显示的文字指定格式。将名称格式设置为显示名称、值或名称和表达式。例如，宽度=长度/2。

② "为注释性约束显示锁定图标"复选框：针对已应用注释

图 4-50　"标注"选项卡

性约束的对象显示锁定图标。

（2）"为选定对象显示隐藏的动态约束"复选框：显示选定时已设置为隐藏的动态约束。

4.5　综合演练——励磁发电机

本实例绘制如图 4-51 所示的励磁发电机。

☆ **手把手教你学**

> 本实例先绘制电感等符号，从而确定整个回路以及电气符号的大体尺寸和位置，然后绘制导线。绘制过程中要用到直线、圆和多段线等命令。

【操作步骤】

（1）单击"默认"选项卡"图层"面板中的"图层特性"按钮，打开"图层特性管理器"选项板。新建 3 个图层。

实线层：颜色为白色，线宽为 0.25mm，其他选项默认。

虚线层：颜色为蓝色，线性 ACAD_ISO02W100，线宽为 0.25mm，其他选项默认。

文字层：颜色为红色，线宽为 0.25mm，其他选项默认。

各项设置如图 4-52 所示。

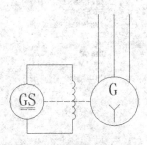

图 4-51　励磁发电机

图 4-52　设置图层

（2）选中"实线"图层，单击"置为当前"按钮，将其设置为当前图层，然后确认关闭"图层特性管理器"选项板。

（3）单击"默认"选项卡"绘图"面板中的"直线"按钮、"圆"按钮和"圆弧"按钮，绘制一系列图形，如图 4-53 所示。

（4）单击状态栏中的"对象捕捉"按钮，在该按钮右侧单击下三角按钮，打开快捷菜单，如图 4-54 所示。选择"对象捕捉设置"命令，系统打开"草图设置"对话框的"对象捕捉"选项卡，选中"启用对象捕捉"复选框，单击"全部选择"按钮，将所有特殊位置点设置为可捕捉状态，如图 4-55 所示。选择"极轴追踪"选项卡，选中"启用极轴追踪"复选框，在"增量角"下拉列表框中选择 45，选中"用所有极轴角设置追踪"单选按钮，如图 4-56 所示。

图 4-53　绘制初步图形　　　　　　　　　　　图 4-54　快捷菜单

（5）单击状态栏上的 ▱ 和 ▱ 按钮。单击"默认"选项卡"绘图"面板中的"直线"按钮 ╱，将光标移向表示电感的多段线顶端，系统自动捕捉该端点为直线起点，单击确认，结果如图 4-57 所示。继续移动光标指向左边圆，捕捉到圆的圆心或象限点，向上移动光标，这时显示对象捕捉追踪虚线和水平垂直线交点，如图 4-58 所示；在显示的交点处单击确认，完成水平线段绘制，继续向下移动光标，捕捉圆的上象限点，如图 4-59 所示；单击确认，最后按 Enter 键，结果如图 4-60 所示。

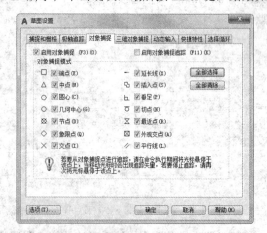
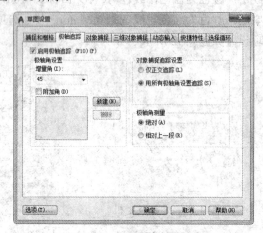

图 4-55　设置"对象捕捉"选项卡　　　　　　　图 4-56　设置"极轴追踪"选项卡

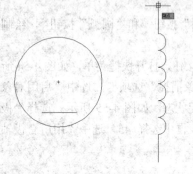
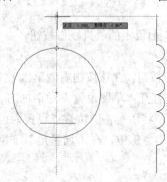
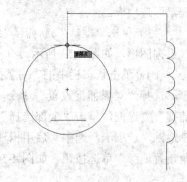

图 4-57　捕捉端点　　　　　　图 4-58　对象追踪　　　　　　图 4-59　捕捉象限点

（6）用同样方法绘制下面的导线，如图 4-61 所示。

（7）单击"默认"选项卡"绘图"面板中的"圆"按钮⊙，移动光标指向左边圆，捕捉到圆的圆心，向右移动光标，这时显示对象捕捉追踪虚线，如图 4-62 所示，在追踪虚线上适当位置指定一点作为圆心，绘制适当大小的圆，如图 4-63 所示。

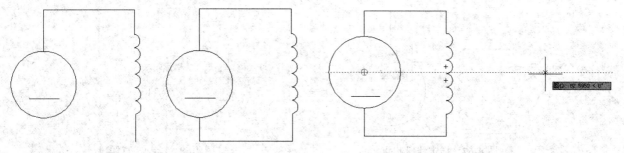

图 4-60　完成垂直直线绘制　　图 4-61　完成另一导线绘制　　　　　　　图 4-62　圆心追踪线

（8）单击"默认"选项卡"绘图"面板中的"直线"按钮╱，移动光标指向右边圆，捕捉到圆的圆心，向下移动光标，这时显示对象捕捉追踪虚线，如图 4-64 所示，在追踪虚线上适当位置指定一点作为直线端点，绘制适当长度的竖直线段，如图 4-65 所示。

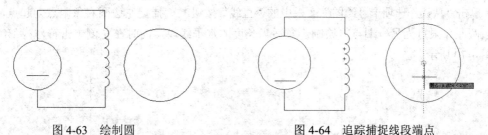

图 4-63　绘制圆　　　　　　　　　图 4-64　追踪捕捉线段端点

注意　在指定竖直下端点时，可以利用"实时缩放"功能将图形局部适当放大，这样可以避免系统自动捕捉到圆象限点作为端点。

（9）单击状态栏中的"正交模式"按钮╚和"极轴追踪"按钮◔，关闭正交功能，打开极轴追踪功能。单击"默认"选项卡"绘图"面板中的"直线"按钮╱，捕捉刚绘制的线段的上端点为起点，绘制两条倾斜线段，利用"极轴追踪"功能，捕捉倾斜角度为±45°，结果如图 4-66 所示。

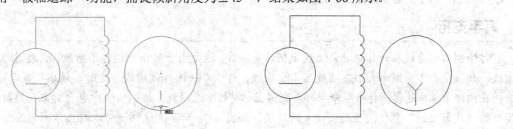

图 4-65　绘制竖直线段　　　　　　　图 4-66　绘制斜线

（10）单击状态栏中的"正交模式"按钮╚，打开正交功能。单击"默认"选项卡"绘图"面板中的

"直线"按钮 ∕，捕捉右边圆上象限点为起点，绘制一条适当长度的竖直线段。再次执行"直线"命令，在圆弧上适当位置捕捉一个"最近点"作为直线起点，如图 4-67 所示，绘制一条与刚绘制竖直线段顶端平齐的线段。用同样方法绘制另一条竖直线段，如图 4-68 所示。

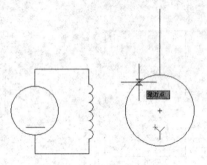

图 4-67　指定线段起点

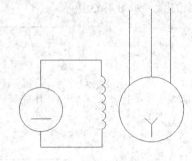

图 4-68　绘制竖直线段

注意　这里是利用"对象捕捉追踪"功能捕捉线段的终点，保证竖直线段顶端平齐。

（11）单击"图层"面板中图层下拉列表的下拉按钮，将"虚线"图层设置为当前图层。

（12）单击"默认"选项卡"绘图"面板中的"直线"按钮 ∕，捕捉左边圆右象限点为起点，如图 4-69 所示，右边圆左象限点为另一端点，绘制一条适当长度的水平线段，同时在左侧单击符号内部绘制水平短虚线，如图 4-70 所示。

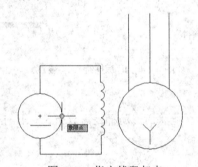

图 4-69　指定线段起点

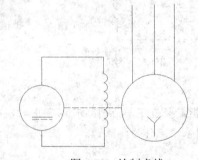

图 4-70　绘制虚线

（13）将"文字"图层设置为当前图层，单击"默认"选项卡"注释"面板中的"多行文字"按钮 **A**，绘制文字（此命令将在第 6 章介绍），结果如图 4-51 所示。

高手支招

　　有时绘制出的虚线在计算机屏幕上显示仍然是实线，这是由于显示比例过小所致，放大图形后可以显示出虚线。如果要在当前图形大小下明确显示出虚线，可以单击选择该虚线，这时，该虚线显示被选中状态，右击并在快捷菜单中选择"特性"命令，系统弹出"特性"选项板，该选项板中包含对象的各种参数，可以将其中的"线形比例"参数设置成比较大的数值，如图 4-71 所示。这样就可以在正常图形显示状态下清晰地看见虚线的细线段和间隔。

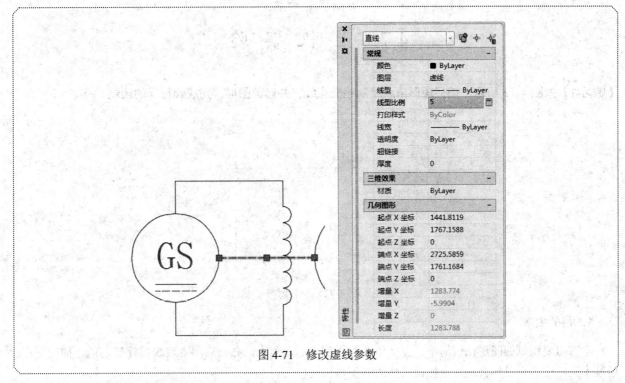

图 4-71　修改虚线参数

"特性"选项板非常方便，读者注意灵活使用。

4.6　名师点拨——二维绘图设置技巧

1. 栅格工具的操作技巧

在"栅格 X 轴间距"和"栅格 Y 轴间距"文本框中输入数值时，若在"栅格 X 轴间距"文本框中输入一个数值后按 Enter 键，则系统自动传送这个值给"栅格 Y 轴间距"，这样可减少工作量。

2. 设置图层时的注意点

在绘图时，所有图元的各种属性都尽量保持与图层一致，也就是说尽可能地使图元属性都是 ByLayer。这样有助于图面清晰、准确地显示和效率的提高。

3. 对象捕捉的作用

绘图时，可以使用新的对象捕捉修饰符来查找任意两点之间的中点。例如，在绘制直线时，可以按住 Shift 键并右击来显示"对象捕捉"快捷菜单。选择"两点之间的中点"命令之后，请在图形中指定两点。该直线将以这两点之间的中点为起点。

4.7 上机实验

【练习1】如图 4-72 所示，捕捉矩形角点绘制相交直线，并修剪图形，完成阀符号的绘制。

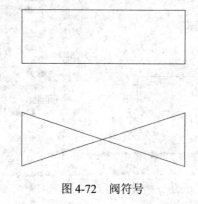

图 4-72 阀符号

1. 目的要求

本练习要绘制的图形比较简单，但是要准确找到矩形四角点，必须启用"对象捕捉"功能，捕捉交点。通过本例，读者可以体会到对象捕捉功能的方便与快捷作用。

2. 操作提示

（1）选择菜单栏中的"工具"→"工具栏"→下拉菜单中的"对象捕捉"命令，打开"对象捕捉"工具栏。

（2）利用"对象捕捉"工具栏中的"捕捉到端点"工具捕捉四边形角点作为直线起点与终点。

（3）利用"修剪"命令删除多余部分，后面章节将详细讲述此命令。

【练习2】利用对象追踪功能，在如图 4-73（a）所示的图形基础上绘制一条特殊位置直线，结果如图 4-73（b）所示。

1. 目的要求

本练习要绘制的图形比较简单，但是要准确找到直线的两个端点必须启用"对象捕捉"和"对象捕捉追踪"工具。通过本例，读者可以体会到对象捕捉和对象捕捉追踪功能的方便与快捷。

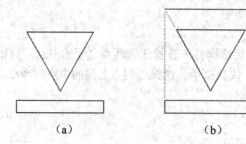

（a）　　　　　　　　　　　（b）

图 4-73 绘制直线

2．操作提示

（1）启用对象捕捉追踪与对象捕捉功能。

（2）在三角形左边延长线上捕捉一点作为直线起点。

（3）结合对象捕捉追踪与对象捕捉功能在三角形右边延长线上捕捉一点作为直线终点。

4.8　模　拟　考　试

1．在设置电路图图层线宽时，可能是下面选项中的哪种？（　　）

    A．0.15　　　　　　 B．0.01　　　　　　 C．0.33　　　　　　 D．0.09

2．当捕捉设定的间距与栅格所设定的间距不同时，（　　）。

    A．捕捉仍然只按栅格进行　　　　　　 B．捕捉时按照捕捉间距进行

    C．捕捉既按栅格，又按捕捉间距进行　 D．无法设置

3．如果某图层的对象不能被编辑，但能在屏幕上可见，且能捕捉该对象的特殊点和标注尺寸，该图层状态为（　　）。

    A．冻结　　　　　　 B．锁定　　　　　　 C．隐藏　　　　　　 D．块

4．对某图层进行锁定后，则（　　）。

    A．图层中的对象不可编辑，但可添加对象　 B．图层中的对象不可编辑，也不可添加对象

    C．图层中的对象可编辑，也可添加对象　　 D．图层中的对象可编辑，但不可添加对象

5．不可以通过"图层过滤器特性"对话框中过滤的特性是（　　）。

    A．图层名、颜色、线型、线宽和打印样式　 B．打开还是关闭图层

    C．解锁还是锁定图层　　　　　　　　　　 D．图层是 ByLayer 还是 ByBlock

6．默认状态下，若对象捕捉关闭，命令执行过程中，按住下列哪组快捷键可以实现对象捕捉？（　　）

    A．Shift　　　　　　 B．Shift+A　　　　　 C．Shift+S　　　　　 D．Alt

7．下列关于被固定约束的圆心的圆说法错误的是？（　　）

    A．可以移动圆　　　 B．可以放大圆　　　 C．可以偏移圆　　　 D．可以复制圆

8．对"极轴"追踪进行设置，把增量角设为 30°，把附加角设为 10°，采用极轴追踪时，不会显示极轴对齐的是（　　）。

    A．10　　　　　　　 B．30　　　　　　　 C．40　　　　　　　 D．60

第5章

编辑命令

　　二维图形编辑操作配合绘图命令的使用可以进一步完成复杂图形对象的绘制工作，并可使用户合理安排和组织图形，保证作图准确，减少重复，因此，对编辑命令的熟练掌握和使用有助于提高设计和绘图的效率。本章主要介绍以下内容：复制类命令，改变位置类命令，删除、恢复类命令，改变几何特性类命令和对象编辑命令等。

5.1　选　择　对　象

AutoCAD 2017 提供两种途径编辑图形：

（1）先执行编辑命令，然后选择要编辑的对象。

（2）先选择要编辑的对象，然后执行编辑命令。

这两种途径的执行效果是相同的，但选择对象是进行编辑的前提。AutoCAD 2017 提供了多种对象选择方法，如点取方法、用选择窗口选择对象、用选择线选择对象、用对话框选择对象和用套索选择工具选择对象等。

【预习重点】

☑　了解选择对象的途径。

AutoCAD 2017 可以把选择的多个对象组成整体，如选择集和对象组，进行整体编辑与修改。

选择集可以仅由一个图形对象构成，也可以是一个复杂的对象组，如位于某一特定层上具有某种特定颜色的一组对象。选择集的构造可以在调用编辑命令之前或之后。

AutoCAD 2017 提供以下几种方法构造选择集：

（1）先选择一个编辑命令，然后选择对象，按 Enter 键结束操作。

（2）使用 SELECT 命令。在命令行中输入 SELECT 命令，然后根据选择选项后的提示选择对象，按 Enter 键结束。

（3）用点取设备选择对象，然后调用编辑命令。

（4）定义对象组。

无论使用哪种方法，AutoCAD 2017 都将提示用户选择对象，并且光标的形状由十字光标变为拾取框。此时，可以用下面介绍的方法选择对象。

下面结合 SELECT 命令说明选择对象的方法。

SELECT 命令可以单独使用，也可以在执行其他编辑命令时自动调用。此时命令行提示如下：

选择对象：

等待用户以某种方式选择对象作为回答。AutoCAD 2017 提供多种选择方式，可以输入 "?" 查看这些选择方式会出现如下提示：

需要点或窗口(W)/上一个(L)/窗交(C)/框(BOX)/全部(ALL)/栏选(F)/圈围(WP)/圈交(CP)/编组(G)/添加(A)/删除(R)/多个(M)/前一个(P)/放弃(U)/自动(AU)/单个(SI)/子对象(SU)/对象(O)

选择对象：

部分选项含义如下。

① 窗口(W)：用由两个对角顶点确定的矩形窗口选取位于其范围内部的所有图形，与边界相交的对象不会被选中。指定对角顶点时应该按照从左向右的顺序，如图 5-1 所示。

② 窗交(C)：该方式与上述 "窗口" 方式类似，区别在于 "窗交" 方式不但选择矩形窗口内部的对象，

也选中与矩形窗口边界相交的对象。选择的对象如图 5-2 所示。

③ 框(BOX)：使用时，系统根据用户在屏幕上给出的两个对角点的位置自动引用"窗口"或"窗交"选择方式。若从左向右指定对角点，为"窗口"方式；反之，为"窗交"方式。

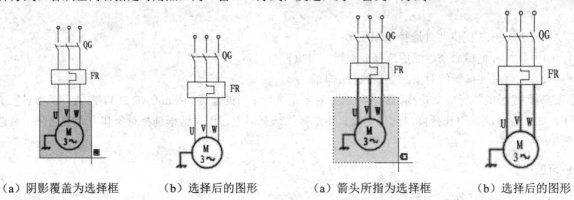

（a）阴影覆盖为选择框　　　（b）选择后的图形　　　（a）箭头所指为选择框　　　（b）选择后的图形

图 5-1　"窗口"对象选择方式　　　　　　图 5-2　"窗交"对象选择方式

④ 栏选(F)：用户临时绘制一些直线，这些直线不必构成封闭图形，凡是与这些直线相交的对象均被选中。执行结果如图 5-3 所示。

⑤ 圈围(WP)：使用一个不规则的多边形来选择对象。根据提示，用户依次输入构成多边形所有顶点的坐标，直到最后按 Enter 键做出空回答结束操作，系统将自动连接第一个顶点与最后一个顶点形成封闭的多边形。凡是被多边形围住的对象均被选中（不包括边界）。执行结果如图 5-4 所示。

⑥ 添加(A)：添加下一个对象到选择集。也可用于从移走模式（Remove）到选择模式的切换。

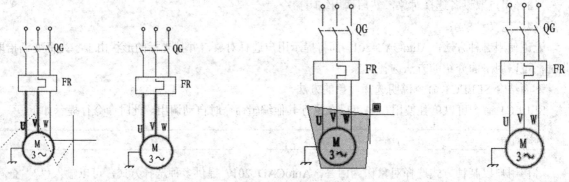

（a）图中虚线为选择栏　　（b）选择后的图形　　（a）图中箭头所指十字线所拉出多边形为选择框　　（b）选择后的图形

图 5-3　"栏选"对象选择方式　　　　　　图 5-4　"圈围"对象选择方式

5.2　删除及恢复类命令

该类命令主要用于删除图形的某部分或对已被删除的部分进行恢复，包括"删除""恢复""重做"等命令。

【预习重点】

☑ 了解删除图形有几种方法。

☑ 练习"删除""恢复"和"清除"命令的使用方法。

5.2.1 "删除"命令

如果所绘制的图形不符合要求或图形错绘,则可以使用"删除"命令(ERASE)将其删除。

【执行方式】

☑ 命令行:ERASE。

☑ 菜单栏:选择菜单栏中的"修改"→"删除"命令。

☑ 工具栏:单击"修改"工具栏中的"删除"按钮✐。

☑ 功能区:单击"默认"选项卡"修改"面板中的"删除"按钮✐。

☑ 快捷菜单:选择要删除的对象,在绘图区右击,从打开的快捷菜单中选择"删除"命令。

【操作步骤】

可以先选择对象,然后调用"删除"命令;也可以先调用"删除"命令,再选择对象。选择对象时,可以使用前面介绍的各种对象选择的方法。

当选择多个对象时,多个对象都被删除;若选择的对象属于某个对象组,则该对象组的所有对象都被删除。

举一反三

绘图过程中,如果出现了绘制错误或者对绘制的图形不满意需要删除时,可以单击标准工具栏中的✐按钮,也可以按 Delete 键,提示"_erase:",单击要删除的图形,右击即可。"删除"命令可以一次删除一个或多个图形,如果删除错误,可以单击⤺按钮恢复。

5.2.2 "恢复"命令

若不小心误删了图形,可以使用"恢复"命令(OOPS)恢复误删的对象。

【执行方式】

☑ 命令行:OOPS 或 U。

☑ 工具栏:单击"标准"工具栏中的"放弃"按钮⤺。

☑ 快捷键:Ctrl+Z。

【操作步骤】

在命令窗口的提示行中输入 OOPS 命令,按 Enter 键。

5.3 对 象 编 辑

在对图形进行编辑时，还可以对图形对象本身的某些特性进行编辑，从而方便地进行图形绘制。

【预习重点】

☑ 了解编辑对象的方法有几种。

☑ 观察几种编辑方法结果的差异。

☑ 对比几种方法的适用对象。

5.3.1 钳夹功能

（1）要使用钳夹功能编辑对象，必须先打开钳夹功能。

【执行方式】

☑ 菜单栏：选择菜单栏中的"工具"→"选项"命令。

【操作步骤】

在图形上拾取一个夹点，该夹点改变颜色，此点为夹点编辑的基准夹点，如图 5-5 所示。

在图 5-5 中，也可在选中变色编辑基准点后直接向一侧拉伸。如要转换其他操作，可右击，弹出快捷菜单，如图 5-6 所示，选择"镜像"命令后，系统就会转换为"镜像"操作，其他操作类似。

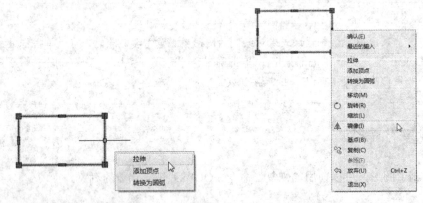

图 5-5 拉伸夹点   图 5-6 快捷菜单

【选项说明】

执行上述命令后，弹出"选项"对话框，选择"选择集"选项卡，如图 5-7 所示。在"夹点"选项组下选中"显示夹点"复选框。在该选项卡中，还可以设置代表夹点的小方格的尺寸和颜色。

利用钳夹功能可以快速方便地编辑对象。AutoCAD 2017 在图形对象上定义了一些特殊点，称为夹点，利用夹点可以灵活地控制对象，如图 5-8 所示。

（2）也可以通过 GRIPS 系统变量控制是否打开钳夹功能，1 代表打开，0 代表关闭。

（3）打开钳夹功能后，应该在编辑对象之前先选择对象。

夹点表示对象的控制位置。使用夹点编辑对象，要选择一个夹点作为基点，称为基准夹点。

（4）选择一种编辑操作：镜像、移动、旋转、拉伸和缩放。可以用空格键、Enter 键或键盘上的快捷键循环选择这些功能，如图 5-9 所示。

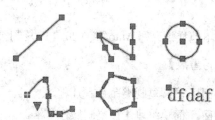

图 5-8　显示夹点

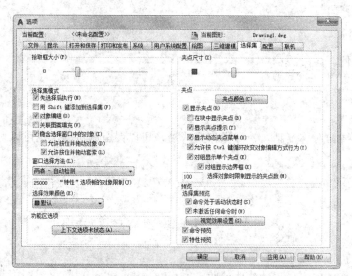

图 5-7　"选择集"选项卡

图 5-9　快捷菜单

5.3.2　"特性"选项板

【执行方式】

- ☑ 命令行：DDMODIFY 或 PROPERTIES。
- ☑ 菜单栏：选择菜单栏中的"修改"→"特性"命令或"工具"→"选项板"→"特性"命令。
- ☑ 工具栏：单击"标准"工具栏中的"特性"按钮囻。
- ☑ 功能区：单击"视图"选项卡"选项板"面板中的"特性"按钮囻或单击"默认"选项卡"特性"面板中的"对话框启动器"按钮↘。
- ☑ 快捷键：Ctrl+1。

【操作步骤】

执行上述操作后，打开"特性"选项板，如图 5-10 所示。利用该选项板可以方便地设置或修改对象的各种属性。不同的对象属性种类和值不同，

图 5-10　"特性"选项板

修改属性值后，对象改变为新的属性。

5.4　复制类命令

本节详细介绍 AutoCAD 2017 的复制类命令。利用这些命令，可以方便地编辑绘制的图形。

【预习重点】

- ☑　了解复制类命令有几种。
- ☑　简单练习 4 种复制操作方法。
- ☑　观察在不同情况下使用哪种方法更简便。

5.4.1　"镜像"命令

镜像对象是指把选择的对象围绕一条镜像线作对称复制。镜像操作完成后，可以保留原对象，也可以将其删除。

【执行方式】

- ☑　命令行：MIRROR。
- ☑　菜单栏：选择菜单栏中的"修改"→"镜像"命令。
- ☑　工具栏：单击"修改"工具栏中的"镜像"按钮▲。
- ☑　功能区：单击"默认"选项卡"修改"面板中的"镜像"按钮▲，如图 5-11 所示。

【操作实践——绘制三极管符号】

本实例绘制如图 5-12 所示的三极管符号。操作步骤如下。

（1）单击"默认"选项卡"绘图"面板中的"直线"按钮／，绘制隔层、基极和集电极，如图 5-13 所示。

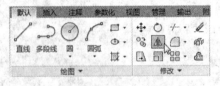

图 5-11　"修改"面板　　　　　　　图 5-12　三极管符号　　　　图 5-13　绘制三极管

（2）单击"默认"选项卡"修改"面板中的"镜像"按钮▲，镜像斜线，命令行提示与操作如下：

命令: _mirror
选择对象:（选择斜线）
选择对象:↙
指定镜像线的第一个点:（选择竖直直线上端点）
指定镜像线的第二个点:（选择竖直直线下端点）
要删除源对象吗? [是(Y)/否(N)] <N>:↙

（3）单击"默认"选项卡"绘图"面板中的"直线"按钮／，绘制箭头，结果如图 5-12 所示。

5.4.2 "复制"命令

【执行方式】

☑ 命令行：COPY。

☑ 菜单栏：选择菜单栏中的"修改"→"复制"命令。

☑ 工具栏：单击"修改"工具栏中的"复制"按钮 ⬚。

☑ 功能区：单击"默认"选项卡"修改"面板中的"复制"按钮 ⬚。

☑ 快捷菜单：选择要复制的对象，在绘图区右击，从打开的快捷菜单中选择"复制选择"命令。

【操作实践——绘制电桥符号】

本实例绘制如图 5-14 所示的电桥符号。操作步骤如下。

（1）绘制直线。单击"默认"选项卡"绘图"面板中的"直线"按钮／，开启"极轴追踪"模式，以点（100,100）为起点绘制一条长度为 20mm，与水平方向成 45°夹角的直线 AB。

（2）单击"默认"选项卡"绘图"面板中的"直线"按钮／，以点 B 为起点，沿 AB 方向绘制长度为 10mm 的直线 BC。采用同样的方法，以点 C 为起点，绘制长度为 20mm 的直线 CD，如图 5-15 所示。

（3）采用同样的方法，以 D 为起点绘制 3 条与水平方向成 135°夹角、长度分别为 20mm、10mm 和 20mm 的直线 DE、EF 和 FG，如图 5-16 所示。

（4）绘制水平直线。单击"默认"选项卡"绘图"面板中的"直线"按钮／，开启"对象捕捉"模式，捕捉点 A 作为起点，向右绘制一条长度为 30.4mm 的水平直线 AM；捕捉 G 点作为起点，向左绘制一条长度为 30.4mm 的水平直线。

（5）绘制倾斜直线。单击"默认"选项卡"绘图"面板中的"直线"按钮／，开启"对象捕捉"和"极轴追踪"模式，捕捉 B 点作为起点，绘制一条与水平方向成 135°夹角、长度为 5mm 的直线 L1。

（6）镜像直线。单击"默认"选项卡"修改"面板中的"镜像"按钮 ⚏，选择直线 L1 为镜像对象，以直线 BC 为镜像线进行镜像操作，得到直线 L2。

（7）平移直线。单击"默认"选项卡"修改"面板中的"复制"按钮 ⬚，复制直线 L1 和直线 L2，得到直线 L3 和直线 L4，命令行提示与操作如下：

```
命令: _copy
选择对象：（选择直线 L1 和 L2）
选择对象：✓
当前设置：复制模式 = 多个
指定基点或 [位移(D)/模式(O)] <位移>：（选择直线 L1 与左侧斜线的交点）
指定第二个点或 [阵列(A)] <使用第一个点作为位移>：（指定适当的距离）
指定第二个点或 [阵列(A)/退出(E)/放弃(U)] <退出>：✓
```

（8）绘制直线。采用同样的方法，在其余位置绘制直线，如图 5-17 所示。

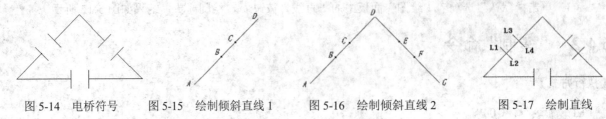

图 5-14　电桥符号　　图 5-15　绘制倾斜直线 1　　图 5-16　绘制倾斜直线 2　　图 5-17　绘制直线

（9）删除直线。单击"默认"选项卡"修改"面板中的"删除"按钮，将图中多余的直线删除，得到如图 5-14 所示的结果，完成电桥符号的绘制。

【选项说明】

（1）指定基点：指定一个坐标点后，AutoCAD 2017 把该点作为复制对象的基点。

指定第二个点后，系统将根据这两点确定的位移矢量把选择的对象复制到第二点处。如果此时直接按 Enter 键，即选择默认的"用第一点作位移"，则第一个点被当作相对于 X、Y、Z 的位移。例如，如果指定基点为（2,3）并在下一个提示下按 Enter 键，则该对象从当前的位置开始，在 X 方向上移动两个单位，在 Y 方向上移动 3 个单位。一次复制完成后，可以不断指定新的第二点，从而实现多重复制。

（2）位移(D)：直接输入位移值，表示以选择对象时的拾取点为基准，以拾取点坐标为移动方向，纵横比移动指定位移后所确定的点为基点。例如，选择对象时的拾取点坐标为（2,3），输入位移为 5，则表示以（2,3）点为基准，沿纵横比为 3:2 的方向移动 5 个单位所确定的点为基点。

（3）模式(O)：控制是否自动重复该命令。确定复制模式是单个还是多个。

（4）阵列(A)：指定在线性阵列中排列的副本数量。

5.4.3　"阵列"命令

阵列是指多重复制选择对象并把这些副本按矩形或环形排列。把副本按矩形排列称为建立矩形阵列，把副本按环形排列称为建立极阵列。建立极阵列时，应该控制复制对象的次数和对象是否被旋转；建立矩形阵列时，应该控制行和列的数量以及对象副本之间的距离。

用该命令可以建立矩形阵列、极阵列（环形）和旋转的矩形阵列。

【执行方式】

- ☑　命令行：ARRAY。
- ☑　菜单栏：选择菜单栏中的"修改"→"阵列"命令。
- ☑　工具栏：单击"修改"工具栏中的"矩形阵列"按钮／"路径阵列"按钮／"环形阵列"按钮。
- ☑　功能区：单击"默认"选项卡"修改"面板中的"矩形阵列"按钮／"路径阵列"按钮／"环形阵列"按钮，如图 5-18 所示。

图 5-18　"修改"面板

【操作实践——绘制点火分离器符号】

本实例绘制如图 5-19 所示的点火分离器符号。操作步骤如下。

（1）绘制圆。单击"默认"选项卡"绘图"面板中的"圆"按钮，以

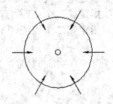

图 5-19　点火分离器符号

（50,50）为圆心，分别绘制半径为 1.5mm 和 20mm 的圆，如图 5-20 所示。

（2）绘制箭头。单击"默认"选项卡"绘图"面板中的"多段线"按钮，通过改变线宽绘制箭头。起点宽度为 0，终点宽度为 1mm，其方法在前面绘制三极管符号时已讲解，箭头尺寸如图 5-21 所示。利用对象捕捉功能，使箭头的尾部位于圆 2 的最右边象限点上，如图 5-22 所示。

（3）绘制水平直线。单击"默认"选项卡"绘图"面板中的"直线"按钮，开启"对象捕捉"和"正交模式"模式，以箭头尾部为起点，向右绘制一条长度为 7mm 的水平直线，如图 5-23 所示。

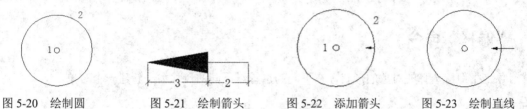

图 5-20　绘制圆　　　图 5-21　绘制箭头　　　图 5-22　添加箭头　　　图 5-23　绘制直线

（4）阵列箭头。单击"默认"选项卡"修改"面板中的"环形阵列"按钮，阵列步骤（3）中绘制的箭头和直线。命令行提示与操作如下：

```
命令: _arraypolar
选择对象: （选择步骤（3）中绘制的箭头和直线）
选择对象: ↙
类型 = 极轴  关联 = 否
指定阵列的中心点或 [基点(B)/旋转轴(A)]:
选择夹点以编辑阵列或 [关联(AS)/基点(B)/项目(I)/项目间角度(A)/填充角度(F)/行(ROW)/层(L)/旋转项目(ROT)/退
出(X)] <退出>:i↙
输入阵列中的项目数或 [表达式(E)] <6>:6↙
选择夹点以编辑阵列或 [关联(AS)/基点(B)/项目(I)/项目间角度(A)/填充角度(F)/行(ROW)/层(L)/旋转项目(ROT)/退
出(X)] <退出>: f↙
指定填充角度(+=逆时针、-=顺时针)或 [表达式(EX)] <360>:↙
选择夹点以编辑阵列或 [关联(AS)/基点(B)/项目(I)/项目间角度(A)/填充角度(F)/行(ROW)/层(L)/旋转项目(ROT)/退
出(X)] <退出>:↙
```

阵列效果如图 5-19 所示，完成点火分离器符号的绘制。

【选项说明】

（1）矩形(R)（命令行中为 ARRAYRECT）：将选定对象的副本分布到行数、列数和层数的任意组合。通过夹点，调整阵列间距、列数、行数和层数，也可以分别选择各选项输入数值。

（2）路径(PA)（命令行中为 ARRAYPATH）：沿路径或部分路径均匀分布选定对象的副本。选择该选项后出现如下提示：

```
选择路径曲线: （选择一条曲线作为阵列路径）
选择夹点以编辑阵列或 [关联(AS)/方法(M)/基点(B)/切向(T)/项目(I)/行(R)/层(L)/对齐项目(A)/Z 方向(Z)/退出(X)]
<退出>: （通过夹点，调整阵列行数和层数；也可以分别选择各选项输入数值）
```

（3）极轴(PO)：在绕中心点或旋转轴的环形阵列中均匀分布对象副本。选择该选项后出现如下提示：

```
指定阵列的中心点或 [基点(B)/旋转轴(A)]: （选择中心点、基点或旋转轴）
```

选择夹点以编辑阵列或 [关联(AS)/基点(B)/项目(I)/项目间角度(A)/填充角度(F)/行(ROW)/层(L)/旋转项目(ROT)/退出(X)] <退出>:（通过夹点，调整角度，填充角度；也可以分别选择各选项输入数值）

注意 阵列在平面作图时有两种方式，可以在矩形或环形（圆形）阵列中创建对象的副本。对于矩形阵列，可以控制行和列的数目以及它们之间的距离；对于环形阵列，可以控制对象副本的数目并决定是否旋转副本。

5.4.4 "偏移"命令

偏移对象是指保持选择的对象的形状，在不同的位置以不同的尺寸大小新建一个对象。

【执行方式】

☑ 命令行：OFFSET。

☑ 菜单栏：选择菜单栏中的"修改"→"偏移"命令。

☑ 工具栏：单击"修改"工具栏中的"偏移"按钮 ⊜。

☑ 功能区：单击"默认"选项卡"修改"面板中的"偏移"按钮 ⊜。

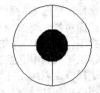

【操作实践——绘制防水防尘灯】

本实例绘制如图 5-24 所示的防水防尘灯。操作步骤如下。

（1）绘制圆。单击"默认"选项卡"绘图"面板中的"圆"按钮 ⊘，绘制半径为 2.5mm 的圆。

图 5-24 防水防尘灯

（2）偏移圆。单击"默认"选项卡"修改"面板中的"偏移"按钮 ⊜，将步骤（1）中绘制的圆向内偏移，命令行提示与操作如下：

```
命令: _offset
当前设置: 删除源=否   图层=源   OFFSETGAPTYPE=0
指定偏移距离或 [通过(T)/删除(E)/图层(L)] <通过>:（任意指定圆上一点）
指定第二点:（在圆内指定距离确定一点）
选择要偏移的对象，或 [退出(E)/放弃(U)] <退出>:（选择圆图形）
指定要偏移的那一侧上的点，或 [退出(E)/多个(M)/放弃(U)] <退出>:（在圆内指定一点）
选择要偏移的对象，或 [退出(E)/放弃(U)] <退出>:↙
```

结果如图 5-25（a）所示。

（3）绘制直线。单击"默认"选项卡"绘图"面板中的"直线"按钮 ╱，以圆心为起点水平向右绘制半径，如图 5-25（b）所示。

（4）阵列直线。单击"默认"选项卡"修改"面板中的"环形阵列"按钮 ⊞，把步骤（3）中绘制的直线以圆心为中心环形阵列 4 个，命令行提示与操作如下：

```
命令: _arraypolar
选择对象: 找到 1 个
选择对象: ↙
类型 = 极轴   关联 = 否
```

指定阵列的中心点或 [基点(B)/旋转轴(A)]:（单击圆心）
选择夹点以编辑阵列或 [关联(AS)/基点(B)/项目(I)/项目间角度(A)/填充角度(F)/行(ROW)/层(L)/旋转项目(ROT)/退出(X)] <退出>: i↙
输入阵列中的项目数或 [表达式(E)] <6>: 4↙
选择夹点以编辑阵列或 [关联(AS)/基点(B)/项目(I)/项目间角度(A)/填充角度(F)/行(ROW)/层(L)/旋转项目(ROT)/退出(X)] <退出>: f↙
指定填充角度(+=逆时针、-=顺时针)或 [表达式(EX)] <360>: 360↙
选择夹点以编辑阵列或 [关联(AS)/基点(B)/项目(I)/项目间角度(A)/填充角度(F)/行(ROW)/层(L)/旋转项目(ROT)/退出(X)] <退出>:↙

结果如图 5-25（c）所示。

（5）填充圆。单击"默认"选项卡"绘图"面板中的"图案填充"按钮，用 SOLID 图案填充内圆，如图 5-25（d）所示，完成绘制。

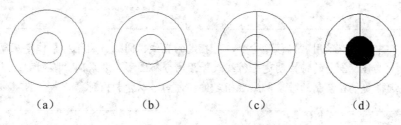

（a）　　　　　（b）　　　　　（c）　　　　　（d）

图 5-25　防水防尘灯符号

【选项说明】

（1）指定偏移距离：输入一个距离值，或按 Enter 键，使用当前的距离值，系统把该距离值作为偏移距离，如图 5-26 所示。

图 5-26　指定偏移对象的距离

（2）通过(T)：指定偏移对象的通过点。选择该选项后出现如下提示：

选择要偏移的对象，或 [退出(E)/放弃(U)] <退出>:（选择要偏移的对象，按 Enter 键会结束操作）
指定通过点或 [退出(E)/多个(M)/放弃(U)] <退出>:（指定偏移对象的一个通过点）

操作完毕后，系统根据指定的通过点绘出偏移对象，如图 5-27 所示。

（3）删除(E)：偏移后，将源对象删除。选择该选项后出现如下提示：

要在偏移后删除源对象吗？[是(Y)/否(N)] <否>:

（4）图层(L)：确定将偏移对象创建在当前图层上还是源对象所在的图层上。选择该选项后出现如下提示：

输入偏移对象的图层选项 [当前(C)/源(S)] <源>:

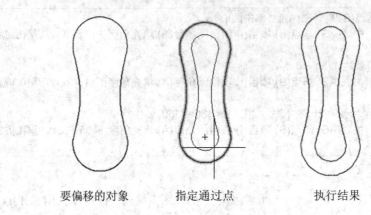

要偏移的对象　　　　　指定通过点　　　　　执行结果

图 5-27　指定偏移对象的通过点

举一反三

　　AutoCAD 2017 中，可以使用"偏移"命令，对指定的直线、圆弧、圆等对象作定距离偏移复制。在实际应用中，常利用"偏移"命令的特性创建平行线或等距离分布图形，效果同"阵列"。默认情况下，需要指定偏移距离，再选择要偏移复制的对象，然后指定偏移方向，以复制出对象。

5.5　改变位置类命令

　　该类编辑命令的功能是按照指定要求改变当前图形或图形某部分的位置，主要包括"移动""旋转"和"缩放"等命令。

【预习重点】

☑　　了解改变位置类命令有几种。

☑　　练习使用"移动""旋转"和"缩放"命令的使用方法。

5.5.1　"移动"命令

【执行方式】

☑　　命令行：MOVE。

☑　　菜单栏：选择菜单栏中的"修改"→"移动"命令。

☑　　工具栏：单击"修改"工具栏中的"移动"按钮✛。

☑　　功能区：单击"默认"选项卡"修改"面板中的"移动"按钮✛。

☑　　快捷菜单：选择要复制的对象，在绘图区右击，在打开的快捷菜单中选择"移动"命令。

【操作实践——绘制热继电器动断触点】

本实例绘制如图 5-28 所示的热继电器动断触点。操作步骤如下。

（1）打开 3.1.2 节绘制的动断（常闭）触点，如图 5-29（a）所示，将文件另存为"热继电器动断触点.dwg"。

（2）绘制虚线 2。单击"默认"选项卡"绘图"面板中的"直线"按钮 ，以图 5-29（a）直线 1 上端点为起始点水平向右绘制长为 6mm 的直线，并将绘制的直线线性改为虚线，结果如图 5-29（b）所示。

（3）平移虚线 2。单击"默认"选项卡"修改"面板中的"移动"按钮 ，将虚线 2 向左上方平移，命令行提示与操作如下：

图 5-28　热继电器动断触点

```
命令: _move
选择对象: 找到 1 个（选择虚线 2）
选择对象: ↙
指定基点或 [位移(D)] <位移>:（单击虚线 2 的右端点）
指定第二个点或 <使用第一个点作为位移>:（单击斜线中点）
```

结果如图 5-29（c）所示。

（4）绘制连续直线。新建"实线层"，并将当前图层切换至"实线层"，单击"默认"选项卡"绘图"面板中的"直线"按钮 ，在"对象捕捉"和"正交"绘图方式下，依次绘制直线 3、4、5。绘制方法如下：用鼠标捕捉虚线 2 的左端点，以其为起点，向上绘制长度为 2mm 的竖直直线 3；用鼠标捕捉直线 3 的上端点，以其为起点，向左绘制长度为 1.5mm 的水平直线 4；用鼠标捕捉直线 4 的左端点，向上绘制长度为 1.5mm 的竖直直线 5，结果如图 5-29（d）所示。

（5）镜像直线。单击"默认"选项卡"修改"面板中的"镜像"按钮 ，以虚线 2 为镜像线，对直线 3、4、5 做镜像操作，命令行提示与操作如下：

```
命令: _mirror
选择对象:找到 3 个（选择直线 3、4、5）
选择对象: ↙
指定镜像线的第一点：（单击虚线 2 的左端点）
指定镜像线的第二点：（单击虚线 2 的右端点）
要删除源对象吗? [是(Y)/否(N)] <N>:↙
```

结果如图 5-29（e）所示。

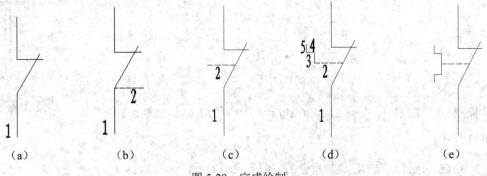

（a）　　　（b）　　　（c）　　　（d）　　　（e）

图 5-29　完成绘制

5.5.2 "旋转"命令

【执行方式】

- ☑ 命令行：ROTATE
- ☑ 菜单栏：选择菜单栏中的"修改"→"旋转"命令。
- ☑ 工具栏：单击"修改"工具栏中的"旋转"按钮○。
- ☑ 功能区：单击"默认"选项卡"修改"面板中的"旋转"按钮○。
- ☑ 快捷菜单：选择要旋转的对象，在绘图区右击，在打开的快捷菜单中选择"旋转"命令。

【操作实践——绘制熔断式隔离开关符号】

本实例绘制如图 5-30 所示的熔断式隔离开关符号。操作步骤如下。

（1）单击"默认"选项卡"绘图"面板中的"直线"按钮 ╱，绘制一条水平线段和 3 条首尾相连的竖直线段，其中上面两条竖直线段以水平线段为分界点，下面两条竖直线段以图 5-31 所示的点 1 为分界点。

> **注意** 这里绘制的 3 条首尾相连的竖直线段不能用一条线段代替，否则后面无法操作。

（2）单击"默认"选项卡"绘图"面板中的"矩形"按钮 □，绘制一个穿过中间竖直线段的矩形，如图 5-32 所示。

（3）单击"默认"选项卡"修改"面板中的"旋转"按钮○，捕捉图 5-33 中的端点，旋转矩形和中间竖直线段，命令行提示与操作如下：

```
命令: _rotate
UCS 当前的正角方向:  ANGDIR=逆时针  ANGBASE=0
选择对象:（选择矩形和中间竖直线段）
选择对象: ↙
指定基点:（捕捉图 5-33 中的端点）
指定旋转角度, 或 [复制(C)/参照(R)] <0>:（指定合适的角度）
```

最终结果如图 5-30 所示。

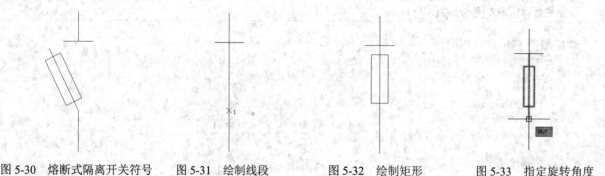

图 5-30　熔断式隔离开关符号　　图 5-31　绘制线段　　　　图 5-32　绘制矩形　　　　图 5-33　指定旋转角度

【选项说明】

（1）复制(C)：选择该选项，旋转对象的同时保留原对象，如图 5-34 所示。

图 5-34　复制旋转

（2）参照(R)：采用参照方式旋转对象时，命令行提示如下：

指定参照角 <0>:（指定要参考的角度，默认值为 0）
指定新角度或[点(P)]:（输入旋转后的角度值）

操作完毕后，对象被旋转至指定的角度位置。

高手支招

可以用拖动鼠标的方法旋转对象。选择对象并指定基点后，从基点到当前光标位置会出现一条连线，移动鼠标选择的对象会动态地随着该连线与水平方向的夹角变化而旋转，按 Enter 键确认旋转操作，如图 5-35 所示。

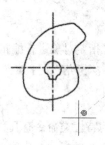

图 5-35　拖动鼠标旋转对象

5.5.3　"缩放"命令

【执行方式】

- ☑　命令行：SCALE。
- ☑　菜单栏：选择菜单栏中的"修改"→"缩放"命令。
- ☑　工具栏：单击"修改"工具栏中的"缩放"按钮🔲。
- ☑　功能区：单击"默认"选项卡"修改"面板中的"缩放"按钮🔲。
- ☑　快捷菜单：选择要缩放的对象，在绘图区右击，在打开的快捷菜单中选择"缩放"命令。

【操作步骤】

命令: SCALE✓
选择对象:（选择要缩放的对象）
选择对象:
指定基点:（指定缩放操作的基点）
指定比例因子或 [复制(C)/参照(R)]:

【选项说明】

（1）指定比例因子：选择对象并指定基点后，从基点到当前光标位置会出现一条线段，线段的长度即

图 5-36 复制缩放

为比例大小。鼠标选择的对象会动态地随着该连线长度的变化而缩放，按 Enter 键，确认缩放操作。

（2）复制(C)：选择该选项时，可以复制缩放对象，即缩放对象的同时保留原对象，如图 5-36 所示。

（3）参照(R)：采用参考方向缩放对象时，命令行提示如下：

指定参照长度 <1>:（指定参考长度值）
指定新的长度或 [点(P)] <1.0000>:（指定新长度值）

若新长度值大于参考长度值，则放大对象；否则，缩小对象。操作完毕后，系统以指定的基点按指定的比例因子缩放对象。如果选择"点(P)"选项，则指定两点来定义新的长度。

5.6 改变几何特性类命令

该类编辑命令在对指定对象进行编辑后，使编辑对象的几何特性发生改变。包括"修剪""延伸""拉伸""拉长""倒角""圆角""打断""分解"和"合并"等命令。

【预习重点】

☑ 了解改变几何特性类命令有几种。
☑ 比较分解、合并前后的对象属性变化。
☑ 比较使用"修剪"和"延伸"命令。
☑ 比较使用"拉伸"和"拉长"命令。
☑ 比较使用"圆角"和"倒角"命令。
☑ 练习使用"打断"命令。

5.6.1 "修剪"命令

【执行方式】

☑ 命令行：TRIM。
☑ 菜单栏：选择菜单栏中的"修改"→"修剪"命令。
☑ 工具栏：单击"修改"工具栏中的"修剪"按钮 ⊹。
☑ 功能区：单击"默认"选项卡"修改"面板中的"修剪"按钮 ⊹。

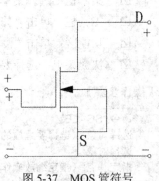

图 5-37 MOS 管符号

【操作实践——绘制 MOS 管符号】

本实例绘制如图 5-37 所示的 MOS 管符号。操作步骤如下。

1. 绘制 MOS 管轮廓图

（1）单击"默认"选项卡"绘图"面板中的"直线"按钮 ∕，打开"正交模式"，绘制长为 32 的直线，如图 5-38 所示。

图 5-38 绘制直线

（2）单击"默认"选项卡"修改"面板中的"偏移"按钮，将直线分别向上平移 4、1、10，命令行提示与操作如下：

命令: _offset（执行"偏移"命令）
当前设置: 删除源=否　图层=源　OFFSETGAPTYPE=0
指定偏移距离或 [通过(T)/删除(E)/图层(L)] <通过>: 4 ✓
选择要偏移的对象，或 [退出(E)/放弃(U)] <退出>: （选择直线为偏移对象）
指定要偏移的那一侧上的点，或 [退出(E)/多个(M)/放弃(U)] <退出>: （选择直线上侧）
选择要偏移的对象，或 [退出(E)/放弃(U)] <退出>: ✓

偏移后的结果如图 5-39 所示。

注意　AutoCAD 2017 中，可以使用"偏移"命令对指定的直线、圆弧、圆等对象作定距离偏移复制。在实际应用中，常利用"偏移"命令的特性创建平行线或等距离分布图形，效果同"阵列"。默认情况下，需要指定偏移距离，再选择要偏移复制的对象，然后指定偏移方向，以复制出对象。

（3）单击"默认"选项卡"修改"面板中的"镜像"按钮，将步骤（2）中上面 3 条线镜像到下方，如图 5-40 所示。

（4）单击"默认"选项卡"绘图"面板中的"直线"按钮命令，开启"极轴追踪"方式，捕捉直线中点绘制竖直线，如图 5-41 所示。

（5）单击"默认"选项卡"修改"面板中的"偏移"按钮，将竖直线向左边偏移 4mm、1mm 和 8mm，如图 5-42 所示。

（6）单击"默认"选项卡"修改"面板中的"修剪"按钮，修剪图形，命令行提示与操作如下：

命令: _trim
当前设置: 投影=UCS，边=无
选择剪切边...
选择对象或 <全部选择>: （选择全部图形）
选择对象: ✓
选择要修剪的对象，或按住 Shift 键选择要延伸的对象，或 [栏选(F)/窗交(C)/投影(P)/边(E)/删除(R)/放弃(U)]:
选择要修剪的对象，或按住 Shift 键选择要延伸的对象，或 [栏选(F)/窗交(C)/投影(P)/边(E)/删除(R)/放弃(U)]: ✓

继续修剪直线，最终结果如图 5-43 所示。

图 5-39　偏移直线　　　图 5-40　镜像效果　　　图 5-41　绘制竖直线　　　图 5-42　偏移直线

2．绘制引出端及箭头

（1）单击"默认"选项卡"绘图"面板中的"多段线"按钮，开启"极轴追踪"方式，并捕捉直线中点，如图 5-44 所示。

（2）单击状态栏上"极轴追踪"右侧的"小三角"按钮 ▼，在弹出的快捷菜单中选择"正在追踪设置"命令，打开"草图设置"对话框，启用"极轴追踪"方式，并将增量角设为15°，如图 5-45 所示。

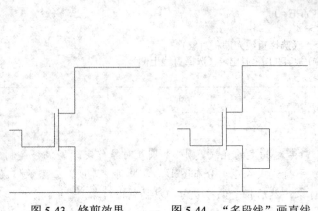

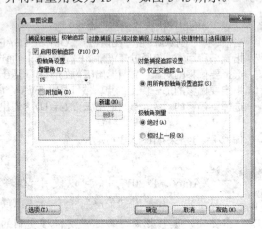

图 5-43　修剪效果　　　　图 5-44　"多段线"画直线　　　　图 5-45　"草图设置"对话框

（3）单击"默认"选项卡"绘图"面板中的"直线"按钮 ╱，捕捉交点，绘制箭头，如图 5-46 所示。

（4）单击"默认"选项卡"绘图"面板中的"图案填充"按钮 ▧，用 SOLID 图案填充箭头，如图 5-47 所示。

图 5-46　绘制箭头　　　　　　　　　图 5-47　填充箭头

（5）单击"默认"选项卡"绘图"面板中的"圆"按钮 ⊙，绘制输入、输出端子，并剪切掉多余的线段。

（6）单击"默认"选项卡"绘图"面板中的"直线"按钮 ╱，在输入、输出端子处标上正负号。

3．添加文字及符号

单击"默认"选项卡"注释"面板中的"多行文字"按钮 A（该命令将在第 6 章介绍），在适当位置中标上符号，结果如图 5-37 所示。

【选项说明】

（1）按 Shift 键：在选择对象时，如果按住 Shift 键，系统自动将"修剪"命令转换成"延伸"命令，"延伸"命令将在 5.6.2 节介绍。

（2）边(E)：选择该选项时，可以选择对象的修剪方式，即延伸和不延伸。

① 延伸(E)：延伸边界进行修剪。在该方式下，如果剪切边没有与要修剪的对象相交，系统会延伸剪切

边直至与要修剪的对象相交，然后再修剪，如图 5-48 所示。

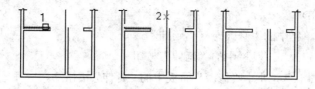

选择剪切边　　选择要修剪的对象　　修剪后的结果

图 5-48　延伸方式修剪对象

② 不延伸(N)：不延伸边界修剪对象，只修剪与剪切边相交的对象。

（3）栏选(F)：选择该选项时，系统以栏选的方式选择被修剪对象，如图 5-49 所示。

选择剪切边　　选择要修剪的对象　　修剪后的结果

图 5-49　栏选选择修剪对象

（4）窗交(C)：选择该选项时，系统以窗交的方式选择被修剪对象，如图 5-50 所示。

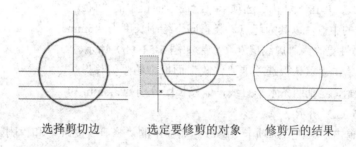

选择剪切边　　　　选定要修剪的对象　　　修剪后的结果

图 5-50　窗交选择修剪对象

5.6.2　"延伸"命令

延伸对象是指延伸对象直至另一个对象的边界线，如图 5-51 所示。

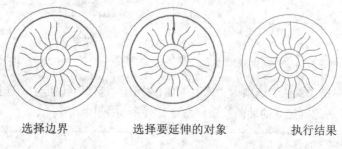

选择边界　　　　选择要延伸的对象　　　　执行结果

图 5-51　延伸对象

【执行方式】

☑　命令行：EXTEND。

☑　菜单栏：选择菜单栏中的"修改"→"延伸"命令。

☑　工具栏：单击"修改"工具栏中的"延伸"按钮┐。

☑　功能区：单击"默认"选项卡"修改"面板中的"延伸"按钮┐。

【操作实践——绘制动断按钮】

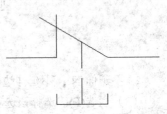

图 5-52　动断按钮

本实例绘制如图 5-52 所示的动断按钮。操作步骤如下。

（1）设置图层。设置两个图层：实线层和虚线层，线型分别设置为 Continuous 和 ACAD_ISO02W100。其他属性按默认设置。

（2）绘制基本图形。单击"默认"选项卡"绘图"面板中的"直线"按钮╱，绘制基本图形，如图 5-53（a）所示。

（3）绘制竖直直线。单击"默认"选项卡"绘图"面板中的"直线"按钮╱，分别以图 5-53（a）中 a 点和 b 点为起点，竖直向下绘制长为 4.5mm 的直线，效果如图 5-53（b）所示。

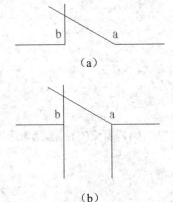

图 5-53　绘制直线

（4）绘制水平直线。单击"默认"选项卡"绘图"面板中的"直线"按钮╱，分别以图 5-53（b）中 a 点为起点，b 点为终点，绘制直线 ab，效果如图 5-54（a）所示。

（5）绘制竖直直线。单击"默认"选项卡"绘图"面板中的"直线"按钮╱，捕捉直线 ab 的中点，以其为起点，竖直向下绘制长度为 4.5mm 的直线，并将其图形属性更改为"虚线层"，效果如图 5-54（b）所示。

（6）偏移直线。单击"默认"选项卡"修改"面板中的"偏移"按钮╚，以直线 ab 为起始，绘制两条水平直线，偏移长度分别为 3.5mm 和 4.5mm，效果如图 5-55（a）所示。

（7）修剪图形。单击"默认"选项卡"修改"面板中的"修剪"按钮┼和"删除"按钮✎，对图形进行修剪，并删除直线 ab，效果如图 5-55（b）所示。

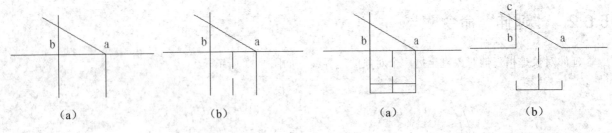

图 5-54　绘制直线　　　　　　　　　　　　　　图 5-55　修剪图形

（8）延伸直线。单击"默认"选项卡"修改"面板中的"延伸"按钮┐，选择虚线作为延伸的对象，将其延伸到斜线 ac，即为绘制完成的动断按钮，命令行提示与操作如下：

命令: _extend↙
当前设置:投影=UCS，边=无

选择边界的边...
选择对象或 <全部选择>:（选取 ac 斜边）
选择对象: ↙
选择要延伸的对象，或按住 Shift 键选择要修剪的对象，或 [栏选(F)/窗交(C)/投影(P)/边(E)/放弃(U)]:（选取虚线）
选择要延伸的对象，或按住 Shift 键选择要修剪的对象，或 [栏选(F)/窗交(C)/投影(P)/边(E)/放弃(U)]: ↙

效果如图 5-52 所示。

【选项说明】

（1）如果要延伸的对象是适配样条多段线，则延伸后会在多段线的控制框上增加新节点。如果要延伸的对象是锥形的多段线，系统会修正延伸端的宽度，使多段线从起始端平滑地延伸至新的终止端。如果延伸操作导致新终止端的宽度为负值，则取宽度值为 0，如图 5-56 所示。

图 5-56　延伸对象

（2）选择对象时，如果按住 Shift 键，系统自动将“延伸”命令转换成“修剪”命令。

5.6.3　“拉伸”命令

拉伸对象是指拖拉选择的对象，使其形状发生改变。拉伸对象时，应指定拉伸的基点和移至点。利用一些辅助工具，如捕捉、钳夹功能及相对坐标等可以提高拉伸的精度。

【执行方式】

- ☑ 命令行：STRETCH。
- ☑ 菜单栏：选择菜单栏中的“修改”→“拉伸”命令。
- ☑ 工具栏：单击“修改”工具栏中的“拉伸”按钮 。
- ☑ 功能区：单击“默认”选项卡“修改”面板中的“拉伸”按钮 。

【操作步骤】

命令: _stretch
以交叉窗口或交叉多边形选择要拉伸的对象...
选择对象: C↙
指定第一个角点: 指定对角点: 找到 2 个（采用交叉窗口的方式选择要拉伸的对象）
指定基点或 [位移(D)]<位移>:（指定拉伸的基点）
指定第二个点或 <使用第一个点作为位移>:（指定拉伸的移至点）

此时，若指定第二个点，系统将根据这两点决定的矢量拉伸对象。若直接按 Enter 键，系统会把第一个点的坐标值作为 X 和 Y 轴的分量值。

🎓 **高手支招**

用交叉窗口选择拉伸对象时，落在交叉窗口内的端点被拉伸，落在外部的端点保持不动。

5.6.4　"拉长"命令

【执行方式】

☑　命令行：LENGTHEN。

☑　菜单栏：选择菜单栏中的"修改"→"拉长"命令。

☑　功能区：单击"默认"选项卡"修改"面板中的"拉长"按钮╱ 。

【操作实践——绘制λ探测器符号】

本实例绘制如图 5-57 所示的 λ 探测器符号。操作步骤如下。

（1）绘制竖直直线。单击"默认"选项卡"绘图"面板中的"直线"按钮╱ ，绘制断开的直线 1，其端点坐标分别为{（100,30），（100,42）}和{（100,46），（100,57）}。

（2）绘制水平直线。单击"默认"选项卡"绘图"面板中的"直线"按钮╱ ，绘制直线 2，其端点坐标分别为{（100,42），（105,42）}，如图 5-58 所示。

（3）偏移直线。单击"默认"选项卡"修改"面板中的"偏移"按钮 ，将直线 2 分别向上偏移 2mm 和 4mm，如图 5-59 所示。

（4）拉长直线。单击"默认"选项卡"修改"面板中的"拉长"按钮╱ ，将直线 3 和直线 4 分别向右延长 1mm 和 2mm，命令行提示与操作如下：

```
命令: _lengthen
选择要测量的对象或 [增量(DE)/百分比(P)/总计(T)/动态(DY)] <增量(DE)>: de↙
输入长度增量或 [角度(A)] <1.0000>: 1↙
选择要修改的对象或 [放弃(U)]:（选择直线 3）
选择要修改的对象或 [放弃(U)]: ↙
命令: LENGTHEN
选择要测量的对象或 [增量(DE)/百分比(P)/总计(T)/动态(DY)] <增量(DE)>: de↙
输入长度增量或 [角度(A)] <1.0000>: 2↙
选择要修改的对象或 [放弃(U)]: （选择直线 4）
选择要修改的对象或 [放弃(U)]: ↙
```

（5）更改图形对象的图层属性。新建一个名为"虚线层"的图层，线型为 ACAD_ISO02W100。选中直线 3，单击"默认"选项卡"图层"面板中的"图层特性"下拉列表框处的"虚线层"选项，将其图层属性设置为"虚线层"，效果如图 5-60 所示。

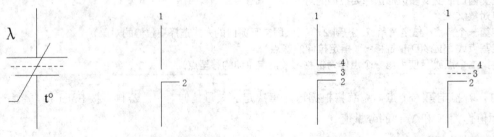

图 5-57　λ探测器符号　　　图 5-58　绘制直线　　　图 5-59　偏移直线　　　图 5-60　更改线型

（6）镜像直线。单击"默认"选项卡"修改"面板中的"镜像"按钮 ，选择直线 2、直线 3 和直线

4 为镜像对象，直线 1 为镜像线，进行镜像操作，得到的效果如图 5-61 所示。

（7）绘制斜线。单击"默认"选项卡"绘图"面板中的"直线"按钮，开启"对象捕捉追踪"与"极轴追踪"模式，捕捉 O 点为起点，绘制一条与水平方向成 60°夹角，长度为 6mm 的倾斜直线 5，如图 5-62 所示。

（8）拉长直线。单击"默认"选项卡"修改"面板中的"拉长"按钮，将直线 5 向下拉长 6mm，命令行提示与操作如下：

```
命令: LENGTHEN↙
选择要测量的对象或 [增量(DE)/百分比(P)/总计(T)/动态(DY)] <增量(DE)>: ↙
输入长度增量或 [角度(A)] <0.0000>: 6↙
选择要修改的对象或 [放弃(U)]:（选择直线 5 的左端）
选择要修改的对象或 [放弃(U)]: ↙
```

结果如图 5-63 所示。

（9）绘制水平直线。关闭"极轴追踪"模式，开启"正交模式"。单击"默认"选项卡"绘图"面板中的"直线"按钮，以直线 5 的下端点为起点，向左绘制长度为 2mm 的水平直线，如图 5-64 所示。

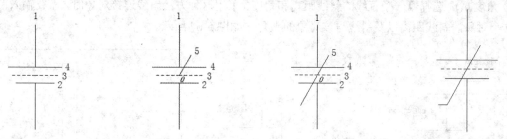

图 5-61　镜像直线　　　图 5-62　绘制斜线　　　图 5-63　拉长直线　　　图 5-64　绘制水平直线

（10）添加文字。单击"默认"选项卡"注释"面板中的"多行文字"按钮 A，在图形中添加文字"λ"和"t°"，如图 5-57 所示，完成 λ 探测器符号的绘制。

【选项说明】

（1）增量(DE)：用指定增加量的方法改变对象的长度或角度。

（2）百分比(P)：用指定要修改对象的长度占总长度的百分比的方法，改变圆弧或直线段的长度。

（3）总计(T)：用指定新的总长度或总角度值的方法改变对象的长度或角度。

（4）动态(DY)：在这种模式下，可以使用拖拉鼠标的方法动态地改变对象的长度或角度。

5.6.5　"倒角"命令

倒角是指用斜线连接两个不平行的线型对象。可以用斜线连接直线段、双向无限长线、射线和多段线。

【执行方式】

☑　命令行：CHAMFER。

☑　菜单栏：选择菜单栏中的"修改"→"倒角"命令。

☑　工具栏：单击"修改"工具栏中的"倒角"按钮。

☑　功能区：单击"默认"选项卡"修改"面板中的"倒角"按钮□。

【操作步骤】

命令: CHAMFER↙
（"不修剪"模式）当前倒角距离 1 = 0.0000，距离 2 = 0.0000
选择第一条直线或 [放弃(U)/多段线(P)/距离(D)/角度(A)/修剪(T)/方式(E)/多个(M)]:（选择第一条直线或其他选项）
选择第二条直线，或按住 Shift 键选择直线以应用角点或 [距离(D)/角度(A)/方法(M)]:（选择第二条直线）

【选项说明】

（1）多段线(P)：对多段线的各个交叉点进行倒角编辑。为了得到最好的连接效果，一般设置斜线是相等的值。系统根据指定的斜线距离把多段线的每个交叉点都作斜线连接，连接的斜线成为多段线新添加的构成部分，如图 5-65 所示。

（2）距离(D)：选择倒角的两个斜线距离。斜线距离是指从被连接的对象与斜线的交点到被连接的两对象的可能的交点之间的距离，如图 5-66 所示。这两个斜线距离可以相同也可以不相同，若二者均为 0，则系统不绘制连接的斜线，而是把两个对象延伸至相交，并修剪超出的部分。

（3）角度(A)：选择第一条直线的斜线距离和角度。采用这种方法斜线连接对象时，需要输入两个参数：斜线与一个对象的斜线距离以及斜线与该对象的夹角，如图 5-67 所示。

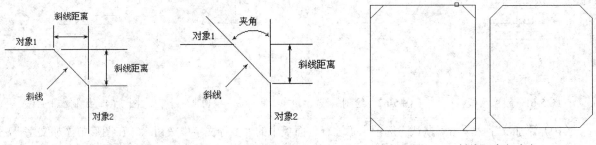

图 5-65　斜线连接多段线　　　　图 5-66　斜线距离　　　　图 5-67　斜线距离与夹角

（4）修剪(T)：与圆角连接命令 FILLET 相同，该选项决定连接对象后，是否剪切原对象。

（5）方式(E)：决定采用"距离"方式还是"角度"方式来倒角。

（6）多个(M)：同时对多个对象进行倒角编辑。

5.6.6　"圆角"命令

圆角是指用指定的半径决定的一段平滑的圆弧连接两个对象。系统规定可以圆角连接一对直线段、非圆弧的多段线段、样条曲线、双向无限长线、射线、圆、圆弧和椭圆。可以在任何时刻圆角连接非圆弧多段线的每个节点。

【执行方式】

☑　命令行：FILLET。
☑　菜单栏：选择菜单栏中的"修改"→"圆角"命令。
☑　工具栏：单击"修改"工具栏中的"圆角"按钮□。

☑ 功能区：单击"默认"选项卡"修改"面板中的"圆角"按钮◻。

高手支招

有时用户在执行"圆角"和"倒角"命令时，发现命令不执行或执行后没什么变化，那是因为系统默认圆角半径和斜线距离均为 0，如果不事先设定圆角半径或斜线距离，系统就以默认值执行命令，所以看起来好像没有执行命令。

【操作实践——绘制变压器符号】

本实例绘制如图 5-68 所示的变压器符号。操作步骤如下。

（1）新建图层。单击"默认"选项卡"图层"面板中的"图层特性"按钮◻，弹出"图层特性管理器"选项板，新建两个图层。

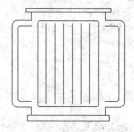

图 5-68 变压器符号

① 实线层：线宽为 0.25mm，其余属性默认。

② 中心线层：线型为 CENTER，线宽为 0.25mm，其余属性默认。

将"实线层"置为当前图层。

（2）绘制矩形及中心线。

① 单击"默认"选项卡"绘图"面板中的"矩形"按钮◻，绘制一个长为 630mm、宽为 455mm 的矩形，如图 5-69 所示。

② 单击"默认"选项卡"修改"面板中的"分解"按钮◻，选中步骤①中绘制的矩形，将其分解为直线 1、直线 2、直线 3 和直线 4。

③ 单击"默认"选项卡"修改"面板中的"偏移"按钮◻，将直线 1 向下偏移 227.5mm，将直线 3 向右偏移 315mm，得到两条中心线。

④ 选定偏移得到的两条中心线，单击"默认"选项卡"图层"面板中的"图层特性"下拉列表框处的"中心线层"图层，将其图层设置为"中心线层"。

⑤ 单击"默认"选项卡"修改"面板中的"拉长"按钮◻，将两条中心线向端点方向分别拉长 50mm，结果如图 5-70 所示。

（3）修剪直线。

① 单击"默认"选项卡"修改"面板中的"偏移"按钮◻，将直线 1 向下偏移 35mm，将直线 2 向上偏移 35mm，将直线 3 向右偏移 35mm，将直线 4 向左偏移 35mm。

② 单击"默认"选项卡"修改"面板中的"修剪"按钮◻，修剪掉多余的直线，得到的结果如图 5-71 所示。

③ 单击"默认"选项卡"修改"面板中的"圆角"按钮◻，对外侧矩形进行圆角处理，命令行提示与操作如下：

```
命令：_fillet
当前设置：模式 = 修剪，半径 = 35.0000
选择第一个对象或 [放弃(U)/多段线(P)/半径(R)/修剪(T)/多个(M)]: r↙
指定圆角半径 <35.0000>: 35↙
选择第一个对象或 [放弃(U)/多段线(P)/半径(R)/修剪(T)/多个(M)]: m↙
选择第一个对象或 [放弃(U)/多段线(P)/半径(R)/修剪(T)/多个(M)]:
```

选择第二个对象，或按住 Shift 键选择对象以应用角点或 [半径(R)]:
选择第一个对象或 [放弃(U)/多段线(P)/半径(R)/修剪(T)/多个(M)]:
选择第二个对象，或按住 Shift 键选择对象以应用角点或 [半径(R)]:
选择第一个对象或 [放弃(U)/多段线(P)/半径(R)/修剪(T)/多个(M)]:
选择第二个对象，或按住 Shift 键选择对象以应用角点或 [半径(R)]:
选择第一个对象或 [放弃(U)/多段线(P)/半径(R)/修剪(T)/多个(M)]:
选择第二个对象，或按住 Shift 键选择对象以应用角点或 [半径(R)]:
选择第一个对象或 [放弃(U)/多段线(P)/半径(R)/修剪(T)/多个(M)]: ✓

④ 按顺序完成较大矩形的圆角后，继续完成较小矩形的圆角，较小矩形圆角半径为 17.5mm，最终结果如图 5-72 所示。

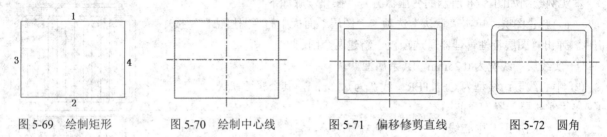

图 5-69　绘制矩形　　　　图 5-70　绘制中心线　　　　图 5-71　偏移修剪直线　　　　图 5-72　圆角

（4）单击"默认"选项卡"修改"面板中的"偏移"按钮，将竖直中心线向左和向右均偏移 230mm。用前述的方法将偏移得到的两竖直线的图层属性设置为"实体符号层"，结果如图 5-73 所示。

（5）单击"默认"选项卡"绘图"面板中的"直线"按钮，在"对象追踪"绘图方式下，以直线 1 和直线 2 的上端点为两端点绘制水平直线 3，并调用"拉长"命令，将水平直线向两端分别拉长 35mm，结果如图 5-74 所示。将图中的水平直线 3 向上偏移 20mm，得到直线 4，分别连接直线 3 和直线 4 的左右端点，如图 5-75 所示。

（6）用和前面相同的方法绘制下半部分，下半部分两水平直线的距离是 35mm，其他操作与绘制上半部分完全相同，完成后单击"默认"选项卡"修改"面板中的"修剪"按钮，修剪掉多余的直线，得到的结果如图 5-76 所示。

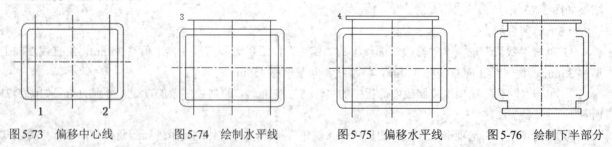

图 5-73　偏移中心线　　　　图 5-74　绘制水平线　　　　图 5-75　偏移水平线　　　　图 5-76　绘制下半部分

（7）绘制圆角矩形。单击"默认"选项卡"绘图"面板中的"矩形"按钮，以两中心线交点为中心绘制一个带圆角的矩形，矩形的长为 380mm、宽为 460mm，圆角的半径为 35mm。命令行提示与操作如下：

命令:_rectang
当前矩形模式: 圆角=0.0000
指定第一个角点或 [倒角(C)/标高(E)/圆角(F)/厚度(T)/宽度(W)]: f✓
指定矩形的圆角半径 <0.0000>: 35✓

指定第一个角点或 [倒角(C)/标高(E)/圆角(F)/厚度(T)/宽度(W)]: from✓
基点:(指定两中心线的交点)
<偏移>: @-190,-230✓
指定另一个角点或 [面积(A)/尺寸(D)/旋转(R)]: d✓
指定矩形的长度 <0.0000>: 380✓
指定矩形的宽度 <0.0000>: 460✓
指定另一个角点或 [面积(A)/尺寸(D)/旋转(R)]:(移动光标到中心线的右上角,单击确定另一个角点的位置)

绘制结果如图 5-77 所示。

🔧 举一反三

采取上面这种按已知一个角点位置以及长度和宽度方式绘制矩形时,另一个矩形的角点位置有 4 种可能,通过移动光标指向大体位置方向可以确定另一个角点的具体位置。

(8)单击"默认"选项卡"绘图"面板中的"直线"按钮✏,以竖直中心线为对称轴,绘制 6 条竖直直线,长度均为 420mm,直线间的距离为 55mm。

(9)单击"默认"选项卡"修改"面板中的"删除"按钮✏,将中心线删除,最终结果如图 5-68 所示。

【选项说明】

(1)多段线(P):在一条二维多段线的两段直线段的节点处插入圆滑的弧。选择多段线后,系统会根据指定圆弧的半径将多段线各顶点用圆滑的弧连接起来。

(2)修剪(T):决定在圆角连接两条边时,是否修剪这两条边,如图 5-78 所示。

(3)多个(M):可以同时对多个对象进行圆角编辑,而不必重新起用命令。

(4)按住 Shift 键选择对象以应用角点:按住 Shift 键并选择两条直线,可以快速创建零距离倒角或零半径圆角。

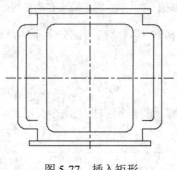

图 5-77　插入矩形

修剪方式　　　　　不修剪方式

图 5-78　圆角连接

5.6.7　"打断"命令

【执行方式】

☑　命令行:BREAK。

☑　菜单栏:选择菜单栏中的"修改"→"打断"命令。

☑ 工具栏：单击"修改"工具栏中的"打断"按钮 。

☑ 功能区：单击"默认"选项卡"修改"面板中的"打断"按钮 。

【操作实践——绘制弯灯符号】

本实例绘制如图 5-79 所示的弯灯符号。操作步骤如下。

（1）绘制直线和圆。单击"默认"选项卡"绘图"面板中的"直线"按钮 ，绘制一条水平直线。单击"默认"选项卡"绘图"面板中的"圆"按钮 ，以直线的端点为圆心，绘制半径为 10mm 的圆，如图 5-80 所示。

（2）偏移圆。单击"默认"选项卡"修改"面板中的"偏移"按钮 ，将圆向外偏移 3mm，如图 5-81 所示。

（3）打断曲线。单击"默认"选项卡"修改"面板中的"打断"按钮 ，命令行提示与操作如下：

命令：_break
选择对象：（选择外圆的左侧象限点）
指定第二个打断点或 [第一点(F)]：（选择外圆的右侧象限点）

🔧 举一反三

捕捉第二点（右侧象限点）时，与"正交模式"的设置无关。

打断后的图形如图 5-82 所示。

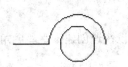 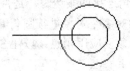 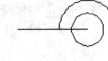

图 5-79　弯灯符号　　　图 5-80　绘制直线和圆　　　图 5-81　偏移圆　　　图 5-82　打断曲线

（4）修剪曲线。单击"默认"选项卡"修改"面板中的"修剪"按钮 ，将圆内部分多余的线段剪切掉，得到的图形如图 5-79 所示。

【选项说明】

如果选择"第一点(F)"选项，系统将丢弃前面的第一个选择点，重新提示用户指定两个打断点。

5.6.8 "分解"命令

【执行方式】

☑ 命令行：EXPLODE。

☑ 菜单栏：选择菜单栏中的"修改"→"分解"命令。

☑ 工具栏：单击"修改"工具栏中的"分解"按钮 。

☑ 功能区：单击"默认"选项卡"修改"面板中的"分解"按钮 。

【操作实践——绘制热继电器驱动器件】

本实例绘制如图 5-83 所示的热继电器驱动器件。操作步骤如下。

（1）绘制矩形。单击"默认"选项卡"绘图"面板中的"矩形"按钮 □，绘制一个长为 10mm、宽为 5mm 的矩形，效果如图 5-84（a）所示。

图 5-83 热继电器驱动器件

（2）分解矩形。单击"默认"选项卡"修改"面板中的"分解"按钮，将绘制的矩形分解为 4 条直线，命令行提示与操作如下：

```
命令: _explode
选择对象: 找到 1 个 (选择矩形)
选择对象: ↙
```

效果如图 5-84（a）所示。

（3）偏移直线。单击"默认"选项卡"修改"面板中的"偏移"按钮 ，以上端水平直线为起始，向下绘制两条水平直线，偏移量分别为 1.5mm 和 2mm，以左侧竖直直线为起始向右绘制两条竖直直线，偏移量分别为 5mm 和 2.5mm，效果如图 5-84（b）所示。

（4）修剪和打断图形。单击"默认"选项卡"修改"面板中的"修剪"按钮 ，修剪图形，如图 5-84（c）所示。

（5）拉长线段。单击"默认"选项卡"修改"面板中的"拉长"按钮 ，分别将与矩形相交的竖直直线向上、向下拉长 5mm，效果如图 5-84（d）所示。

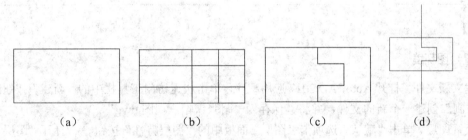

（a）　　　　　　（b）　　　　　　（c）　　　　　　（d）

图 5-84 绘制热继电器驱动器件

✎ 举一反三

"分解"命令是将一个合成图形分解成为其部件的工具。例如，一个矩形被分解之后会变成 4 条直线，而一个有宽度的直线分解之后会失去其宽度属性。

5.6.9 "合并"命令

可以将直线、圆、椭圆弧和样条曲线等独立的线段合并为一个对象。

【执行方式】

☑ 命令行：JOIN。

☑ 菜单栏：选择菜单栏中的"修改"→"合并"命令。

☑ 工具栏：单击"修改"工具栏中的"合并"按钮 ▪▪ 。

☑ 功能区：单击"默认"选项卡"修改"面板中的"合并"按钮 ⁺⁺ 。

【操作步骤】

命令: JOIN↙
选择源对象或要一次合并的多个对象：(选择一个对象)
找到 1 个
选择要合并的对象：(选择另一个对象)
找到 1 个，总计 2 个
选择要合并的对象: ↙
2 条直线已合并为 1 条直线

5.7 综合演练——绘制耐张铁帽三视图

本实例绘制如图 5-85 所示的耐张铁帽三视图。

⭐ **手把手教你学**

在本实例中，综合运用了本章所学的一些编辑命令，绘制的大体顺序是先设置绘图环境，然后绘制图样布局，最后分别绘制主视图、左视图和俯视图。

【操作步骤】

1. 设置绘图环境

（1）建立新文件。打开 AutoCAD 2017 应用程序，单击快速访问工具栏中的"新建"按钮 ☐，以"无样板打开-公制"创建一个新的文件，并将其保存为"耐张铁帽三视图.dwg"。

（2）设置图层。单击"默认"选项卡"图层"面板中的"图层特性"按钮 ⇙，打开"图层特性管理器"选项板，设置"轮廓线层""实体符号层"和"虚线层"3 个图层，将"轮廓线层"设置为当前图层。设置好的各图层属性如图 5-86 所示。

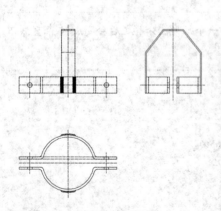

图 5-85 耐张铁帽三视图

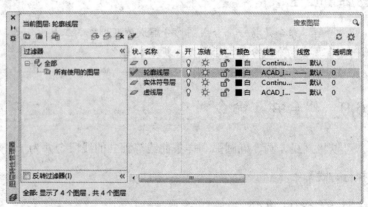

图 5-86 图层设置

2. 图样布局

（1）绘制水平线。单击"默认"选项卡"绘图"面板中的"构造线"按钮✍，在"正交模式"下绘制一条横贯整个屏幕的水平线 1，命令行提示与操作如下：

命令: _xline
指定点或 [水平(H)/垂直(V)/角度(A)/二等分(B)/偏移(O)]: H↙
指定通过点:（在屏幕上合适位置指定一点）
指定通过点: ↙

（2）偏移水平线。单击"默认"选项卡"修改"面板中的"偏移"按钮✍，将直线 1 依次向下偏移 85mm、90mm、30mm、30mm、150mm、108mm 和 108mm，得到 7 条直线，结果如图 5-87 所示。

（3）绘制竖直线。单击"默认"选项卡"绘图"面板中的"直线"按钮✍，绘制竖直直线，如图 5-88 所示。

（4）偏移竖直直线。单击"默认"选项卡"修改"面板中的"偏移"按钮✍，将直线 2 依次向右偏移 40mm、40mm、8mm、71mm、25mm、25mm、71mm、8mm、40mm、40mm、108mm、108mm 和 108mm，得到 13 条直线，结果如图 5-89 所示。

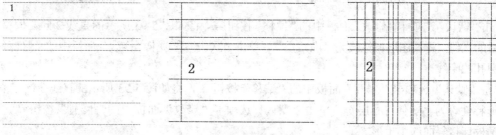

图 5-87　偏移水平线　　　　图 5-88　绘制竖直直线　　　　图 5-89　偏移竖直直线

（5）修剪直线。单击"默认"选项卡"修改"面板中的"修剪"按钮✍，修剪多余的线段，得到图样布局如图 5-90 所示。

（6）绘制三视图布局。单击"默认"选项卡"修改"面板中的"修剪"按钮✍和"删除"按钮✍，将图 5-90 裁剪成如图 5-91 所示的 3 个区域，每个区域对应一个视图。

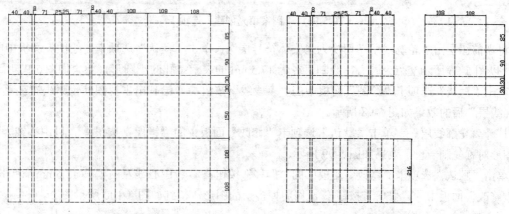

图 5-90　图样布局　　　　　　　图 5-91　图样布局

3．绘制主视图

（1）修剪图形。单击"默认"选项卡"修改"面板中的"修剪"按钮 ⊹，修剪如图 5-91 所示的左上角区域，得到主视图的大致轮廓，如图 5-92 所示。

（2）绘制主视图左半部分。

① 单击"默认"选项卡"修改"面板中的"偏移"按钮 ⊕，将如图 5-92 所示的直线 1 向下偏移 4mm，选中偏移后的直线，将其图层特性设为"虚线层"，单击"默认"选项卡"修改"面板中的"修剪"按钮 ⊹，保留图形的左半部分，如图 5-93 所示。

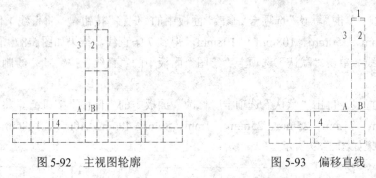

图 5-92　主视图轮廓　　　　　　图 5-93　偏移直线

② 单击"默认"选项卡"修改"面板中的"偏移"按钮 ⊕，将如图 5-93 所示的直线 2 向左偏移 17.5mm，选中偏移后的直线，将其图层特性设为"虚线层"，单击"默认"选项卡"修改"面板中的"修剪"按钮 ⊹，得到表示圆孔的隐线。

③ 单击"默认"选项卡"修改"面板中的"偏移"按钮 ⊕，将如图 5-93 所示的直线 3 向左偏移 4mm，并将其图形特性设为"实体符号层"，单击"默认"选项卡"修改"面板中的"修剪"按钮 ⊹，得到表示架板与抱箍板连接斜面的小矩形。

④ 单击"默认"选项卡"绘图"面板中的"图案填充"按钮 ▨，系统打开"图案填充创建"选项卡，如图 5-94 所示，选择 SOLID 图案，设置角度为 0，比例为 1，选择填充区域填充图形，效果如图 5-95 所示。

图 5-94　"图案填充创建"选项卡

⑤ 将当前图层由"轮廓线层"切换为"实体符号层"，单击"默认"选项卡"绘图"面板中的"圆"按钮 ⊙，以图 5-96 所示交点为圆心，绘制直径为 17.5mm 的表示螺孔的小圆形，效果如图 5-97 所示。

⑥ 单击"默认"选项卡"绘图"面板中的"多段线"按钮 ⊃，绘制出主视图外轮廓线的左半部分，关闭"轮廓线层"后的效果如图 5-98 所示。

⑦ 打开"轮廓线层"，单击"默认"选项卡"修改"面板中的"镜像"按钮 ⚊，以中心线为对称轴，将左边图形对称复制一份，效果如图 5-99 所示。

⑧ 单击"默认"选项卡"修改"面板中的"偏移"按钮 ⊕，将中心线左右偏移 12.5mm，单击"默认"选项卡"修改"面板中的"修剪"按钮 ⊹，修剪掉多余的图形，得到如图 5-100 所示图形。

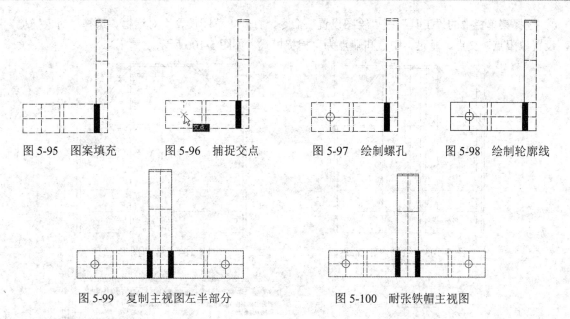

图 5-95　图案填充　　　图 5-96　捕捉交点　　　图 5-97　绘制螺孔　　　图 5-98　绘制轮廓线

图 5-99　复制主视图左半部分　　　　　　图 5-100　耐张铁帽主视图

4. 绘制左视图

（1）单击"默认"选项卡"修改"面板中的"偏移"按钮，将左视图区域补充绘制定位线，如图 5-101 所示。

（2）将"实体符号层"设置为当前图层，单击"默认"选项卡"绘图"面板中的"多段线"按钮，通过捕捉端点和交点绘制出架板的外轮廓线，如图 5-102 所示。

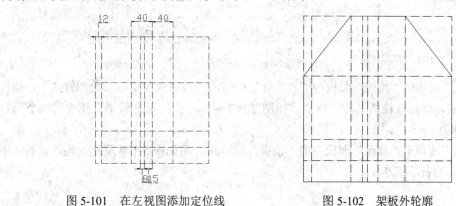

图 5-101　在左视图添加定位线　　　　图 5-102　架板外轮廓

（3）单击"默认"选项卡"修改"面板中的"偏移"按钮，将架板的外轮廓线向内偏移 4mm，得到架板的内轮廓线，如图 5-103 所示。

（4）单击"默认"选项卡"修改"面板中的"修剪"按钮，对左视图区域的左下方轴线进行修剪，得到抱箍板的大致轮廓，如图 5-104 所示。

（5）单击"默认"选项卡"绘图"面板中的"多段线"按钮，绘制出抱箍板的轮廓，如图 5-105 所示。

（6）绘制表示抱箍板上的螺孔的虚线。

① 将"虚线层"设置为当前图层。

② 选择菜单栏中的"工具"→"绘图设置"命令，打开"草图设置"对话框，选择"对象捕捉"选项卡，设置象限点、交点、垂足、中点和端点为可捕捉模式，如图 5-106 所示。

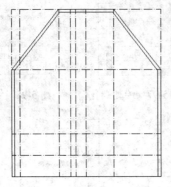

图 5-103　绘制内轮廓线

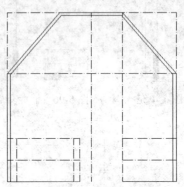

图 5-104　修剪图形

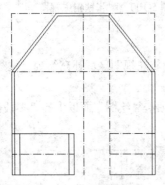

图 5-105　抱箍板轮廓

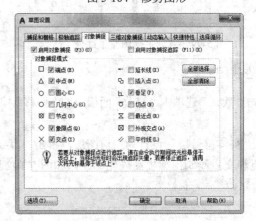

图 5-106　"草图设置"对话框

③ 单击"默认"选项卡"绘图"面板中的"直线"按钮，在"对象追踪"绘图方式下，通过追踪主视图中螺孔的象限点，确定直线的第一个端点，如图 5-107 所示，捕捉垂足确定直线的第二个端点，绘制好的直线如图 5-108 所示。

④ 单击"默认"选项卡"修改"面板中的"镜像"按钮，将如图 5-108 所示的抱箍板的左半部分镜像复制，得到抱箍板的右半部分。

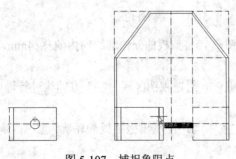

图 5-107　捕捉象限点

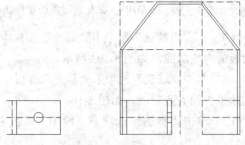

图 5-108　镜像复制

⑤单击"默认"选项卡"修改"面板中的"偏移"按钮，将中心线向左右各偏移 12.5mm，单击"默

认"选项卡"修改"面板中的"修剪"按钮✄，修剪多余的直线，并补充绘制右侧图形，至此，左视图绘制基本完成，关闭"轮廓线层"，显示效果如图 5-109 所示。

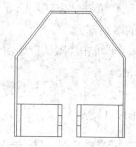

图 5-109 耐张铁帽左视图

5. 绘制俯视图

（1）单击"默认"选项卡"修改"面板中的"偏移"按钮⫶，在俯视图区域补充绘制定位线，如图 5-110 所示。

（2）将"实体符号层"设置为当前图层，单击"默认"选项卡"绘图"面板中的"圆"按钮⊙，绘制抱箍板图形部分的轮廓，两个圆的半径分别为 96mm 和 104mm，如图 5-111 所示。

（3）单击"默认"选项卡"绘图"面板中的"多段线"按钮⤵，绘制抱箍板的左上平板部分的轮廓。

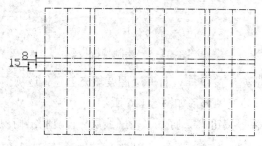

图 5-110 俯视区添加定位线

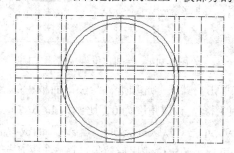

图 5-111 定位抱箍板轮廓的图形

（4）关闭"轮廓线层"，将"虚线层"设置为当前图层。单击"默认"选项卡"绘图"面板中的"直线"按钮╱，绘制表示抱箍板上的螺孔。

（5）单击"默认"选项卡"修改"面板中的"圆角"按钮⌒，设置圆角半径为 10mm，然后分别对抱箍板平板向圆板过渡处的内侧及外侧进行圆角，如图 5-112 所示。

（6）单击"默认"选项卡"修改"面板中的"镜像"按钮⚏，镜像复制出抱箍板的右上平板部分。

（7）单击"默认"选项卡"修改"面板中的"修剪"按钮✄，修剪两个圆形的多余部分，如图 5-113 所示。

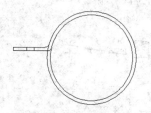

图 5-112 绘制圆角

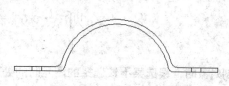

图 5-113 完成抱箍板绘制

（8）绘制架板在俯视图上的投影。

① 打开"轮廓线层"，然后把"实体符号层"设置为当前图层。

② 单击"默认"选项卡"绘图"面板中的"圆"按钮⊙，绘制架板轮廓的定位圆，如图 5-114 所示。

③ 单击"视图"选项卡"导航"面板中的"范围"下拉菜单中的"窗口"按钮⬚，局部放大图 5-114 的顶部。

④ 单击"默认"选项卡"修改"面板中的"修剪"按钮 ╫，以定位线 1 和定位线 2 为修剪边，修剪圆外的多余部分。

⑤ 单击"默认"选项卡"修改"面板中的"偏移"按钮 ⬜，将定位线 1 和定位线 2 分别向外偏移复制 4mm。

⑥ 单击"默认"选项卡"绘图"面板中的"直线"按钮 ╱，绘制架板与抱箍板连接斜面的两条短线，如图 5-115 所示。

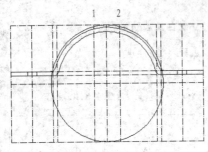
图 5-114　绘制定位架板投影的圆

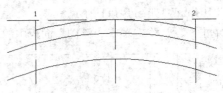
图 5-115　绘制架板投影

⑦单击"默认"选项卡"绘图"面板中的"图案填充"按钮 ▦，打开"图案填充创建"选项卡，选择 ANSI31 图案，设置角度为 0，比例为 1，选择填充区域填充图形，如图 5-116 所示。

（9）单击"默认"选项卡"修改"面板中的"镜像"按钮 ⬥，打开"轮廓线层"，复制出俯视图另一部分，再次关闭定位线层后效果如图 5-117 所示。

（10）单击"视图"选项卡"导航"面板中的"范围"下拉菜单中的"全部"按钮 ⬚，则三视图全部显示于模型空间，打开"轮廓线层"，删除不必要的定位线，把余下的定位线修改为轴线，如图 5-85 所示。

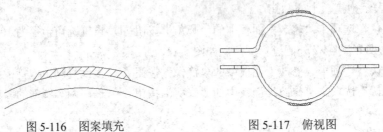
图 5-116　图案填充　　　　　图 5-117　俯视图

5.8　名师点拨——绘图学一学

1. 在复制对象时，误选某不该选择的图元时的处理方法

在复制对象时，若误选某不该选择的图元，则需要删除该误选操作，此时可以在"选择对象"提示下输入 R 选项（删除），并使用任意选择选项将对象从选择集中删除。如果使用"删除"选项并想重新为选择集添加该对象，请输入 A 选项（添加）。

也可通过按住 Shift 键，并再次单击对象选择，或者按住 Shift 键，然后单击并拖动窗口或交叉选择，也可以从当前选择集中删除对象。可以在选择集中重复添加和删除对象。该操作在图元修改编辑操作时是极为有用的。

2. 用"修剪"命令同时修剪多条线段

竖直线与 4 条平行线相交，现在要剪切掉竖直线右侧的部分，执行 TRIM 命令，在命令行中显示"选择对象"时，选择直线并按 Enter 键，然后输入 F 选项并按 Enter 键，最后在竖直线右侧绘制一条直线并按 Enter 键，即可完成修剪。

3. "偏移"命令的作用

在 AutoCAD 2017 中，可以使用"偏移"命令对指定的直线、圆弧、圆等对象作定距离偏移复制。在实际应用中，常利用"偏移"命令的特性创建平行线或等距离分布图。

5.9　上机实验

【练习1】绘制如图 5-118 所示的桥式全波整流器。

1. 目的要求

本练习绘制的图形相对简单，最重要的是使里面的一个二极管的中心恰好在四边形中间的位置处，可利用"旋转"命令来完成。通过本练习，读者将熟悉编辑命令的操作。

2. 操作提示

（1）利用"多边形"命令，绘制一个正方形。

（2）利用"旋转"命令，将正方形旋转 45°。

（2）利用"多边形"命令，绘制一个三角形。

（3）利用"直线"命令，打开状态栏上的"对象追踪"按钮，过三角形绘制两条直线，完成二极管符号的绘制。

【练习2】绘制如图 5-119 所示的加热器符号。

1. 目的要求

本练习绘制的图形步骤烦琐，但涉及的命令较少，需要细心捕捉放置点，可利用"移动""旋转"和"阵列"编辑命令来完成。通过本练习，读者将熟悉绘图、编辑命令的操作。

图 5-118　桥式全波整流器

2. 操作提示

（1）利用"多边形"命令，绘制一个正三角形。

（2）利用"矩形""复制"和"修剪"命令，绘制一个加热单元。

（3）利用"旋转"命令，将加热单元分别旋转 60° 和 -60°。

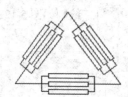

图 5-119　加热器符号

5.10 模 拟 考 试

1. 使用"复制"命令时，正确的情况是（　　）。

   A. 复制一个就退出命令　　　　　　　　B. 最多可复制 3 个

   C. 复制时，选择放弃，则退出命令　　　D. 可复制多个，直到选择退出，才结束复制

2. 已有一个画好的圆，绘制一组同心圆可以用哪个命令来实现？（　　）

   A. STRETCH（伸展）　　　　　　　　　B. OFFSET（偏移）

   C. EXTEND（延伸）　　　　　　　　　　D. MOVE（移动）

3. 下面图形不能偏移的是（　　）。

   A. 构造线　　　　　B. 多线　　　　　C. 多段线　　　　　D. 样条曲线

4. 如果对图 5-120 中的正方形沿两个点打断，打断之后的长度为（　　）。

   A. 150　　　　　　B. 100　　　　　C. 150 或 50　　　　　D. 随机

5. 关于"分解"（EXPLODE）命令的描述正确的是（　　）。

   A. 对象分解后颜色、线型和线宽不会改变　　B. 图案分解后图案与边界的关联性仍然存在

   C. 多行文字分解后将变为单行文字　　　　　D. 构造线分解后可得到两条射线

6. 对两条平行的直线倒圆角（FILLET），圆角半径设置为 20mm，其结果是（　　）。

   A. 不能倒圆角　　　　　　　　　　　　B. 按半径 20mm 倒圆角

   C. 系统提示错误　　　　　　　　　　　D. 倒出半圆，其直径等于直线间的距离

7. 使用"偏移"命令时，下列说法正确的是（　　）。

   A. 偏移值可以小于 0，这是向反向偏移　　B. 可以框选对象，一次偏移多个对象

   C. 一次只能偏移一个对象　　　　　　　　D. 偏移命令执行时不能删除原对象

8. 使用 COPY 命令复制一个圆，指定基点为（0,0），再提示指定第二个点时按 Enter 键以第一个点作为位移，则下面说法正确的是（　　）。

   A. 没有复制图形　　　　　　　　　　　B. 复制的图形圆心与（0,0）重合

   C. 复制的图形与原图形重合　　　　　　D. 操作无效

9. 对于一个多段线对象中的所有角点进行圆角，可以使用"圆角"命令中的什么命令选项？（　　）

   A. 多段线(P)　　　B. 修剪(T)　　　C. 多个(U)　　　D. 半径(R)

10. 绘制如图 5-121 所示的图形 1。

11. 绘制如图 5-122 所示的图形 2。

图 5-120　正方形　　　　　　　图 5-121　图形 1　　　　　　　图 5-122　图形 2

第6章

尺 寸 标 注

尺寸标注是绘图设计过程中相当重要的一个环节。由于图形的主要作用是表达物体的形状，而物体各部分的真实大小和各部分之间的确切位置只能通过尺寸标注来表达。因此，没有正确的尺寸标注，绘制出的图纸对于加工制造就没什么意义。AutoCAD 2017 提供了方便、准确的尺寸标注功能。

6.1 文 字 输 入

在制图过程中文字传递了很多设计信息，它可能是一个很长很复杂的说明，也可能是一个简短的文字标注。当需要标注的文本不太长时，可以利用 TEXT 命令创建单行文本。当需要标注很长、很复杂的文字信息时，用户可以用 MTEXT 命令创建多行文本。

【预习重点】

☑ 打开"文本样式"对话框。

☑ 设置新样式参数。

☑ 练习单行文字输入。

☑ 练习多行文字应用。

6.1.1 文字样式

AutoCAD 2017 提供了"文字样式"对话框，通过此对话框可方便直观地设置需要的文字样式，或是对已有样式进行修改。

【执行方式】

☑ 命令行：STYLE（快捷命令：ST）或 DDSTYLE。

☑ 菜单栏：选择菜单栏中的"格式"→"文字样式"命令。

☑ 工具栏：单击"文字"工具栏中的"文字样式"按钮 **A**。

☑ 功能区：单击"默认"选项卡"注释"面板中的"文字样式"按钮 **A**（如图 6-1 所示）或单击"注释"选项卡"文字"面板中"文字样式"下拉菜单中的"管理文字样式"按钮（如图 6-2 所示）或单击"注释"选项卡"文字"面板中的"对话框启动器"按钮 **⌐**。

图 6-1 "注释"面板

图 6-2 "文字"面板

【操作步骤】

执行上述操作后，系统打开"文字样式"对话框，如图 6-3 所示。

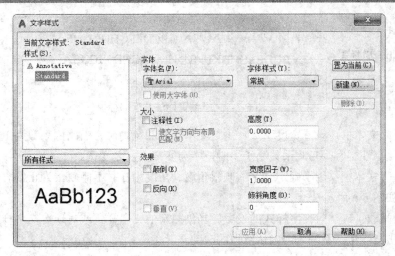

图 6-3　"文字样式"对话框

【选项说明】

（1）"样式"列表框：列出所有已设定的文字样式名或对已有样式名进行相关操作。单击"新建"按钮，系统打开如图 6-4 所示的"新建文字样式"对话框。在该对话框中可以为新建的文字样式输入名称。从"样式"列表框中选中要改名的文本样式并右击，选择快捷菜单中的"重命名"命令，如图 6-5 所示，可以为所选文本样式输入新的名称。

图 6-4　"新建文字样式"对话框

图 6-5　快捷菜单

（2）"字体"选项组：用于确定字体样式。文字的字体确定字符的形状，在 AutoCAD 2017 中，除了固有的 SHX 形状字体文件外，还可以使用 TrueType 字体（如宋体、楷体、italley 等）。一种字体可以设置不同的效果，从而被多种文本样式使用，如图 6-6 所示就是同一种字体（宋体）的不同样式。

（3）"大小"选项组：用于确定文本样式使用的字体文件、字体风格及字高。"高度"文本框用来设置创建文字时的固定字高，在用 TEXT 命令输入文字时，系统不再提示输入字高参数。如果在此文本框中设置字高为 0，系统会在每一次创建文字时提示输入字高，所以，如果不想固定字高，就可以把"高度"文本框中的数值设置为 0。

（4）"效果"选项组。

① "颠倒"复选框：选中该复选框，表示将文本文字倒置标注，如图 6-7（a）所示。

② "反向"复选框：确定是否将文本文字反向标注，如图 6-7（b）所示为标注效果。

③ "垂直"复选框：确定文本是水平标注还是垂直标注。选中该复选框时为垂直标注，否则为水平标注，垂直标注如图 6-8 所示。

从入门到实践

从入门到实践

ABCDEFGHIJKLMN ABCDEFGHIJKLMN

abcd

ABCDEFGHIJKLMN

a
b
c
d

(a)　　　　　　　　(b)

图 6-6　同一字体的不同样式　　　　图 6-7　文字倒置标注与反向标注　　　　图 6-8　垂直标注文字

④ "宽度因子"文本框：设置宽度系数，确定文本字符的宽高比。当比例系数为 1 时，表示将按字体文件中定义的宽高比标注文字。当此系数小于 1 时，字会变窄，反之变宽。

⑤ "倾斜角度"文本框：用于确定文字的倾斜角度。角度为 0 时不倾斜，为正数时向右倾斜，为负数时向左倾斜，效果如图 6-6 所示。

（5）"应用"按钮：确认对文字样式的设置。当创建新的文字样式或对现有文字样式的某些特征进行修改后，都需要单击此按钮，系统才会确认所做的改动。

6.1.2　单行文本输入

【执行方式】

- ☑　命令行：TEXT。
- ☑　菜单栏：选择菜单栏中的"绘图"→"文字"→"单行文字"命令。
- ☑　工具栏：单击"文字"工具栏中的"单行文字"按钮 AI。
- ☑　功能区：单击"默认"选项卡"注释"面板中的"单行文字"按钮 AI 或单击"注释"选项卡"文字"面板中的"单行文字"按钮 AI。

【操作步骤】

命令：TEXT↙
当前文字样式："Standard"　文字高度：2.5000　注释性：否　对正：左
指定文字的起点或 [对正(J)/样式(S)]:

【选项说明】

（1）指定文字的起点：在此提示下直接在绘图区选择一点作为输入文本的起始点。执行上述命令后，即可在指定位置输入文本文字，输入后按 Enter 键，文本文字另起一行，可继续输入文字，待全部输入完后按两次 Enter 键，退出 TEXT 命令。可见，TEXT 命令也可创建多行文本，只是这种多行文本每一行是一个对象，不能对多行文本同时进行操作。

（2）对正(J)：在"指定文字的起点或 [对正(J)/样式(S)]"提示下输入"J"，用来确定文本的对齐方式，对齐方式决定文本的哪部分与所选插入点对齐。选择此选项，命令行提示如下：

输入选项 [左(L)/居中(C)/右(R)/对齐(A)/中间(M)/布满(F)/左上(TL)/中上(TC)/右上(TR)/左中(ML)/正中(MC)/右中(MR)/左下(BL)/中下(BC)/右下(BR)]:

在此提示下选择一个选项作为文本的对齐方式。当文本文字水平排列时，系统为标注文本的文字定义了如图 6-9 所示的顶线、中线、基线和底线，各种对齐方式如图 6-10 所示，图中大写字母对应上述提示中各命令。

图 6-9　文本行的底线、基线、中线和顶线

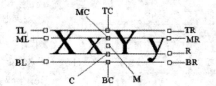

图 6-10　文本的对齐方式

注意 只有当前文本样式中设置的字符高度为 0，再使用 TEXT 命令时，系统才出现要求用户确定字符高度的提示。系统允许将文本行倾斜排列，如图 6-11 所示为倾斜角度分别是 0°、45° 和-45° 时的排列效果。在"指定文字的旋转角度 <0>"提示下输入文本行的倾斜角度或在绘图区拉出一条直线来指定倾斜角度。

图 6-11　文本行倾斜排列的效果

选择"对齐(A)"选项，要求用户指定文本行基线的起始点与终止点的位置，命令行提示如下：

指定文字基线的第一个端点：（指定文本行基线的起点位置）
指定文字基线的第二个端点：（指定文本行基线的终点位置）
输入文字：（输入一行文本后按 Enter 键）
输入文字：（继续输入文本或直接按 Enter 键结束命令）

输入的文本文字均匀地分布在指定的两点之间，如果两点间的连线不水平，则文本行倾斜放置，倾斜角度由两点间的连线与 X 轴夹角确定；字高、字宽根据两点间的距离、字符的多少以及文本样式中设置的宽度系数自动确定。指定了两点之后，每行输入的字符越多，字宽和字高越小。

其他选项与"对齐"类似，此处不再赘述。

实际绘图时，有时需要标注一些特殊字符，如直径符号、上划线或下划线、温度符号等，由于这些符号不能直接从键盘上输入，AutoCAD 2017 提供了一些控制码用来实现这些要求。控制码用两个百分号（%%）加一个字符构成，常用的控制码如表 6-1 所示。

表 6-1　AutoCAD 2017 常用控制码

符 号	功 能	符 号	功 能
%%O	上划线	\u+0278	电相位
%%U	下划线	\u+E101	流线
%%D	"度"符号	\u+2261	标识
%%P	正负符号	\u+E102	界碑线
%%C	直径符号	\u+2260	不相等
%%%	百分号%	\u+2126	欧姆
\u+2248	几乎相等	\u+03A9	欧米加
\u+2220	角度	\u+214A	低界线
\u+E100	边界线	\u+2082	下标 2
\u+2104	中心线	\u+00B2	上标 2
\u+0394	差值		

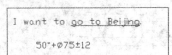

（a）

（b）

图 6-12　文本行

其中，%%O 和 %%U 分别是上划线和下划线的开关，第一次出现此符号时开始绘制上划线和下划线，第二次出现此符号时上划线和下划线终止。例如，在"输入文字:"提示后输入"I want to %%U go to Beijing%%U "，则得到图 6-12（a）所示的文本行，输入"50%%D+%%C75%%P12"，则得到图 6-12（b）所示的文本行。

用 TEXT 命令可以创建一个或若干个单行文本，即用此命令可以标注多行文本。在"输入文字:"提示下输入一行文本后按 Enter 键，即可输入第二行文本，依此类推，直到文本全部输入完，再在此提示下直接按 Enter 键，结束文本输入命令。每按一次 Enter 键就结束一个单行文本的输入，每一个单行文本是一个对象，可以单独修改其文本样式、字高、旋转角度和对正方式等。

用 TEXT 命令创建文本时，在命令行输入的文字同时显示在屏幕上，而且在创建过程中可以随时改变文本的位置，只要将光标移到新的位置并单击，则当前行结束，随后输入的文本出现在新的位置上。用这种方法可以把多行文本标注到文件的任意位置。

6.1.3　多行文本标注

【执行方式】

☑　命令行：MTEXT（快捷命令：T 或 MT）。

☑　菜单栏：选择菜单栏中的"绘图"→"文字"→"多行文字"命令。

☑　工具栏：单击"绘图"工具栏中的"多行文字"按钮 A 或"文字"工具栏中的"多行文字"按钮 A。

☑　功能区：单击"默认"选项卡"注释"面板中的"多行文字"按钮 A 或"注释"选项卡"文字"面板中的"多行文字"按钮 A。

【操作实践——绘制三相鼠笼式感应电动机】

本实例绘制如图 6-13 所示的三相鼠笼式感应电动机。操作步骤如下。

（1）绘制整圆。单击"默认"选项卡"绘图"面板中的"圆"按钮 ⊙，在屏幕上合适位置选择一点作为圆心，绘制一个半径为 25mm 的圆。命令行提示与操作如下：

图 6-13　电动机符号

```
命令: _circle
指定圆的圆心或 [三点(3P)/两点(2P)/切点、切点、半径(T)]（选择一点）
指定圆的半径或 [直径(D)]: 25↙
```

绘制得到的圆如图 6-14（a）所示。

（2）添加文字。单击"默认"选项卡"注释"面板中的"多行文字"按钮 A，打开"文字编辑器"选项卡和多行文字编辑器，如图 6-15 所示，设置字高为 10，字体为 txt，在各个元件的旁边撰写元件的符号，调整其位置，以对齐文字。添加注释文字后，如图 6-14（b）所示。

（3）绘制直线。单击"默认"选项卡"绘图"面板中的"直线"按钮 ／，绘制过圆心的竖直直线，长度为 50mm，如图 6-14（c）所示。

（4）偏移直线。单击"默认"选项卡"修改"面板中的"偏移"按钮 ⊂，将竖直直线向两侧偏移 15mm，结果如图 6-14（d）所示。

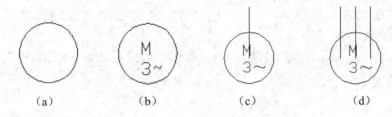

$\quad$(a)$\qquad\qquad$(b)$\qquad\qquad$(c)$\qquad\qquad$(d)

图 6-14　电动机符号

（5）修剪直线。单击"默认"选项卡"修改"面板中的"修剪"按钮，修剪掉多余的直线，最终结果如图 6-13 所示。

【选项说明】

1．指定对角点

在绘图区选择两个点作为矩形框的两个角点，AutoCAD 2017 以这两个点为对角点构成一个矩形区域，其宽度作为将来要标注的多行文本的宽度，第一个点作为第一行文本顶线的起点。响应后系统打开如图 6-15 所示的"文字编辑器"选项卡和多行文字编辑器，可利用此编辑器输入多行文本文字并对其格式进行设置。关于该对话框中各项的含义及编辑器功能，稍后再详细介绍。

图 6-15　"文字编辑器"选项卡和多行文字编辑器

2．对正(J)

用于确定所标注文本的对齐方式。选择此选项，命令行提示如下：

输入对正方式 [左上(TL)/中上(TC)/右上(TR)/左中(ML)/正中(MC)/右中(MR)/左下(BL)/中下(BC)/右下(BR)] <左上(TL)>:

这些对齐方式与 TEXT 命令中的各对齐方式相同。选择一种对齐方式后按 Enter 键，系统回到上一级提示。

3．行距(L)

用于确定多行文本的行间距。这里所说的行间距是指相邻两文本行基线之间的垂直距离。选择此选项，命令行提示：

输入行距类型 [至少(A)/精确(E)] <至少(A)>:

在此提示下有"至少"和"精确"两种方式确定行间距。

（1）在"至少"方式下，系统根据每行文本中最大的字符自动调整行间距。

（2）在"精确"方式下，系统为多行文本赋予一个固定的行间距，可以直接输入一个确切的间距值，也可以输入"nx"的形式。

其中，n 是一个具体数，表示行间距设置为单行文本高度的 n 倍，而单行文本高度是本行文本字符高度的 1.66 倍。

4. 旋转(R)

用于确定文本行的倾斜角度。选择此选项，命令行提示如下：

指定旋转角度 <0>: （输入倾斜角度）

输入角度值后按 Enter 键，系统返回到"指定对角点或[高度(H)/对正(J)/行距(L)/旋转(R)/样式(S)/宽度(W)/栏(C)]:"的提示。

5. 样式(S)

用于确定当前的文本文字样式。

6. 宽度(W)

用于指定多行文本的宽度。可在绘图区选择一点，与前面确定的第一个角点组成一个矩形框的宽作为多行文本的宽度；也可以输入一个数值，精确设置多行文本的宽度。

高手支招

在创建多行文本时，只要指定文本行的起始点和宽度后，系统就会打开"文字编辑器"选项卡和多行文字编辑器，如图 6-16 所示。该编辑器与 Microsoft Word 编辑器界面相似，事实上该编辑器与 Word 编辑器在某些功能上趋于一致。这样既增强了多行文字的编辑功能，又能使用户更熟悉和方便地使用。

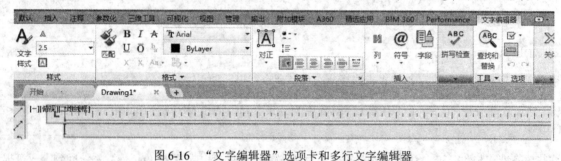

图 6-16 "文字编辑器"选项卡和多行文字编辑器

7. 栏(C)

根据栏宽、栏间距宽度和栏高组成矩形框。

8. "文字编辑器"选项卡

用来控制文本文字的显示特性。可以在输入文本文字前设置文本的特性，也可以改变已输入的文本文字特性。要改变已有文本文字显示特性，首先应选择要修改的文本，选择文本的方式有 3 种：将光标定位到文本文字开始处，按住鼠标左键，拖到文本末尾；双击某个文字，则该文字被选中；3 次单击鼠标，则选中全部内容。

下面介绍选项卡中部分选项的功能。

（1）"文字高度"下拉列表框：用于确定文本的字符高度，可在文本编辑器中设置输入新的字符高度，也可从此下拉列表框中选择已设定过的高度值。

（2）"粗体"按钮**B**和"斜体"按钮*I*：用于设置加粗或斜体效果，但这两个按钮只对 TrueType 字体有效，如图 6-17 所示。

（3）"删除线"按钮：用于在文字上添加水平删除线，如图 6-16 所示。

（4）"下划线" U 和"上划线" Ō 按钮：用于设置或取消文字的上划线和下划线，如图 6-17 所示。

从入门到实践
从入门到实践
从入门到实践
从入门到实践
从入门到实践

图 6-17　文本样式

（5）"堆叠"按钮：为层叠或非层叠文本按钮，用于层叠所选的文本文字，即创建分数形式。当文本中某处出现"/""^"或"#"3 种层叠符号之一时，选中需层叠的文字，才可层叠文本。二者缺一不可。则符号左边的文字作为分子，右边的文字作为分母进行层叠。

AutoCAD 2017 提供了 3 种分数形式：

① 如果选中"abcd/efgh"后单击此按钮，则得到如图 6-18（a）所示的分数形式。

② 如果选中"abcd^efgh"后单击此按钮，则得到如图 6-18（b）所示的形式，此形式多用于标注极限偏差。

③ 如果选中"abcd # efgh"后单击此按钮，则创建斜排的分数形式，如图 6-18（c）所示。

如果选中已经层叠的文本对象后单击此按钮，则恢复到非层叠形式。

（6）"倾斜角度"（0/）文本框：用于设置文字的倾斜角度。

abcd　　abcd　　abcd/
efgh　　efgh　　　efgh
（a）　　（b）　　　（c）

图 6-18　文本层叠

举一反三

倾斜角度与斜体效果是两个不同的概念，前者可以设置任意倾斜角度，后者是在任意倾斜角度的基础上设置斜体效果，如图 6-19 所示。第一行倾斜角度为 0°，非斜体效果；第二行倾斜角度为 12°，非斜体效果；第三行倾斜角度为 12°，斜体效果。

都市农夫
都市农夫
都市农夫

图 6-19　倾斜角度与斜体效果

（7）"符号"按钮@：用于输入各种符号。单击此按钮，系统打开符号列表，如图 6-20 所示，可以从中选择符号输入到文本中。

（8）"插入字段"按钮：用于插入一些常用或预设字段。单击此按钮，系统打开"字段"对话框，如图 6-21 所示，用户可从中选择字段，插入到标注文本中。

（9）"追踪"下拉列表框：用于增大或减小选定字符之间的空间。1.0 表示设置常规间距，设置大于 1.0 表示增大间距，设置小于 1.0 表示减小间距。

（10）"宽度因子"下拉列表框：用于扩展或收缩选定字符。1.0 表示设置代表此字体中字母的常规宽度，可以增大该宽度或减小该宽度。

（11）"上标" X² 按钮：将选定文字转换为上标，即在输入线的上方设置稍小的文字。

（12）"下标" X₂ 按钮：将选定文字转换为下标，即在输入线的下方设置稍小的文字。

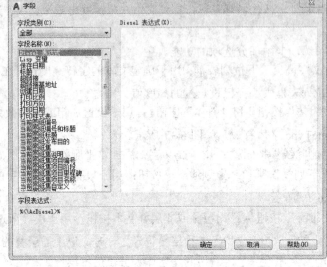

图 6-20 符号列表 图 6-21 "字段"对话框

（13）"清除格式"下拉列表框：删除选定字符的字符格式，或删除选定段落的段落格式，或删除选定段落中的所有格式。

① 关闭：如果选择此选项，将从应用了列表格式的选定文字中删除字母、数字和项目符号。不更改缩进状态。

② 以数字标记：应用将带有句点的数字用于列表中的项的列表格式。

③ 以字母标记：应用将带有句点的字母用于列表中的项的列表格式。如果列表含有的项多于字母中含有的字母，可以使用双字母继续序列。

④ 以项目符号标记：应用将项目符号用于列表中的项的列表格式。

⑤ 启动：在列表格式中启动新的字母或数字序列。如果选定的项位于列表中间，则选定项下面未选中的项也将成为新列表的一部分。

⑥ 继续：将选定的段落添加到上面最后一个列表然后继续序列。如果选择了列表项而非段落，选定项下面未选中的项将继续序列。

⑦ 允许自动项目符号和编号：在输入时应用列表格式。以下字符可以用作字母和数字后的标点并不能用作项目符号：句点（.）、逗号（,）、右括号（)）、右尖括号（>）、右方括号（]）和右花括号（}）。

☑ 允许项目符号和列表：如果选择此选项，列表格式将应用到外观类似列表的多行文字对象中的所有纯文本。

☑ 拼写检查：确定输入时拼写检查处于打开还是关闭状态。

☑ 编辑词典：显示"词典"对话框，从中可添加或删除在拼写检查过程中使用的自定义词典。

☑ 标尺：在编辑器顶部显示标尺。拖动标尺末尾的箭头可更改文字对象的宽度。列模式处于活动状态时，还显示高度和列夹点。

（14）段落：为段落和段落的第一行设置缩进。指定制表位和缩进，控制段落对齐方式、段落间距和段落行距，如图 6-22 所示。

（15）输入文字：选择此项，系统打开"选择文件"对话框，如图 6-23 所示。选择任意 ASCII 或 RTF 格式的文件。输入的文字保留原始字符格式和样式特性，但可以在多行文字编辑器中编辑和格式化输入的文字。选择要输入的文本文件后，可以替换选定的文字或全部文字，或在文字边界内将插入的文字附加到选定的文字中。输入文字的文件必须小于 32KB。

（16）编辑器设置：显示"文字格式"工具栏的选项列表。有关详细信息请参见编辑器设置。

📖 高手支招

> 多行文字是由任意数目的文字行或段落组成的，布满指定的宽度，还可以沿垂直方向无限延伸。多行文字中，无论行数是多少，单个编辑任务中创建的每个段落集将构成单个对象；用户可对其进行移动、旋转、删除、复制、镜像或缩放操作。

图 6-22　"段落"对话框

图 6-23　"选择文件"对话框

6.1.4　文字编辑

【执行方式】

- ☑ 命令行：DDEDIT（快捷命令：ED）。
- ☑ 菜单栏：选择菜单栏中的"修改"→"对象"→"文字"→"编辑"命令。
- ☑ 工具栏：单击"文字"工具栏中的"编辑"按钮 🗛 。

【操作步骤】

选择相应的菜单项，或在命令行中输入 DDEDIT 命令后按 Enter 键，命令行提示如下：

命令: DDEDIT↙
选择注释对象或 [放弃(U)]:

【选项说明】

要求选择想要修改的文本，同时光标变为拾取框。用拾取框选择对象时：

（1）如果选择的文本是用 TEXT 命令创建的单行文本，则深显该文本，可对其进行修改。

（2）如果选择的文本是用 MTEXT 命令创建的多行文本，选择对象后则打开"文字编辑器"选项卡和多行文字编辑器，可根据前面的介绍对各项设置或对内容进行修改。

6.2 表 格

使用 AutoCAD 2017 提供的"表格"功能，创建表格就变得非常容易，用户可以直接插入设置好样式的表格，而不用绘制由单独的图线组成的栅格。

【预习重点】

☑ 练习如何定义表格样式。

☑ 观察"插入表格"对话框中选项卡设置。

☑ 练习插入表格文字。

6.2.1 定义表格样式

表格样式是用来控制表格基本形状和间距的一组设置。与文字样式一样，所有 AutoCAD 图形中的表格都有和其相对应的表格样式。当插入表格对象时，系统使用当前设置的表格样式。模板文件 ACAD.DWT 和 ACADISO.DWT 中定义了名为 STANDARD 的默认表格样式。

【执行方式】

☑ 命令行：TABLESTYLE。

☑ 菜单栏：选择菜单栏中的"格式"→"表格样式"命令。

☑ 工具栏：单击"样式"工具栏中的"表格样式管理器"按钮🗐。

☑ 功能区：单击"默认"选项卡"注释"面板中的"表格样式"按钮🗐（如图 6-24 所示）或单击"注释"选项卡"表格"面板上的"表格样式"下拉列表中的"管理表格样式"按钮（如图 6-25 所示）或单击"注释"选项卡"表格"面板中的"对话框启动器"按钮ꔪ。

图 6-24　"注释"面板

图 6-25　"表格"面板

【操作步骤】

执行上述操作后，系统打开"表格样式"对话框，如图 6-26 所示。

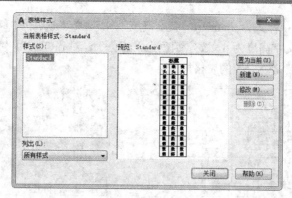

图 6-26 "表格样式"对话框

【选项说明】

1. "新建"按钮

单击该按钮,系统打开"创建新的表格样式"对话框,如图 6-27 所示。输入新的表格样式名后,单击"继续"按钮,系统打开"新建表格样式"对话框,如图 6-28 所示,从中可以定义新的表格样式。

图 6-27 "创建新的表格样式"对话框

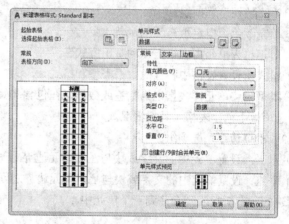

图 6-28 "新建表格样式"对话框

"新建表格样式"对话框的"单元样式"下拉列表框中有 3 个重要的选项:"数据""表头"和"标题",分别控制表格中数据、列标题和总标题的有关参数,如图 6-29 所示。在"新建表格样式"对话框中有 3 个重要的选项卡,分别介绍如下。

(1)"常规"选项卡:用于控制数据栏格与标题栏格的上下位置关系。

(2)"文字"选项卡:用于设置文字属性。在"文字样式"下拉列表框中可以选择已定义的文字样式并应用于数据文字,也可以单击右侧的按钮□重新定义文字样式。其中,"文字高度""文字颜色"和"文字角度"各选项设定的相应参数格式可供用户选择。

(3)"边框"选项卡:用于设置表格的边框属性下的边框线按钮控制数据边框线的各种形式,如绘制所有数据边框线、只绘制数据边框外部边框线、只绘制数据边框内部边框线、无边框线、只绘制底部边框线等。选项卡中的"线宽""线型"和"颜色"下拉列表框则控制边框线的线宽、线型和颜色;选项卡中的"间距"文本框用于控制单元边界和内容之间的间距。

如图 6-30 所示，数据文字样式为 Standard，文字高度为 4.5，文字颜色为"红色"，对齐方式为"右下"；标题文字样式为 Standard，文字高度为 6，文字颜色为"蓝色"，对齐方式为"正中"，表格方向为"上"，水平单元边距和垂直单元边距都为 1.5 的表格样式。

	标题	
表头	表头	表头
数据	数据	数据
数据	数据	数据
数据	数据	数据
数据	数据	数据
数据	数据	数据
数据	数据	数据

图 6-29　表格样式

数据	数据	数据
数据	数据	数据
数据	数据	数据
数据	数据	数据
数据	数据	数据
数据	数据	数据
数据	数据	数据
	标题	

图 6-30　表格示例

2．"修改"按钮

用于对当前表格样式进行修改，方式与新建表格样式相同。

3．"基本"选项卡

（1）"特性"选项组

① 填充颜色：指定填充颜色。

② 对正：为单元内容指定一种对正方式。

③ 格式：设置表格中各行的数据类型和格式。

④ 类型：将单元样式指定为标签或数据，在包含起始表格的表格样式中插入默认文字时使用。也用于在工具选项板上创建表格工具的情况。

（2）"页边距"选项组

① 水平：设置单元中的文字或块与左右单元边界之间的距离。

② 垂直：设置单元中的文字或块与上下单元边界之间的距离。创建行/列时合并单元：将使用当前单元样式创建的所有新行或列合并到一个单元中。

4．"修改"按钮

对当前表格样式进行修改，方法与新建表格样式相同。

6.2.2　创建表格

设置好表格样式后，用户可以利用 TABLE 命令创建表格。

【执行方式】

☑　命令行：TABLE。

☑　菜单栏：选择菜单栏中的"绘图"→"表格"命令。

☑　工具栏：单击"绘图"工具栏中的"表格"按钮▦。

☑　功能区：单击"默认"选项卡"注释"面板中的"表格"按钮▦或单击"注释"选项卡"表格"面板中的"表格"按钮▦。

【操作步骤】

执行上述操作后，系统打开"插入表格"对话框，如图 6-31 所示。

图 6-31 "插入表格"对话框

【选项说明】

（1）"表格样式"选项组：可以在"表格样式"下拉列表框中选择一种表格样式，也可以通过单击后面的 按钮来新建或修改表格样式。

（2）"插入选项"选项组：指定插入表格的方式。

① "从空表格开始"单选按钮：创建可以手动填充数据的空表格。

② "自数据链接"单选按钮：通过启动数据链接管理器来创建表格。

③ "自图形中的对象数据"单选按钮：通过启动"数据提取"向导来创建表格。

（3）"插入方式"选项组。

① "指定插入点"单选按钮：指定表格的左上角的位置。可以使用定点设备，也可以在命令行中输入坐标值。如果表格样式将表格的方向设置为由下而上读取，则插入点位于表格的左下角。

② "指定窗口"单选按钮：指定表的大小和位置。可以使用定点设备，也可以在命令行中输入坐标值。选定此选项时，行数、列数、列宽和行高取决于窗口的大小以及列和行设置。

（4）"列和行设置"选项组：指定列和数据行的数目以及列宽与行高。

（5）"设置单元样式"选项组：指定"第一行单元样式""第二行单元样式"和"所有其他行单元样式"分别为"标题""表头"和"数据"。

🎓 **高手支招**

在"插入方式"选项组中选中"指定窗口"单选按钮后，列与行设置的两个参数中只能指定一个，另外一个由指定窗口的大小自动等分来确定。

在"插入表格"对话框中进行相应设置后，单击"确定"按钮，系统在指定的插入点或窗口自动插入一个空表格，并显示"文字编辑器"选项卡，用户可以逐行逐列输入相应的文字或数据，如图 6-32 所示。

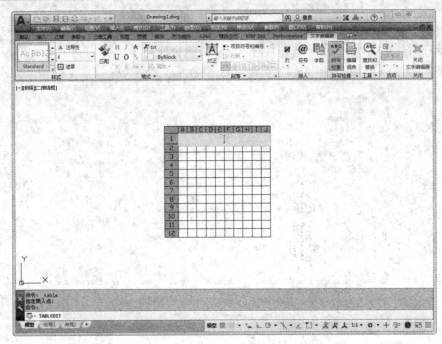

图 6-32　插入表格

举一反三

在插入后的表格中选择某一个单元格，单击后出现钳夹点，通过移动钳夹点可以改变单元格的大小，如图 6-32 所示。

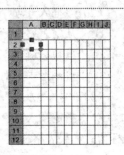

图 6-33　改变单元格大小

高手支招

一个单位行高的高度为文字高度与垂直边距的和。列宽设置必须不小于文字宽度与水平边距的和，如果列宽小于此值，则实际列宽以文字宽度与水平边距的和为准。

6.2.3　表格文字编辑

【执行方式】

☑　命令行：TABLEDIT。

☑　快捷菜单：选择表和一个或多个单元后右击，在打开的快捷菜单中选择"编辑文字"命令，如图 6-34 所示。

图 6-34　快捷菜单

定点设备：在表单元内双击。

高手支招

如果有多个文本格式一样，可以采用复制后修改文字内容的方法进行表格文字的填充，这样只需双击即可直接修改表格文字的内容，而不用重新设置每个文本格式。

【操作实践——绘制起重机电气元件清单】

本实例绘制如图 6-35 所示的起重机电气元件清单。操作步骤如下。

序号	代号	名称	数量	型号	序号	代号	名称	数量	型号
1	FT	旁路局/制力柴油发电机组		DY340B-300KW(550控制镇模)	22	CPU315-2DP	PLC SIEMENS的S7-300	1	
2	M11-M14	绕线制动电机	4	YZEPJ160M1-4-4KW变频电机	23	SA系列开关	主令开关	3	LS2-2
3	M7-M10	三相电动机	4	YZEPJ225S-4-37KW变频电机	24	YGK2系列主令控制器	控制器	2	
4	M33,M34,M41-M42	三相异步电动机	3	Y100L2-4-3KW	25	LW12系列万能转换开关(复位型)	万能转换开关(复位型)	2	
5	M31,M32,M43,M44	三相交流电动机	4	Y160M-4-11KW	26	NK1~NK10	镫子开关	10	KN3-A1Z2D
6	QF	空气断路器		三菱AE630-SS630A-3P-US3P	27	SQ1~SQ4	行程开关	4	LXK3-20H/T
7	KM	B交流接触器		B460	28	EL系列照明灯具	防水防尘灯	40	GC15-G90(100W)
8	Q4,Q11~Q14,Q21~Q24,Q33,Q34,Q40~Q44	低压断路器	16	3VE1系列(北京机床电器厂)	29	YD系列投光灯具	投光灯	15	TBN714B-2
9	Q1~Q3	低压断路器	3	3VF4系列(北京机床电器厂)	30		锚层	2	X1类板,X2三极(250V,10A)
10	Q31,Q32,Q43,Q44,QF19	低压断路器	5	3VE3系列(北京机床电器厂)	31	DXP1,X2	电喇叭	1	220V,400W
11	Q5~Q7	低压断路器	3	DZ10-100/330(额定电流80A)	32	RT1~RT4	炭棒电位器		
12	KMC,KMB,KMD	B交流接触器		B37 (交流)线圈电压24V	33	UF系端单元			
13	KM1~KM3	B交流接触器	3	B37 (交流)线圈电压24V	34	RUFC制动电阻			
14	KM4	B交流接触器		B25 (交流)线圈电压24V	35	SB	急停按钮LA39-AH-11Z/R	1	按压锁定,顺时针复位
15	KM40~KM42	B交流接触器	3	B12 (交流)线圈电压24V	36	JOR-1	多动能保护继电器		
16	KM31,KM32,KM43,KM44	B交流接触器	4	B30 (交流)线圈电压24V	37	C1~C12	电船舱内电磁铁线圈	12	随需浸泵岩价购
17	KM7~KM10	B交流接触器	4	BBS (交流)线圈电压24V	38	DY1~DY5	电磁液阀阀磁铁线圈	5	国减压系列外购
18	TC	控制变压器		BK-1000VA-380/24	39	J1~J18 J1~J8 J21~J24	中间电图流电图电压24V	20	JZ7-44
19	FST 770 spectrum 操作式	遥控发射装置	1	(HBC-RADIO SYSTEMS)	40	HP	整幅变压器	4	BP1-416/2040
20	FST 770 spectrum 操作式	遥控接收装置	1	(HBC-RADIO SYSTEMS)	41	通用变频器	三菱安川G7系列变频器	7	
21	SK,SA,S1Y	转换开关	3	HZ5-10A	42				

图 6-35　起重机电气元件清单

（1）设置文字样式。单击"默认"选项卡"注释"面板中的"文字样式"按钮 ，弹出"文字样式"对话框。单击"新建"按钮，新建"表格文字"样式，在"字体"选项组下"SHX 字体"下拉列表框中选择 romand.shx；选中"使用大字体"复选框；在"大字体"下拉列表框中选择 hztxt.shx 字体；设置"宽度因子"为 0.7，如图 6-36 所示。单击"置为当前"按钮，关闭对话框。

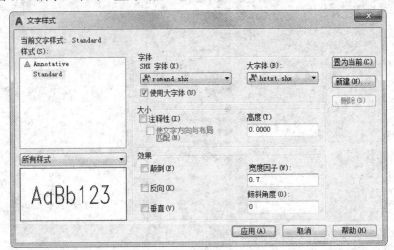

图 6-36　"文字样式"对话框

（2）单击"默认"选项卡"注释"面板中的"表格样式"按钮 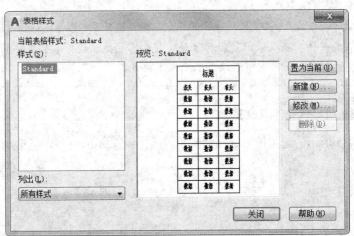，打开"表格样式"对话框，如图 6-37 所示。

图 6-37　"表格样式"对话框

（3）单击"修改"按钮，系统打开"修改表格样式"对话框，设置参数如图 6-38 所示。

① 在左侧"常规"选项组下设置"表格方向"为"向下"。

② 在右侧"单元样式"下拉列表框中选择"数据"，打开"常规"选项卡，设置"对齐"方式为"正中"；打开"文字"选项卡，设置"文字样式"为"表格文字"，"文字高度"为 10，"文字颜色"为洋红。其余参数默认。

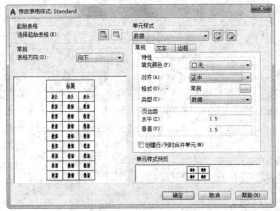

图 6-38 "修改表格样式"对话框

（4）设置好文字样式后，单击"置为当前"按钮，然后单击"确定"退出。

（5）单击"默认"选项卡"注释"面板中的"表格"按钮，打开"插入表格"对话框，如图 6-39 所示，设置插入方式为"指定插入点"，数据行数和列数设置为 20 行 5 列，列宽为 30，行高为 1 行。在"设置单元样式"选项组中将"第一行单元样式""第二行单元样式"和"所有其他行单元样式"都设置为"数据"。

（6）单击"确定"按钮后，在绘图平面指定插入点，则插入如图 6-40 所示的空表格，并显示"文字编辑器"选项卡，如图 6-41 所示，不输入文字，直接在空白处单击退出。

图 6-39 "插入表格"对话框   图 6-40 插入表格

图 6-41 "文字编辑器"选项卡

（7）单击第二列中的任意一个单元格，出现钳夹点后右击，在弹出的快捷菜单中选择"特性"命令，弹出"特性"选项板，设置"单元宽度"为 200，如图 6-42 所示，用同样方法，将第 3、4、5 列的列宽设置为120、30和200。同时，设置单元格行高均为20，结果如图6-43所示。

图6-42 "特性"选项板

图6-43 改变列宽

（8）单击"默认"选项卡"修改"面板中的"复制"按钮，向右复制步骤（7）中设置好的表格，结果如图6-44所示。

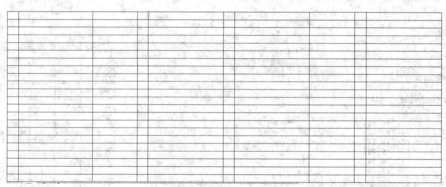

图6-44 复制表格

（9）双击要输入文字的单元格，在各单元格中输入相应的文字或数据，最终结果如图6-45所示。

🎓 **高手支招**

在表格中绘制文字的过程中，如果文字过程如图6-45（a）所示，可利用前面讲述的方法打开"特性"选项板，设置行高、行宽为20、250，结果如图6-45（b）所示。

8	Q4,Q11-Q14,Q21-Q24,Q33,Q3 4,Q40-Q44

（a）

8	Q4,Q11-Q14,Q21-Q24,Q33,Q34,Q40-Q44

（b）

图6-45 设置单元格

注意电气图中，汉字为 HZTXT.SHX（仿宋体单体），在系统中显示为"仿宋_GB2312"；数字、字母在"文字样式"对话框中设置为 romand.shx，因此此在单元格中输入的文字默认为 romand.shx 字体，可在"文字编辑器"选项卡中设置文字样式，如图 6-46 所示。

图 6-46　"文字编辑器"选项卡

6.3　尺　寸　样　式

组成尺寸标注的尺寸界线、尺寸线、尺寸文本及箭头等可以采用多种多样的形式，实际标注一个几何对象的尺寸时，其尺寸标注以什么形态出现，取决于当前所采用的尺寸标注样式。标注样式决定尺寸标注的形式，包括尺寸线、尺寸界线、箭头和中心标记的形式，以及尺寸文本的位置、特性等。在 AutoCAD 2017 中用户可以利用"标注样式管理器"对话框方便地设置自己需要的尺寸标注样式。下面介绍如何定制尺寸标注样式。

【预习重点】

☑　了解如何设置尺寸样式。

☑　练习不同类型尺寸标注应用。

6.3.1　新建或修改尺寸样式

在进行尺寸标注之前，要建立尺寸标注的样式。如果用户不建立尺寸样式而直接进行标注，系统使用默认的名称为 STANDARD 的样式。用户如果认为使用的标注样式有某些设置不合适，也可以修改标注样式。

【执行方式】

☑　命令行：DIMSTYLE（快捷命令：D）。

☑　菜单栏：选择菜单栏中的"格式"→"标注样式"命令或"标注"→"标注样式"命令。

☑　工具栏：单击"标注"工具栏中的"标注样式"按钮。

☑　功能区：单击"默认"选项卡"注释"面板中的"标注样式"按钮或单击"注释"选项卡"标注"面板上的"标注样式"下拉菜单中的"管理标注样式"按钮或单击"注释"选项卡"标注"面板中的"对话框启动器"按钮。

【操作步骤】

执行上述操作后，系统打开"标注样式管理器"对话框，如图 6-47 所示。利用此对话框可方便直观地定制和浏览尺寸标注样式，包括创建新的标注样式、修改已存在的标注样式、设置当前尺寸标注样式、样式重命名以及删除已有标注样式等。

【选项说明】

（1）"置为当前"按钮：单击此按钮，把在"样式"列表框中选择的样式设置为当前标注样式。

（2）"新建"按钮：创建新的尺寸标注样式。单击此按钮，系统打开"创建新标注样式"对话框，如图 6-48 所示，利用此对话框可创建一个新的尺寸标注样式，其中各项的功能说明如下。

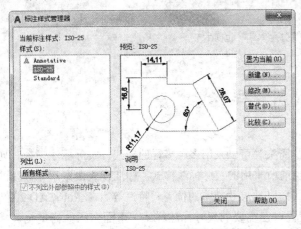

图 6-47   "标注样式管理器"对话框   图 6-48   "创建新标注样式"对话框

① "新样式名"文本框：为新的尺寸标注样式命名。

② "基础样式"下拉列表框：选择创建新样式所基于的标注样式。单击此下拉列表框，打开当前已有的样式列表，从中选择一个作为定义新样式的基础，新的样式是在所选样式的基础上修改一些特性得到的。

③ "用于"下拉列表框：指定新样式应用的尺寸类型。单击此下拉列表框，打开尺寸类型列表，如果新建样式应用于所有尺寸，则选择"所有标注"选项；如果新建样式只应用于特定的尺寸标注（如只在标注直径时使用此样式），则选择相应的尺寸类型。

④ "继续"按钮：各选项设置好以后，单击此按钮，系统打开"新建标注样式"对话框，如图 6-49 所示，利用此对话框可对新标注样式的各项特性进行设置。该对话框中各部分的含义和功能将在后面介绍。

（3）"修改"按钮：修改一个已存在的尺寸标注样式。单击此按钮，系统打开"修改标注样式"对话框，该对话框中的各选项与"新建标注样式"对话框中完全相同，可以对已有标注样式进行修改。

（4）"替代"按钮：设置临时覆盖尺寸标注样式。单击此按钮，系统打开"替代当前样式"对话框，该对话框中各选项与"新建标注样式"对话框中完全相同，用户可改变选项的设置，以覆盖原来的设置，但这种修改只对指定的尺寸标注起作用，而不影响当前其他尺寸变量的设置。

（5）"比较"按钮：比较两个尺寸标注样式在参数上的区别，或浏览一个尺寸标注样式的参数设置。单击此按钮，系统打开"比较标注样式"对话框，如图 6-50 所示。可以把比较结果复制到剪贴板上，然后再粘贴到其他的 Windows 应用软件上。

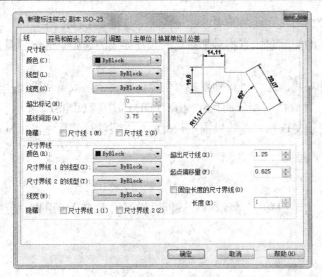

图 6-49　"新建标注样式"对话框

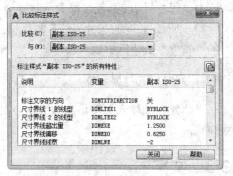

图 6-50　"比较标注样式"对话框

6.3.2　线

在"新建标注样式"对话框中，第一个选项卡是"线"选项卡。该选项卡用于设置尺寸线、尺寸界线的形式和特性。现分别进行说明。

1．"尺寸线"选项组

设置尺寸线的特性。其中主要选项的含义如下。

（1）"颜色"下拉列表框：设置尺寸线的颜色。可直接输入颜色名字，也可从下拉列表框中选择，如果选择"选择颜色"，系统打开"选择颜色"对话框供用户选择其他颜色。

（2）"线宽"下拉列表框：设置尺寸线的线宽，其下拉列表中列出了各种线宽的名字和宽度。系统把设置值保存在 DIMLWD 变量中。

（3）"超出标记"数值框：当尺寸箭头设置为短斜线、短波浪线等，或尺寸线上无箭头时，可利用此微调框设置尺寸线超出尺寸界线的距离。其相应的尺寸变量是 DIMDLE。

（4）"基线间距"数值框：设置以基线方式标注尺寸时，相邻两尺寸线之间的距离，相应的尺寸变量是 DIMDLI。

（5）"隐藏"复选框组：确定是否隐藏尺寸线及相应的箭头。选中"尺寸线 1"复选框表示隐藏第一段尺寸线，选中"尺寸线 2"复选框表示隐藏第二段尺寸线。相应的尺寸变量为 DIMSD1 和 DIMSD2。

2．"尺寸界线"选项组

该选项组用于确定尺寸界线的形式。其中主要选项的含义如下。

（1）"颜色"下拉列表框：设置尺寸界线的颜色。

（2）"尺寸界线 1（2）的线型"下拉列表框：用于设置第一（二）条尺寸界线的线型（DIMLTEX1系统变量）。

（3）"线宽"下拉列表框：设置尺寸界线的线宽，系统将其设置值保存在 DIMLWE 变量中。

（4）"超出尺寸线"数值框：确定尺寸界线超出尺寸线的距离，相应的尺寸变量是 DIMEXE。

（5）"起点偏移量"数值框：确定尺寸界线的实际起始点相对于指定的尺寸界线的起始点的偏移量，相应的尺寸变量是 DIMEXO。

（6）"隐藏"复选框组：确定是否隐藏尺寸界线。选中"尺寸界线 1"复选框表示隐藏第一段尺寸界线，选中"尺寸界线 2"复选框表示隐藏第二段尺寸界线。相应的尺寸变量为 DIMSE1 和 DIMSE2。

（7）"固定长度的尺寸界线"复选框：选中该复选框，系统以固定长度的尺寸界线标注尺寸。可以在下面的"长度"数值框中输入长度值。

3．"尺寸样式"显示框

在"新建标注样式"对话框的右上方是一个"尺寸样式"显示框，该框以样例的形式显示用户设置的尺寸样式。

6.3.3　文字

在"新建标注样式"对话框中，第 3 个选项卡是"文字"选项卡，如图 6-51 所示。该选项卡用于设置尺寸文本的形式、位置和对齐方式等。

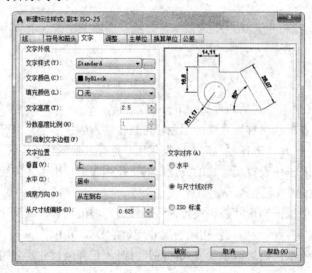

图 6-51　"文字"选项卡

1．"文字外观"选项组

（1）"文字样式"下拉列表框：选择当前尺寸文本采用的文本样式。可在其下拉列表中选择一个样式，也可单击右侧的按钮，打开"文字样式"对话框，以创建新的文字样式或对文字样式进行修改。系统将当前文字样式保存在 DIMTXSTY 系统变量中。

（2）"文字颜色"下拉列表框：设置尺寸文本的颜色，其操作方法与设置尺寸线颜色的方法相同。与其对应的尺寸变量是 DIMCLRT。

（3）"文字高度"数值框：设置尺寸文本的字高，相应的尺寸变量是 DIMTXT。如果选用的文字样式中已设置了具体的字高（不是 0），则此处的设置无效；如果文字样式中设置的字高为 0，才以此处的设置为准。

（4）"分数高度比例"数值框：确定尺寸文本的比例系数，相应的尺寸变量是 DIMTFAC。

（5）"绘制文字边框"复选框：选中此复选框，系统将在尺寸文本的周围加上边框。

2．"文字位置"选项组

（1）"垂直"下拉列表框

确定尺寸文本相对于尺寸线在垂直方向的对齐方式，相应的尺寸变量是 DIMTAD。在该下拉列表框中可选择的对齐方式有以下 5 种。

① 居中：将尺寸文本放在尺寸线的中间，此时 DIMTAD=0。

② 上方：将尺寸文本放在尺寸线的上方，此时 DIMTAD=1。

③ 外部：将尺寸文本放在远离第一条尺寸界线起点的位置，即和所标注的对象分列于尺寸线的两侧，此时 DIMTAD=2。

④ JIS：使尺寸文本的放置符合 JIS（日本工业标准）规则，此时 DIMTAD=3。

⑤ 下方：将尺寸文本放在尺寸线的下方，此时 DIMTAD=1。

上面这几种文本布置方式如图 6-52 所示。

图 6-52　尺寸文本在垂直方向的放置

（2）"水平"下拉列表框

用来确定尺寸文本相对于尺寸线和尺寸界线在水平方向的对齐方式，相应的尺寸变量是 DIMJUST。在下拉列表框中可选择的对齐方式有以下 5 种：置中、第一条尺寸界线、第二条尺寸界线、第一条尺寸界线上方和第二条尺寸界线上方，如图 6-53 所示。

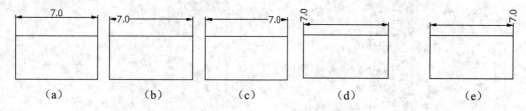

图 6-53　尺寸文本在水平方向的放置

（3）"从尺寸线偏移"数值框

当尺寸文本放在断开的尺寸线中间时，此数值框用来设置尺寸文本与尺寸线之间的距离（尺寸文本间隙），该值保存在尺寸变量 DIMGAP 中。

3．"文字对齐"选项组

用来控制尺寸文本排列的方向。当尺寸文本在尺寸界线之内时，与其对应的尺寸变量是 DIMTIH；当尺寸文本在尺寸界线之外时，与其对应的尺寸变量是 DIMTOH。

（1）"水平"单选按钮：尺寸文本沿水平方向放置。不论标注什么方向的尺寸，尺寸文本总保持水平。

（2）"与尺寸线对齐"单选按钮：尺寸文本沿尺寸线方向放置。

（3）"ISO 标准"单选按钮：当尺寸文本在尺寸界线之间时，沿尺寸线方向放置；在尺寸界线之外时，沿水平方向放置。

6.4　标　注　尺　寸

正确地进行尺寸标注是设计绘图工作中非常重要的一个环节，方便快捷的尺寸标注方法，可通过执行命令实现，也可利用菜单或工具图标实现。

【预习重点】

☑　了解尺寸标注类型。

☑　练习不同类型尺寸标注应用。

6.4.1　线性标注

【执行方式】

☑　命令行：DIMLINEAR（缩写名：DIMLIN）快捷命令：DLI。

☑　菜单栏：选择菜单栏中的"标注" → "线性"命令。

☑　工具栏：单击"标注"工具栏中的"线性"按钮 ┌┤。

☑　功能区：单击"默认"选项卡"注释"面板中的"线性"按钮 ┌┤（如图 6-54 所示）或单击"注释"选项卡"标注"面板中的"线性"按钮 ┌┤（如图 6-55 所示）。

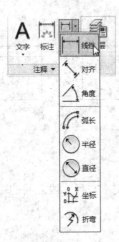

图 6-54　"注释"面板

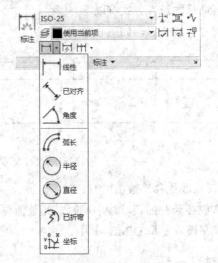

图 6-55　"标注"面板

【操作步骤】

命令: DIMLIN✓

选择相应的菜单项或工具图标，或在命令行中输入 DIMLIN 命令后按 Enter 键，命令行提示如下：

指定第一个尺寸界线原点或 <选择对象>:

【选项说明】

（1）指定尺寸线位置：用于确定尺寸线的位置。用户可移动光标选择合适的尺寸线位置，然后按 Enter 键或单击，系统则自动测量要标注线段的长度并标注出相应的尺寸。

（2）多行文字(M)：用多行文本编辑器确定尺寸文本。

（3）文字(T)：用于在命令行提示下输入或编辑尺寸文本。选择此选项后，命令行提示如下：

输入标注文字 <默认值>:

其中的默认值是系统自动测量得到的被标注线段的长度，直接按 Enter 键即可采用此长度值，也可输入其他数值代替默认值。当尺寸文本中包含默认值时，可使用尖括号 "< >" 表示默认值。

（4）角度(A)：用于确定尺寸文本的倾斜角度。

（5）水平(H)：水平标注尺寸，不论标注什么方向的线段，尺寸线总保持水平放置。

（6）垂直(V)：垂直标注尺寸，不论标注什么方向的线段，尺寸线总保持垂直放置。

（7）旋转(R)：输入尺寸线旋转的角度值，旋转标注尺寸。

6.4.2 直径标注

【执行方式】

☑ 命令行：DIMDIAMETER（快捷命令：DDI）。

☑ 菜单栏：选择菜单栏中的"标注"→"直径"命令。

☑ 工具栏：单击"标注"工具栏中的"直径"按钮⊘。

☑ 功能区：单击"默认"选项卡"注释"面板中的"直径"按钮⊘或单击"注释"选项卡"标注"面板中的"直径"按钮⊘。

【操作步骤】

命令: DIMDIAMETER✓
选择圆弧或圆:（选择要标注直径的圆或圆弧）
指定尺寸线位置或 [多行文字(M)/文字(T)/角度(A)]:（确定尺寸线的位置或选择某一选项）

用户可以选择"多行文字""文字"或"角度"选项来输入、编辑尺寸文本或确定尺寸文本的倾斜角度，也可以直接确定尺寸线的位置，标注出指定圆或圆弧的直径。

【选项说明】

（1）指定尺寸线位置：确定尺寸线的角度和标注文字的位置。如果未将标注放置在圆弧上而导致标注指向圆弧外，则系统自动绘制圆弧延伸线。

（2）多行文字(M)：显示在文字编辑器，可用于编辑标注文字。要添加前缀或后缀，请在生成的测量值前后输入前缀或后缀。用控制代码和 Unicode 字符串来输入特殊字符或符号。

（3）文字(T)：自定义标注文字，生成的标注测量值显示在尖括号（<>）中。

（4）角度(A)：修改标注文字的角度。

半径标注和直径标注类似，不再赘述。

6.4.3　基线标注

基线标注用于产生一系列基于同一条尺寸界线的尺寸标注，适用于长度尺寸标注、角度标注和坐标标注等。在使用基线标注方式之前，应该先标注出一个相关的尺寸。

【执行方式】

☑　命令行：DIMBASELINE（快捷命令：DBA）。

☑　菜单栏：选择菜单栏中的"标注"→"基线"命令。

☑　工具栏：单击"标注"工具栏中的"基线"按钮冖。

☑　功能区：单击"注释"选项卡"标注"面板中的"基线"按钮冖。

【操作步骤】

命令: DIMBASELINE✓
指定第二条尺寸界线原点或 [放弃(U)/选择(S)] <选择>:

【选项说明】

（1）指定第二条尺寸界线原点：直接确定另一个尺寸的第二条尺寸界线的起点，AutoCAD 2017 以上次标注的尺寸为基准，标注出相应尺寸。

（2）选择(S)：在上述提示下直接按 Enter 键，命令行提示如下：

选择基准标注：（选取作为基准的尺寸标注）

🎓 高手支招

线性标注有水平、垂直或对齐放置。使用对齐标注时，尺寸线将平行于两尺寸界线原点之间的直线（想象或实际）。基线（或平行）和连续（或链）标注是一系列基于线性标注的连续标注，连续标注是首尾相连的多个标注。在创建基线或连续标注之前，必须创建线性、对齐或角度标注。可从当前任务最近创建的标注中以增量方式创建基线标注。

6.4.4　连续标注

连续标注又叫尺寸链标注，用于产生一系列连续的尺寸标注，后一个尺寸标注均把前一个标注的第二条尺寸界线作为它的第一条尺寸界线。适用于长度尺寸标注、角度标注和坐标标注等。在使用连续标注方式之前，应该先标注出一个相关的尺寸。

【执行方式】

☑　命令行：DIMCONTINUE（快捷命令：DCO）。

- ☑ 菜单栏：选择菜单栏中的"标注"→"连续"命令。
- ☑ 工具栏：单击"标注"工具栏中的"连续"按钮┼┼┼。
- ☑ 功能区：单击"注释"选项卡"标注"面板中的"连续"按钮┼┼┼。

【操作步骤】

命令: DIMCONTINUE↙
指定第二条尺寸界线原点或 [放弃(U)/选择(S)] <选择>:

此提示下的各选项与基线标注中完全相同，不再赘述。

高手支招

AutoCAD 2017 允许用户利用连续标注方式和基线标注方式进行角度标注，如图 6-56 所示。

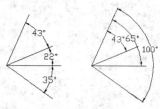

图 6-56 连续型和基线型角度标注

AutoCAD 2017 提供了引线标注功能，利用该功能不仅可以标注特定的尺寸，如圆角、倒角等，还可以在图中添加多行旁注、说明。在引线标注中，指引线可以是折线，也可以是曲线；其端部可以有箭头，也可以没有箭头。

利用 QLEADER 命令可快速生成指引线及注释，而且可以通过命令行优化对话框进行用户自定义，由此可以消除不必要的命令行提示，取得最高的工作效率。

【执行方式】

- ☑ 命令行：QLEADER。

【操作步骤】

命令: QLEADER↙
指定第一个引线点或 [设置(S)] <设置>:

【选项说明】

（1）指定第一个引线点：在上面的提示下确定一点作为指引线的第一点。

系统提示用户输入的点的数目由"引线设置"对话框（如图 6-57 所示）确定。输入完指引线的点后命令行提示如下：

指定文字宽度 <0.0000>:（输入多行文本的宽度）
输入注释文字的第一行 <多行文字(M)>:

此时，有两种命令输入选择，含义如下。

① 输入注释文字的第一行：在命令行输入第一行文本。

② 多行文字(M)：打开多行文字编辑器，输入并编辑多行文字。

直接按 Enter 键，结束 QLEADER 命令并把多行文本标注在指引线的末端附近。

（2）设置(S)：直接按 Enter 键或输入 S 项，系统打开"引线设置"对话框，允许对引线标注进行设置。该对话框包含"注释""引线和箭头"和"附着"3 个选项卡，下面分别进行介绍。

① "注释"选项卡（如图 6-57 所示）：用于设置引线标注中注释文本的类型、多行文本的格式并确定注释文本是否多次使用。

② "引线和箭头"选项卡（如图 6-58 所示）：用于设置引线标注中指引线和箭头的形式。其中，"点数"选项组设置执行 QLEADER 命令时系统提示用户输入的点的数目。例如，设置点数为 3，执行 QLEADER 命令时当用户在提示下指定 3 个点后，系统自动提示用户输入注释文本。注意设置的点数要比用户希望的指引线的段数多 1。可利用数值框进行设置，如果选中"无限制"复选框，系统会一直提示用户输入点直到连续按两次 Enter 键为止。"角度约束"选项组设置第一段和第二段指引线的角度约束。

图 6-57 "注释"选项卡　　　　　　　图 6-60 "引线和箭头"选项卡

③ "附着"选项卡（如图 6-59 所示）：设置注释文本和指引线的相对位置。如果最后一段指引线指向右边，系统自动把注释文本放在右侧；反之放在左侧。利用本选项卡左侧和右侧的单选按钮分别设置位于左侧和右侧的注释文本与最后一段指引线的相对位置，二者可相同也可不相同。

【操作实践——耐张铁帽三视图尺寸标注】

本实例标注如图 6-60 所示的耐张铁帽三视图。操作步骤如下。

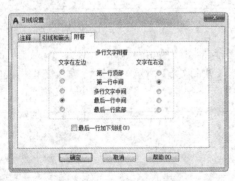 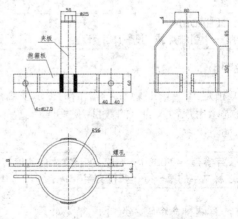

图 6-59 "附着"选项卡　　　　　　　图 6-60 耐张铁帽三视图

（1）打开"源文件\第 5 章\耐张铁帽三视图"，将其另存为"耐张铁帽三视图尺寸标注"。

（2）标注样式设置。

① 单击"默认"选项卡"注释"面板中的"标注样式"按钮，弹出"标注样式管理器"对话框，如图 6-61 所示，单击"新建"按钮，弹出"创建新标注样式"对话框，如图 6-62 所示。在"用于"下拉列表框中选择"直径标注"选项。

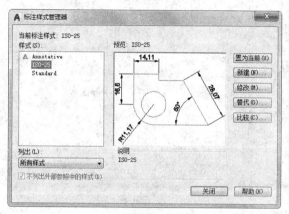

图 6-61　"标注样式管理器"对话框

图 6-62　"创建新标注样式"对话框

② 单击"继续"按钮，打开"新建标注样式"对话框。其中有 7 个选项卡，可对新建的"直径标注样式"的风格进行设置。"线"选项卡设置如图 6-63 所示，"基线间距"设置为 3.75，"超出尺寸线"设置为 1.25。

③ "符号和箭头"选项卡设置如图 6-64 所示，"箭头大小"设置为 2，"折弯角度"设置为 90。

图 6-63　"线"选项卡设置

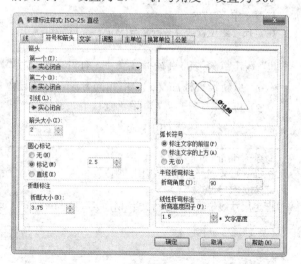

图 6-64　"符号和箭头"选项卡设置

④ "文字"选项卡设置如图 6-65 所示，"文字高度"设置为 2，"从尺寸线偏移"设置为 0.625，"文字对齐"采用"水平"方式。

⑤ "主单位"选项卡设置如图 6-66 所示，"舍入"设置为 0，小数分隔符为"'.'（句点）"。

⑥ "调整"和"换算单位"选项卡不进行设置，后面用到时再进行设置。设置完毕后，回到"标注样

式管理器"对话框,单击"置为当前"按钮,将新建的"耐张铁帽三视图尺寸标注"设置为当前使用的标注样式。

图 6-66　"文字"选项卡设置　　　　　图 6-66　"主单位"选项卡设置

(3)标注直径尺寸。

① 单击"默认"选项卡"注释"面板中的"直径"按钮◯,标注如图 6-67 所示的直径。命令行提示与操作如下:

命令:_dimdiameter
选择圆弧或圆:(选择小圆)
标注文字 = 17.5
指定尺寸线位置或 [多行文字(M)/文字(T)/角度(A)]:(适当指定一个位置)

② 双击欲修改的直径标注文字,打开多行文字编辑器,在已有的文字前面输入"4-",如图 6-68 所示。

(4)重新设置标注样式。用相同方法,重新设置用于标注半径的标注样式,具体参数与直径标注相同。

(5)标注半径尺寸。单击"默认"选项卡"注释"面板中的"半径"按钮◯,标注如图 6-69 所示的半径。命令行提示与操作如下:

命令:_dimradius
选择圆弧或圆:(选择俯视图圆弧)
标注文字 = 96
指定尺寸线位置或 [多行文字(M)/文字(T)/角度(A)]:(适当指定一个位置)

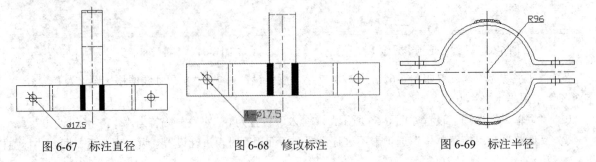

图 6-67　标注直径　　　　　图 6-68　修改标注　　　　　图 6-69　标注半径

（6）重新设置标注样式。用相同方法，重新设置用于线性标注的标注样式，在"文字"选项卡的"文字对齐"下拉列表框中选择"与尺寸线对齐"，其他参数和直径标注相同。

（7）标注线性尺寸。单击"默认"选项卡"注释"面板中的"线性"按钮 ┠┨，标注如图 6-70 所示的线性尺寸。命令行提示与操作如下：

```
命令: _dimlinear
指定第一个尺寸界线原点或 <选择对象>:（捕捉适当位置点）
指定第二条尺寸界线原点:（捕捉适当位置点）
创建了无关联的标注
指定尺寸线位置或 [多行文字(M)/文字(T)/角度(A)/水平(H)/垂直(V)/旋转(R)]: t↙
输入标注文字 <21.5>: %%C21.5↙
指定尺寸线位置或 [多行文字(M)/文字(T)/角度(A)/水平(H)/垂直(V)/旋转(R)]:（指定适当位置）
```

用相同方法，标注其他线性尺寸。

（8）重新设置标注样式。用相同方法，重新设置用于连续标注的标注样式，参数设置和线性标注相同。

（9）标注连续尺寸。单击"注释"选项卡"标注"面板中的"连续"按钮 ┠┠┠，标注连续尺寸。命令行提示与操作如下：

```
命令: _dimcontinue
选择连续标注:（选择尺寸为 150 的标注）
指定第二条尺寸界线原点或 [放弃(U)/选择(S)] <选择>:（捕捉合适的位置点）
标注文字 = 85
指定第二条尺寸界线原点或 [放弃(U)/选择(S)] <选择>:↙
```

用相同方法，绘制另一个连续标注尺寸 40，结果如图 6-71 所示。

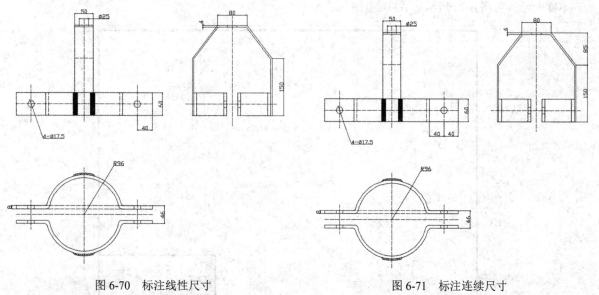

图 6-70　标注线性尺寸　　　　　　　　　　图 6-71　标注连续尺寸

（10）添加文字。

① 创建文字样式：单击"默认"选项卡"注释"面板中的"文字样式"按钮 ，打开"文字样式"对话框，创建一个样式名为"文字"的文字样式。"字体名"为"仿宋_GB2312"，"字体样式"为"常规"，

"高度"为15，"宽度因子"为1，如图 6-72 所示。

图 6-72 "文字样式"对话框

② 添加注释文字：单击"默认"选项卡"注释"面板中的"多行文字"按钮 A，一次输入几行文字，然后调整其位置，以对齐文字。调整位置时，结合使用"正交"命令。

③ 使用文字编辑命令修改文字以得到需要的文字。

添加注释文字后，利用"直线"命令绘制几条指引线，即完成了整张图样的绘制。

6.5 综合演练——电气制图 A3 样板图

本实例绘制如图 6-73 所示的 A3 样板图。

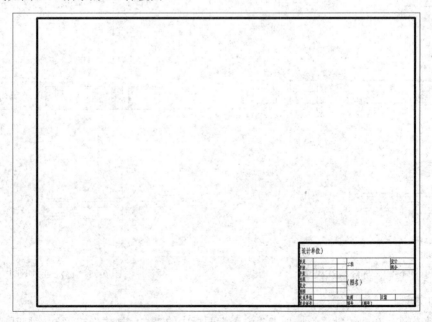

图 6-73 A3 电气样板图

手把手教你学

国家标准规定 A3 图纸的幅面大小是 420mm×297mm，本例绘制的是带装订边的样板图，内外边框右侧间距为 5mm，如果带装订边，则内外边框右侧间距（图框到纸面边界的距离）应为 10mm。

【操作步骤】

1. 设置绘图环境

（1）建立新文件：启动 AutoCAD 2017，使用默认设置绘图环境。单击快速访问工具栏中的"新建"按钮 🗋，打开"选择样板"对话框，单击"打开"按钮右侧的 ▾ 下拉按钮，选择"无样板打开-公制（毫米）"，建立新文件。

（2）保存样板文件。单击快速访问工具栏中的"保存"按钮 💾，弹出"图形另存为"对话框，选择"文件类型"为.dwt，同时将新文件命名为"A3 电气样板图"，如图 6-74 所示。单击"保存"按钮，弹出"样板选项"对话框，如图 6-75 所示，关闭对话框，完成文件保存。

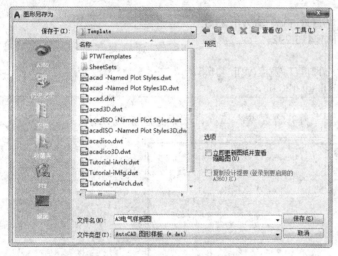

图 6-74 "图形另存为"对话框

图 6-75 "样板选项"对话框

（3）新建图层。单击"默认"选项卡"图层"面板中的"图层特性"按钮 🖳，打开"图层特性管理器"选项板，新建 4 个图层，如图 6-76 所示。

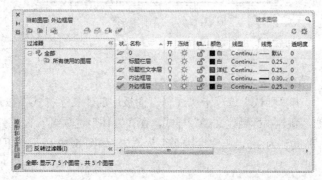

图 6-76 "图层特性管理器"对话框

外边框层：线宽为0.25mm，其余属性默认。

内边框层：线宽为0.3mm，其余属性默认。

标题栏层：线宽为0.25mm，其余属性默认。

标题栏文字层：线宽为0.25mm，颜色为洋红，其余属性默认。

注意 标题字符应为黄色，但考虑到显示问题（为显示方便，黑色底图设置为白色，因此黄色在白底图中不易看清），设置标题栏文字为洋红，容易显示清楚。其余颜色同样处理。

2．绘制图框

（1）单击"默认"选项卡"绘图"面板中的"矩形"按钮□，绘制3个矩形。命令行提示与操作如下：

```
命令: rectang✓
指定第一个角点或 [倒角(C)/标高(E)/圆角(F)/厚度(T)/宽度(W)]: 0,0✓
指定另一个角点或 [面积(A)/尺寸(D)/旋转(R)]: 420,297✓
命令: rectang
指定第一个角点或 [倒角(C)/标高(E)/圆角(F)/厚度(T)/宽度(W)]: 25,5✓
指定另一个角点或 [面积(A)/尺寸(D)/旋转(R)]: 415,292✓
命令: rectang
指定第一个角点或 [倒角(C)/标高(E)/圆角(F)/厚度(T)/宽度(W)]: 415,5✓
指定另一个角点或 [面积(A)/尺寸(D)/旋转(R)]: @-120,63✓
```

（2）分别将内外边框设置在对应图层上，打开"线宽"模式，结果如图6-77所示。

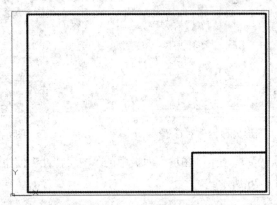

图6-77　绘制矩形

3．绘制标题栏

将"标题栏层"设置为当前图层。

（1）设置文字样式。单击"默认"选项卡"注释"面板中的"文字样式"按钮A，弹出"文字样式"对话框。单击"新建"按钮，新建"标题栏文字"样式，在"字体"选项组下的"字体名"下拉列表框中选择"仿宋_GB2312"；设置"高度"为3.5，"宽度因子"为0.7，如图6-79所示。单击"置为当前"按钮，关闭对话框。

贴心小帮手

标题栏结构如图 6-78 所示，由于分隔线并不整齐，所以可以先绘制一个 120mm×63mm 的标准表格，然后在此基础上编辑合并单元格。

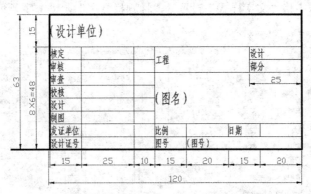

图 6-78 标题栏示意图

图 6-79 "文字样式"对话框

（2）打开"表格样式"对话框。

① 单击"默认"选项卡"注释"面板中的"表格样式"按钮，系统弹出"表格样式"对话框，如图 6-80 所示。

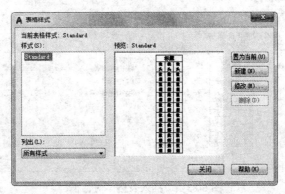

图 6-80 "表格样式"对话框

② 设置"新建表格样式"对话框。单击"新建"按钮，系统弹出"创建新的表格样式"对话框，输入"标题栏"文字，单击"继续"按钮，在新建的表格样式中设置参数。

③ 在"单元样式"下拉列表框中选择"数据"选项，选择"常规"选项卡，将"对齐"设置为"左中"，"页边距"选项组中的"水平""垂直"均设置为 0.5，如图 6-81 所示。

④ 在"文字"选项卡中将"文字样式"设置为"标题栏文字"，"文字颜色"为"洋红"，如图 6-82 所示。

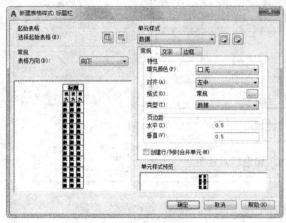

图 6-81 "常规"选项卡   图 6-82 设置"文字"选项卡

用同样的方法设置"标题"单元样式。

⑤ 单击"确定"按钮，系统返回"表格样式"对话框，单击"关闭"按钮退出。

⑥ 设置"插入表格"对话框。单击"默认"选项卡"注释"面板中的"表格"按钮 ，系统弹出"插入表格"对话框，在"列和行设置"选项组中将"列数"设置为 24，"列宽"设置为 5，"数据行数"设置为 7（加上标题行和表头行共 9 行），"行高"设置为 1 行；在"设置单元样式"选项组中将"第一行单元样式"设置为"标题"，"第二行单元样式"和"所有其他行单元样式"都设置为"数据"，如图 6-83 所示。

图 6-83 "插入表格"对话框

⑦ 生成表格。在图框线右下角附近指定表格位置，系统生成表格，同时打开多行文字编辑器，如图 6-84 所示，直接按 Enter 键，不输入文字，生成的表格如图 6-85 所示。

图 6-84 "文字编辑器"选项卡和表格

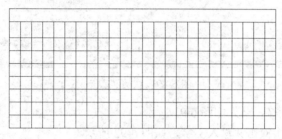

图 6-85 生成表格

⑧ 修改表格高度。单击表格中的一个单元格，系统显示其编辑钳夹点，右击，在弹出的快捷菜单中选择"特性"命令，如图 6-86 所示，系统弹出"特性"选项板，将"单元高度"设置为 15，如图 6-87 所示，这样该单元格所在行的高度就统一改为 15。用同样方法将其他行的高度改为 6，如图 6-88 所示。

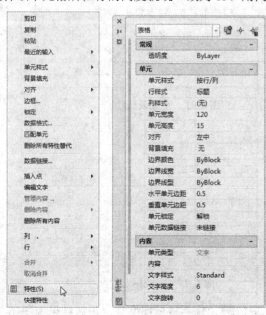

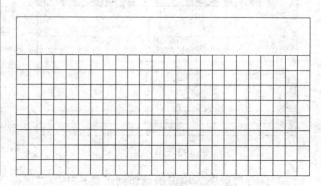

图 6-86 快捷菜单　　　图 6-87 "特性"选项板　　　图 6-88 修改表格高度

⑨ 合并单元格。选择 A2 单元格，按住 Shift 键，同时选择右边的两个单元格，右击，在弹出的快捷菜单中选择"合并"→"全部"命令，如图 6-89 所示，单元格完成合并，如图 6-90 所示。

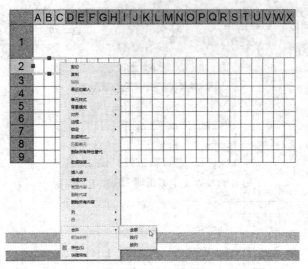

图 6-89　快捷菜单

用同样方法合并其他单元格，结果如图 6-91 所示。

⑩ 输入文字。在单元格中双击并输入文字，如图 6-92 所示。

用同样方法输入其他单元格中文字，并将表格移动到样板图右下角，结果如图 6-93 所示。

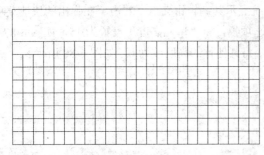

图 6-90　合并单元格

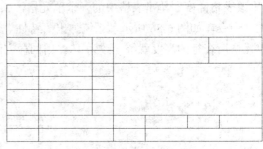

图 6-91　完成表格绘制

图 6-92　输入文字

图 6-93　完成标题栏文字输入

（3）保存样板图。单击快速访问工具栏中的"保存"按钮 ▣，保存样板图文件，最终结果如图 6-75 所示。

用同样方法绘制"A1 电气样板图.dwt"，结果如图 6-94 所示。

图 6-94 A1 电气样板图

6.6 名师点拨——听我说标注

1. 字体的操作技巧

（1）在够用的前提下，字体越少越好。不管什么类型的设置，字体越多就会造成 AutoCAD 文件越大，在运行软件时，也可能会给运算速度带来影响。

（2）在使用 AutoCAD 时，除了默认的 Standard 字体外，新建的字体样式都设置小于 1 的宽度因子，因为在大多数施工图中，有很多细小的尺寸挤在一起。这时采用较窄的字体，就会减少很多标注相互重叠的情况。

（3）不要选择前面带"@"的字体，因为带"@"的字体本来就是侧倒的。

（4）可以直接使用 Windows 的 TTF 中文字体，但是 TTF 字体影响图形的显示速度，还是尽量避免使用。

2. 标注样式操作技巧

可利用 DWT 模板文件创建 AutoCAD 制图的统一文字及标注样式，方便下次制图时直接调用，而不必重复设置样式。用户也可以从 AutoCAD 设计中心查找所需的标注样式，直接导入至新建的图纸中，即完成了对样式的调用。

3. 改变单元格大小

在插入表格中选择某一个单元格，单击后出现钳夹点，通过移动钳夹点可以改变单元格的大小。

6.7 上机实验

【练习1】输入如图6-95所示的电机控制系统图中的电气符号。

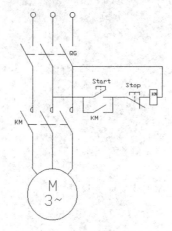

图6-95   电机控制系统图

1. 目的要求

文字标注在电气图中不可或缺，正确进行文字标注是 AutoCAD 绘图中必不可少的一项工作。通过本练习中元件名称的标注，读者应掌握文字标注的一般方法，尤其是特殊字体的标注方法。

2. 操作提示

（1）设置文字标注的样式。
（2）利用"多行文字"命令进行标注。
（3）利用快捷菜单输入特殊字符。

【练习2】绘制如图6-96所示的电缆分支箱。

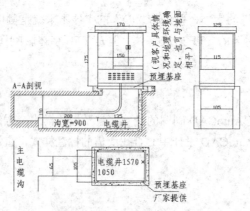

图6-96   电缆分支箱

1．目的要求

文字标注与尺寸标注是对所有图形进行完善的重要部分。本练习通过绘制电路图复习绘图与编辑命令，添加技术要求文字，让读者掌握文字，尤其是特殊符号的编辑方法和技巧。

2．操作提示

（1）利用"图层"命令设置图层。

（2）利用绘图命令和编辑命令绘制各部分。

（3）利用"多行文字"命令和"尺寸标注"命令标注文字和尺寸。

6.8　模　拟　考　试

1．在设置文字样式时，设置了文字的高度，其效果是（　　）。

　A．在输入单行文字时，可以改变文字高度　　　B．在输入单行文字时，不可以改变文字高度

　C．在输入多行文字时，不能改变文字高度　　　D．都能改变文字高度

2．如图 6-97 所示的标注在"符号和箭头"选项卡中"箭头"选项组下，应该如何设置？（　　）

　A．建筑标记　　　　　　B．倾斜　　　　　　C．指示原点　　　　　　D．实心方框

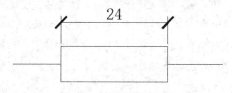

图 6-97　标注水平尺寸

3．在插入字段的过程中，如果显示"####"，则表示该字段（　　）。

　A．没有值　　　　　　B．无效　　　　　　C．字段太长，溢出　　　D．字段需要更新

4．将尺寸标注对象，如尺寸线、尺寸界线、箭头和文字作为单一的对象，必须将（　　）尺寸标注变量设置为 ON。

　A．DIMASZ　　　　　　B．DIMASO　　　　　　C．DIMON　　　　　　D．DIMEXO

5．下列尺寸标注中共用一条基线的是（　　）。

　A．基线标注　　　　　　B．连续标注　　　　　　C．公差标注　　　　　　D．引线标注

6．将图和已标注的尺寸同时放大 2 倍，其结果是（　　）。

　A．尺寸值是原尺寸的 2 倍　　　　　　　　B．尺寸值不变，字高是原尺寸的 2 倍

　C．尺寸箭头是原尺寸的 2 倍　　　　　　　D．原尺寸不变

7．尺寸公差中的上下偏差可以在线性标注的哪个选项中堆叠起来？（　　）

　A．多行文字　　　　　　B．文字　　　　　　C．角度　　　　　　D．水平

8. 绘制如图 6-98 所示的电气元件表。

配电柜编号		1P1	1P2	1P3	1P4	1P5
配电柜型号		GCK	GCK	GCJ	GCJ	GCK
配电柜柜宽		1000	1800	1000	1000	1000
配电柜用途		计量进线	干式稳压器	电容补偿柜	电容补偿柜	馈电柜
主要元件	隔离开关			QSA-630/3	QSA-630/3	
	断路器	AE-3200A/4P	AE-3200A/3P	CJ20-63/3	CJ20-63/3	AE-1600AX2
	电流互感器	3×LMZ2-0.66-2500/5 4×LMZ2-0.66-3000/5	3×LMZ2-0.66-3000/5	3×LMZ2-0.66-500/5	3×LMZ2-0.66-500/5	6×LMZ2-0.66-1500/5
	仪表规格	DTF-224 1级 6L2-A×3 DXF-226 2级 6L2-V×1	6L2-A×3	6L2-A×3 6L2-COSΦ	6L2-A×3	6L2-A
负荷名称/容量		SC9-1600KVA	1600KVA	12X30=360KVAR	12X30=360KVAR	
母线及进出线电缆		母线槽FCM-A-3150A		配十二步自动投切	与主柜联动	

图 6-98　电气元件表

9. 在 AutoCAD 2017 中尺寸标注的类型有哪些？

第7章

辅助绘图工具

在设计绘图过程中经常会遇到一些重复出现的图形（如电气设计中的开关、线圈、熔断器等），如果每次都重新绘制这些图形，不仅造成大量的重复工作，而且存储这些图形及其信息要占据相当大的磁盘空间。利用图块、设计中心和工具选项板模块化作图，不仅可避免大量的重复工作，提高绘图速度和工作效率，而且可以大大节省磁盘空间。

7.1　图　块　操　作

图块也叫块，是由一组图形对象组成的集合，一组对象一旦被定义为图块，则将成为一个整体，拾取图块中任意一个图形对象即可选中构成图块的所有对象。AutoCAD 2017 把一个图块作为一个对象进行编辑修改等操作，用户可根据绘图需要把图块插入到图中任意指定的位置，而且在插入时还可以指定不同的缩放比例和旋转角度。如果需要对组成图块的单个图形对象进行修改，还可以利用"分解"命令把图块分解成若干个对象。图块还可以重新定义，一旦被重新定义，整个图中基于该块的对象都将随之改变。

【预习重点】

- ☑　了解图块定义。
- ☑　练习图块应用操作。

7.1.1　定义图块

【执行方式】

- ☑　命令行：BLOCK（快捷命令：B）。
- ☑　菜单栏：选择菜单栏中的"绘图"→"块"→"创建"命令。
- ☑　工具栏：单击"绘图"工具栏中的"创建块"按钮🚚。
- ☑　功能区：单击"默认"选项卡"块"面板中的"创建"按钮🚚（如图 7-1 所示）或单击"插入"选项卡"块定义"面板中的"创建块"按钮🚚（如图 7-2 所示）。

图 7-1　"块"面板

【操作步骤】

执行上述操作后，系统打开如图 7-3 所示的"块定义"对话框，利用该对话框可定义图块并为之命名。

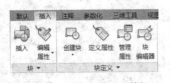

图 7-2　"块定义"面板

图 7-3　"块定义"对话框

【选项说明】

（1）"基点"选项组：确定图块的基点，默认值是（0,0,0），也可以在下面的 X、Y、Z 文本框中输入块的基点坐标值。单击"拾取点"按钮，系统临时切换到绘图区，在绘图区选择一点后，返回"块定义"对话框中，把选择的点作为图块的放置基点。

（2）"对象"选项组：用于选择制作图块的对象，以及设置图块对象的相关属性。将图 7-4（a）中的正五边形定义为图块，图 7-4（b）为选中"删除"单选按钮的结果，图 7-4（c）为选中"保留"单选按钮的结果。

（3）"设置"选项组：指定从 AutoCAD 设计中心拖动图块时用于测量图块的单位，以及缩放、分解和超链接等设置。

（4）"在块编辑器中打开"复选框：选中此复选框，可以在块编辑器中定义动态块，后面将详细介绍。

（5）"方式"选项组：指定块的行为。"注释性"复选框用于指定在图纸空间中块参照的方向与布局方向匹配；"按统一一比例缩放"复选框用于指定是否阻止块参照不按统一比例缩放；"允许分解"复选框用于指定块参照是否可以被分解。

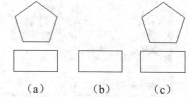

图 7-4　设置图块对象

7.1.2　图块的存盘

利用 BLOCK 命令定义的图块保存在其所属的图形当中，该图块只能在该图形中插入，而不能插入到其他的图形中。但是有些图块在许多图形中要经常用到，这时可以用 WBLOCK 命令将图块以图形文件的形式（后缀为.dwg）写入磁盘。图形文件可以在任意图形中使用 INSERT 命令插入。

【执行方式】

☑　命令行：WBLOCK（快捷命令：W）。

☑　功能区：单击"插入"选项卡"块定义"面板中的"写块"按钮。

【操作实践——接触器符号图块】

本实例将图 7-5 所示非门图形定义为图块，命名为"接触器符号"并保存。操作步骤如下。

（1）单击"默认"选项卡"绘图"面板中的"矩形"按钮和"直线"按钮，绘制适当大小的矩形，分别捕捉矩形上下边线中点，绘制竖直短线，接触器符号绘制结果如图 7-5 所示。

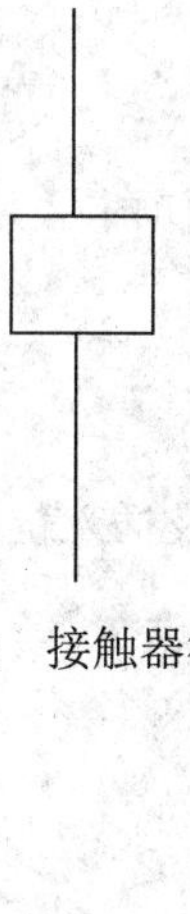

（2）单击"默认"选项卡"块"面板中的"创建"按钮，打开"块定义"对话框。

（3）在"名称"下拉列表框中输入"接触器符号"，单击"拾取"按钮切换到作图屏幕，选择下端直线的下端点为插入基点，单击"选择对象"按钮切换到作图屏幕，选择图 7-5 中的对象后，按 Enter 键返回"块定义"对话框，如图 7-6 所示。确认关闭对话框。

（4）在命令行中输入 WBLOCK 命令，系统打开"写块"对话框，如图 7-7 所示。在"源"选项组中选中"块"单选按钮，在后面的下拉列表框中选择"接触器

图 7-5　接触器符号

符号"块，并进行其他相关设置确认退出。

图 7-6 "块定义"对话框

图 7-7 "写块"对话框

【选项说明】

（1）"源"选项组：确定要保存为图形文件的图块或图形对象。选中"块"单选按钮，单击右侧的下拉列表框，在其展开的列表中选择一个图块，将其保存为图形文件；选中"整个图形"单选按钮，则把当前的整个图形保存为图形文件；选中"对象"单选按钮，则把不属于图块的图形对象保存为图形文件。对象的选择通过"对象"选项组来完成。

（2）"基点"选项组：用于选择图形。

（3）"目标"选项组：用于指定图形文件的名称、保存路径和插入单位。

7.1.3 图块的插入

在绘图过程中，可根据需要随时把已经定义好的图块或图形文件插入到当前图形的任意位置，在插入的同时还可以改变图块的大小、旋转一定角度或把图块炸开等。插入图块的方法有多种，本节将逐一进行介绍。

【执行方式】

☑ 命令行：INSERT（快捷命令：I）。

☑ 菜单栏：选择菜单栏中的"插入"→"块"命令。

☑ 工具栏：单击"插入"工具栏中的"插入块"按钮 或"绘图"工具栏中的"插入块"按钮 。

☑ 功能区：单击"默认"选项卡"块"面板中的"插入"按钮 或单击"插入"选项卡"块"面板中的"插入"按钮 。

【操作步骤】

执行上述操作后，系统打开"插入"对话框，如图 7-8 所示，可以指定要插入的图块及插入位置。

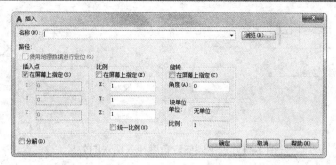

图 7-8 "插入"对话框

【选项说明】

（1）"名称"文本框：显示图块的保存路径。

（2）"插入点"选项组：指定插入点，插入图块时该点与图块的基点重合。可以在绘图区指定该点，也可以在下面的文本框中输入坐标值。

（3）"比例"选项组：确定插入图块时的缩放比例。图块被插入到当前图形中时，可以以任意比例放大或缩小。如图 7-9（a）所示是被插入的图块，图 7-9（b）所示为按比例系数 1.5 插入该图块的结果，图 7-9（c）所示为按比例系数 0.5 插入该图块的结果。X 轴方向和 Y 轴方向的比例系数也可以取不同值，如图 7-9（d）所示，插入的图块 X 轴方向的比例系数为 1，Y 轴方向的比例系数为 1.5。另外，比例系数还可以是一个负数，当为负数时表示插入图块的镜像，其效果如图 7-10 所示。

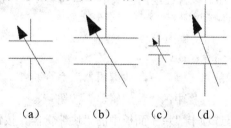

（a）　　　（b）　　　（c）　　　（d）

图 7-9 取不同比例系数插入图块的效果

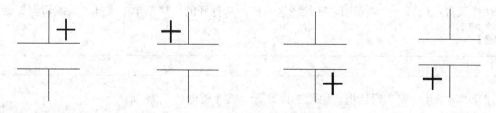

X 比例=1，Y 比例=1　　　X 比例=-1，Y 比例=1　　　X 比例=1，Y 比例=-1　　　X 比例=-1，Y 比例=-1

图 7-10 取比例系数为负值插入图块的效果

（4）"旋转"选项组：指定插入图块时的旋转角度。图块被插入到当前图形中时，可以绕其基点旋转一定的角度，角度可以是正数（表示沿逆时针方向旋转），也可以是负数（表示沿顺时针方向旋转）。如图 7-11（a）所示为直接插入图块效果，图 7-11（b）所示为图块旋转 45°后插入的效果，图 7-11（c）所示为图块旋转-45°后插入的效果。

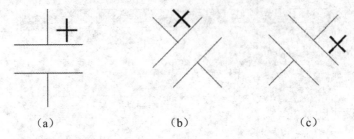

(a)   (b)   (c)

图 7-11 以不同旋转角度插入图块的效果

如果选中"在屏幕上指定"复选框，系统切换到绘图区，在绘图区选择一点，系统自动测量插入点与该点连线和 X 轴正方向之间的夹角，并将其作为块的旋转角。也可以在"角度"文本框中直接输入插入图块时的旋转角度。

（5）"分解"复选框：选中此复选框，则在插入块的同时将其炸开，插入到图形中的组成块对象不再是一个整体，可对每个对象单独进行编辑操作。

7.1.4 动态块

利用动态块功能，用户在操作时可以轻松地更改图形中的动态块参照。可以使用块编辑器创建动态块。块编辑器是一个专门的编写区域，用于添加能够使块成为动态块的元素。用户可以重新创建块，也可以向现有的块定义中添加动态行为，还可以像在绘图区域中一样创建几何图形。

【执行方式】

☑ 命令行：BEDIT（快捷命令：BE）。
☑ 菜单栏：选择菜单栏中的"工具"→"块编辑器"命令。
☑ 工具栏：单击"标准"工具栏中的"块编辑器"按钮🔡。
☑ 功能区：单击"默认"选项卡"块"面板中的"块编辑器"按钮🔡或单击"插入"选项卡"块定义"面板中的"块编辑器"按钮🔡。
☑ 快捷菜单：选择一个块参照，在绘图区右击，从打开的快捷菜单中选择"块编辑器"命令。

【操作步骤】

命令: BEDIT↙

系统打开"编辑块定义"对话框，如图 7-12 所示，在"要创建或编辑的块"文本框中输入块名或在列表框中选择已定义的块或当前图形。确认后，系统打开块编写选项板和"块编辑器"工具栏，如图 7-13 所示。

【选项说明】

1. 块编写选项板

该选项板有 4 个选项卡，分别介绍如下。

（1）"参数"选项卡：提供用于向块编辑器中的动态块定义中添加参数的工具。参数用于指定几何图形在块参照中的位置、距离和角度。

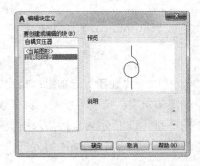

图 7-12 "编辑块定义"对话框

将参数添加到动态块定义中时，该参数将定义块的一个或多个自定义特性。此选项卡也可以通过命令 BPARAMETER 打开。

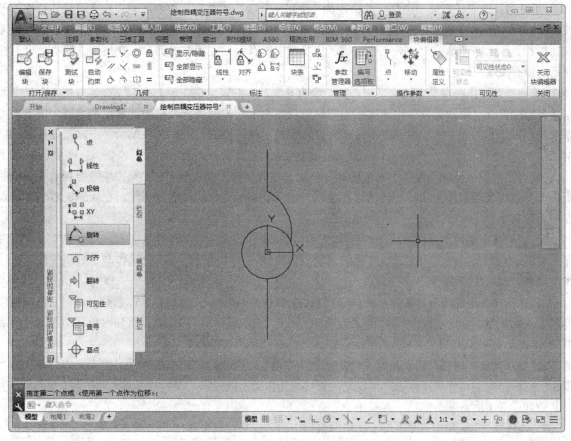

图 7-13　块编辑状态绘图平面

① 点：向当前的动态块定义中添加点参数，并定义块参照的自定义 X 和 Y 特性。可以将移动或拉伸动作与点参数相关联。

② 线性：向当前的动态块定义中添加线性参数，并定义块参照的自定义距离特性。可以将移动、缩放、拉伸或阵列动作与线性参数相关联。

③ 极轴：向当前的动态块定义中添加极轴参数。定义块参照的自定义距离和角度特性。可以将移动、缩放、拉伸、极轴拉伸或阵列动作与极轴参数相关联。

④ XY：向当前的动态块定义中添加 XY 参数，并定义块参照的自定义水平距离和垂直距离特性。可以将移动、缩放、拉伸或阵列动作与 XY 参数相关联。

⑤ 旋转：向当前的动态块定义中添加旋转参数，并定义块参照的自定义角度特性。只能将一个旋转动作与一个旋转参数相关联。

⑥ 对齐：向当前的动态块定义中添加对齐参数。因为对齐参数影响整个块，所以不需要（或不可能）将动作与对齐参数相关联。

⑦ 翻转：向当前的动态块定义中添加翻转参数。定义块参照的自定义翻转特性。翻转参数用于翻转对

象。在块编辑器中，翻转参数显示为投影线。可以围绕这条投影线翻转对象。翻转参数将显示一个值，该值显示块参照是否已被翻转。可以将翻转动作与翻转参数相关联。

⑧ 可见性：此操作将向动态块定义中添加一个可见性参数，并定义块参照的自定义可见性特性。可见性参数允许用户创建可见性状态并控制对象在块中的可见性。可见性参数总是应用于整个块，并且无须与任何动作相关联。在图形中单击夹点可以显示块参照中所有可见性状态的列表。在块编辑器中，可见性参数显示为带有关联夹点的文字。

⑨ 查寻：此操作将向动态块定义中添加一个查寻参数，并定义块参照的自定义查寻特性。查寻参数用于定义自定义特性，用户可以指定或设置该特性，以便从定义的列表或表格中计算出某个值。该参数可以与单个查寻夹点相关联。在块参照中单击该夹点可以显示可用值的列表。在块编辑器中，查寻参数显示为文字。

⑩ 基点：此操作将向动态块定义中添加一个基点参数。基点参数用于定义动态块参照相对于块中的几何图形的基点。基点参数无法与任何动作相关联，但可以属于某个动作的选择集。在块编辑器中，基点参数显示为带有十字光标的圆。

（2）"动作"选项卡：提供用于向块编辑器中的动态块定义中添加动作的工具。动作定义了在图形中操作块参照的自定义特性时，动态块参照的几何图形将如何移动或变化。应将动作与参数相关联。此选项卡也可以通过 BACTIONTOOL 命令打开。

① 移动：此操作将在用户将移动动作与点参数、线性参数、极轴参数或 XY 参数关联时，将该动作添加到动态块定义中。移动动作类似于 MOVE 命令。在动态块参照中，移动动作将使对象移动指定的距离和角度。

② 查寻：此操作将向动态块定义中添加一个查寻动作。将查寻动作添加到动态块定义中并将其与查寻参数相关联时，将创建一个查寻表。可以使用查寻表指定动态块的自定义特性和值。

其他动作与上面各项类似，不再赘述。

（3）"参数集"选项卡：提供用于在块编辑器中向动态块定义中添加一个参数和至少一个动作的工具。将参数集添加到动态块中时，动作将自动与参数相关联。将参数集添加到动态块中后，双击黄色警示图标（或使用 BACTIONSET 命令），然后按照命令行上的提示将动作与几何图形选择集相关联。此选项卡也可以通过命令 BPARAMETER 打开。

① 点移动：此操作将向动态块定义中添加一个点参数。系统会自动添加与该点参数相关联的移动动作。

② 线性移动：此操作将向动态块定义中添加一个线性参数。系统会自动添加与该线性参数的端点相关联的移动动作。

③ 可见性集：此操作将向动态块定义中添加一个可见性参数并允许定义可见性状态。无须添加与可见性参数相关联的动作。

④ 查寻集：此操作将向动态块定义中添加一个查寻参数。系统会自动添加与该查寻参数相关联的查寻动作。

其他参数集与上面各项类似，不再赘述。

（4）"约束"选项卡：可将几何对象关联在一起，或者指定固定的位置或角度。

① 重合：约束两个点使其重合，或者约束一个点使其位于曲线（或曲线的延长线）上。可以使对象上的约束点与某个对象重合，也可以使其与另一对象上的约束点重合。

② 垂直：使直线或点位于与当前坐标系的 Y 轴平行的位置。

③ 平行：使选定的直线位于彼此平行的位置。平行约束在两个对象之间应用。

④ 相切：将两条曲线约束为保持彼此相切或其延长线保持彼此相切。相切约束在两个对象之间应用。圆可以与直线相切，即使该圆与该直线不相交。

⑤ 水平：使直线或点位于与当前坐标系的 X 轴平行的位置。默认选择类型为对象。

⑥ 竖直：使直线或点位于与当前坐标系的 Y 轴平行的位置。

⑦ 共线：使两条或多条直线段沿同一直线方向。

⑧ 同心：将两个圆弧、圆或椭圆约束到同一个中心点。结果与将重合约束应用于曲线的中心点所产生的结果相同。

⑨ 平滑：将样条曲线约束为连续，并与其他样条曲线、直线、圆弧或多段线保持 G2 连续性。

⑩ 对称：使选定对象受对称约束，相对于选定直线对称。

☑　相等：将选定圆弧和圆的尺寸重新调整为半径相同，或将选定直线的尺寸重新调整为长度相同。

☑　固定：将点和曲线锁定在位。

2．"块编辑器"选项卡

该选项卡提供了在块编辑器中使用、创建动态块以及设置可见性状态的工具。

（1）编辑块：显示"编辑块定义"对话框。

（2）保存块：保存当前块定义。

（3）将块另存为：显示"将块另存为"对话框，可以在其中用一个新名称保存当前块定义的副本。

（4）测试块：运行 BTESTBLOCK 命令，可从块编辑器中打开一个外部窗口以测试动态块。

（5）自动约束：运行 AUTOCONSTRAIN 命令，可根据对象相对于彼此的方向将几何约束应用于对象的选择集。

（6）显示/隐藏：运行 CONSTRAINTBAR 命令，可显示或隐藏对象上的可用几何约束。

（7）块表：运行 BTABLE 命令，可显示对话框以定义块的变量。

（8）参数管理器：参数管理器处于未激活状态时执行 PARAMETERS 命令；否则，将执行 PARAMETERSCLOSE 命令。

（9）编写选项板：编写选项板处于未激活状态时执行 BAUTHORPALETTE 命令；否则，将执行 BAUTHORPALETTECLOSE 命令。

（10）属性定义：显示"属性定义"对话框，从中可以定义模式、属性标记、提示、值、插入点和属性的文字选项。

① 可见性模式：设置 BVMODE 系统变量，可以使当前可见性状态下不可见的对象变暗或隐藏。

② 使可见：运行 BVSHOW 命令，可以使对象在当前可见性状态或所有可见性状态下均可见。

③ 使不可见：运行 BVHIDE 命令，可以使对象在当前可见性状态或所有可见性状态下均不可见。

④ 可见性状态：显示"可见性状态"对话框。从中可以创建、删除、重命名和设置当前可见性状态。在列表框中选择一种状态，右击，选择快捷菜单中的"新状态"命令，打开"新建可见性状态"对话框，可以设置可见性状态。

⑤ 关闭块编辑器：运行 BCLOSE 命令，可关闭块编辑器，并提示用户保存或放弃对当前块定义所做的任何更改。

注意 在动态块中，由于属性的位置包括在动作的选择集中，因此必须将其锁定。

7.2　图块的属性

图块除了包含图形对象以外，还可以具有非图形信息，例如，将一个椅子的图形定义为图块后，还可把椅子的号码、材料、重量、价格以及说明等文本信息一并加入到图块当中。图块的这些非图形信息叫作图块的属性，是图块的一个组成部分，与图形对象一起构成一个整体，在插入图块时，AutoCAD 2017 把图形对象连同属性一起插入到图形中。

【预习重点】

☑　编辑图块属性。
☑　练习编辑图块应用。

7.2.1　定义图块属性

【执行方式】

☑　命令行：ATTDEF（快捷命令：ATT）。
☑　菜单栏：选择菜单栏中的"绘图"→"块"→"定义属性"命令。
☑　功能区：单击"默认"选项卡"块"面板中的"定义属性"按钮 或单击"插入"选项卡"块定义"面板中的"定义属性"按钮 。

【操作步骤】

执行上述操作后，打开"属性定义"对话框，如图 7-14 所示。

图 7-14　"属性定义"对话框

【选项说明】

（1）"模式"选项组：用于确定属性的模式。

① "不可见"复选框：选中此复选框，属性为不可见显示方式，即插入图块并输入属性值后，属性值在图中并不显示出来。

② "固定"复选框：选中此复选框，属性值为常量，即属性值在属性定义时给定，在插入图块时系统不再提示输入属性值。

③ "验证"复选框：选中此复选框，当插入图块时，系统重新显示属性值提示用户验证该值是否正确。

④ "预设"复选框：选中此复选框，当插入图块时，系统自动把事先设置好的默认值赋予属性，而不再提示输入属性值。

⑤ "锁定位置"复选框：锁定块参照中属性的位置。解锁后，属性可以相对于使用夹点编辑块的其他部分移动，并且可以调整多行文字属性的大小。

⑥ "多行"复选框：选中此复选框，可以指定属性值包含多行文字，还可以指定属性的边界宽度。

（2）"属性"选项组：用于设置属性值。在每个文本框中，系统允许输入不超过 256 个字符。

① "标记"文本框：输入属性标签。属性标签可由除空格和感叹号以外的所有字符组成，系统自动把小写字母改为大写字母。

② "提示"文本框：输入属性提示。属性提示是插入图块时系统要求输入属性值的提示，如果不在此文本框中输入文字，则以属性标签作为提示。如果在"模式"选项组中选中"固定"复选框，即设置属性为常量，不需设置属性提示。

③ "默认"文本框：设置默认的属性值。可把使用次数较多的属性值作为默认值，也可不设默认值。

（3）"插入点"选项组：用于确定属性文本的位置。可以在插入时由用户在图形中确定属性文本的位置，也可在 X、Y、Z 文本框中直接输入属性文本的位置坐标。

"在屏幕上指定"复选框：选择该复选框后，可以在绘图区任意指定一点作为插入点；如果取消选择该复选框后，只能通过输入 X、Y、Z 轴的坐标值来指定一点。

（4）"文字设置"选项组：用于设置属性文本的对齐方式、文本样式、字高和倾斜角度。

（5）"在上一个属性定义下对齐"复选框：选中此复选框，表示把属性标签直接放在前一个属性的下面，而且该属性继承前一个属性的文本样式、字高和倾斜角度等特性。

7.2.2　修改属性的定义

在定义图块之前，可以对属性的定义加以修改，不仅可以修改属性标签，还可以修改属性提示和属性默认值。

【执行方式】

☑　命令行：DDEDIT（快捷命令：ED）。

☑　菜单栏：选择菜单栏中的"修改"→"对象"→"文字"→"编辑"命令。

【操作步骤】

执行上述操作后，选择定义的图块，打开"编辑属性定义"对话框，如图 7-15 所示。该对话框表示要修改属性的"标记""提示"及"默认值"，可在各文本框中对各项进行修改。

图 7-15　"编辑属性定义"对话框

7.2.3 图块属性编辑

当属性被定义到图块当中，甚至图块被插入到图形当中之后，用户还可以对图块属性进行编辑。利用 ATTEDIT 命令既可以通过对话框对指定图块的属性值进行修改，又可以对属性的位置、文本等其他设置进行编辑。

【执行方式】

- ☑ 命令行：ATTEDIT（快捷命令：ATE）。
- ☑ 菜单栏：选择菜单栏中的"修改"→"对象"→"属性"→"单个"命令。
- ☑ 工具栏：单击"修改 II"工具栏中的"编辑属性"按钮。
- ☑ 功能区：单击"默认"选项卡"块"面板中的"编辑属性"按钮。

【操作实践——绘制 MC1413 芯片符号】

本实例绘制的 MC1413 芯片符号如图 7-16 所示。操作步骤如下。

（1）单击"默认"选项卡"注释"面板中的"文字样式"按钮，打开"文字编辑器"选项卡，新建"说明文字"字体，设置字体为"仿宋_GB2312"，"宽度因子"为 0.7，并将设置好的字体样式置为当前。

（2）单击"默认"选项卡"绘图"面板中的"矩形"按钮，在空白处单击，绘制尺寸为 90mm×60mm 的矩形。

（3）单击"默认"选项卡"修改"面板中的"分解"按钮，分解矩形为 4 条边线。

（4）单击"默认"选项卡"修改"面板中的"偏移"按钮，将左侧边线依次向右偏移 10mm，结果如图 7-17 所示。

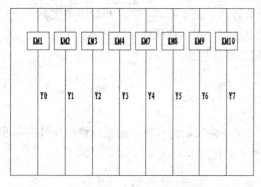
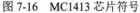

图 7-16 MC1413 芯片符号

图 7-17 偏移直线

（5）单击"默认"选项卡"绘图"面板中的"矩形"按钮，在空白处单击，绘制尺寸为 8mm×6.4mm 的矩形。

（6）选择菜单栏中的"绘图"→"块"→"定义属性"命令，系统打开"属性定义"对话框，进行如图 7-18 所示的设置，插入到图形中，结果如图 7-19 所示，单击确认退出。

（7）在命令行中输入 WBLOCK 命令，打开"写块"对话框，拾取上面图形矩形下边线中点为基点，以上面图形为对象，输入图块名称并指定路径，输入名称"接触器符号"，如图 7-20 所示。单击"确定"按钮，弹出"编辑属性"对话框，如图 7-21 所示，在"代号"栏中输入 KM1，编辑结果如图 7-22 所示。

图 7-18　"属性定义"对话框

图 7-19　插入图形

图 7-20　"写块"对话框

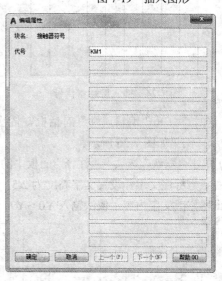

图 7-21　"编辑属性"对话框

（8）单击"默认"选项卡"块"面板中的"插入"按钮，打开"插入"对话框，单击"浏览"按钮找到刚才保存的图块，如图 7-23 所示，将该图块插入到图 7-17 所示的图形中，命令行提示与操作如下：

命令: _insert
指定插入点或 [基点(B)/比例(S)/旋转(R)]:（指定如图 7-24 所示的点）

图 7-22　编辑结果

图 7-23　"插入"对话框

这时，打开"编辑属性"对话框，在该对话框中输入代号为 KM1，如图 7-25 所示。

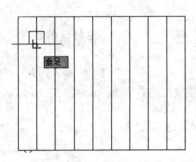

图 7-24　插入接触器代号　　　　　图 7-25　"编辑属性"对话框

（9）这时，打开"编辑属性"对话框，依次输入代号 KM1～KM10，直到完成所有接触器插入，如图 7-25 所示，结果如图 7-26 所示。

（10）单击"默认"选项卡"注释"面板中的"多行文字"按钮 **A** 和"修改"面板中的"复制"按钮，在接触器右下方标注文字，设置文字高度为 2.5，依次将绘制结果复制到对应位置，并双击文字弹出"文字格式"编辑器修改文字内容，依次输入 Y0～Y7，结果如图 7-27 所示。

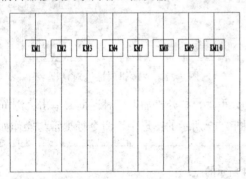

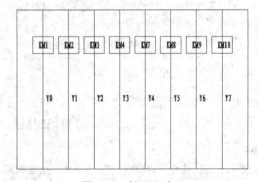

图 7-26　插入结果　　　　　　　　图 7-27　标注文字

（11）单击"默认"选项卡"修改"面板中的"修剪"按钮，修剪接触器内多余线段，完成芯片绘制，最终结果如图 7-16 所示。

（12）在命令行中输入 WBLOCK 命令，打开"写块"对话框，拾取上面图形最下方边线中点为基点，以上面图形为对象，输入图块名称 MC1413，并指定路径，如图 7-28 所示。单击"确定"按钮，退出对话框，完成块的创建。

【选项说明】

"编辑属性"对话框中显示出所选图块中包含的前 8 个属性的值，用户可对这些属性值进行修改。如果该图块中还有其他的属性，可单击"上一个"和"下一个"按钮对其进行观察和修改。

当用户通过菜单栏或工具栏执行上述命令时，系统打开"增强属性编辑器"对话框，如图7-29所示。该对话框不仅可以编辑属性值，还可以编辑属性的文字选项和图层、线型、颜色等特性值。

图7-28　"写块"对话框

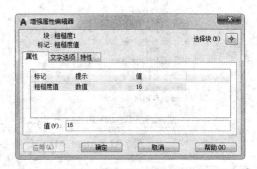

图7-29　"增强属性编辑器"对话框

另外，还可以通过"块属性管理器"对话框来编辑属性。选择菜单栏中的"修改"→"对象"→"属性"→"块属性管理器"命令，系统打开"块属性管理器"对话框，如图7-30所示。单击"编辑"按钮，系统打开"编辑属性"对话框，如图7-31所示，可以通过该对话框编辑属性。

图7-30　"块属性管理器"对话框

图7-31　"编辑属性"对话框

7.3　设 计 中 心

使用AutoCAD设计中心可以很容易地组织设计内容，并将其拖动到自己的图形中。也可以使用AutoCAD设计中心窗口的内容显示框，来观察用AutoCAD设计中心的资源管理器所浏览资源的细目，如图7-32所示。左边方框为AutoCAD设计中心的资源管理器，右边方框为AutoCAD设计中心窗口的内容显示框。其中，上面窗口为文件显示框，中间窗口为图形预览显示框，下面窗口为说明文本显示框。

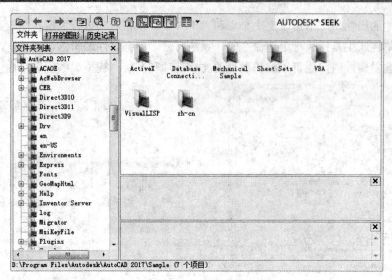

图 7-32　AutoCAD 设计中心的资源管理器和内容显示区

【预习重点】

☑　打开设计中心。

☑　利用设计中心操作图形。

7.3.1　启动设计中心

【执行方式】

☑　命令行：ADCENTER（快捷命令：ADC）。

☑　菜单栏：选择菜单栏中的"工具"→"选项板"→"设计中心"命令。

☑　工具栏：单击"标准"工具栏中的"设计中心"按钮📇。

☑　功能区：单击"视图"选项卡"选项板"面板中的"设计中心"按钮📇。

☑　快捷键：Ctrl+2。

【操作步骤】

执行上述操作后，系统打开"设计中心"选项板。第一次启动设计中心时，默认打开的选项卡为"文件夹"选项卡。内容显示区采用大图标显示，左边的资源管理器采用树状方式显示，浏览资源的同时，在内容显示区显示所浏览资源的有关细目或内容，如图 7-32 所示。

【选项说明】

可以利用鼠标拖动边框的方法来改变 AutoCAD 设计中心资源管理器和内容显示区以及 AutoCAD 绘图区的大小，但内容显示区的最小尺寸应能显示两列大图标。

如果要改变 AutoCAD 设计中心的位置，可以按住鼠标左键拖动，松开鼠标左键后，AutoCAD 设计中心便处于当前位置，到新位置后，仍可用鼠标改变各窗口的大小。也可以通过设计中心边框左上方的"自动隐藏"按钮来自动隐藏设计中心。

7.3.2 插入图形

在利用 AutoCAD 2017 绘制图形时，可以将图块插入到图形当中。将一个图块插入到图形中时，块定义就被复制到图形数据库当中。在一个图块被插入图形之后，如果原来的图块被修改，则插入到图形中的图块也随之改变。

当其他命令正在执行时，不能插入图块到图形当中。例如，如果在插入块时，在提示行正在执行一个命令，此时光标变成一个带斜线的圆，提示操作无效。另外，一次只能插入一个图块。

AutoCAD 设计中心提供了插入图块的两种方法："利用鼠标指定比例和旋转方式"和"精确指定坐标、比例和旋转角度方式"。

1. 利用鼠标指定比例和旋转方式插入图块

系统根据光标拉出的线段长度、角度确定比例与旋转角度，插入图块的步骤如下。

（1）从文件夹列表或查找结果列表中选择要插入的图块，按住鼠标左键，将其拖动到打开的图形中。松开鼠标左键，此时选择的对象被插入到当前被打开的图形当中。利用当前设置的捕捉方式，可以将对象插入到任何存在的图形当中。

（2）在绘图区单击指定一点作为插入点，移动鼠标，光标位置点与插入点之间距离为缩放比例，单击确定比例。采用同样的方法移动鼠标，光标指定位置和插入点的连线与水平线的夹角为旋转角度。被选择的对象就根据光标指定的比例和角度插入到图形当中。

2. 精确指定坐标、比例和旋转角度方式插入图块

利用该方法可以设置插入图块的参数，插入图块的步骤如下。

（1）从文件夹列表或查找结果列表框中选择要插入的对象，拖动对象到打开的图形中。

（2）右击，可以选择快捷菜单中的"比例"和"旋转"等命令，如图 7-33 所示。

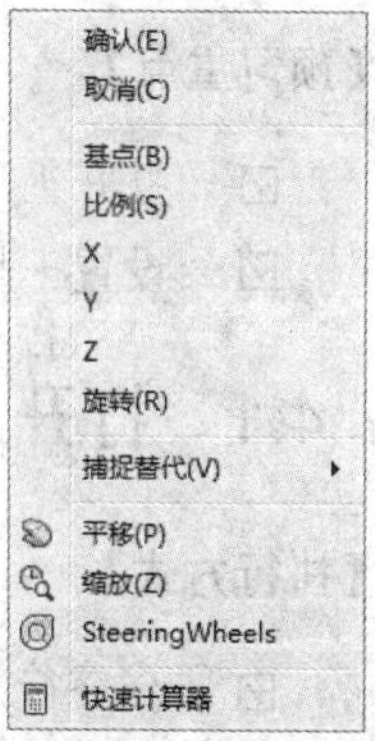

图 7-33 快捷菜单

（3）在相应的命令行提示下输入比例和旋转角度等数值。被选择的对象根据指定的参数插入到图形当中。

7.3.3 图形复制

1. 在图形之间复制图块

利用 AutoCAD 设计中心可以浏览和装载需要复制的图块，然后将图块复制到剪贴板中，再利用剪贴板将图块粘贴到图形当中，具体方法如下。

（1）在"设计中心"选项板中选择需要复制的图块，右击，选择快捷菜单中的"复制"命令。

（2）将图块复制到剪贴板上，然后通过"粘贴"命令粘贴到当前图形上。

2. 在图形之间复制图层

利用 AutoCAD 设计中心可以将任何一个图形的图层复制到其他图形。如果已经绘制了一个包括设计所

需的所有图层的图形，在绘制新图形时，可以新建一个图形，并通过 AutoCAD 设计中心将已有的图层复制到新的图形当中，这样可以节省时间，并保证图形间的一致性。

现对图形之间复制图层的两种方法介绍如下。

（1）拖动图层到已打开的图形。确认要复制图层的目标图形文件被打开，并且是当前的图形文件。在"设计中心"选项板中选择要复制的一个或多个图层，按住鼠标左键拖动图层到打开的图形文件，松开鼠标后被选择的图层即被复制到打开的图形当中。

（2）复制或粘贴图层到打开的图形。确认要复制图层的图形文件被打开，并且是当前的图形文件。在"设计中心"选项板中选择要复制的一个或多个图层，右击，选择快捷菜单中的"复制"命令。如果要粘贴图层，确认粘贴的目标图形文件为当前文件并被打开。

7.4　工具选项板

该选项板是"工具选项板"窗口中选项卡形式的区域，提供组织、共享和放置块及填充图案的有效方法。工具选项板还可以包含由第三方开发人员提供的自定义工具。

【预习重点】

☑　打开工具选项板。

☑　设置工具选项板参数。

7.4.1　打开工具选项板

【执行方式】

☑　命令行：TOOLPALETTES（快捷命令：TP）。

☑　菜单栏：选择菜单栏中的"工具"→"选项板"→"工具选项板"命令。

☑　工具栏：单击"标准"工具栏中的"工具选项板窗口"按钮🗔。

☑　功能区：单击"视图"选项卡"选项板"面板中的"工具选项板"按钮🗔。

☑　快捷键：Ctrl+3。

图 7-34　工具选项板

【操作步骤】

执行上述操作后，系统自动打开工具选项板，如图 7-34 所示。

在工具选项板中，系统设置了一些常用的图形选项卡，这些常用图形可以方便用户绘图。

🎓 高手支招

在绘图中还可以将常用命令添加到工具选项板。"自定义"对话框打开后，即可将工具从工具栏拖到工具选项板上，或者将工具从"自定义用户界面"（CUI）编辑器拖到工具选项板上。

7.4.2 新建工具选项板

用户可以创建新的工具选项板，这样有利于个性化作图，也能够满足特殊作图需要。

【执行方式】

- ☑ 命令行：CUSTOMIZE。
- ☑ 菜单栏：选择菜单栏中的"工具"→"自定义"→"工具选项板"命令。
- ☑ 快捷菜单：在快捷菜单中选择"自定义"命令。

【操作步骤】

执行菜单栏命令后，系统打开"自定义"对话框，如图 7-35 所示。在"选项板"列表框中右击，打开快捷菜单，选择"新建选项板"命令。

执行工具栏命令后，在"选项板"列表框中出现一个"新建选项板"，可以为新建的工具选项板命名，确定后，工具选项板中就增加了一个新的选项卡，如图 7-36 所示。

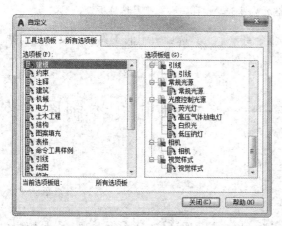

图 7-35　"自定义"对话框

图 7-36　新建选项卡

7.4.3 向工具选项板添加内容

（1）将图形、块和图案填充从设计中心拖动到工具选项板上。

例如，在 DesignCenter 文件夹上右击，系统弹出快捷菜单，从中选择"创建块的工具选项板"命令，如图 7-37（a）所示。设计中心中存储的图元就出现在工具选项板中新建的 DesignCenter 选项卡上，如图 7-37（b）所示。这样就可以将设计中心与工具选项板结合起来，建立一个快捷方便的工具选项板。将工具选项板中的图形拖动到另一个图形中时，图形将作为块插入。

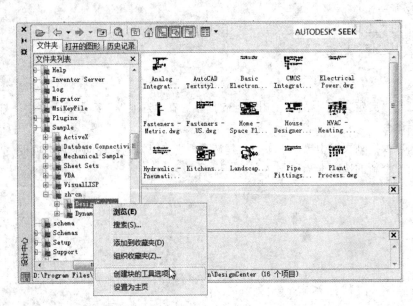

（a）设计中心 　　　　　　　　　　　　　　　　　（b）工具选项板

图 7-37　将存储图元创建成"设计中心"工具选项板

（2）使用"剪切""复制"和"粘贴"命令将一个工具选项板中的工具移动或复制到另一个工具选项板中。

7.5　综合演练——起重机电气控制图

本实例绘制如图 7-38 所示的起重机电气控制图。

☆ **手把手教你学**

> 　　电气控制图即电气控制原理图，也就是常说的电路图，阐述控制系统的原理，引导技术人员配线调试设备。本节以控制图为例，对比讲解利用图块和设计中心以及工具选项板两种方法快速绘制电气图的一般方法。

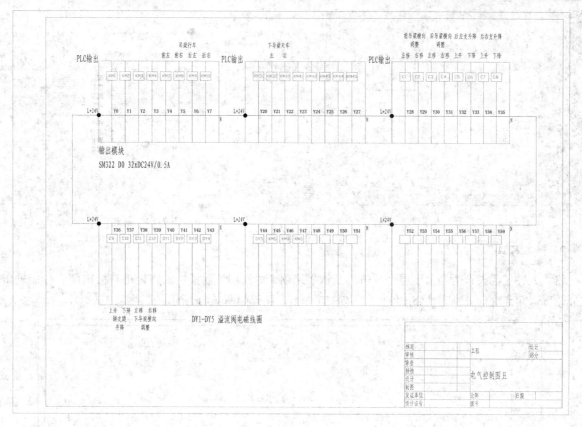

图 7-38　电气控制图

7.5.1　图块辅助绘制方法

本节采用插入图块的方法绘制电气样板图。

【操作步骤】

1. 配置绘图环境

（1）打开 AutoCAD 2017 应用程序，单击快速访问工具栏中的"新建"按钮，打开随书光盘 "源文件\第 7 章\A3 电气样板图.dwg"为模板，如图 7-39 所示，单击"打开"按钮，新建模板文件。

（2）单击快速访问工具栏中的"保存"按钮，将新文件命名为"起重机电气控制图"并保存。

（3）单击"默认"选项卡"图层"面板中的"图层特性"按钮，打开"图层特性管理器"选项板，新建图层，如图 7-40 所示。

元件层：线宽为 0.5mm，其余属性默认。

回路层：线宽为 0.25mm，颜色为蓝色，其余属性默认。

说明层：线宽为 0.25mm，颜色为红色，其余属性默认。

图 7-39　"选择样板"对话框

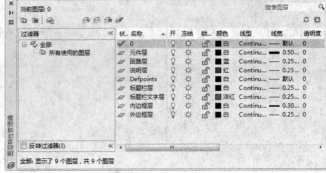

图 7-40　新建图层

2.绘制模块

　　将"元件层"设置为当前图层，单击"默认"选项卡"绘图"面板中的"矩形"按钮▭，绘制输出模块外轮廓，角点坐标分别为（45,140）、（@350,80），结果如图 7-41 所示。

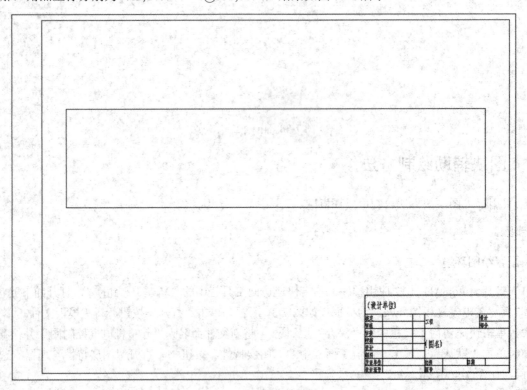

图 7-41　绘制输出模块

🎓 **高手支招**

　　电路图中，不绘制各电气元件实际的外形图，而采用国家规定的统一标准，文字符号也要符合国家规定。

3．插入芯片图块

（1）单击"默认"选项卡"块"面板中的"插入"按钮 🖼，在当前绘图空间依次插入已经创建的芯片 MC1413 图块，在当前绘图窗口上单击选择图块放置点（110,200）、（220,200）、（330,200），如图 7-42 所示。

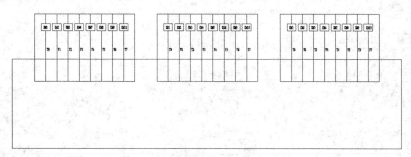

图 7-42　插入芯片

🎓 **高手支招**

调用已有的图块，能够大大节省绘图工作量，提高绘图效率。

✏️ **举一反三**

步骤（1）连续 3 次插入图块的过程，也可以采用插入一次图块，再复制两次图块，得到相同结果。

（2）单击"默认"选项卡"修改"面板中的"复制"按钮 🔲，打开"正交模式"和"对象捕捉"模式，捕捉左侧图块左上角点（65,260），向下捕捉输出模块下边线（65,140），复制上方插入的 3 个图块，结果如图 7-43 所示。

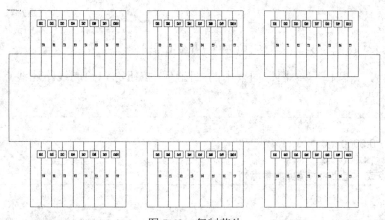

图 7-43　复制芯片

4．绘制设备线

（1）将"回路层"设为当前图层。单击"默认"选项卡"修改"面板中的"分解"按钮 🖼，分解插入的芯片图块及文字注释图块，结果如图 7-44 所示。

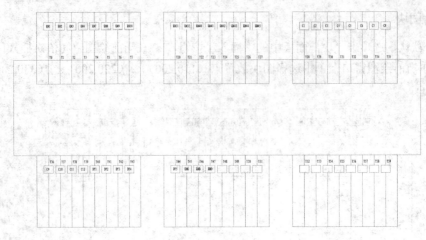

图 7-44 修改芯片

（2）单击"默认"选项卡"绘图"面板中的"直线"按钮 ╱ ，连接中间芯片下端，补全回路，并将芯片下端线设置为"回路"层，结果如图 7-45 所示。

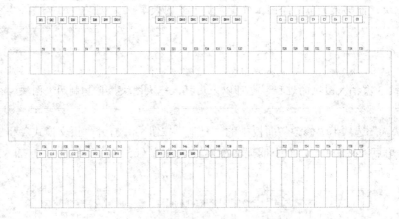

图 7-45 补全电路图

（3）单击"默认"选项卡"绘图"面板中的"圆环"按钮 ◎ ，绘制线路连线点，命令行提示与操作如下：

```
命令: _donut
指定圆环的内径 <0.5000>: 0
指定圆环的外径 <1.0000>: 3
指定圆环的中心点或 <退出>: （捕捉放置点）
```

🎓 高手支招

电路图中，有直接联系的交叉导线连接点要用黑圆点表示。无直接联系的交叉导线连接点不画黑圆点。

（4）将"说明层"设为当前图层。单击"默认"选项卡"注释"面板中的"多行文字"按钮 A ，在控制图中添加注释，结果如图 7-46 所示。

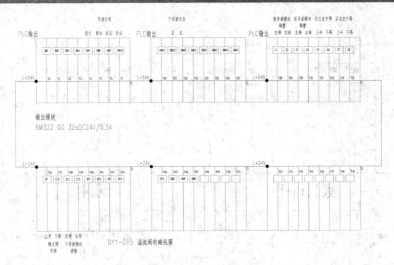

图 7-46 标注图纸

5. 标注标题栏

将"标题栏文字"设为当前图层。

双击标题栏中的单元格,打开"文字编辑器"选项卡,设置参数,在标题栏中添加图纸名称,如图 7-47 所示。

图 7-47 "文字编辑器"选项卡和标题栏

全部完成的电气控制图如图 7-38 所示。

7.5.2 设计中心及工具选项板辅助绘制方法

本节采用工具选项板的方法绘制电气样板图。

【操作步骤】

1. 保存单个元件文件

将图 7-38 中用到的电气元件图形利用 WBLOCK 命令,按如图 7-48 所示文件名分别保存到"芯片"文件夹中。

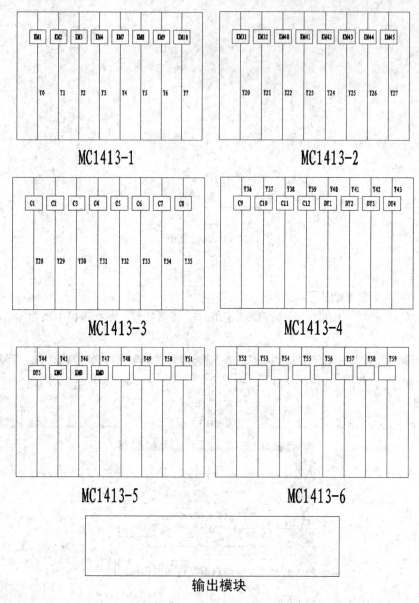

图 7-48 电气元件

2. 配置绘图环境

（1）打开 AutoCAD 2017 应用程序，单击快速访问工具栏中的"新建"按钮 ⬚，打开随书光盘"源文件\第 7 章\A3 电气样板图.dwg"为模板，单击"打开"按钮，新建模板文件。

（2）单击快速访问工具栏中的"保存"按钮 ⬚，将新文件命名为"起重机电气控制图"并保存。按照 7.5.1 节新建图层："元件层""回路层"和"说明层"，将"元件层"设置为当前图层。

3. 利用"设计中心"插入元件

（1）打开设计中心。单击"视图"选项卡"选项板"面板中的"设计中心"按钮▨，打开"设计中心"选项板，找到"芯片"文件夹，选择该文件夹，设计中心右边的显示框列表显示该文件夹中的各图形文件，如图 7-49 所示。

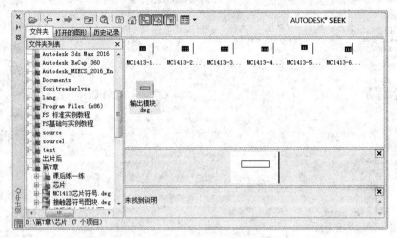

图 7-49 "设计中心"选项板

（2）选择其中的文件，按住鼠标左键，拖动到当前绘制图形中，命令行提示与操作如下：

```
命令: _-INSERT 输入块名或 [?]: "源文件\第 7 章\电气元件\输出模块.dwg"
单位: 毫米    转换: 1.0000
指定插入点或 [基点(B)/比例(S)/X/Y/Z/旋转(R)]: 45,140✓
输入 X 比例因子，指定对角点，或 [角点(C)/XYZ(XYZ)] <1>: ✓
输入 Y 比例因子或 <使用 X 比例因子>:✓
指定旋转角度 <0>:✓
```

结果图 7-41 所示。

（3）继续利用"设计中心"插入各模块，最终结果如图 7-50 所示。

图 7-50 插入模块

4. 利用"工具选项板"插入元件

打开"设计中心"选项板后，选择"芯片"文件夹，右击，在弹出的快捷菜单中选择"创建块的工具选项板"命令，如图 7-51 所示，弹出工具选项板，如图 7-52 所示。

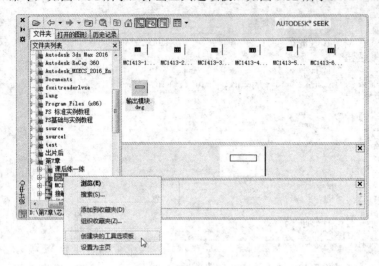 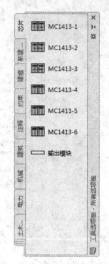

图 7-51　创建块的工具选项板　　　　图 7-52　新的工具选项板

在"工具选项板"中选择"输出模块"，单击插入元件，命令行提示与操作如下：

指定插入点或 [基点(B)/比例(S)/X/Y/Z/旋转(R)]: 45,140↙

用同样的方法继续插入元件，电路图设备线绘制及文字注释同 7.5.1 节，这里不再赘述，最终结果如图 7-38 所示。

7.6　名师点拨——绘图细节

1. 面域、块、实体的概念

面域是用闭合的外形或环创建的二维区域；块是可组合起来形成单个对象（或称为块定义）的对象集合（一张图在另一张图中一般可作为块）；实体有两个概念，其一是构成图形的有形的基本元素，其二是指三维物体。对于三维实体，可以使用"布尔运算"使之联合，对于广义的实体，可以使用"块"或"组（group）"进行联合。

2. Bylayer（随层）与 Byblock（随块）的作用

Bylayer 设置就是在绘图时把当前颜色、当前线型或当前线宽设置为 Bylayer。如果当前颜色（当前线型或当前线宽）使用 Bylayer 设置，则所绘对象的颜色（线型或线宽）与所在图层的图层颜色（图层线型或图层线宽）一致，所以 Bylayer 设置也称为随层设置。

Byblock 设置就是在绘图时把当前颜色、当前线型或当前线宽设置为 Byblock。如果当前颜色使用 Byblock 设置，则所绘对象的颜色为白色（White）；如果当前线型使用 Byblock 设置，则所绘对象的线型为实线（Continuous）；如果当前线宽使用 Byblock 设置，则所绘对象的线宽为默认线宽（Default），一般默认线宽为 0.25mm，默认线宽也可以重新设置，Byblock 设置也称为随块设置。

7.7 上 机 实 验

【练习1】利用图块插入的方法绘制如图 7-53 所示的变电工程原理图。

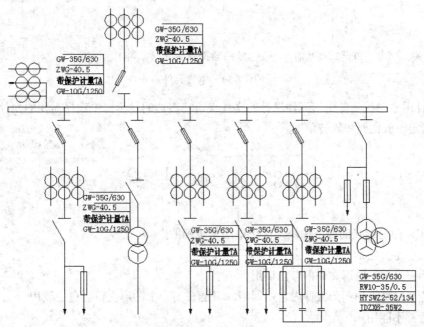

图 7-53 变电工程原理图

1. 目的要求

在实际绘图过程中，会经常遇到重复性的图形单元。解决这类问题最简单快捷的办法是将重复性的图形单元制作成图块，然后将图块插入图形。本练习通过各电气元件的插入，使读者掌握图块相关的操作。

2. 操作提示

（1）绘制各种电气元件并保存成图块。

（2）插入各个图块并连接。

（3）标注文字。

【练习2】直接利用设计中心插入图块的方法绘制如图 7-53 所示的变电工程原理图。

1. 目的要求

工具选项板最大的优点是简捷、方便、集中，读者可以在某个专门工具选项板上组织需要的素材，快速简便地绘制图形。通过本练习中的图形绘制，使读者掌握怎样灵活利用工具选项板进行快速绘图。

2. 操作提示

（1）绘制如图 7-54 所示的各电气元件并保存。

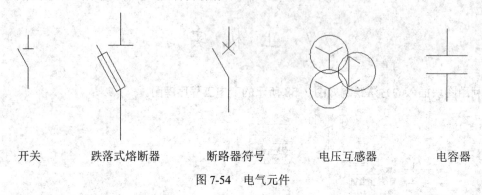

开关　　　跌落式熔断器　　　断路器符号　　　电压互感器　　　电容器

图 7-54　电气元件

（2）在设计中心中找到各电气元件保存的文件夹，在右边的显示框中选择需要的元件，拖动到所绘制的图形中，并指定缩放比例和旋转角度。

7.8　模拟考试

1. 用 BLOCK 命令定义的内部图块，哪个说法是正确的？（　　　）

　A．只能在定义它的图形文件内自由调用

　B．只能在另一个图形文件内自由调用

　C．既能在定义它的图形文件内自由调用，又能在另一个图形文件内自由调用

　D．两者都不能用

2. 在 AutoCAD 的"设计中心"选项板哪一项选项卡中，可以查看当前图形中的图形信息？（　　　）

　A．文件夹　　　　　　　　　B．打开的图形

　C．历史记录　　　　　　　　D．联机设计中心

3. 关于外部参照说法错误的是（　　　）

　A．如果外部参照包含任何可变块属性，它们将被忽略

　B．用于定位外部参照的已保存路径只能是完整路径或相对路径

　C．可以使用 DesignCenter（设计中心）将外部参照附着到图形

　D．可以从设计中心拖动外部参照

4. 利用设计中心不可能完成的操作是（　　　）。

　A．根据特定的条件快速查找图形文件

　B．打开所选的图形文件

　C．将某一图形中的块通过鼠标拖动添加到当前图形中

　D．删除图形文件中未使用的命名对象，如块定义、标注样式、图层、线型和文字样式等

5. 下列哪些方法能插入创建好的块？（　　　）

    A. 从 Windows 资源管理器中将图形文件图标拖动到 AutoCAD 绘图区域插入块

    B. 从设计中心插入块

    C. 用粘贴命令 PASTECLIP 插入块

    D. 用插入命令 INSERT 插入块

6. 下列关于块的说法正确的是？（　　　）

    A. 块只能在当前文档中使用

    B. 只有用 WBLOCK 命令写到盘上的块才可以插入另一图形文件中

    C. 任何一个图形文件都可以作为块插入另一幅图中

    D. 用 BLOCK 命令定义的块可以直接通过 INSERT 命令插入到任何图形文件中

7. 设计中心以及工具选项板中的图形与普通图形有什么区别？与图块又有什么区别？

第 2 篇

建筑电气设计综合实例篇

本篇主要结合实例讲解利用 AutoCAD 2017 进行各种电气设计的操作步骤和方法技巧等，包括电路图设计和机械电气设计以及通信电气设计等知识。

本篇通过各种电气设计实例加深读者对 AutoCAD 2017 功能的理解和掌握，熟悉各种类型电气设计的方法。

▶▶ **电路图设计**

▶▶ **机械电气设计**

▶▶ **电力电气设计**

▶▶ **控制电气设计**

▶▶ **通信电气设计**

▶▶ **建筑电气设计**

第8章

电路图设计

电路图是人们为了研究和工作的需要，用约定的符号绘制的一种表示电路结构的图形，通过电路图可以知道实际电路的情况。电子线路是最常见，也是应用最为广泛的一类电气线路，在各个工业领域都占据了重要的位置。在日常生活中，几乎每个环节都和电子线路有着或多或少的联系，如电话机、电视机、电冰箱等都是电子线路应用的例子。本章将简单介绍电路图的概念和分类，以及电路图基本符号的绘制，然后结合3个具体的电子线路的例子来介绍电路图一般的绘制方法。

8.1 电路图基本理论

在学习设计和绘制电路图之前，先来了解一下电路图的基本概念和电子线路的分类。

【预习重点】

☑ 了解电路图基本概念。

☑ 了解电子线路的分类。

8.1.1 基本概念

电路图是用图形符号按工作顺序排列，详细表示电路、设备或成套装置的全部基本组成和连接关系，而不考虑其实际位置的一种简图。

电子线路是由电子器件（又称有源器件，如电子管、半导体二极管、晶体管、集成电路等）和电子元件（又称无源器件，如电阻器、电容器、变压器等）组成的具有一定功能的电路。电路图一般包括以下主要内容。

（1）电路中元件或功能件的图形符号。

（2）元件或功能件之间的连接线、单线或多线，连接线或中断线。

（3）项目代号，如高层代号、种类代号和必要的位置代号、端子代号。

（4）用于信号的电平约定。

（5）了解功能件必需的补充信息。

电路图的主要用途，是用于了解实现系统、分系统、电器、部件、设备、软件等的功能所需的实际元器件及其在电路中的作用；详细表达和理解设计对象（电路、设备或装置）的作用原理，分析和计算电路特性；作为编制接线图的依据；为测试和寻找故障提供信息。

8.1.2 电子线路的分类

1. 信号的分类

电子信号可以分为数字信号和模拟信号两类。

（1）数字信号：指那些在时间上和数值上都是离散的信号。

（2）模拟信号：除数字外的所有形式的信号统称为模拟信号。

2. 电路的分类

根据不同的划分标准，电路可以按照如下类别来划分。

（1）根据工作信号，分为模拟电路和数字电路。

① 模拟电路：工作信号为模拟信号的电路。模拟电路的应用十分广泛，从收音机、音响到精密的测量仪器、复杂的自动控制系统、数字数据采集系统等。

② 数字电路：工作信号为数字信号的电路。绝大多数的数字系统仍需完成以下过程：

模拟信号→数字信号→模拟信号

数据采集→A/D 转换→D/A 转换→应用

如图 8-1 所示为一个由模拟电路和数字电路共同组成的电子系统的实例。

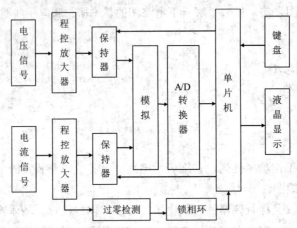

图 8-1 电子系统的组成框图

（2）根据信号的频率范围，分为低频电子线路和高频电子线路。高频电子线路和低频电子线路的频率划分为如下等级。

极低频：3kHz 以下

甚低频：3～30kHz

低频：30～300kHz

中频：300kMz～3MHz

高频：3～30MHz

甚高频：30～300MHz

特高频：300MHz～3GHz

超高频：3～30GHz

也有的按下列方式划分。

超低频：0.03～300Hz

极低频：300～3000Hz（音频）

甚低频：3～300kHz

长波：30～300kHz

中波：300～3000kHz

短波：3～30MHz

甚高频：30～300MHz

超高频：300～3000MHz

特高频：3～30GHz

极高频：30～300GHz

远红外：300～3000GHz

（3）根据核心元件的伏安特性，可将整个电子线路分为线性电子线路和非线性电子线路。

① 线性电子线路：指电路中的电压和电流在向量图上同相，互相之间既不超前，也不滞后。纯电阻电路就是线性电路。

② 非线性电子线路：包括容性电路，电流超前电压（如补偿电容）；感性电路，电流滞后电压（如变压器），以及混合型电路（如各种晶体管电路）。

8.2 抽水机线路图

如图 8-2 所示是由 4 只晶体管组成的自动抽水线路图。潜水泵的供电受继电器 KAJ 触点的控制，而该触点是否接通与 KAJ 线圈中的电流通路是否形成有关。而 KAJ 线圈中的电流是否形成，取决于 VT4 是否导通，而 VT4 是否导通，则受其基极前面电路的控制。最终也就是受与 VT1 基极连接的水池内水位的控制。

此图绘制的大体思路如下：先绘制供电电路图，然后绘制自动抽水控制电路图，最后将供电电路图和自动抽水控制电路图组合到一起，添加注释文字，完成绘制。

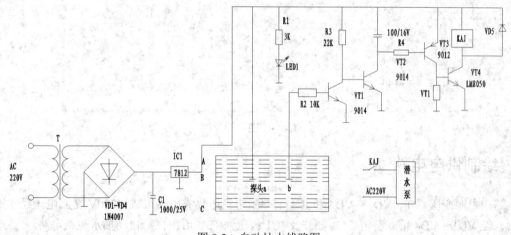

图 8-2 自动抽水线路图

【预习重点】

☑ 掌握绘制抽水机线路图的大体思路。

☑ 掌握抽水机线路图的绘制方法。

☑ 了解抽水机线路图的工作原理。

【操作步骤】

8.2.1 设置绘图环境

在电路图的环境设置中图层的设置至关重要，但其与电路图本身无关，是根据读者的绘制习惯进行设置，方便绘制与阅读。

1．建立新文件

打开 AutoCAD 2017 应用程序，单击快速访问工具栏中的"新建"按钮，弹出"新建"对话框，选择默认模板，单击"打开"按钮，进入绘图环境，单击快速访问工具栏中的"保存"按钮，将其保存为"自动抽水线路图.dwg"。

2．设置图层

单击"默认"选项卡"图层"面板中的"图层特性"按钮，打开"图层特性管理器"选项板，设置"连接线层"和"实体符号层"两个图层，各图层的颜色、线型、线宽及其他属性状态设置分别如图 8-3 所示，将"实体符号层"设为当前图层，并关闭图框层。

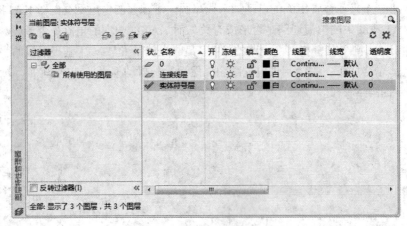

图 8-3　图层设置

8.2.2　绘制供电电路

该电路由电源变压器 T、VD1～VD4 和 IC1 三端固定稳压集成电路组成。220V 交流电压经 T 变换为交流低压后，经 VD1～VD4 桥式整流、C1 滤波及 IC1 稳压为 12V 后提供给自动抽水控制电路。

（1）打开"源文件\第 8 章\电器符号"，将图形复制到当前图形中。

（2）单击"默认"选项卡"修改"面板中的"移动"按钮，将各个元件的图形符号摆放到适当位置，如图 8-4 所示。将各个元件符号连接，如图 8-5 所示。

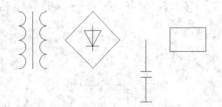

图 8-4　摆放各元器件

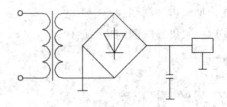

图 8-5　元器件连接图

8.2.3 绘制自动抽水控制电路

本实例首先绘制蓄水池，然后再连接各个图形符号，完成自动抽水控制电路的绘制。

1．绘制蓄水池

（1）绘制矩形。单击"默认"选项卡"绘图"面板中的"矩形"按钮 □，绘制一个长为 135mm、宽为 65mm 的矩形，结果如图 8-6（a）所示。

（2）分解矩形。单击"默认"选项卡"修改"面板中的"分解"按钮，将图 8-6（a）所示的矩形边框进行分解。

（3）偏移直线。单击"默认"选项卡"修改"面板中的"偏移"按钮，将直线 AB 向上偏移 4 次，矩形上侧边向下偏移 6 次，偏移距离均为 5，偏移后的效果如图 8-6（b）所示。

（4）修改线型。将图 8-6（b）中偏移的水平直线的线型变为 DASHED，效果如图 8-7 所示。

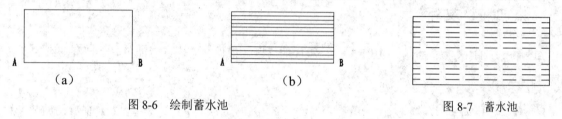

（a）   （b）

图 8-6 绘制蓄水池   图 8-7 蓄水池

2．连接各个图形符号

自动抽水控制电路中其他元件的符号在前面绘制过，在此不再赘述。

（1）单击"默认"选项卡"修改"面板中的"移动"按钮，将各个元器件的图形符号摆放到适当位置，如图 8-8 所示。

（2）单击"默认"选项卡"绘图"面板中的"直线"按钮，将图 8-8 中的各个元器件符号连接起来，并补画出其他图形，如输出端子等，结果如图 8-9 所示。

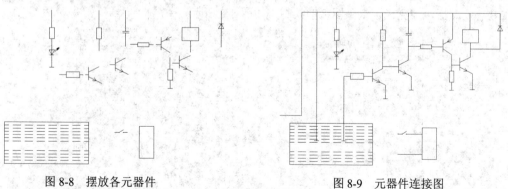

图 8-8 摆放各元器件   图 8-9 元器件连接图

8.2.4 组合图形

将供电电路和自动抽水控制电路组合到一起，得到自动抽水线路图，如图 8-10 所示。

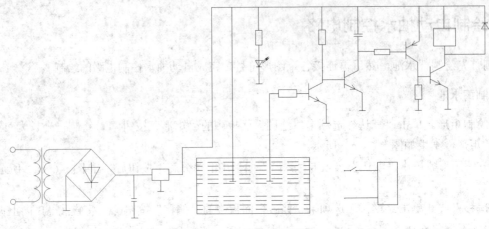

图 8-10　完成绘制的图形

8.2.5　添加注释文字

电路图中文字的添加大大缓解了图纸复杂、难懂的问题，根据文字，读者能更好地理解图纸的意义。

1. 创建文字样式

单击"默认"选项卡"注释"面板中的"文字样式"按钮，打开"文字样式"对话框，如图 8-11 所示。创建一个样式名为"自动抽水线路图"的文字样式，"字体名"设置为"仿宋_GB2312"，"字体样式"设置为"常规"，"高度"设置为 8，"宽度因子"设置为 0.7，设置完成后单击"应用"按钮，并单击"置为当前"按钮，然后关闭。

2. 添加注释文字

单击"默认"选项卡"注释"面板中的"多行文字"按钮，一次输入几行文字，然后调整其位置，以对齐文字。调整位置时，结合使用"正交"命令。

添加注释文字后，即完成了整张图纸的绘制，如图 8-2 所示。

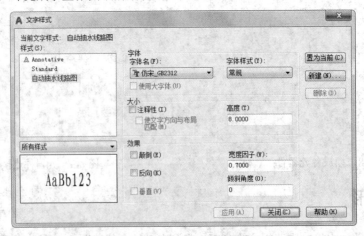

图 8-11　"文字样式"对话框

8.3　键盘显示器接口电路图

本实例绘制的键盘显示器接口电路图如图 8-12 所示。键盘和显示器是数控系统人机对话的外围设备，键盘完成数据输入，显示器显示计算机运行时的状态和数据。键盘和显示器接口电路使用 8155 芯片。

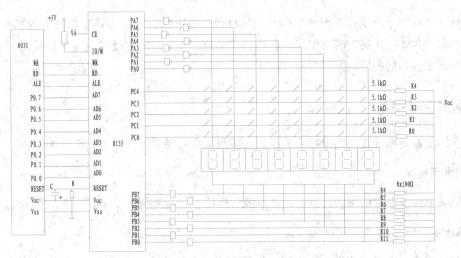

图 8-12　键盘显示器接口电路

由于 8155 芯片内有地址锁存器，因此 8031 的 P0 口输出的低 8 位数据不需要另加锁存器，直接与 8155 的 AD7～AD0 相连，既作低 8 位地址总线又作数据总线，地址直接用 ALE 信号在 8155 中锁存，8031 用 ALE 信号实现对 8155 分时传送地址、数据信号。高 8 位地址由 8155 片选信号和 IO/$\overline{\text{M}}$ 决定。由于 8155 只作为并行接口使用，不使用内部 RAM，因此 8155 的 IO/$\overline{\text{M}}$ 引脚直接经电阻 R 接高电平。片选信号端接 74LS138 译码器输出线 $\overline{Y}_4$ 端，当 $\overline{Y}_4$ 为低电平时，选中该 8155 芯片。8155 的 $\overline{\text{RD}}$、$\overline{\text{WR}}$、ALE、RESET 引脚直接与 8031 的同名引脚相连。

绘制此电路图的大致思路如下：首先绘制连接线图，然后绘制主要元器件，最后将各个元器件插入到连接线图中，完成键盘显示器接口电路的绘制。

【预习重点】

- ☑　掌握键盘显示器接口线路图绘制的大体思路。
- ☑　掌握键盘显示器接口线路图的绘制方法。
- ☑　了解键盘显示器接口线路图的工作原理。

【操作步骤】

8.3.1　设置绘图环境

绘图环境中图层的管理可根据不同的需要，对需要绘制的对象进行细致划分。

1. 新建文件

启动 AutoCAD 2017 应用程序，单击快速访问工具栏中的"新建"按钮 ，弹出"新建"对话框，选择默认模板，单击"打开"按钮，进入绘图环境，然后单击快速访问工具栏中的"保存"按钮 ，将其保存为"键盘显示器接口电路.dwg"。

2. 设置图层

单击"默认"选项卡"图层"面板中的"图层特性"按钮 ，打开"图层特性管理器"选项板，设置"连接线层"和"实体符号层"两个图层，各图层的颜色、线型、线宽及其他属性设置如图 8-13 所示。将"连接线层"设置为当前图层。

8.3.2 绘制连接线

连接线实际上就是用导线将图中相应的模块连接起来，只需要进行简单的画线偏移和修剪操作即可。

1. 绘制水平直线

单击"默认"选项卡"绘图"面板中的"直线"按钮 ，绘制长为 260mm 的水平直线。

2. 偏移水平直线

单击"默认"选项卡"修改"面板中的"偏移"按钮 ，将水平直线向上偏移，再将偏移后的直线进行偏移，偏移距离分别为 10mm、10mm、10mm、10mm、20mm、6mm、6mm、6mm、6mm、6mm、6mm 和 6mm；然后将步骤 1 绘制的水平直线向下偏移，再将偏移后的直线进行偏移，偏移距离分别为 50mm、6mm、6mm、6mm、6mm、6mm、6mm 和 6mm，偏移结果如图 8-14 所示。

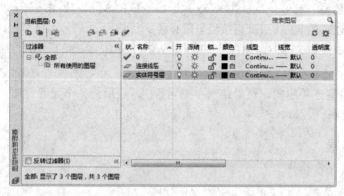

图 8-13 图层设置

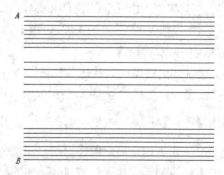

图 8-14 偏移水平直线

3. 绘制竖直直线

单击"默认"选项卡"绘图"面板中的"直线"按钮 ，以图 8-14 中的 A 点为起点，B 点为终点绘制竖直直线，如图 8-15（a）所示。

4. 偏移竖直直线

单击"默认"选项卡"修改"面板中的"偏移"按钮 ，将图 8-15（a）所示的 AB 竖直直线向右偏移，再将偏移后的直线进行偏移，偏移距离分别为 60mm、20mm、20mm、20mm、20mm、20mm、20mm、20mm 和 60mm，偏移结果如图 8-15（b）所示。

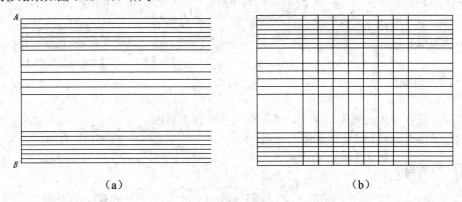

（a）　　　　　　　　　　　　　（b）

图 8-15　绘制并偏移竖直直线

5．修剪图形

单击"默认"选项卡"修改"面板中的"修剪"按钮 ，对图 8-15（b）进行修剪，修剪结果如图 8-16 所示。

6．绘制竖直直线

单击"默认"选项卡"绘图"面板中的"直线"按钮 ，以图 8-16 中的 C 点为起点绘制竖直直线 CD，如图 8-17（a）所示。

7．偏移竖直直线

单击"默认"选项卡"修改"面板中的"偏移"按钮 ，将图 8-17（a）所示的竖直直线向右偏移，再将偏移后的直线进行偏移，偏移距离分别为 10mm、18mm、18mm、18mm、18mm、18mm、18mm 和 18mm，偏移结果如图 8-17（b）所示。

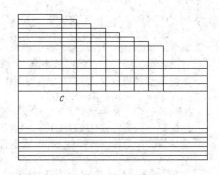

图 8-16　修剪图形

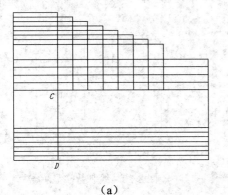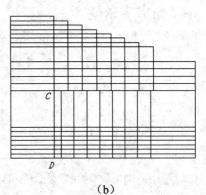

（a）　　　　　　　　　　　　　（b）

图 8-17　绘制并偏移竖直直线

8．修剪图形

单击"默认"选项卡"修改"面板中的"修剪"按钮 ，和"删除"按钮 ，对图 8-17（b）进行修剪；单击"默认"选项卡"绘图"面板中的"直线"按钮 ，补充绘制直线，得到的图形如图 8-18 所示。

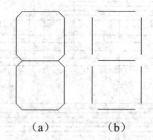

图 8-18　修剪图形

8.3.3　绘制电气元件

电路图中实际发挥作用的是电气元件，不同的元件实现不同的功能，将这些电气元件组合起来就能达到所需作用。

1．绘制 LED 数码显示器

（1）绘制矩形。单击"默认"选项卡"绘图"面板中的"矩形"按钮 ，绘制一个长为 8mm、宽为 8mm 的矩形。

（2）分解矩形。单击"默认"选项卡"修改"面板中的"分解"按钮 ，将绘制的矩形分解，如图 8-19（a）所示。

（3）倒角。单击"默认"选项卡"修改"面板中的"倒角"按钮 ，命令行提示与操作如下：

```
命令: _chamfer
（"修剪"模式）当前倒角距离 1 = 0.0000，距离 2 = 0.0000
选择第一条直线或 [放弃(U)/多段线(P)/距离(D)/角度(A)/修剪(T)/方式(E)/多个(M)]: D↙
指定第一个倒角距离<1.0000: ↙
指定第一个倒角距离<1.0000>: ↙
选择第一条直线或 [放弃(U)/多段线(P)/距离(D)/角度(A)/修剪(T)/方式(E)/多个(M)]:（选择直线 1）
选择第二条直线，或按住 Shift 键选择直线以应用角点或 [距离(D)/角度(A)/方法(M)]:（选择直线 2）
```

重复上述操作，对矩形进行倒角，倒角结果如图 8-19（b）所示。

（4）复制倒角矩形。开启"正交模式"模式，单击"默认"选项卡"修改"面板中的"复制"按钮 ，将图 8-19 所示的倒角矩形向 Y 轴负方向复制移动 8mm，如图 8-20（a）所示。

（5）删除倒角边。单击"默认"选项卡"修改"面板中的"删除"按钮 ，删除 4 个倒角边，生成数字显示器，如图 8-20（b）所示。

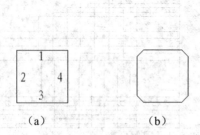

（a）　　　　　（b）

图 8-19　绘制矩形并倒角

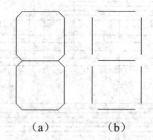

（a）　　　（b）

图 8-20　绘制数字显示器

（6）绘制矩形。单击"默认"选项卡"绘图"面板中的"矩形"按钮 ，在数字显示器的外围绘制一个长为 20mm、宽为 20mm 的矩形，如图 8-21 所示。

（7）阵列图形。单击"默认"选项卡"修改"面板中的"矩形阵列"按钮 ，选择如图 8-21 所示的图形作为阵列对象,行数为 1,列数为 8,列间距为 20,阵列结果如图 8-22 所示。

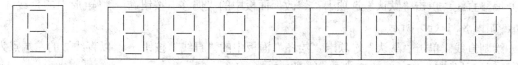

图 8-21 绘制矩形　　　　　　　　　　　图 8-22 阵列图形

2. 绘制 74LS06 非门符号

(1)绘制矩形。单击"默认"选项卡"绘图"面板中的"矩形"按钮▢,绘制一个长为 4.5mm、宽为 6mm 的矩形,如图 8-23 所示。

(2)绘制直线。单击"默认"选项卡"绘图"面板中的"直线"按钮╱,开启"对象捕捉"模式,捕捉矩形左侧边的中点,以其为起点水平向左绘制一条长度为 5mm 的直线,如图 8-24 所示。

(3)绘制圆。单击"默认"选项卡"绘图"面板中的"圆"按钮⊘,捕捉矩形的右侧边中点,以其为圆心,绘制半径为 1mm 的圆,如图 8-25 所示。

(4)移动圆。单击"默认"选项卡"修改"面板中的"移动"按钮✥,将圆沿 X 轴正方向平移 1mm,平移后的效果如图 8-26 所示。

图 8-23 绘制矩形　　图 8-24 绘制直线　　图 8-25 绘制圆　　图 8-26 平移圆

(5)绘制直线。单击"默认"选项卡"绘图"面板中的"直线"按钮╱,捕捉圆心为起点水平向右绘制一条长度为 5mm 的直线,如图 8-27 所示。

(6)修剪直线。单击"默认"选项卡"修改"面板中的"修剪"按钮↛,以圆为剪切边,剪去直线在圆内的部分,完成非门符号的绘制,如图 8-28 所示。

3. 绘制芯片 74LS244

(1)绘制矩形。单击"默认"选项卡"绘图"面板中的"矩形"按钮▢,绘制一个长为 4.5mm、宽为 6mm 的矩形,如图 8-29 所示。

(2)绘制直线。单击"默认"选项卡"绘图"面板中的"直线"按钮╱,以矩形两侧边的中点为起点,分别向两侧绘制长度为 5mm 的直线,如图 8-30 所示,完成芯片 74LS244 符号的绘制。

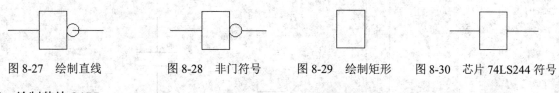

图 8-27 绘制直线　　图 8-28 非门符号　　图 8-29 绘制矩形　　图 8-30 芯片 74LS244 符号

4. 绘制芯片 8155

(1)绘制矩形。单击"默认"选项卡"绘图"面板中的"矩形"按钮▢,绘制一个长为 50mm、宽为 210mm 的矩形,如图 8-31(a)所示。

（2）分解矩形。单击"默认"选项卡"修改"面板中的"分解"按钮，将矩形进行分解。

（3）偏移直线。单击"默认"选项卡"修改"面板中的"偏移"按钮，将矩形中的直线 1 向下偏移 35mm，如图 8-31（b）所示。

（4）绘制直线。单击"默认"选项卡"绘图"面板中的"直线"按钮，以直线 2 的左端点为起点，水平向左绘制一条长度为 40mm 的直线 3，如图 8-31（c）所示。

（5）偏移直线。单击"默认"选项卡"修改"面板中的"偏移"按钮，将图 8-31（c）中的直线 3 向下偏移，然后将偏移后的直线进行偏移，偏移距离分别为 10mm、10mm、10mm、10mm、10mm、10mm、10mm、10mm、10mm、10mm、10mm、10mm、10mm 和 10mm，如图 8-31（d）所示。

（6）修剪图形。单击"默认"选项卡"修改"面板中的"删除"按钮，删除图 8-31（d）中的直线 2，如图 8-31（e）所示，完成芯片 8155 的绘制。

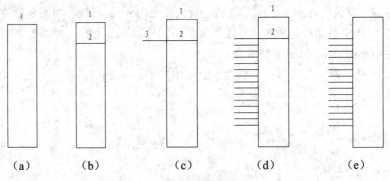

图 8-31　绘制芯片 8155

5. 绘制芯片 8031

单击"默认"选项卡"绘图"面板中的"矩形"按钮，绘制一个长为 30mm、宽为 180mm 的矩形，如图 8-32（a）所示。

6. 绘制其他元器件符号

电阻、电容符号在前面绘制过，在此不再赘述。单击"默认"选项卡"修改"面板中的"复制"按钮，将电阻、电容符号复制到当前绘图窗口，如图 8-32（b）和图 8-32（c）所示。

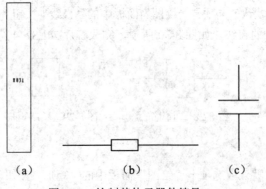

图 8-32　绘制其他元器件符号

8.3.4　连接各个元器件

将绘制好的各个元器件符号连接到一起，注意各元器件符号的大小可能有不协调的情况，可以根据实际需要利用"缩放"功能及时调整。本实例中元器件符号比较多，下面以将图 8-33（a）所示的数码显示器符号连接到图 8-33（b）中为例来说明操作方法。

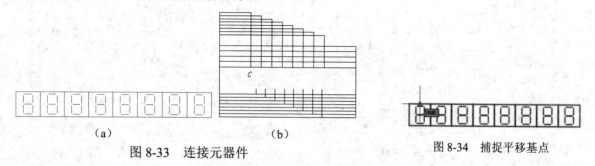

图 8-33　连接元器件

图 8-34　捕捉平移基点

1．平移图形

单击"默认"选项卡"修改"面板中的"移动"按钮，选择图 8-33（a）所示的图形符号为平移对象，捕捉如图 8-34 所示的中点为平移基点，以图 8-33（b）中的点 C 为目标点，平移结果如图 8-35 所示。

2．连接显示器符号

单击"默认"选项卡"修改"面板中的"移动"按钮，选择图 8-35 中的显示器图形符号为平移对象，竖直向下平移 10mm，平移结果如图 8-36（a）所示。单击"默认"选项卡"绘图"面板中的"直线"按钮，补充绘制其他直线，效果如图 8-36（b）所示。

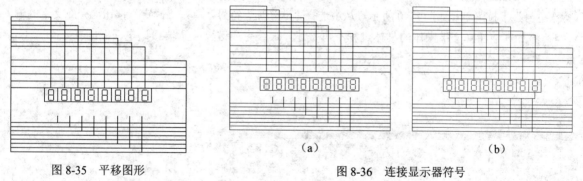

图 8-35　平移图形

图 8-36　连接显示器符号

采用同样的方法，将前面绘制好的其他元器件相连接，并补充绘制其他直线，具体操作过程不再赘述，结果如图 8-37 所示。

8.3.5　添加注释文字

电气元件与线路的完美结合虽然可以达到相应的作用，但是对于图纸的使用者来说，对元件的名称添加注释有助于对图纸的理解。

（1）创建文字样式。单击"默认"选项卡"注释"面板中的"文字样式"按钮，系统弹出"文字样式"对话框，如图 8-38 所示。在"文字样式"对话框中单击"新建"按钮，弹出"新建文字样式"对话框，输入样式名为"键盘显示器接口电路"，单击"确定"按钮，返回"文字样式"对话框。在"字体名"下拉列表框中选择"仿宋_GB2312"，设置"高度"为 5，"宽度因子"为 0.7，"倾斜角度"为 0，单击"应用"按钮，完成文字样式的创建。

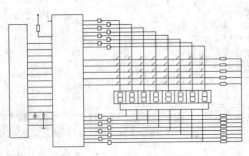

图 8-37　连接其他元器件

图 8-38　"文字样式"对话框

（2）添加注释文字。单击"默认"选项卡"注释"面板中的"多行文字"按钮 A，添加注释文字，命令行提示与操作如下：

```
命令: _mtext
当前文字样式:"键盘显示器接口电路"　文字高度：　5　注释性：　是
指定第一角点:（指定文字所在单元格的左上角点）
指定对角点或 [高度(H)/对正(J)/行距(L)/旋转(R)/样式(S)/宽度(W)/栏(C)]:（指定文字所在单元格的右下角点）
```

（3）系统弹出"文字编辑器"选项卡和多行文字编辑器，选择文字样式为"键盘显示器接口电路"，在输入框中输入 5.1kΩ，如图 8-39 所示。其中符号"Ω"的输入，需要单击"插入"面板中的 @ 按钮，系统弹出"特殊符号"下拉菜单，如图 8-40 所示。从中选择"欧米加"符号，单击"确定"按钮，完成文字的输入。

（4）添加其他注释文字操作的具体过程不再赘述，最终完成键盘显示器接口电路图绘制。

图 8-39　"文字编辑器"选项卡和多行文字编辑器

图 8-40　"特殊符号"
下拉菜单

8.4　数字电压表线路图

本实例绘制数字电压表线路图，如图 8-41 所示。

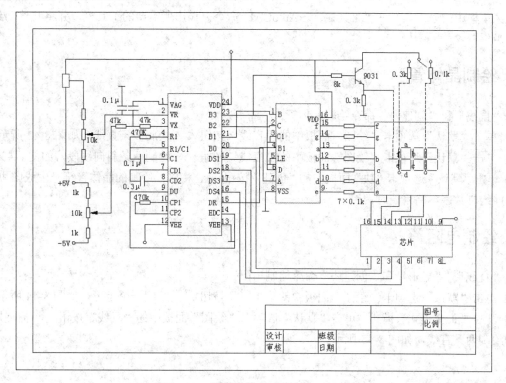

图 8-41　直流数字电压表线路图（三极管）

如图 8-41 所示为直流数字电压表线路图，是由 BCD 七段显示器 CC14511、LED 显示器、驱动晶体管、转换器和位选开关等构成，下面将通过线路图的组成来分块介绍数字电压表线路图的绘制过程。

【预习重点】

☑　掌握绘制直流电子电压表线路图的大体思路。

☑　掌握直流电子电压表线路图的绘制方法。

☑　了解直流电子电压表线路图的工作原理。

【操作步骤】

8.4.1　配置绘图环境

在绘制电路图之前，需要进行基本的操作，包括文件的创建、保存、栅格的显示、图形界限的设定及图层的管理等。

1．建立新文件

打开 AutoCAD 2017 应用程序，选择随书光盘中的"源文件\第 8 章\A3.dwt"样板文件为模板建立新文件，将文件另存为"数字电压表线路图.dwg"并保存。

2．设置绘图工具栏

选择菜单栏中的"工具"→"工具栏"→AutoCAD 命令，调出所需要的工具栏，并将其移动到绘图窗口中的适当位置。

8.4.2　绘制晶体管

利用"直线"和"创建块"命令绘制晶体管。

（1）单击"默认"选项卡"绘图"面板中的"直线"按钮／，绘制多条直线，如图 8-42 所示。

（2）单击"默认"选项卡"绘图"面板中的"直线"按钮／，绘制两条斜向线段，如图 8-43 所示。

（3）单击"默认"选项卡"块"面板中的"创建"按钮，将以上绘制的晶体管符号生成图块并保存，以方便后面绘制数字电路系统时调用。

8.4.3　绘制电阻

利用"直线""矩形"和"创建块"命令绘制电阻。

（1）单击"默认"选项卡"绘图"面板中的"矩形"按钮，绘制一个矩形，如图 8-44 所示。

（2）开启"正交模式"模式，单击"默认"选项卡"绘图"面板中的"直线"按钮／，捕捉矩形短边中点分别绘制两条直线，如图 8-45 所示。

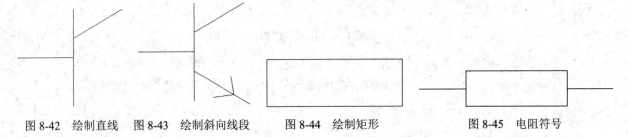

图 8-42　绘制直线　图 8-43　绘制斜向线段　　图 8-44　绘制矩形　　　图 8-45　电阻符号

（3）单击"默认"选项卡"块"面板中的"创建"按钮，将以上绘制的电阻符号生成图块并保存，以方便后面绘制数字电路系统时调用。

8.4.4　数字电压表接线图的绘制

此图结构比较简单，但是各部分之间的位置关系必须严格按规定尺寸来布置。绘图思路如下：首先建立图层，然后绘制电气元件，并用直线将电气元件连接起来，最后标注文字。

（1）建立图层。单击"默认"选项卡"图层"面板中的"图层特性"按钮，打开"图层特性管理器"选项板，参数设置如图 8-46 所示。

（2）将"粗线"图层设置为当前图层，单击"默认"选项卡"绘图"面板中的"矩形"按钮□，绘制 A/D 转换器、位选开关、基准电源、译码器及 LED 七段显示器的 5 个矩形框，按如图 8-47 所示的顺序摆放。

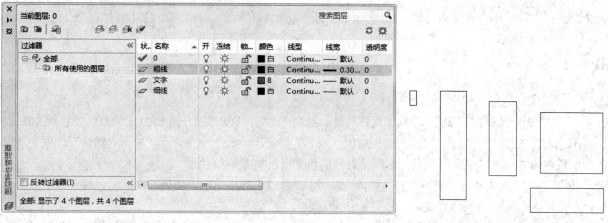

图 8-46　"图层特性管理器"选项板　　　　　　　　图 8-47　5 个矩形框

（3）绘制 A/D 转换器、位选开关、译码器及 LED 七段显示器的引线。

① 单击"默认"选项卡"修改"面板中的"分解"按钮⬚，选择 A/D 转换器、位选开关、译码器和 LED 七段显示器矩形框，将其分解。

② 选择菜单栏中的"格式"→"点样式"命令，在打开的"点样式"对话框中选择如图 8-48 所示选项。

③ 将"细线"图层设置为当前图层。单击"默认"选项卡"绘图"面板中的"定数等分"按钮⬚，分别等分 A/D 转换器、位选开关、译码器相应的边。

等分点绘制后的效果图如图 8-49 所示。

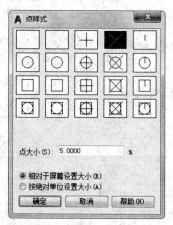

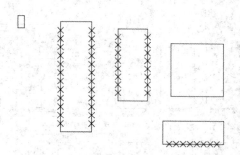

图 8-48　"点样式"对话框　　　　　　　　图 8-49　等分点

（4）单击"默认"选项卡"块"面板中的"插入"按钮⬚，插入三极管、电阻、电容图块，按图 8-50 所示的位置布局。

（5）单击"默认"选项卡"绘图"面板中的"直线"按钮✎，按各个元件之间的逻辑关系连接各个元件的引脚，连线后效果如图 8-51 所示。

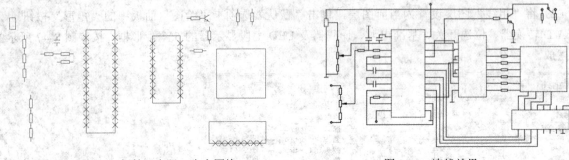

图 8-50　插入三极管、电阻、电容图块　　　　　　图 8-51　连线效果

（6）完成以上步骤后，还有 LED 七段数码显示器没有绘制，下面详细介绍 LED 七段数码显示器的画法。

① 单击"默认"选项卡"绘图"面板中的"矩形"按钮□，绘制一个矩形。单击"默认"选项卡"修改"面板中的"倒角"按钮□，将矩形四角进行倒角处理，如图 8-52 所示。

② 开启"正交模式"模式，单击"默认"选项卡"修改"面板中的"复制"按钮，将步骤①中绘制的倒角矩形向 Y 轴负方向进行复制，如图 8-53 所示。

③ 单击"默认"选项卡"修改"面板中的"分解"按钮，将以上两个倒角矩形分解，选中其倒角边，删除倒角，如图 8-54 所示。

图 8-52　倒角矩形　　　　　图 8-53　复制倒角矩形　　　　　图 8-54　删除倒角

④ 开启"正交模式"模式，单击"默认"选项卡"修改"面板中的"复制"按钮，将倒角矩形向 X 轴正方向进行复制，如图 8-55 所示。

⑤ 将第一个图形中不要的边作修剪，修改后的效果如图 8-56 所示，完成数码管符号的绘制。

⑥ 单击"默认"选项卡"修改"面板中的"移动"按钮✛，将 LED 七段数码显示器插入到线路图并连接，如图 8-57 所示。

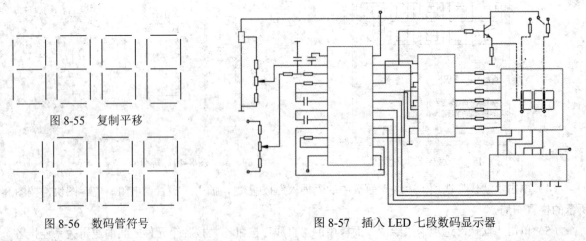

图 8-55　复制平移

图 8-56　数码管符号　　　　　　图 8-57　插入 LED 七段数码显示器

⑦ 单击"默认"选项卡"注释"面板中的"多行文字"按钮 A，按如图 8-41 所示位置插入数字和文字

标注，为各个芯片引脚标注文字注释，方便图纸的审核和阅读。

（7）经以上操作后得到完整的直流数字电压表线路图，保存已经完成的电路图纸设计。

8.5　并励直流电动机串联电阻启动电路

本实例绘制并励直流电动机串联电阻启动电路，如图 8-58 所示。首先观察并分析图纸的结构，绘制出主要的电路图导线；然后绘制各个电子元件，将各个电子元件插入到结构图中相应的位置；最后在电路图的适当位置添加相应的文字和注释说明，完成电路图的绘制。

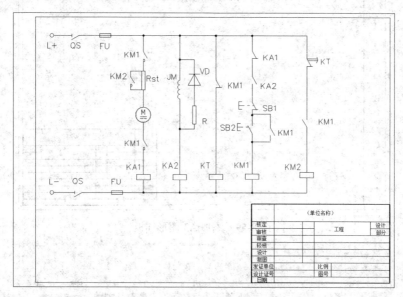

图 8-58　并励直流电动机串联电阻启动电路

【预习重点】

☑　掌握绘制并励直流电动机串联电阻启动电路的大体思路。

☑　掌握并励直流电动机串联电阻启动电路的绘制方法。

☑　了解并励直流电动机串联电阻启动电路的工作原理。

【操作步骤】

8.5.1　设置绘图环境

在绘制电路图之前，需要进行基本的操作，包括文件的创建、保存及图层的管理。

1．新建文件

启动 AutoCAD 2017 应用程序，在命令行中输入 NEW 命令，或单击快速访问工具栏中的"新建"按钮，系统弹出"选择样板"对话框。在该对话框中选择所需的样板，单击"打开"按钮，添加图形样板，其中，图形样板左下端点的坐标为（0,0）。本实例选用 A3 图形样板，如图 8-59 所示。

2. 设置图层

单击"默认"选项卡"图层"面板中的"图层特性"按钮 ，在弹出的"图层特性管理器"选项板中新建两个图层，分别命名为"连接线层"和"实体符号层"，图层的颜色、线型、线宽等属性设置如图 8-60 所示。

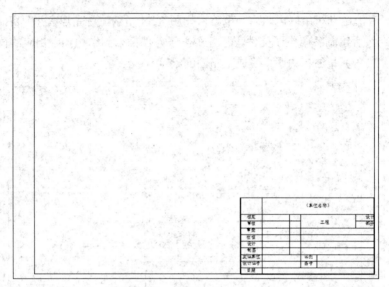

图 8-59　添加 A3 图形样板

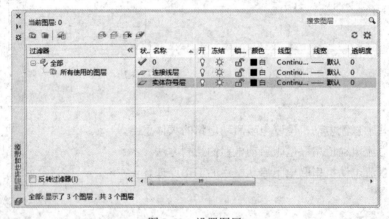

图 8-60　设置图层

8.5.2　绘制线路结构图

在绘制并励直流电动机串联电阻启动电路的线路结构图时，可以调用"直线"命令，绘制若干条水平直线和竖直直线。在绘制过程中，开启"对象捕捉"和"正交模式"模式。绘制相邻直线时，可以捕捉直线的端点作为起点；也可以调用"偏移"命令，将已经绘制好的直线进行偏移，同时保留原直线。综合运用"镜像"和"修剪"命令，使得线路图变得完整。

如图 8-61 所示为绘制完成的线路结构图。其中，AC=BD=100mm，CE=DF=40mm，EG=FH=40mm，GL=HM=40mm，LN=MO=60mm，PR=QS=14mm，PQ=20mm，CR=42mm，RS=20mm，SD=108mm，ET=24mm，TU=VW=75mm，UF=71mm，TV=UW=16mm，GH=170mm，LX=91mm，XZ1=YZ2=18mm，YM=49mm，NO=170mm。

8.5.3　绘制电气元件

在图纸的绘制过程中，首先绘制主要元件备用，在连线绘制过程中，再进行查漏补缺。

1．绘制直流电动机

（1）绘制圆。单击"默认"选项卡"绘图"面板中的"圆"按钮⊙，绘制直径为 15mm 的圆，如图 8-62 所示。

（2）输入文字。单击"默认"选项卡"注释"面板中的"多行文字"按钮A，在圆的中间位置输入字母 M。

（3）绘制直线。单击"默认"选项卡"绘图"面板中的"直线"按钮／，绘制一条实线和一条虚线，如图 8-63 所示，完成直流电动机的绘制。

2．绘制动断触点

（1）绘制直线 1。单击"默认"选项卡"绘图"面板中的"直线"按钮／，开启"正交模式"模式，在竖直方向上绘制一条长度为 8mm 的直线 1，如图 8-64 所示。

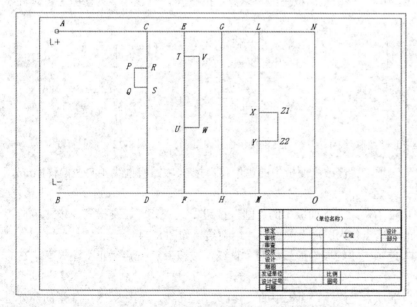

图 8-61　线路结构图

图 8-62　绘制圆

图 8-63　直流电动机

图 8-64　绘制直线 1

（2）绘制直线 2。单击"默认"选项卡"绘图"面板中的"直线"按钮／，开启"对象捕捉"模式，捕捉直线 1 的下端点作为直线的起点，绘制一条长度为 8mm 的竖直直线 2，如图 8-65 所示。

（3）绘制直线 3。单击"默认"选项卡"绘图"面板中的"直线"按钮，捕捉直线 2 的下端点作为直线的起点，绘制一条长度为 8mm 的竖直直线 3，绘制结果如图 8-66 所示。

（4）旋转直线。单击"默认"选项卡"修改"面板中的"旋转"按钮，关闭"正交模式"模式，捕捉直线 2 的下端点作为旋转基点，输入旋转角度为-30°（即顺时针旋转 30°），旋转结果如图 8-67 所示。

（5）绘制水平直线。单击"默认"选项卡"绘图"面板中的"直线"按钮，开启"正交模式"模式，捕捉直线 1 的下端点，水平向右绘制一条长度为 6mm 的直线，如图 8-68 所示。

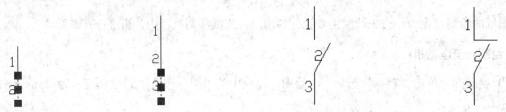

图 8-65　绘制直线 2　　　图 8-66　绘制直线 3　　　图 8-67　旋转直线 2　　　图 8-68　绘制水平直线

（6）拉长直线。单击"默认"选项卡"修改"面板中的"拉长"按钮，关闭"正交模式"模式，输入拉长增量为 3mm，将直线 2 拉长，如图 8-69 所示。

（7）绘制直线。单击"默认"选项卡"绘图"面板中的"直线"按钮，开启"正交模式"，捕捉直线 3 的上端点，水平向右绘制一条长度为 10mm 的直线 4，如图 8-70 所示。

（8）偏移直线。单击"默认"选项卡"修改"面板中的"偏移"按钮，将直线 4 向上偏移 2mm，如图 8-71 所示。

（9）修剪直线。单击"默认"选项卡"修改"面板中的"修剪"按钮，以直线 2 为修剪边，对直线 5 进行修剪，修剪结果如图 8-72 所示。

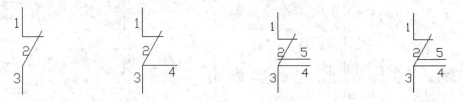

图 8-69　拉长直线　　　图 8-70　绘制直线 4　　　图 8-71　偏移直线　　　图 8-72　修剪直线

（10）偏移直线。单击"默认"选项卡"修改"面板中的"偏移"按钮，将直线 4 向上偏移 1mm，如图 8-73 所示。

（11）绘制圆。单击"默认"选项卡"绘图"面板中的"圆"按钮，关闭"正交模式"模式，捕捉直线 6 的中点为圆心，捕捉直线 5 的右端点作为圆周上的一点，绘制结果如图 8-74 所示。

（12）绘制直线。单击"默认"选项卡"绘图"面板中的"直线"按钮，开启"正交模式"，在右半圆上绘制一条竖直直线，如图 8-75 所示。

（13）修剪图形。单击"默认"选项卡"修改"面板中的"修剪"按钮，将图 8-75 中多余的部分进行修剪，完成动断触点的绘制，如图 8-76 所示。

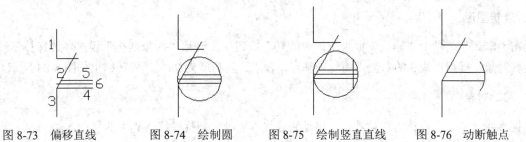

图 8-73 偏移直线　　　图 8-74 绘制圆　　　图 8-75 绘制竖直直线　　　图 8-76 动断触点

8.5.4 将元件插入线路结构图中

在线路的主要位置放置对应的元件,同时根据需求进行相应的修剪,最终完善电路。

1. 插入直流电动机

将如图 8-63 所示的直流电动机插入到如图 8-77 所示的导线 SD 上。单击"默认"选项卡"修改"面板中的"移动"按钮 ⊕,开启"对象捕捉"模式,捕捉圆的圆心为移动基点,如图 8-78 所示,将图形移动到导线 SD 处,捕捉 SD 上合适的位置作为图形插入点,如图 8-79 所示,插入结果如图 8-80 所示。

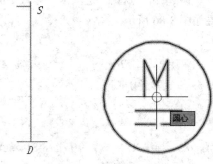

图 8-77 导线 SD　　　图 8-78 捕捉移动基点

2. 修剪图形

单击"默认"选项卡"修改"面板中的"修剪"按钮 ,对图中多余的直线进行修剪,修剪结果如图 8-81 所示。

3. 插入按钮开关

将如图 8-82 所示的按钮开关符号插入到如图 8-83 所示的导线上。

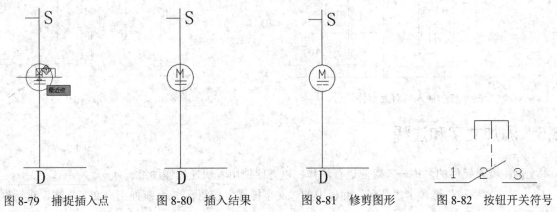

图 8-79 捕捉插入点　　　图 8-80 插入结果　　　图 8-81 修剪图形　　　图 8-82 按钮开关符号

4．旋转图形

单击"默认"选项卡"修改"面板中的"旋转"按钮 ○，开启"对象捕捉"模式，选择按钮开关符号作为旋转对象，捕捉直线 3 的右端点为旋转基点，输入旋转角度为 90°，旋转结果如图 8-84 所示。

5．移动对象

捕捉直线 3 的上端点作为移动基点，移动到导线 XY 处，捕捉导线 XY 上的端点 X 作为插入点，插入结果如图 8-85 所示。

6．修剪图形

（1）单击"默认"选项卡"修改"面板中的"修剪"按钮 /，将导线 XY 上多余的直线修剪掉，修剪结果如图 8-86 所示。

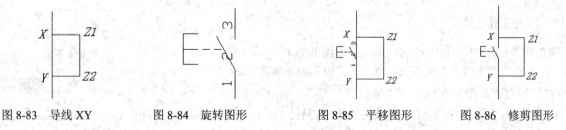

图 8-83　导线 XY　　　　图 8-84　旋转图形　　　　图 8-85　平移图形　　　　图 8-86　修剪图形

（2）其他实体符号也可以按照上述方法进行插入，在此不再赘述。将所有的元器件符号插入到线路结构图中，如图 8-87 所示。

（3）单击"默认"选项卡"绘图"面板中的"直线"按钮 / 和"圆"按钮 ⊙，绘制导线连接点，结果如图 8-88 所示。

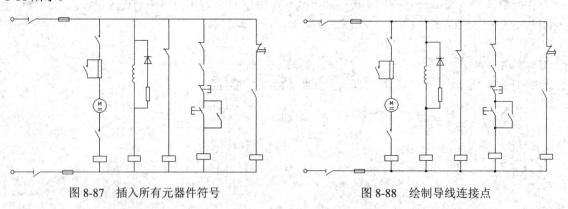

图 8-87　插入所有元器件符号　　　　　　　　图 8-88　绘制导线连接点

8.5.5　添加文字和注释

本实例主要对元件的名称一一对应进行注释，以方便使用者快速读懂图纸。

（1）单击"默认"选项卡"注释"面板中的"文字样式"按钮 A，系统弹出"文字样式"对话框，如图 8-89 所示。

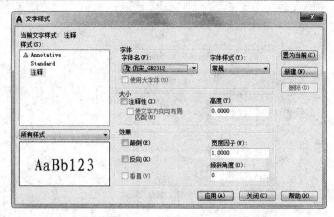

图 8-89 "文字样式"对话框

（2）新建文字样式。单击"新建"按钮，系统弹出"新建文字样式"对话框，输入样式名为"注释"，单击"确定"按钮返回"文字样式"对话框。在"字体名"下拉列表框中选择"仿宋_GB2312"选项，设置"高度"为 0、"宽度因子"为 1、"倾斜角度"为 0，将"注释"样式设置为当前文字样式，单击"应用"按钮返回绘图窗口。

（3）添加注释文字。单击"默认"选项卡"注释"面板中的"多行文字"按钮 A，在需要注释的位置拖出一个矩形框，打开"文字编辑器选项卡和多行文字编辑器"。选择"注释"样式，根据需要在图中添加注释文字，完成电路图的绘制，最终结果如图 8-90 所示。

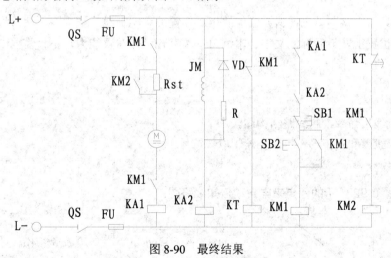

图 8-90 最终结果

8.6 上机实验

【练习 1】绘制如图 8-91 所示的调频器电路图。

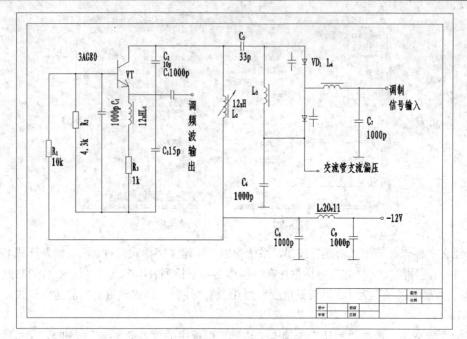

图 8-91　调频器电路图

1．目的要求

本练习绘制调频器电路图，先根据元器件的相对位置关系绘制线路结构图，然后将绘制的电气符号布置到结构图相应的位置上，最后标注文字。本练习主要考查元件布置能力，不只需要细心与耐心，同时考查读者绘图速度。

2．操作提示

（1）利用"直线"命令绘制线路结构图。

（2）利用"直线"和"矩形"等命令绘制电气符号。

（3）标注文字。

【练习2】绘制如图 8-92 所示的停电来电自动告知线路图。

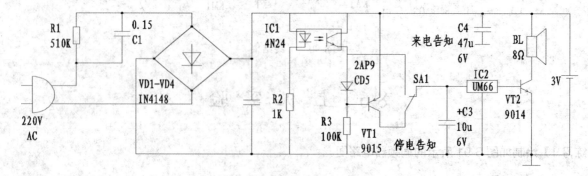

图 8-92　停电来电自动告知线路图

1. 目的要求

停电来电自动告知线路图是一种音乐集成电路构成的线路图，适用于农村需要提示停电、来电的场合。通过本练习，重点掌握停电来电自动告知线路图的详细画法。

2. 操作提示

（1）绘制线路结构图。
（2）绘制各个元器件的图形符号。
（3）标注文字。

第**9**章

机械电气设计

　　机械电气是电气工程的重要组成部分。随着相关技术的发展，机械电气的使用日益广泛。本章主要着眼于机械电气的设计，通过几个具体的实例由浅入深地讲述在 AutoCAD 2017 环境下进行机械电气设计的过程。

9.1　机械电气系统简介

【预习重点】

- ☑ 了解机械电气系统的含义。
- ☑ 了解机械电气系统的组成部分。

机械电气系统是一类比较特殊的电气系统，主要指应用在机床上的电气系统，也可以称为机床电气系统，包括应用在车床、磨床、钻床、铣床和镗床上的电气系统，以及机床的电气控制系统、伺服驱动系统和计算机控制系统等。随着数控系统的发展，机床电气系统也成为电气工程的一个重要组成部分。

机床电气系统主要由以下几部分组成。

1．电力拖动系统

电力拖动系统以电动机为动力驱动控制对象（工作机构）做机械运动。按照不同的分类方式，可以分为直流拖动系统与交流拖动系统或单电动机拖动系统与多电动机拖动系统。

（1）直流拖动系统：具有良好的启动、制动性能和调速性能，可以方便地在很宽的范围内平滑调速，尺寸大，价格高，运行可靠性差。

（2）交流拖动系统：具有单机容量大、转速高、体积小、价钱便宜、工作可靠和维修方便等优点，但调速困难。

（3）单电动机拖动系统：在每台机床上安装一台电动机，再通过机械传动装置将机械能传递到机床的各运动部件。

（4）多电动机拖动系统：在一台机床上安装多台电动机，分别拖动各运动部件。

2．电气控制系统

对各拖动电动机进行控制，使其按规定的状态、程序运动，并使机床各运动部件的运动得到合乎要求的静态和动态特性。

（1）继电器－接触器控制系统：由按钮开关、行程开关、继电器、接触器等电气元件组成，控制方法简单直接，价格低。

（2）计算机控制系统：由数字计算机控制，高柔性、高精度、高效率、高成本。

（3）可编程控制器控制系统：克服了继电器－接触器控制系统的缺点，又具有计算机控制系统的优点，并且编程方便，可靠性高，价格便宜。

9.2　三相异步交流电动机控制线路

本实例绘制的三相异步交流电动机正反转控制线路如图 9-1 所示。三相异步电动机是工业环境中最常用的电动驱动器，具有体积小、驱动扭矩大等特点，因此，设计其控制电路，保证电动机可靠正反转起动、停止和过载保护在工业领域具有重要意义。三相异步电动机直接输入三相工频电，将电能转换为电动机主轴旋转的动能。其控制电路主要采用交流接触器实现异地控制。只要交换三相异步电动机的两相即可实现电动机的反转起动。当电动机过载时，相电流会显著增加，熔断器保险丝断开，对电动机实现过载保护。本实例绘制的图形分供电简图、供电系统图和控制电路图，通过 3 个逐步深入的步骤完成三相异步电动机控制电路的设计。

【预习重点】

☑ 了解三相异步交流电动机控制线路的工作原理。

☑ 掌握三相异步交流电动机控制线路的绘制方法。

【操作步骤】

操作步骤如下文所述。

9.2.1 三相异步电动机供电简图

利用二维绘图和修改命令绘制三相异步电动机供电简图。

1．新建文件

启动 AutoCAD 2017 应用程序，打开随书光盘"源文件\第 9 章\A4 样板图.dwt"文件，如图 9-2 所示。设置保存路径，命名为"电动机简图.dwg"并保存。

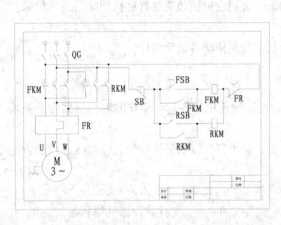

图 9-1　三相异步交流电动机正反转控制线路　　　　图 9-2　选择样板文件

2．插入块

单击"默认"选项卡"块"面板中的"插入"按钮，弹出"插入"对话框，选择随书光盘"源文件\第 9 章\三相异步电动机控制电气设计"文件夹中的"交流电动机"和"单极开关"块，如图 9-3 所示。在绘图区选择块的放置点，如图 9-4 所示。调用已有的块，能够大大节省绘图工作量，提高绘图效率，专业的电气设计人员都有一个自己的常用块库。

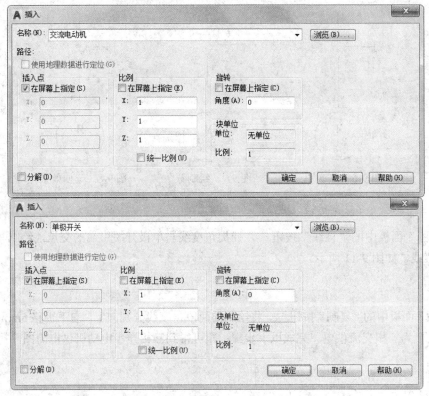

图 9-3 "插入"对话框   图 9-4 插入块

3．移动块

单击"默认"选项卡"修改"面板中的"移动"按钮✦，选择"单极开关"块，以其端点为基点，调整单极开关的位置，使其在电动机的正上方。开启"对象捕捉"和"对象追踪"模式，将光标放在"交流电动机"块圆心附近，系统提示捕捉到圆心，如图 9-5 所示；向上移动光标，将开关块拖到圆心的正上方，单击确认，得到如图 9-6 所示的效果。

4．绘制圆

单击"默认"选项卡"绘图"面板中的"圆"按钮⊙，以单极开关的端点为圆心，绘制半径为 2mm 的圆，作为电源端子符号，如图 9-7 所示。

5．延伸图形

单击"默认"选项卡"修改"面板中的"分解"按钮🗗，分解"交流电动机"和"单极开关"块。单击"默认"选项卡"修改"面板中的"延伸"按钮--/，以电机符号的圆为延伸边界，以单极开关的一端引线为延伸对象，将单极开关的一端引线延伸至圆周位置，效果如图 9-8 所示。

6．绘制角度线

单击"默认"选项卡"绘图"面板中的"直线"按钮╱，捕捉延伸线的中点，如图 9-9 所示，绘制与 X 轴成 60°夹角、长度为 5mm 的角度线，如图 9-10 所示。

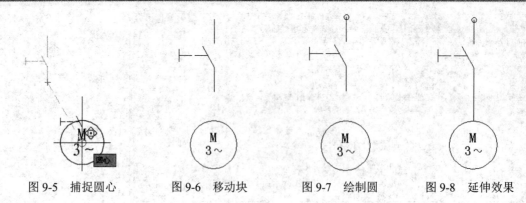

图 9-5 捕捉圆心   图 9-6 移动块   图 9-7 绘制圆   图 9-8 延伸效果

7. 绘制反向直线

单击"默认"选项卡"绘图"面板中的"直线"按钮 ／，捕捉角度线与单极开关引线的交点，绘制与角度线反向、长度为 5mm 的直线，如图 9-11 所示。

8. 复制角度线

单击"默认"选项卡"修改"面板中的"复制"按钮 ⚙，将绘制的两段角度线分别向上、向下平移 5mm，如图 9-12 所示，表示交流电动机为三相交流供电。完成以上步骤，即可得到三相异步电动机供电简图。

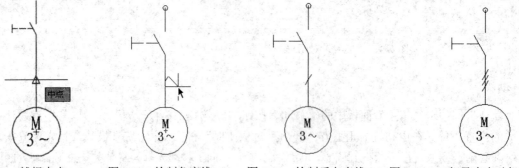

图 9-9 捕捉中点   图 9-10 绘制角度线   图 9-11 绘制反向直线   图 9-12 三相异步电动机供电简图

9.2.2 电动机供电系统图

本实例首先建立三相异步电动机供电系统图文件，然后绘制断流器符号，接着绘制连接导线和机壳接地线，最后绘制输入端子并添加注释文字。

1. 新建三相异步电动机供电系统图文件

（1）新建文件。新建绘图文件，调用 A4_title.dwt 样板，设置保存路径，命名为"电动机供电系统图.dwg"并保存。

（2）插入块。单击"默认"选项卡"块"面板中的"插入"按钮 🔳，插入前面章节中绘制的"交流电动机"和"多极开关"块，如图 9-13 所示。

（3）调整块的位置。单击"默认"选项卡"修改"面板中的"移动"按钮 ✛，调整多极开关与电动机的相对位置，使多极开关位于电动机的正上方，调整后的效果如图 9-14 所示。

2．绘制断流器符号

（1）绘制矩形。单击"默认"选项卡"绘图"面板中的"矩形"按钮▢，捕捉多极开关最左边的端点为矩形的一个对角点，采用相对输入法绘制一个长为 50mm、宽为 20mm 的矩形，如图 9-15 所示。

（2）移动矩形。单击"默认"选项卡"修改"面板中的"移动"按钮✛，将绘制的矩形向 X 轴负方向移动 10mm，使熔断器位于多极开关的正下方，如图 9-16 所示。

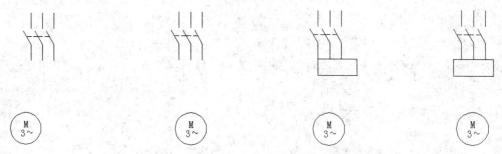

图 9-13　插入块　　　图 9-14　调整块的位置　　　图 9-15　绘制矩形　　　图 9-16　移动矩形

（3）绘制正方形。单击"默认"选项卡"绘图"面板中的"矩形"按钮▢，在矩形框内绘制边长为 8mm 的正方形，如图 9-17 所示。

（4）平移正方形。单击"默认"选项卡"修改"面板中的"移动"按钮✛，将绘制的正方形向 Y 轴负方向平移 6mm，如图 9-18 所示。

（5）分解正方形并删除边。单击"默认"选项卡"修改"面板中的"分解"按钮，分解该正方形，然后删除正方形的左侧边，如图 9-19 所示。

（6）绘制直线。单击"默认"选项卡"绘图"面板中的"直线"按钮╱，连接正方形上下的两端点绘制两条直线，完成断流器的绘制，如图 9-20 所示。

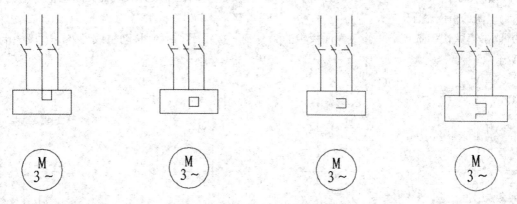

图 9-17　绘制正方形　　　图 9-18　平移正方形　　　图 9-19　分解正方形并删除边　　　图 9-20　断流器

3．绘制连接导线

单击"默认"选项卡"绘图"面板中的"直线"按钮╱，绘制 3 条竖直直线延伸到圆上，如图 9-21 所示。

4．绘制机壳接地线

（1）绘制折线。单击"默认"选项卡"绘图"面板中的"直线"按钮✏，绘制如图 9-22 所示的连续折线，也可以调用"多段线"命令来绘制这段折线。

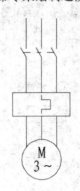 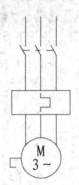

图 9-21　绘制连接导线　　　　图 9-22　绘制折线

（2）镜像直线。单击"默认"选项卡"修改"面板中的"镜像"按钮⚶，以竖直直线为对称轴生成另一半地平线符号，如图 9-23 所示。

（3）绘制斜线。单击"默认"选项卡"绘图"面板中的"直线"按钮✏，以地平线符号的右端点为起点绘制与 X 轴正方向成-135°夹角、长度为 3mm 的斜线段，如图 9-24 所示。

（4）复制斜线。单击"默认"选项卡"修改"面板中的"复制"按钮❀，将斜线向左复制两份，复制距离分别为 5mm 和 10mm，如图 9-25 所示。

5．绘制输入端子并添加注释文字

（1）单击"默认"选项卡"绘图"面板中的"圆"按钮❂，在多极开关端点处绘制一个半径为 2mm 的圆，作为电源的引入端子。

（2）单击"默认"选项卡"修改"面板中的"复制"按钮❀，复制移动生成另外两个接线端子，如图 9-26 所示。

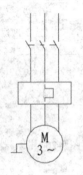 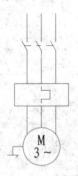 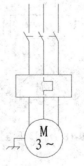 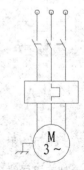

图 9-23　绘制地平线符号　　　图 9-24　绘制斜线　　　图 9-25　复制斜线　　　图 9-26　绘制接线端子

（3）新建图层。单击"默认"选项卡"图层"面板中的"图层特性"按钮❒，弹出"图层特性管理器"选项板，新建"文字说明"图层，如图 9-27 所示。

（4）添加注释文字。在"文字说明"层中添加文字说明，为各元器件和导线添加标识符号，便于图纸的阅读和校核。字体选择"仿宋_GB2312",字号为 10 号。完成以上操作后,即可得到三相异步电动机供电系统图,如图 9-28 所示。

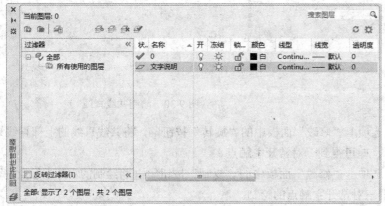

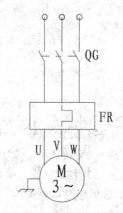

图 9-27 "图层特性管理器"选项板 　　图 9-28 三相异步电动机供电系统图

9.2.3 电动机控制电路图

本实例首先建立电动机控制电路图,然后绘制正向启动线路和熔断器开关,最后插入电气元件并添加注释文字。

1. 新建电动机控制电路图

(1)打开文件。打开绘制的"电动机供电系统图.dwg"文件,设置保存路径,另存为"电动机控制电路图.dwg"。

(2)新建图层。新建"控制线路"图层和"文字说明"图层,在"控制线路"图层中绘制三相交流异步电动机的控制线路,在"文字说明"图层中绘制控制线路的文字标识。分层绘制电气工程图的组成部分,有利于工程图的管理。

2. 在"控制线路"图层中绘制正向启动线路

(1)绘制直线。单击"默认"选项卡"绘图"面板中的"直线"按钮 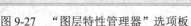,从供电线上引出两条直线,为控制系统供电,两直线的长度分别为 250mm 和 70mm。

(2)平移图形。单击"默认"选项卡"修改"面板中的"移动"按钮✛,将交流接触器 FR 上侧的图形向上平移,为绘制交流接触器主触点留出绘图空间。再次单击"默认"选项卡"修改"面板中的"修剪"按钮,以元器件 FR 的矩形为剪刀线裁剪掉其内部线段,并删除其以上的导线段,效果如图 9-29 所示。

注意 裁剪时先裁去矩形上的线段,再裁去矩形中间多余的线段,如果裁剪顺序不同,则裁剪结果也不同,请读者自行尝试,体会其中的区别。

(3)绘制共线直线。单击"默认"选项卡"绘图"面板中的"直线"按钮,绘制两条共线的直线,为绘制主触点做准备,如图 9-30 所示。

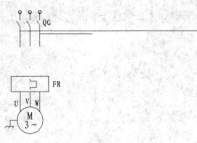

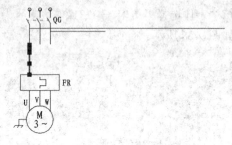

图 9-29　平移图形　　　　　　　　　　　　　　图 9-30　绘制共线直线

（4）旋转直线。单击"默认"选项卡"修改"面板中的"旋转"按钮◯，将共线直线的上部直线绕其下方端点旋转30°，如图 9-31 所示，即可得到一对常开主触点。

（5）复制直线。单击"默认"选项卡"修改"面板中的"复制"按钮◯，将绘制的常开主触点进行复制，效果如图 9-32 所示，完成接触器三对常开主触点的绘制。

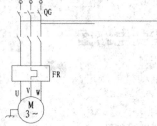

图 9-31　旋转直线　　　　　　　　　　　　　　图 9-32　复制常开主触点

（6）单击"默认"选项卡"绘图"面板中的"直线"按钮／，绘制常闭急停按钮，绘制结果如图 9-33 所示。单击"默认"选项卡"块"面板中的"创建"按钮◻，将常闭急停按钮生成块，供后面设计时调用。

（7）插入块。单击"默认"选项卡"块"面板中的"插入"按钮◻，插入手动单极开关作为正向起动按钮，调整块的大小，如图 9-34 所示。

3. 绘制熔断器开关

（1）绘制多段线。单击"默认"选项卡"绘图"面板中的"多段线"按钮◻，绘制如图 9-35 所示的多段线。

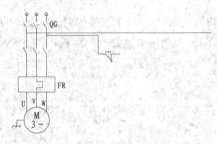

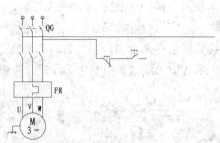

图 9-33　绘制常闭急停按钮　　　　　图 9-34　插入手动单极开关　　　　图 9-35　绘制多段线

（2）分解多段线。单击"默认"选项卡"修改"面板中的"分解"按钮◻，分解绘制的多段线。

（3）绘制竖直直线。单击"默认"选项卡"绘图"面板中的"直线"按钮／，按住 Shift 键右击，在弹出的快捷菜单中选择"中点"命令。捕捉斜线的中点,如图 9-36 所示,绘制长度为 9mm 的竖直直线,如图 9-37 所示。

（4）绘制折线。单击"默认"选项卡"绘图"面板中的"多段线"按钮 ⤵,绘制一条如图 9-38 所示的折线。

（5）镜像折线。单击"默认"选项卡"修改"面板中的"镜像"按钮 ⚟,将绘制的折线进行镜像,效果如图 9-39 所示。

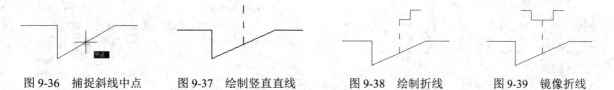

图 9-36 捕捉斜线中点　　图 9-37 绘制竖直直线　　图 9-38 绘制折线　　图 9-39 镜像折线

（6）选择直线。关闭"对象捕捉"模式,开启"正交模式"模式,选择如图 9-40 所示的直线。

（7）拖曳直线。选择其下侧的端点向下拖曳,效果如图 9-41 所示。在命令行中输入"0,-2",指定拉伸点,确认后的效果如图 9-42 所示。

（8）拖曳斜线。选择如图 9-43 所示的斜线,开启"对象捕捉"模式,选择斜线的下端点,拖曳至如图 9-44 所示位置。单击确认后,热熔断器符号绘制完毕,如图 9-45 所示。

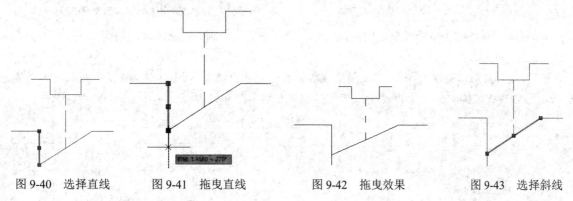

图 9-40 选择直线　　图 9-41 拖曳直线　　图 9-42 拖曳效果　　图 9-43 选择斜线

（9）生成块。单击"默认"选项卡"块"面板中的"创建"按钮 ⬚,将常闭按钮生成块,供后面设计时调用。

4. 插入块并添加注释文字

（1）将熔断器开关块插入电路中,如图 9-46 所示,当主回路电流过大时,FR 熔断,控制线路失电,主回路失电停止运行。

（2）单击"默认"选项卡"绘图"面板中的"矩形"按钮 ▢,绘制正向启动接触器符号,如图 9-47 所示。

（3）绘制自锁开关。单击"默认"选项卡"修改"面板中的"复制"按钮 ⅋,复制主触点,如图 9-48 所示。绘制正向启动辅助触点,作为自锁开关。

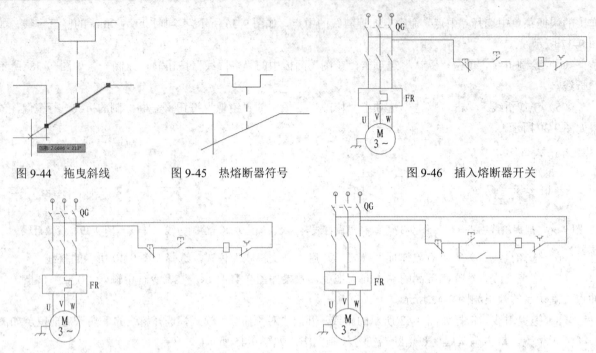

图 9-44 拖曳斜线　　　　图 9-45 热熔断器符号　　　　图 9-46 插入熔断器开关

图 9-47 绘制正向启动接触器　　　　　　图 9-48 绘制正向启动自锁继电器开关

（4）在"控制线路"层中绘制反向启动线路，绘制方法与绘制正向启动线路相同。

注意　　反向启动需交换两相电压，主回路线路应该适当作出修改，只要电动机反转主触点闭合交换 U、W 相，则电动机反转，如图 9-49 所示。正反转控制电路如图 9-50 所示。

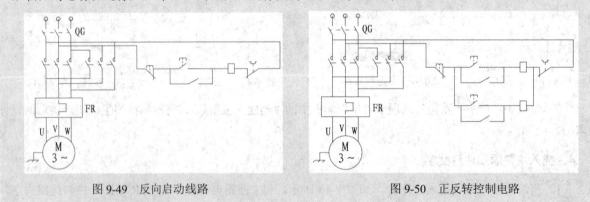

图 9-49 反向启动线路　　　　　　图 9-50 正反转控制电路

（5）绘制导通点。单击"默认"选项卡"绘图"面板中的"圆"按钮，在导线交点处绘制半径为 1mm 的圆，并用 SOLID 图案进行填充，效果如图 9-51 所示。

（6）添加注释文字。切换至"文字说明"图层，单击"默认"选项卡"注释"面板中的"多行文字"按钮 A，字体选择"仿宋_GB2312"，字号为 10 号，在图形中输入所需的文字，得到完整的三相异步交流电动机正反转控制线路图，如图 9-52 所示。

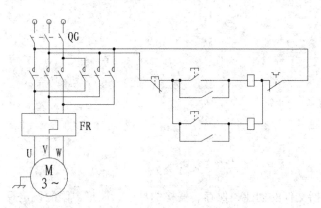

图 9-51 绘制导通点

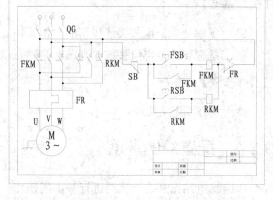

图 9-52 三相异步交流电动机正反转控制线路

9.3 起重机变频器电气接线原理图

为了准确提供各个项目中元件、器件、组件和装置之间实际连接的信息，设计完整的技术文件和生产工艺，必须提供接线文件。该文件含有产品设计和生产工艺形成所需要的所有接线信息。这些接线信息由接线图和接线表的形式给出。文件的编制参照《电气技术用文件的编制》（GB/T 6988.3—1997）第 3 部分：接线图和接线表。

电气接线图是根据电气设备和电气元件的实际位置和安装情况绘制的，只是用来表示电气设备和电气元件的位置、接线方式和配线方式，而不明显表示电气动作原理，如图 9-53 所示为变频器电气接线原理图。

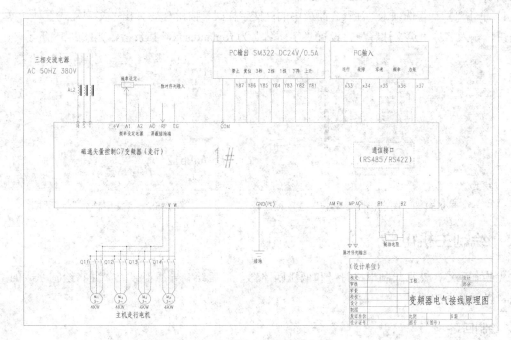

图 9-53 变频器电气接线原理图

【预习重点】

☑ 了解变频器电气接线线路的工作原理。

☑ 掌握变频器电气接线原理图的绘制方法。

【操作步骤】

操作步骤如下文所述。

9.3.1 配置绘图环境

在绘制电路图之前，需要进行基本的操作，包括文件的创建、保存、栅格的显示、图形界限的设定及图层的管理等，根据不同的需要，读者选择必备的操作，本实例中主要讲述文件的创建、保存、图层与文字样式的设置。

（1）打开 AutoCAD 2017 应用程序，单击快速访问工具栏中的"新建"按钮 ，打开随书光盘"源文件\第 9 章\A3 电气样板图.dwt"为模板，单击"打开"按钮，新建模板文件。

（2）单击快速访问工具栏中的"保存"按钮 ，将新文件命名为"变频器电气接线原理图"并保存。

（3）单击"默认"选项卡"图层"面板中的"图层特性"按钮 ，打开"图层特性管理器"选项板，新建图层，如图 9-54 所示。

元件层：线宽为 0.5mm，其余属性默认。

虚线层：线宽为 0.25mm，颜色为洋红，线型为 ACAD_ISO02W100，其余属性默认。

回路层：线宽为 0.25mm，颜色为蓝色，其余属性默认。

说明层：线宽为 0.25mm，颜色为红色，其余属性默认。

（4）单击"默认"选项卡"注释"面板中的"文字样式"按钮 ，弹出"文字样式"对话框，单击"新建"按钮，输入名称"英文注释"，设置"字体名"为 romand.shx，其余参数如图 9-55 所示。

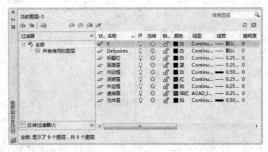

图 9-54 "图层特性管理器"选项板

图 9-55 "文字样式"对话框

9.3.2 绘制主机电路

首先绘制回路，然后绘制电机符号和低压断路器，最后绘制导线连接点，并将绘制完成的主机电路创建为块，以便后面的调用。

1. 绘制回路

（1）将"回路层"设置为当前图层。单击"默认"选项卡"绘图"面板中的"直线"按钮 ，绘制相交辅助直线，点坐标值分别为{（80,70），（@70,0）}，{（80,30），（@0,85）}，结果如图 9-56 所示。

（2）单击"默认"选项卡"修改"面板中的"偏移"按钮 ，将水平直线向上偏移 4.5mm、9mm，将竖直直线向右依次偏移 5mm、5mm、10mm、5mm、5mm、10mm、5mm、5mm、10mm、5mm、5mm，结果如图 9-57 所示。

（3）单击"默认"选项卡"修改"面板中的"删除"按钮 和"修剪"按钮 ，修剪多余线段，结果如图 9-58 所示。

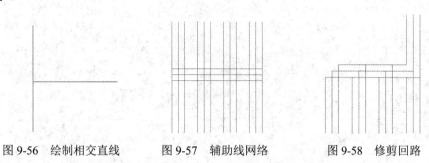

图 9-56　绘制相交直线　　　图 9-57　辅助线网络　　　图 9-58　修剪回路

2．绘制电机符号

（1）将"元件层"设置为当前图层。单击"默认"选项卡"绘图"面板中的"圆"按钮 ，捕捉竖直辅助线下端点 3、4、5、6，绘制半径为 5mm 的圆，如图 9-59 所示。

（2）单击"默认"选项卡"绘图"面板中的"直线"按钮 ，捕捉圆心为起点，利用"对象捕捉追踪"命令，分别绘制与水平线成 60°角，长为 15mm 的直线，如图 9-60 所示。

（3）单击"默认"选项卡"修改"面板中的"修剪"按钮 ，修剪辅助线，结果如图 9-61 所示。

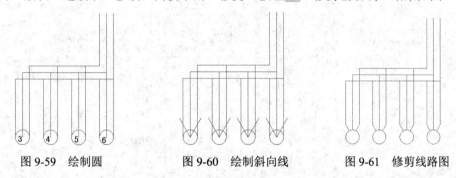

图 9-59　绘制圆　　　　　图 9-60　绘制斜向线　　　　图 9-61　修剪线路图

（4）将"说明层"设置为当前图层。单击"默认"选项卡"注释"面板中的"多行文字"按钮 ，弹出"文字编辑器"选项卡和多行文字编辑器，如图 9-62 所示。在电机内部添加名称"M11 3~"（选中"11"，单击"格式"面板中的"下标"按钮 X_2，将"11"设置为下标）。

图 9-62　"文字编辑器"选项卡和多行文字编辑器

（5）单击"默认"选项卡"修改"面板中的"复制"按钮 ，复制多行文字，并双击修改文字编号，结果如图 9-63 所示。

3．绘制低压断路器

（1）将"元件层"设置为当前图层。单击"默认"选项卡"绘图"面板中的"矩形"按钮 □，捕捉角点（80,62）、（@-1.5,5），绘制辅助矩形。

（2）单击"默认"选项卡"绘图"面板中的"直线"按钮 /，捕捉矩形对角点，绘制直线，如图 9-64 所示。

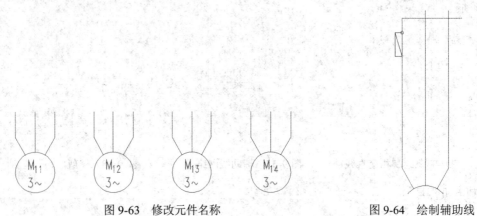

图 9-63　修改元件名称　　　　　　　　　图 9-64　绘制辅助线

（3）单击"默认"选项卡"绘图"面板中的"圆"按钮 ⊙，绘制半径为 0.3mm 的圆。

（4）单击"默认"选项卡"修改"面板中的"复制"按钮 ⅜，复制小矩形、斜向直线与小圆。

（5）单击"默认"选项卡"修改"面板中的"删除"按钮 ✍ 和"修剪"按钮 ⁄，修剪辅助图形，结果如图 9-65 所示。

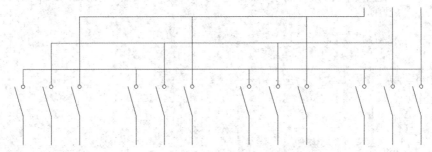

图 9-65　修剪断路器符号

（6）单击"默认"选项卡"绘图"面板中的"直线"按钮 /，捕捉斜向线中点，绘制连线，将直线设置在"虚线层"，同时设置线形比例为 0.15，图形绘制结果如图 9-66 所示。

4．绘制导线连接点

（1）单击"默认"选项卡"绘图"面板中的"圆环"按钮 ◎，捕捉线路交点，绘制线路连线点，其中圆环内径为 0mm，外径为 1mm，结果如图 9-67 所示。

（2）将"说明层"设置为当前图层。单击"默认"选项卡"注释"面板中的"多行文字"按钮 A，依次注释电机符号与断路器符号，最终结果如图 9-68 所示。

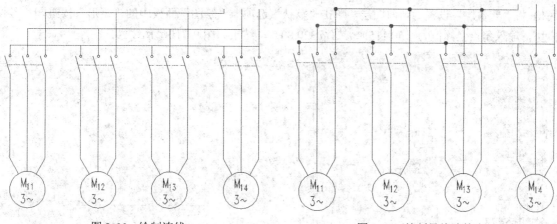

| 图 9-66　绘制连线 | 图 9-67　绘制导线连接点 |

（3）单击"默认"选项卡"修改"面板中的"复制"按钮，将断路器符号复制到空白处。

（4）单击"默认"选项卡"绘图"面板中的"直线"按钮，补全低压断路器符号，如图 9-69 所示。

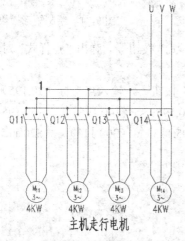

图 9-68　添加注释

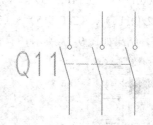

图 9-69　绘制断路器符号

（5）在命令行中输入 WBLOCK 命令，弹出"写块"对话框，选择步骤（4）中绘制的图形，创建"低压断路器"块。

注意　汉字采用"标题栏文字"样式，字母及数字采用"英文注释"样式；绘制过程中，读者自行切换，这里不再赘述。

（6）在命令行中输入 WBLOCK 命令，弹出"写块"对话框，选择绘制完成的"主机电路"图形，捕捉图 9-68 中的点 1 为拾取点，设置文件路径，输入文件名称"主机电路"，如图 9-70 所示。

9.3.3　绘制变频器模块

本实例利用"矩形""多点"和"点样式"命令绘制变频器模块。

（1）将"元件层"设置为当前图层。单击"默认"选项卡"绘图"面板中的"矩形"按钮□，绘制变频器模块，输入角点坐标值为（50,115）、（@320,80），结果如图 9-71 所示。

图 9-70　"写块"对话框

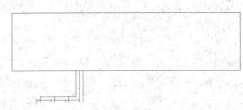

图 9-71　绘制矩形模块

（2）单击"默认"选项卡"实用工具"面板中的"点样式"按钮，弹出"点样式"对话框，选择"×"选项，如图 9-72 所示。

（3）单击"默认"选项卡"绘图"面板中的"多点"按钮，输入点坐标（70,195）、（75,195）、（80,195）、（100,195）、（110,195）、（120,195）、（130,195）、（140,195）、（150,195）、（190,195）、（290,195）、（220,115）、（280,115）、（285,115）、（295,115）、（300,115）、（320,115）、（340,115），绘制芯片上接口，结果如图 9-73 所示。

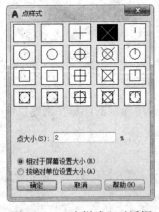

图 9-72　"点样式"对话框

图 9-73　绘制点

9.3.4　绘制电路元件

本图涉及的电路元件很多，电路元件的绘制是本图最基本的内容，下面分别给予说明。读者掌握了绘制方法后，可以把这些电路元件保存为图块，方便以后用到这些相同的符号时加以调用，提高工作效率。

1. 绘制铁芯线圈

（1）单击"默认"选项卡"绘图"面板中的"多段线"按钮⟿，绘制电感符号，命令行提示与操作如下：

命令: _pline
指定起点:（在空白处指定一点）
当前线宽为 0.0000
指定下一个点或 [圆弧(A)/半宽(H)/长度(L)/放弃(U)/宽度(W)]: @0,1.25✓ （绘制接线端）
指定下一点或 [圆弧(A)/闭合(C)/半宽(H)/长度(L)/放弃(U)/宽度(W)]: A✓
指定圆弧的端点(按住 Ctrl 键以切换方向)或 [角度(A)/圆心(CE)/闭合(CL)/方向(D)/半宽(H)/直线(L)/半径(R)/第二
个点(S)/放弃(U)/宽度(W)]: A✓
指定夹角: 180✓
指定圆弧的端点(按住 Ctrl 键以切换方向)或 [圆心(CE)/半径(R)]: R✓
指定圆弧的半径: 1.25✓
指定圆弧的弦方向(按住 Ctrl 键以切换方向) <90>:✓
指定圆弧的端点(按住 Ctrl 键以切换方向)或 [角度(A)/圆心(CE)/闭合(CL)/方向(D)/半宽(H)/直线(L)/半径(R)/第二
个点(S)/放弃(U)/宽度(W)]: A✓
指定夹角: 180✓
指定圆弧的端点(按住 Ctrl 键以切换方向)或 [圆心(CE)/半径(R)]:R✓
指定圆弧的半径: 1.25✓
指定圆弧的弦方向(按住 Ctrl 键以切换方向) <180>: 90✓
指定圆弧的端点(按住 Ctrl 键以切换方向)或 [角度(A)/圆心(CE)/闭合(CL)/方向(D)/半宽(H)/直线(L)/半径(R)/第二
个点(S)/放弃(U)/宽度(W)]: A✓
指定夹角: 180✓
指定圆弧的端点(按住 Ctrl 键以切换方向)或 [圆心(CE)/半径(R)]: R✓
指定圆弧的半径: 1.25✓
指定圆弧的弦方向(按住 Ctrl 键以切换方向) <180>: 90✓
指定圆弧的端点(按住 Ctrl 键以切换方向)或 [角度(A)/圆心(CE)/闭合(CL)/方向(D)/半宽(H)/直线(L)/半径(R)/第二
个点(S)/放弃(U)/宽度(W)]: A✓
指定夹角: 180✓
指定圆弧的端点(按住 Ctrl 键以切换方向)或 [圆心(CE)/半径(R)]: R✓
指定圆弧的半径: 1.25✓
指定圆弧的弦方向(按住 Ctrl 键以切换方向) <180>: 90✓
指定圆弧的端点(按住 Ctrl 键以切换方向)或 [角度(A)/圆心(CE)/闭合(CL)/方向(D)/半宽(H)/直线(L)/半径(R)/第二
个点(S)/放弃(U)/宽度(W)]: L✓
指定下一点或 [圆弧(A)/闭合(C)/半宽(H)/长度(L)/放弃(U)/宽度(W)]: @0, 1.25✓ （绘制接线端）
指定下一点或 [圆弧(A)/闭合(C)/半宽(H)/长度(L)/放弃(U)/宽度(W)]: ✓

线圈绘制结果如图 9-74 所示。

（2）单击"默认"选项卡"绘图"面板中的"多段线"按钮⟿，在电感线圈左侧绘制铁芯，设置线宽为 1，捕捉图 9-74 中的点 1、点 2，绘制竖直直线，结果如图 9-75 所示。

（3）单击"默认"选项卡"修改"面板中的"移动"按钮✛，将图 9-75 中的铁芯向右移动 2.5mm，最终结果如图 9-76 所示。

（4）在命令行中输入 WBLOCK 命令，弹出"写块"对话框，选择步骤（3）绘制的图形，捕捉图 9-76 中的点 3 为基点，创建"铁芯线圈"图块。

2．绘制可调电阻

（1）单击"默认"选项卡"绘图"面板中的"矩形"按钮□，绘制大小为 10mm×5mm 的矩形。

（2）单击"默认"选项卡"绘图"面板中的"直线"按钮／，捕捉矩形两侧的竖直边线，绘制长度为 5mm 的水平直线，结果如图 9-77 所示。

（3）单击"默认"选项卡"修改"面板中的"分解"按钮，分解矩形。

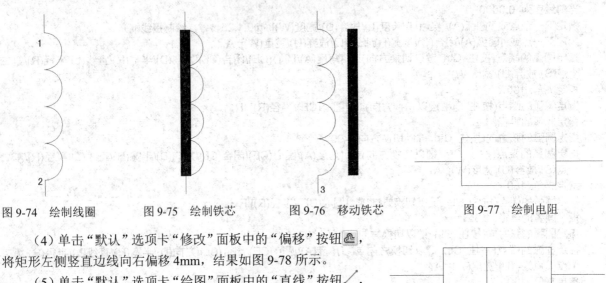

图 9-74　绘制线圈　　　　图 9-75　绘制铁芯　　　　图 9-76　移动铁芯　　　　图 9-77　绘制电阻

（4）单击"默认"选项卡"修改"面板中的"偏移"按钮，将矩形左侧竖直边线向右偏移 4mm，结果如图 9-78 所示。

（5）单击"默认"选项卡"绘图"面板中的"直线"按钮／，捕捉偏移后的直线下端点，向下绘制长度为 4mm、5mm 的竖直直线 4 和直线 5，结果如图 9-79 所示。

图 9-78　偏移直线

（6）单击"默认"选项卡"修改"面板中的"旋转"按钮○，将直线 4 向两侧旋转 30°、-30°。

（7）单击"默认"选项卡"修改"面板中的"删除"按钮，删除偏移后的直线，最终结果如图 9-80 所示。

（8）在命令行中输入 WBLOCK 命令，弹出"写块"对话框，创建"可调电阻"图块。

3．绘制接地符号

（1）单击"默认"选项卡"绘图"面板中的"多边形"按钮○，在空白处绘制内接圆半径为 5mm 的正三角形。

（2）单击"默认"选项卡"修改"面板中的"旋转"按钮○，将正三角形旋转 180°，结果如图 9-81 所示。

（3）单击"默认"选项卡"修改"面板中的"分解"按钮，分解绘制的多边形。

（4）单击"默认"选项卡"绘图"面板中的"定数等分"按钮，将三角形斜边分成 3 份。

（5）单击"默认"选项卡"绘图"面板中的"直线"按钮／，捕捉等分点，绘制两条水平直线。

（6）单击"默认"选项卡"绘图"面板中的"直线"按钮／，捕捉最上端水平直线中点，绘制长度为 5mm 的竖直直线，最终结果如图 9-82 所示。

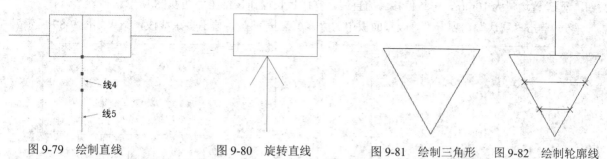

图 9-79 绘制直线   图 9-80 旋转直线   图 9-81 绘制三角形   图 9-82 绘制轮廓线

（7）单击"默认"选项卡"修改"面板中的"删除"按钮 ✐，删除三角形两侧边线及点，结果如图 9-83 所示。

（8）在命令行中输入 WBLOCK 命令，弹出"写块"对话框，创建"接地符号"图块。

4．绘制脉冲符号

（1）单击"默认"选项卡"绘图"面板中的"多边形"按钮 ⬠，在空白处绘制外切半径为 2mm 的正三角形，结果如图 9-84 所示。

（2）单击"默认"选项卡"修改"面板中的"旋转"按钮 ⟳，将正三角形旋转 180°，结果如图 9-85 所示。

（3）单击"默认"选项卡"绘图"面板中的"直线"按钮 ╱，捕捉正三角形下端点，绘制长度 18mm 的竖直直线，最终结果如图 9-86 所示。

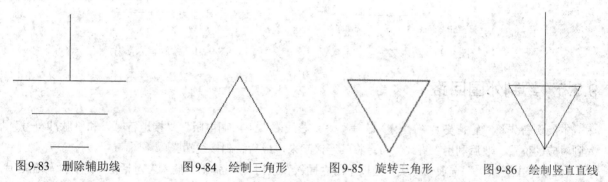

图 9-83 删除辅助线   图 9-84 绘制三角形   图 9-85 旋转三角形   图 9-86 绘制竖直直线

（4）在命令行中输入 WBLOCK 命令，弹出"写块"对话框，创建"脉冲符号"图块。

5．绘制输出芯片

（1）单击"默认"选项卡"绘图"面板中的"矩形"按钮 ▢，绘制大小为 92mm×35mm 的矩形。

（2）单击"默认"选项卡"修改"面板中的"分解"按钮 ⬚，分解绘制的矩形。

（3）单击"默认"选项卡"修改"面板中的"偏移"按钮 ⬁，将左侧边线依次向右偏移 8mm、10mm、10mm、10mm、10mm、10mm、10mm、10mm，如图 9-87 所示。

（4）单击"默认"选项卡"修改"面板中的"拉长"

图 9-87 偏移直线

按钮 ，设置增量为 10mm，选择偏移后的直线，完成拉长操作，结果如图 9-88 所示。

（5）单击"默认"选项卡"修改"面板中的"修剪"按钮 ，修剪多余线段，结果如图 9-89 所示。

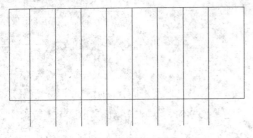

图 9-88 拉伸直线

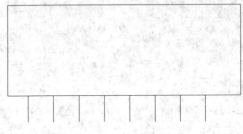

图 9-89 修剪直线

（6）单击"默认"选项卡"注释"面板中的"多行文字"按钮 A，标注芯片"PC 输出 SM322DC24V/0.5A"，设置文字高度为 5mm。

（7）单击"默认"选项卡"修改"面板中的"复制"按钮 ，复制多行文字到对应位置，双击修改，设置文字高度为 3.5，结果如图 9-90 所示。

（8）在命令行中输入 WBLOCK 命令，弹出"写块"对话框，创建"输出芯片"图块。

用同样的方法绘制输入芯片，结果如图 9-91 所示。

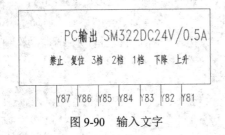

图 9-90 输入文字

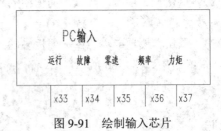

图 9-91 绘制输入芯片

9.3.5 绘制外围回路

本实例首先将"输出芯片""输入芯片""铁芯线圈""可调电阻""接地符号"和"脉冲符号"插入到对应的位置，然后利用"直线"命令将其连接起来，最后绘制接线端。

（1）单击"默认"选项卡"块"面板中的"插入"按钮 ，弹出"插入"对话框，选择"输出芯片"并将其插入，如图 9-92 所示。单击"确定"按钮，在绘图区域显示要插入的零件，设置插入点坐标为（195,220）。

（2）用同样的方法插入"输入芯片""铁芯线圈""可调电阻""接地符号"和"脉冲符号"，并将其放置到对应位置。

（3）单击"默认"选项卡"修改"面板中的"分解"按钮 和"删除"按钮 ，分解步骤（2）中插入的图块并删除多余部分。

（4）将"回路层"设置为当前图层。单击"默认"选项卡"绘图"面板中的"直线"按钮 ，按照元件位置连接线路图。

（5）单击"默认"选项卡"实用工具"面板中的"点样式"按钮 ，弹出"点样式"对话框，选择"空白"符号，取消点标记。

（6）单击"默认"选项卡"绘图"面板中的"圆"按钮 ，绘制接线端，结果如图 9-93 所示。

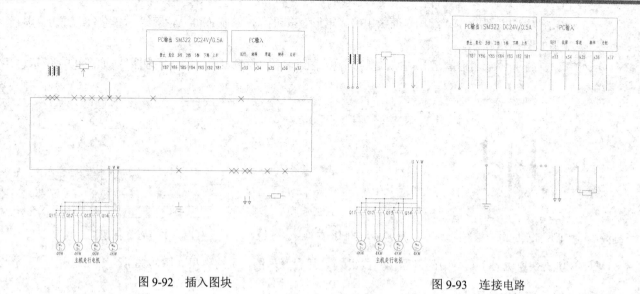

图 9-92　插入图块　　　　　　　　　　图 9-93　连接电路

9.3.6　添加注释

电路图中文字的添加大大缓解了图纸复杂、难懂的问题，根据文字，读者能更好地理解图纸的意义。

（1）将"说明层"设置为当前图层。单击"默认"选项卡"注释"面板中的"多行文字"按钮 **A**，依次添加电路图注释，最终结果如图 9-94 所示。

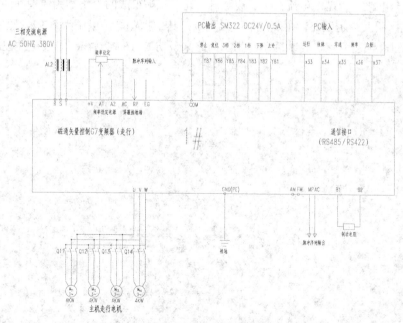

图 9-94　添加注释

（2）在命令行中输入 WBLOCK 命令，弹出"写块"对话框，创建"低压照明配电箱柜"图块，如图 9-95 所示。

（3）单击"默认"选项卡"绘图"面板中的"矩形"按钮口，绘制不可见轮廓线，将轮廓线置为"虚线层"，结果如图 9-96 所示。

（4）双击右下角图纸名称单元格，在标题栏中输入图纸名称"变频器电气接线原理图"，如图 9-97 所示。

图 9-95　"低压照明配电箱柜"图块　　图 9-96　绘制接口　　图 9-97　标注标题栏

（5）单击快速访问工具栏中的"保存"按钮，保存原理图，最终结果如图 9-53 所示。

9.4　C616 型车床电气设计

本实例绘制的车床电气原理图如图 9-98 所示。C616 型车床属于小型普通车床，车床最大工件回转半径为 160mm，最大工件长度为 500mm。其电气控制线路包括 3 个主要部分，其中从电源到 3 台电动机的电路称为主回路，这部分电路中通过的电流大；由接触器、继电器等组成的电路称为控制回路，采用 380V 电源供电；第 3 部分是照明及指示回路，由变压器次级供电，其中指示灯的电压为 6.3V，照明灯的电压为 36V 安全电压。下面通过介绍主回路、控制回路和指示回路来说明 C616 控制线路的设计过程。

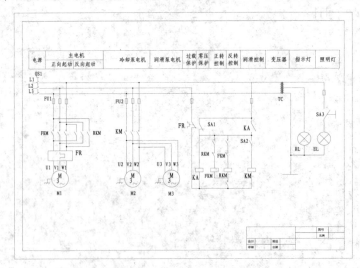

图 9-98　C616 车床电气原理图

【预习重点】

☑　了解 C616 车床电气线路的工作原理。

☑ 掌握 C616 车床电气原理图的绘制方法。

【操作步骤】

操作步骤如下文所述。

9.4.1 主回路设计

主回路包括 3 台三相交流异步电动机:主电机 M_1、冷却泵电机 M_2 和润滑泵电机 M_3。下面将详细讲述绘制的过程。

(1) 打开随书光盘"源文件\第 9 章"文件夹中的"电动机控制电路图.dwg",并调用随书光盘"源文件\A3 样板 1"样板,新建"三相异步电气设计.dwg"文件并保存。新建图层"主回路层""控制回路层""照明回路层"和"文字说明层",各图层的设置如图 9-99 所示。将"主回路层"设为当前图层。

(2) 在"三相电动机控制电路图.dwg"文件中选中如图 9-100 所示的电路图,选择菜单栏中的"编辑"→"复制"命令。在"车床电气设计.dwg"文件中选择菜单栏中的"编辑"→"粘贴"命令,指定插入点进行粘贴,并对图形进行编辑,如图 9-101 所示。将复制已有电气工程图的图形复制到当前设计环境中,能够大大提高设计效率和质量,这是非常有用的设计方法之一。

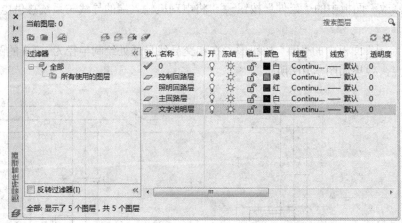

图 9-99 图层设置

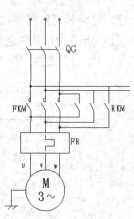

图 9-100 选择图形

(3) 单击"默认"选项卡"块"面板中的"插入"按钮,打开随书光盘"源文件\第 9 章\三相交流导线.dwg"文件,将图块插入到当前图形中。

(4) 导线比例显示过大,单击"默认"选项卡"修改"面板中的"缩放"按钮,将三相导线缩小一半,基点为中间导线的左端点,比例系数为 0.5,效果如图 9-102 所示。

(5) 插入多极开关图块。单击"默认"选项卡"块"面板中的"插入"按钮,打开随书光盘"源文件\三相异步电动机控制电路图"文件夹中的"多极开关.dwg"文件,将块插入到当前操作图形文件中,效果如图 9-103 所示。

(6) 调整多极开关位置。单击"默认"选项卡"修改"面板中的"移动"按钮和"旋转"按钮,将多极开关移到如图 9-104 所示的位置。

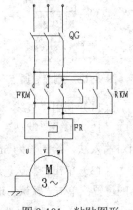

图 9-101 粘贴图形

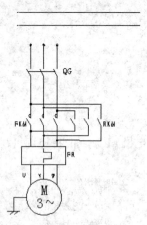

图 9-102　比例调整

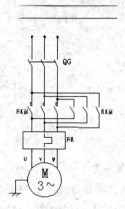

图 9-103　插入多极开关图块

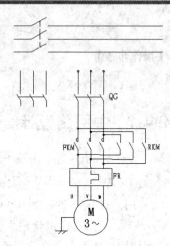

图 9-104　调整多极开关位置

（7）选择图形的接线端点和导线导通点，右击，在弹出的快捷菜单中选择"删除"命令，删除多余的端点和导线导通点，效果如图 9-105 所示。

（8）单击"默认"选项卡"修改"面板中的"分解"按钮，分解三相交流导线图块。

（9）单击"默认"选项卡"修改"面板中的"延伸"按钮，将电动机输入端的导线与系统总供电导线接通，延伸效果如图 9-106 所示。

（10）单击"默认"选项卡"绘图"面板中的"圆"按钮，在相交导线导通处绘制半径为 1mm 的圆，并用 SOLID 图案填充，作为导通点，效果如图 9-107 所示。

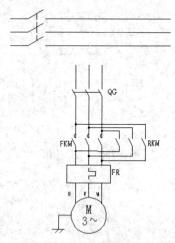

图 9-105　删除导通点

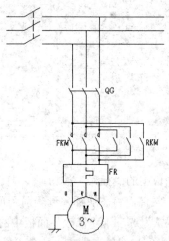

图 9-106　延伸效果

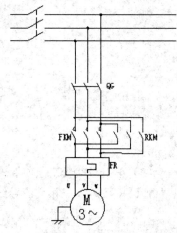

图 9-107　绘制导通点

（11）利用"直线"和"延伸"命令，在多极开关符号上添加手动按钮符号，如图 9-108 所示。

（12）单击"默认"选项卡"绘图"面板中的"矩形"按钮，以导通点圆心为第一个对角点，采用相对输入法，绘制长为 5mm、宽为 10mm 的矩形，作为 U 相的熔断器，如图 9-109 所示。

（13）单击"默认"选项卡"修改"面板中的"移动"按钮，设置移动距离为（2.5,-10,0），调整熔断器的位置；单击"默认"选项卡"修改"面板中的"复制"按钮，生成另外两相熔断器，如图 9-110 所示。

（14）单击"默认"选项卡"绘图"面板中的"直线"按钮，在 3 条导线末端分别接上一定长度的直线，作为控制回路的电源引入线，如图 9-111 所示。

（15）删除 QG 器件，并拖动直线的端点将导线连通，如图 9-112 所示。

（16）单击"默认"选项卡"修改"面板中的"复制"按钮，将电动机及导线、开关、熔断器复制后向右移动，移动距离为（150,0,0），如图 9-113 所示。

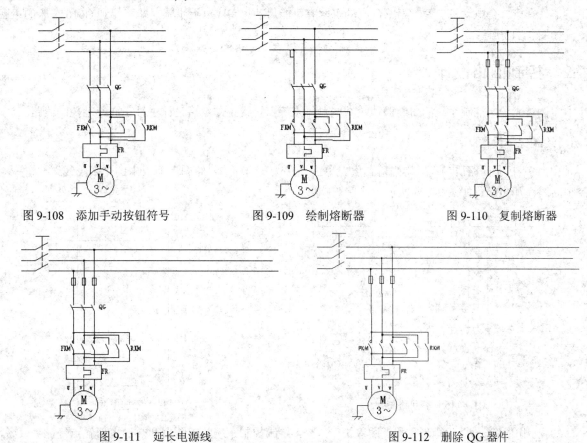

图 9-108　添加手动按钮符号　　　　图 9-109　绘制熔断器　　　　图 9-110　复制熔断器

图 9-111　延长电源线　　　　　　　　　　图 9-112　删除 QG 器件

（17）单击"默认"选项卡"修改"面板中的"复制"按钮，将复制后的电动机向 X 轴正方向平移 80mm，如图 9-114 所示。

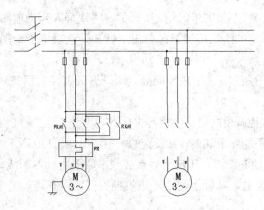

图 9-113　复制移动元器件

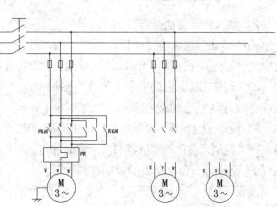

图 9-114　复制移动电动机

（18）利用"复制"和"粘贴"命令，复制手动多极开关并移动到第三台电动机的输入端。

（19）单击"默认"选项卡"修改"面板中的"延伸"按钮 ↦，以系统供电导线为延伸边界，将第二台电动机的输入端与系统供电导线连通。

（20）单击"默认"选项卡"绘图"面板中的"直线"按钮 ／，将第三台电动机连接在第二台电动机的下游，只有第二台电动机启动，第三台电动机才有可能启动。完成以上步骤，即可得到 C616 车床的主回路图，如图 9-115 所示。

9.4.2　控制回路设计

本实例首先绘制控制系统的熔断器和热继电器触点等保护设备，然后设计主轴正向起动控制线路。

1．绘制保护设备

（1）将"控制回路层"设置为当前图层。单击"默认"选项卡"绘图"面板中的"多段线"按钮 ⤴，为控制回路添加电源，如图 9-116 所示。

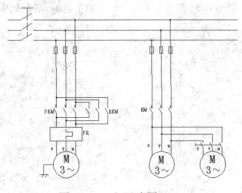

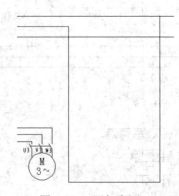

图 9-115　主回路图　　　　　　　　　　　图 9-116　添加电源

（2）利用"多段线""矩形"和"插入块"命令，绘制控制系统的熔断器和热继电器触点等保护设备，如图 9-117 所示。

2．设计主轴正向起动控制线路

（1）再次打开前面打开过的"三相交流导线"文件，复制其中的手动按钮开关，将块插入到当前图形中。单击"默认"选项卡"绘图"面板中的"矩形"按钮 ▢，绘制接触器；单击"默认"选项卡"绘图"面板中的"直线"按钮 ／，绘制连接导线，如图 9-118 所示。

（2）单击"默认"选项卡"修改"面板中的"复制"按钮 ⛁，生成反向启动手动开关和接触器符号，并且在导线连通处绘制接通符号，如图 9-119 所示。

（3）设计正反向互锁控制线路。在正向启动支路上串联控制反向启动接触器的常闭辅助触点，在反向启动支路上串联控制正向启动接触器的常闭辅助触点，使电动机不能处于既正转又反转的状态，如图 9-120 所示。

（4）设计第二台电动机的控制线路，第二台电动机驱动润滑泵，其辅助触点必须串联于主轴控制线路，保证润滑泵不工作，电动机不能启动。SA2 接通后，KM 得电，其触点闭合，电机控制回路才有可能得电，如图 9-121 所示。

（5）设计主轴电动机零压保护线路，如图 9-122 所示。

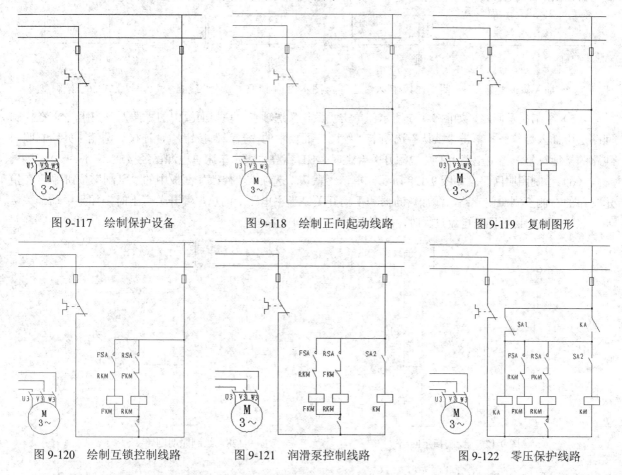

图 9-117　绘制保护设备　　　图 9-118　绘制正向起动线路　　　图 9-119　复制图形

图 9-120　绘制互锁控制线路　　　图 9-121　润滑泵控制线路　　　图 9-122　零压保护线路

零压保护说明：FSA、RSA 和 SA1 是同一鼓形开关的常开、常开和常闭触点。当总电源打开时，SA1 闭合，KA 得电，其辅助触点闭合。当主轴正向或者反向转动时，开关扳到 FSA 或者 RSA 位置，SA1 处于断开状态，KA 触点仍闭合，控制线路正常得电。如果主轴电动机在运转过程中突然停电，KA 断电释放，其常开触点断开。如果车床恢复供电后，因 SA1 断开，控制线路不能得电，主轴不会启动，保证安全。

9.4.3　照明指示回路的设计

首先绘制变压器，然后绘制指示回路，最后绘制照明回路，完成照明指示回路的设计。

（1）单击"默认"选项卡"块"面板中的"插入"按钮，打开随书光盘"源文件\第 9 章\电感符号.dwg"文件，在"照明回路层"插入块，作为变压器的初级线圈符号，如图 9-123 所示。

（2）在线圈中间绘制窄长矩形区域，并用 SOLID 图案进行填充，作为变压器的铁芯，设计变压器为照明指示回路供电，将 380V 电压降为安全电压，如图 9-124 所示。

（3）单击"默认"选项卡"修改"面板中的"镜像"按钮，以变压器的铁芯作为对称轴，将步骤（1）中绘制的线圈进行镜像，作为变压器的次级线圈，效果如图 9-125 所示。

（4）单击"默认"选项卡"绘图"面板中的"直线"按钮，绘制 3 条直线，如图 9-126 所示，作为变压器输出的 3 个抽头。

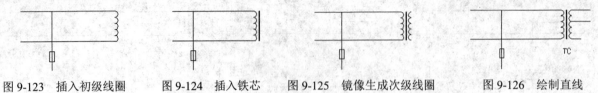

图 9-123　插入初级线圈　　　图 9-124　插入铁芯　　　图 9-125　镜像生成次级线圈　　　图 9-126　绘制直线

（5）绘制指示回路，如图 9-127 所示。单击"默认"选项卡"块"面板中的"插入"按钮，在控制回路层中插入灯符号。单击"默认"选项卡"绘图"面板中的"直线"按钮，连接灯两端，并绘制照明线路的接地符号。当主电路上的总电源开关合上时，HL 点亮，表示车床总电源已经接通。

（6）绘制照明回路，如图 9-128 所示。单击"默认"选项卡"修改"面板中的"复制"按钮，在指示支路的右侧复制照明支路，添加熔断器和手动开关。当主电路上的总电源开关合上时，如果手动开关接通，照明灯亮；照明回路电流过大时，熔断器断开，保证电路安全。

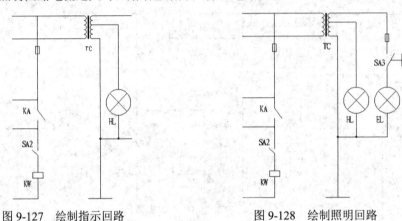

图 9-127　绘制指示回路　　　　　　　图 9-128　绘制照明回路

9.4.4　添加文字说明

本实例首先对元件的名称一一对应注释，然后再根据对电气部分的不同模块功能进行标注，以方便读者快速读懂图纸。

（1）将"文字说明层"设置为当前图层，将"主回路层"和"照明回路层"中的各元器件标上文字标号，如图 9-129 所示。字体选择"仿宋_GB2312"，字号为 10 号。

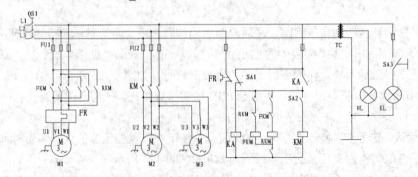

图 9-129　标注文字标号

（2）为了方便阅读电路图和进行电路维护，一般应在图的上面用文字标示各部分的功能等，如图 9-130 所示。

电源	主电机		冷却泵电机	润滑泵电机	过载保护	零压保护	正转控制	反转控制	润滑控制	变压器	指标灯	照明灯
	正向起动	反向起动										

图 9-130　添加文字说明

至此，完成 C616 车床电气原理图的设计，最终结果如图 9-131 所示。

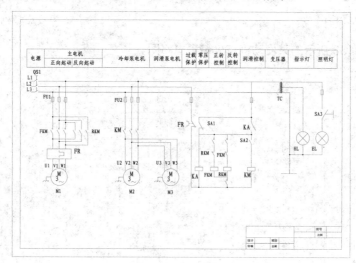

图 9-131　最终结果

9.5　上机实验

【练习 1】绘制如图 9-132 所示的钻床电气设计。

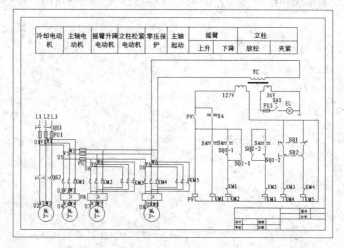

图 9-132　钻床电气设计

1．目的要求

摇臂钻床是一种立式钻床，在钻床中具有一定的典型性，通过本练习熟练掌握钻床电气设计的绘制方法。

2．操作提示

（1）主动回路设计。

（2）控制回路设计。

（3）照明指示回路设计。

【练习2】绘制如图9-133所示的某发动机点火装置电路图。

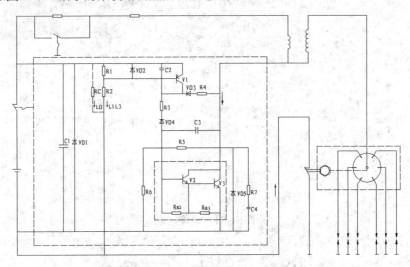

图9-133　某发动机点火装置电路图

1．目的要求

按照前面章节中的绘制步骤与绘制技巧，绘制某发动机点火装置电路图，重点掌握二维绘图和编辑命令的运用。

2．操作提示

（1）设置绘图环境。

（2）绘制线路结构图。

（3）绘制主要电气元件。

（4）添加文字说明。

第10章

电力电气设计

　　电能的生产、传输和使用是同时进行的。从发电厂输出的电力，需要经过升压后才能够输送给远方的用户。输电电压一般很高，用户一般不能直接使用，高压电要经过变电所变压才能分配给电能用户使用。由此可见，变电所和输电线路是电力系统重要的组成部分，所以本章将对变电工程图、输电工程图进行介绍，并结合具体的例子来介绍其绘制方法。

10.1 电力电气工程图简介

【预习重点】

☑ 了解电力系统的含义即组成部分。

☑ 了解变电工程图与输电工程图。

电能的生产、传输和使用是同时进行的。发电厂生产的电能，有一小部分供给本厂和附近的用户使用，其余大部分都要经过升压变电站将电压升高，由高压输电线路送至距离很远的负荷中心，再经过降压变电站将电压降低到用户所需要的电压等级，分配给电能用户使用。由此可知，电能从生产到应用，一般需要 5 个环节来完成，即发电→输电→变电→配电→用电，其中，配电又根据电压等级不同分为高压配电和低压配电。

由各种电压等级的电力线路，将各种类型的发电厂、变电站和电力用户联系起来，形成的一个发电、输电、变电、配电和用电的整体，称为电力系统。变电所和输电线路是联系发电厂和用户的中间环节，起着变换和分配电能的作用。

1. 变电工程及变电工程图

为了更好地了解变电工程图，下面先对变电工程的重要组成部分——变电所作简要介绍。系统中的变电所，通常按其在系统中的地位和供电范围分成以下几类。

（1）枢纽变电所。枢纽变电所是电力系统的枢纽点，用于连接电力系统高压和中压的几个部分，汇集多个电源，电压为 330～500kV。全所停电后，将引起系统解列，甚至出现瘫痪。

（2）中间变电所。高压以交换潮流为主，起系统交换功率的作用，或使长距离输电线路分段，一般汇集 2～3 个电源，电压为 220～330kV，同时又降压供给当地用电。这样的变电所主要起中间环节的作用，所以叫作中间变电所。全所停电后，将引起区域网络解列。

（3）地区变电所。高压侧电压一般为 110～220kV，是以对地区用户供电为主的变电所。全所停电后，仅使该地区中断供电。

（4）终端变电所。经降压后直接向用户供电的变电所即为终端变电所，在输电线路的终端，接近负荷点，高压侧电压多为 110kV。全所停电后，只是用户受到损失。

为了能够准确清晰地表达电力变电工程的各种设计意图，就必须采用变电工程图。简单来说，变电工程图也就是对变电站、输电线路各种接线形式和具体情况的描述。其意义就在于用统一、直观的标准来表达变电工程的各方面。

变电工程图的种类很多，包括主接线图、二次接线图、变电所平面布置图、变电所断面图、高压开关柜原理图及布置图等，每种情况各不相同。

2. 输电工程及输电工程图

输送电能的线路统称为电力线路。电力线路有输电线路和配电线路之分，由发电厂向电力负荷中心输送电能的线路以及电力系统之间的联络线路称为输电线路，由电力负荷中心向各个电力用户分配电能的线路称为配电线路。

输电线路按结构特点分为架空线路和电缆线路。架空线路由于具有结构简单、施工简便、建设费用低、施工周期短、检修维护方便、技术要求较低等优点，得到了广泛的应用。电缆线路受外界环境因素的影响小，但需用特殊加工的电力电缆，费用高，施工及运行检修的技术要求高。

目前我国电力系统广泛采用的是架空输电线路，架空输电线路一般由导线、避雷线、绝缘子、金具、杆塔、杆塔基础、接地装置和拉线等组成。在下面的章节中将分别介绍主接线图、二次接线图、绝缘端子装配图和线路钢筋混凝土杆装配图的绘制方法。

10.2 变电站断面图

本实例绘制断面图，如图 10-1 所示。

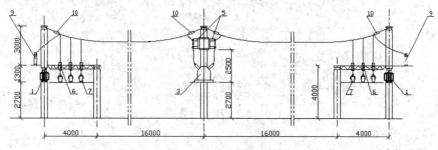

图 10-1 变电站断面图

变电站断面图结构比较简单，但是各部分之间的位置关系必须严格按规定尺寸来布置。绘图思路如下：首先设计图纸布局，确定各主要部件在图中的位置，然后分别绘制各杆塔。通过杆塔的位置大致定出整个图纸的结构，之后分别绘制各主要电气设备，再把绘制好的电气设备符号安装到对应的杆塔上。最后添加注释和尺寸标注，完成整张图的绘制。

【预习重点】

☑ 了解变电站断面图的绘制思路。

☑ 掌握变电站断面图的绘制技巧。

【操作步骤】

10.2.1 设置绘图环境

在绘制电路图之前，需要进行基本的操作，包括文件的创建、保存、栅格的显示、图形界限的设定及图层的管理等。

（1）单击快速访问工具栏中的"新建"按钮，以"无样板打开-公制"创建一个新的文件，并将其另存为"变电站断面图"。

（2）选择菜单栏中的"格式"→"图形界限"命令，分别设置图形界限的两个角点坐标，左下角点为（0,0），右上角点为（50000,90000），命令行提示与操作如下：

命令: limits↙
重新设置模型空间界限:
指定左下角点或 [开(ON)/关(OFF)] <0.0000,0.0000>:↙
指定右上角点 <210.0000,297.0000>:50000，90000↙

（3）单击"默认"选项卡"图层"面板中的"图层特性"按钮，打开"图层特性管理器"选项板，设置"轮廓线层""实体符号层""连接导线层"和"中心线层"4 个图层，各图层的颜色、线型及线宽分别如图 10-2 所示。将"轮廓线层"设置为当前图层。

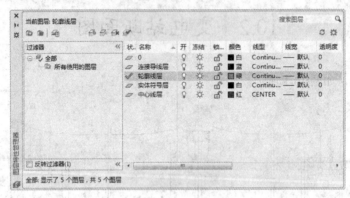

图 10-2 图层设置

10.2.2 图纸布局

电气图中图纸的布局是整个电气图的框架，将其分为不同功能的模块，最后按模块划分，填充电气图形。

（1）单击"默认"选项卡"绘图"面板中的"直线"按钮，绘制直线{（5000,1000），（45000,1000）}，如图 10-3 所示。

（2）单击"默认"选项卡"修改"面板中的"缩放"按钮和"移动"按钮，将视图调整到易于观察的程度。

图 10-3 水平边界线

（3）单击"默认"选项卡"修改"面板中的"偏移"按钮，以直线 1 为起始，依次向下绘制直线 2、直线 3 和直线 4，偏移量分别为 3000mm、1300mm 和 2700mm，如图 10-4 所示。

（4）将"中心线层"设置为当前图层。

（5）单击"默认"选项卡"绘图"面板中的"直线"按钮，开启"对象捕捉"模式，用鼠标分别捕捉直线 1 和直线 4 的左端点，绘制得到直线 5。

（6）单击"默认"选项卡"修改"面板中的"偏移"按钮，以直线 5 为起始，依次向右绘制直线 6、直线 7、直线 8 和直线 9，偏移量分别为 4000mm、16000mm、16000mm 和 4000mm，结果如图 10-5 所示。

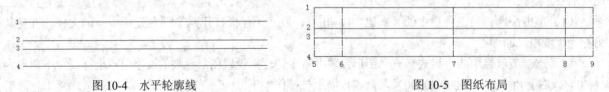

图 10-4 水平轮廓线

图 10-5 图纸布局

10.2.3　绘制杆塔

在前面绘制完成的图纸布局的基础上，在竖直直线 5、直线 6、直线 7、直线 8 和直线 9 的位置分别绘制对应的杆塔。其中，杆塔 1 和杆塔 5，杆塔 2 和杆塔 4 分别关于直线 7 对称。因此，下面只介绍杆塔 1、杆塔 2 和杆塔 3 的绘制过程，杆塔 4 和杆塔 5 可以由 1 和 2 镜像得到。

各电气设备的架构如图 10-6 所示。观察可以知道，杆塔 1 和杆塔 5，以及杆塔 2 和杆塔 4 分别关于杆塔 3 对称，所以只需要绘制杆塔 1、杆塔 2 和杆塔 3 左半部分，然后通过镜像即可得到整个图纸框架。

1.　绘制杆塔 1

使用"多线"命令绘制杆塔 1，绘制过程如下。

（1）将"实体符号层"设置为当前图层。

（2）选择菜单栏中的"绘图"→"多线"命令，绘制两条竖直线，命令行提示与操作如下：

```
命令: _mline
当前设置: 对正 = 上，比例 = 20.00，样式 = STANDARD
指定起点或 [对正(J)/比例(S)/样式(ST)]: S✓
输入多线比例 <20.00>:  500✓
当前设置: 对正 = 上，比例 = 500.00，样式 = STANDARD
指定起点或 [对正(J)/比例(S)/样式(ST)]: J✓
输入对正类型 [上(T)/无(Z)/下(B)] <上>: Z✓
当前设置: 对正 = 无，比例 = 500.00，样式 = STANDARD
指定起点或 [对正(J)/比例(S)/样式(ST)]:
指定下一点:2700 ✓
指定下一点或 [放弃(U)]: ✓
```

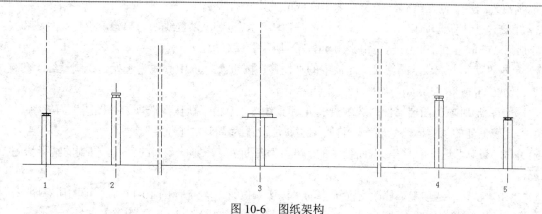

图 10-6　图纸架构

然后，调用"对象捕捉"功能获得多线的起点，移动光标使直线保持竖直，在屏幕上出现如图 10-7 所示的情形，跟随提示在"指定下一点"右面的文本框中输入下一点距离起点的距离 2700mm，然后按 Enter 键，绘制结果如图 10-8 所示。

（3）在"对象追踪"绘图方式下，单击"默认"选项卡"绘图"面板中的"直线"按钮／，用鼠标分别捕捉直线 1 和直线 2 的上端点绘制一条水平线，单击"默认"选项卡"修改"面板中的"偏移"按钮，以此水平线为起始并向上偏移 3 次，偏移量分别为 40mm、70mm 和 35mm，得到 3 条水平直线，如图 10-9

所示。

（4）单击"默认"选项卡"修改"面板中的"偏移"按钮，将中心线分别向左右偏移，偏移量为120mm，得到两条竖直直线。

（5）单击"默认"选项卡"修改"面板中的"修剪"按钮，修剪掉多余线段，并将对应直线的端点连接起来，结果如图10-10所示，即绘制完成的杆塔1的图形符号。

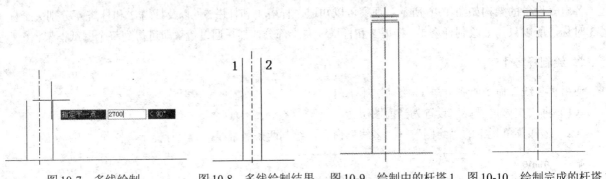

图10-7 多线绘制　　图10-8 多线绘制结果　图10-9 绘制中的杆塔1　图10-10 绘制完成的杆塔1

2. 绘制杆塔 2

与绘制杆塔1类似，只是绘制杆塔2时，将步骤1中第（2）步多线的中点距离起点的距离设为3700mm，其他步骤同绘制杆塔1完全相同，在此不再赘述。

3. 绘制杆塔 3

（1）利用"对象捕捉"功能，用鼠标捕捉到基点，单击"默认"选项卡"绘图"面板中的"直线"按钮，以基点为起点，向左绘制一条长度为1000mm的水平直线1。

（2）单击"默认"选项卡"修改"面板中的"偏移"按钮，以直线1为起始，绘制直线2和直线3，偏移量分别为2700mm和2900mm，如图10-11（a）所示。

（3）单击"默认"选项卡"修改"面板中的"偏移"按钮，以中心线为起始，绘制直线4和直线5，偏移量分别为250mm和450mm，如图10-11（b）所示。

（4）更改图形对象的图层属性：选中直线4和直线5，单击"默认"选项卡"图层"面板中的"图层特性"下拉列表框处的"实体符号层"，将其图层属性设置为"实体符号层"。

（5）单击"默认"选项卡"修改"面板中的"修剪"按钮，修剪掉多余的直线，得到的结果如图10-11（c）所示。

（6）单击"默认"选项卡"修改"面板中的"镜像"按钮，选择图10-11（c）中的所有图形，以中心线为镜像线，镜像得到如图10-11（d）所示的结果，即为绘制完成的杆塔3的图形符号。

4. 绘制杆塔 4 和 5

单击"默认"选项卡"修改"面板中的"镜像"按钮，以杆塔1和杆塔2为对象，以杆塔3的中心线为镜像线，镜像得到杆塔4和杆塔5。

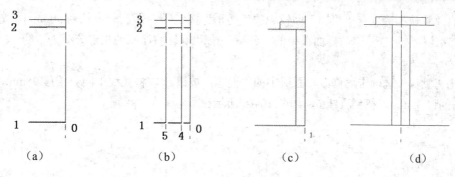

图 10-11　绘制杆塔

10.2.4　绘制各电气设备

在图纸的绘制过程中，首先绘制主要元件备用，在连线绘制过程中，再进行查漏补缺。

1．绘制绝缘子

（1）单击"默认"选项卡"绘图"面板中的"矩形"按钮，绘制一个长为 160mm、宽为 340mm 的矩形，如图 10-12（a）所示。

（2）单击"默认"选项卡"修改"面板中的"分解"按钮，将绘制的矩形分解为直线 1、直线 2、直线 3、直线 4。

（3）单击"默认"选项卡"修改"面板中的"偏移"按钮，将直线 2 向右偏移 80mm，得到直线 L。

（4）单击"默认"选项卡"修改"面板中的"拉长"按钮，将直线 L 向上拉长 60mm，拉长后直线的上端点为 O，结果如图 10-12（b）所示。

（5）单击"默认"选项卡"绘图"面板中的"圆"按钮，在"对象捕捉"绘图方式下，用鼠标捕捉 O 点，绘制一个半径为 60mm 的圆，结果如图 10-12（c）所示，此圆和前面绘制的矩形的一边刚好相切。然后删除直线 L，隔离开关结果如图 10-12（d）所示。

（6）单击"默认"选项卡"块"面板中的"创建"按钮，弹出"块定义"对话框，如图 10-13 所示。在"名称"文本框中输入"绝缘子"，在屏幕上用鼠标捕捉矩形的左下角作为基点，如图 10-14 所示。对象选择整个绝缘子，"块单位"设置为"毫米"，选中"按统一比例缩放"复选框，然后单击"确定"按钮。

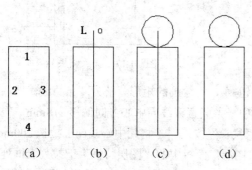

图 10-12　绘制隔离开关

图 10-13　"块定义"对话框

（7）单击"默认"选项卡"绘图"面板中的"矩形"按钮▢，绘制一个长为900mm、宽为730mm的矩形，单击"默认"选项卡"修改"面板中的"分解"按钮，将绘制的矩形分解为直线1、直线2、直线3和直线4。

（8）单击"默认"选项卡"修改"面板中的"偏移"按钮，将直线1向右偏移95mm，得到直线5；将直线2向左偏移95mm，得到直线6，如图10-15所示。

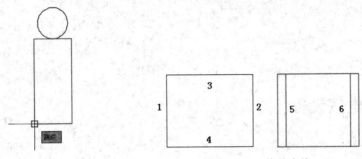

图 10-14　选择块对象　　　　　图 10-15　偏移直线

（9）单击"默认"选项卡"块"面板中的"插入"按钮，弹出"插入"对话框，如图10-16所示。在"名称"下拉列表框中选择"绝缘子"，在"插入点"选项组中选中"在屏幕上指定"复选框，在"比例"选项组中选中"在屏幕上指定"和"统一比例"复选框，旋转角度根据情况不同输入不同的值。一共要插入4次，分别选择矩形的4个角点作为插入点，对于绝缘子1和绝缘子3，旋转角度为270°，对于绝缘子2，旋转角度为90°，结果如图10-17所示。

2．绘制高压互感器

（1）单击"默认"选项卡"绘图"面板中的"矩形"按钮▢，绘制一个长为236mm、宽为410mm的矩形。

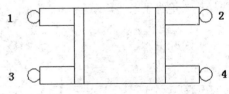

图 10-16　"插入"对话框　　　　　图 10-17　插入结果

（2）单击"默认"选项卡"修改"面板中的"分解"按钮，将绘制的矩形分解为4条直线。然后单击"默认"选项卡"修改"面板中的"偏移"按钮，将其中一条竖直直线向中心方向偏移118mm，得到竖直方向的中心线。单击"默认"选项卡"修改"面板中的"拉长"按钮，将此中心线向上拉长200mm，向下拉长100mm。最后选定中心线，单击"默认"选项卡"图层"面板中的"图层特性"下拉列表框处的"中心线层"，将其图层属性设置为"中心线层"，即得到绘制完成的矩形及其中心线，结果如图10-18（a）所示。

（3）单击"默认"选项卡"修改"面板中的"圆角"按钮□，采用修剪、角度、距离模式，对矩形上边两个角倒圆角，上面两个圆角的半径为 60mm，命令行提示与操作如下：

```
命令: _fillet
当前设置: 模式 = 修剪, 半径 = 0.0000
选择第一个对象或 [放弃(U)/多段线(P)/半径(R)/修剪(T)/多个(M)]: R↙
指定圆角半径 <0.0000>: 60↙
选择第一个对象或 [放弃(U)/多段线(P)/半径(R)/修剪(T)/多个(M)]:
选择第二个对象，或按住 Shift 键选择对象以应用角点或 [半径(R)]:（选择矩形的上边和左边直线）
```

同上，采用修剪、角度、距离模式，对矩形的下边两个角倒圆角，两个圆角的半径为 60mm，结果如图 10-18（b）所示。

（4）单击"默认"选项卡"修改"面板中的"偏移"按钮，将直线 AC 向下偏移 40mm，并调用"拉长"命令，将偏移得到的直线向两端分别拉长 75mm，结果如图 10-18（c）所示。

（5）单击"默认"选项卡"绘图"面板中的"圆弧"按钮，绘制圆弧，命令行提示与操作如下：

```
命令: _arc
指定圆弧的起点或 [圆心(C)]:（捕捉 A 点）
指定圆弧的第二个点或 [圆心(C)/端点(E)]: E↙
指定圆弧的端点:（捕捉 B 点）
指定圆弧的中心点(按住 Ctrl 键以切换方向)或 [角度(A)/方向(D)/半径(R)]: R↙
指定圆弧的半径(按住 Ctrl 键以切换方向): 80↙
```

同上，绘制第二段圆弧，起点和端点分别为 C 和 D，半径也为 80mm，如图 10-18（d）所示。

（6）单击"默认"选项卡"绘图"面板中的"直线"按钮，绘制一条长为 200mm 的竖直直线。以此直线为中心线，单击"默认"选项卡"绘图"面板中的"矩形"按钮□，分别绘制 3 个矩形，长和宽分别为：矩形 A，长 22mm，宽 20mm；矩形 B，长 90mm，宽 100mm；矩形 C，长 64mm，宽 64mm，如图 10-19（a）所示。

（7）中心线与矩形 C 下边的交点为 M，中心线与圆角矩形上边的交点为 N，单击"默认"选项卡"修改"面板中的"移动"按钮，以点 M 和点 N 重合的原则平移矩形 A、矩形 B 和矩形 C，平移结果如图 10-19（b）所示。

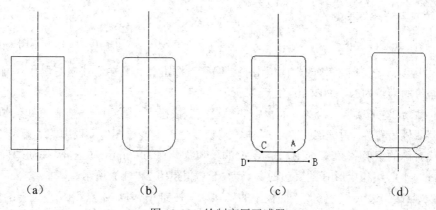

（a）　　　　　（b）　　　　　（c）　　　　　（d）

图 10-18　绘制高压互感器

（8）单击"默认"选项卡"修改"面板中的"偏移"按钮，将直线 BD 向上偏移 210mm，与圆角矩形的交点分别为点 M 和点 N。

（9）单击"默认"选项卡"绘图"面板中的"圆弧"按钮，采用"起点、端点、角度"模式，绘制圆弧，圆弧的起点和端点分别为 M 点和 N 点，角度为-270°，结果如图 10-19（c）所示，即为绘制完成的高压互感器的图形符号。

3. 绘制真空断路器

（1）将"中心线层"设置为当前图层。单击"默认"选项卡"绘图"面板中的"直线"按钮，绘制直线 1，长度为 1000。

（2）将当前图层由"中心线层"切换为"实体符号层"。

（3）启动"正交"和"对象捕捉"绘图方式，单击"默认"选项卡"绘图"面板中的"直线"按钮，分别绘制直线 2、直线 3 和直线 4，长度分别为 200mm、700mm 和 500mm，如图 10-20（a）所示。

（4）关闭"正交"绘图方式，单击"默认"选项卡"绘图"面板中的"直线"按钮，用鼠标分别捕捉直线 2 的右端点和直线 3 的上端点，得到直线 5，如图 10-20（b）所示。

（5）单击"默认"选项卡"修改"面板中的"镜像"按钮，选择直线 2、直线 3、直线 4 和直线 5 为镜像对象，选择直线 1 为镜像线做镜像操作。

（6）单击"默认"选项卡"修改"面板中的"拉长"按钮，选择直线 1 为拉长对象，将直线 1 分别向上和向下拉长 200mm，结果如图 10-20（c）所示。

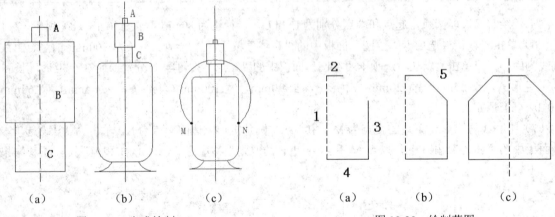

| （a） | （b） | （c） | | （a） | （b） | （c） |

图 10-19　完成绘制　　　　　　　　　　　图 10-20　绘制草图

（7）单击"默认"选项卡"修改"面板中的"偏移"按钮，将中心线向右偏移，偏移量为 350mm，与六边形的倾斜边的交点为 N，如图 10-21（a）所示。

（8）单击"默认"选项卡"绘图"面板中的"直线"按钮，绘制一条竖直直线，长度为 800mm，并将此直线图层属性设置为"中心线层"。单击"默认"选项卡"绘图"面板中的"矩形"按钮，绘制两个关于中心线对称的矩形 A 和矩形 B，矩形 A 的长和宽分别为 90mm、95mm，矩形 B 的长和宽分别为 160mm、450mm，中心线和矩形 B 的底边的交点为 M，如图 10-21（b）所示。

（9）单击"默认"选项卡"修改"面板中的"移动"按钮，以 M 点和 N 点重合的原则，用鼠标捕捉 M 点作为平移的基点，用鼠标捕捉点 N 作为移动的终点。然后，单击"默认"选项卡"修改"面板中的

"旋转"按钮 ⭕，将矩形以 N 点为基点旋转-45°。

（10）单击"默认"选项卡"修改"面板中的"镜像"按钮 ⧉，以矩形为镜像对象，以图形的中心镜像线为镜像线，做镜像操作，得到的结果如图 10-21（c）所示。

4．绘制避雷器

（1）单击"默认"选项卡"绘图"面板中的"矩形"按钮 ⬜，绘制一个长为 220mm、宽 800mm 的矩形，如图 10-22（a）所示。

（2）单击"默认"选项卡"修改"面板中的"分解"按钮 ⬚，将绘制的矩形分解为 4 条直线。

（3）单击"默认"选项卡"修改"面板中的"偏移"按钮 ⬰，将矩形的上、下两边分别向下和向上偏移 90mm，结果如图 10-22（b）所示。

（4）单击"默认"选项卡"修改"面板中的"偏移"按钮 ⬰，将矩形的左边向右偏移 110mm，得到矩形的中心线。

（5）单击"默认"选项卡"修改"面板中的"拉长"按钮 ⟋，选择中心线为拉长对象，将中心线向上拉长 85mm，如图 10-22（c）所示。

（6）单击"默认"选项卡"绘图"面板中的"圆"按钮 ⊙，在"对象捕捉"绘图方式下，用鼠标捕捉 O 点为圆心，绘制一个半径为 85mm 的圆，如图 10-22（d）所示。

（7）用鼠标选择中心线，单击"默认"选项卡"修改"面板中的"删除"按钮 ✐，或者直接按 Delete 键删除中心线，如图 10-22（d）所示，即为绘制完成的避雷器的图形符号。

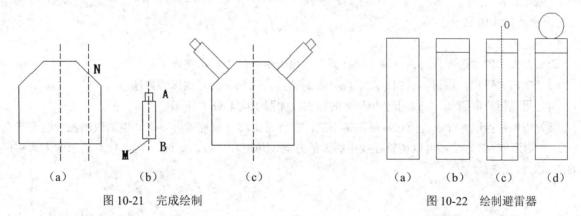

图 10-21　完成绘制　　　　　　　　　　图 10-22　绘制避雷器

10.2.5　插入电气设备

前面已经分别完成了图纸的架构图和各主要电气设备的符号图，下面将绘制完成的各主要电气设备的符号插入到架构图的相应位置，完成基本草图的绘制。

注意　（1）尽量使用"对象捕捉"，使得电器符号能够准确定位到合适的位置。
　　　　　（2）注意调用"缩放"命令，调整各图形符号到合适的尺寸，保证整张图的整齐和美观。

完成后的结果如图 10-23 所示。

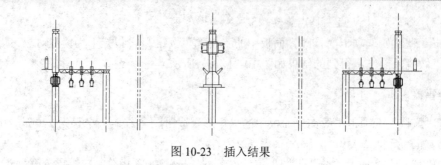

图 10-23　插入结果

10.2.6　绘制连接导线

本实例利用"直线"和"圆弧"命令绘制连接导线。

（1）将当前图层从"实体符号层"切换为"连接线层"。

（2）单击"默认"选项卡"绘图"面板中的"直线"按钮 ╱ 和"圆弧"按钮 ╭ 。绘制连接导线。在绘制过程中，可使用"对象捕捉"，捕捉导线的连接点。

注意　在绘制连接导线的过程中，可以使用夹点编辑命令调整圆弧的方向和半径，直到导线的方向和角度达到最佳的程度。

打开夹点的步骤如下：

（1）选择"工具"→"选项"命令。

（2）在弹出的"选项"对话框的"选择集"选项卡中选择"显示夹点"。

（3）单击"确定"按钮。以图 10-24（a）中的圆弧为例介绍夹点编辑的方法。

（4）用鼠标拾取圆弧，圆弧上会出现■的标志，如图 10-24（b）所示。

（5）用鼠标拾取■标志，按住鼠标左键不放，在屏幕上移动鼠标就会发现，被选取的图形的形状会不断变化，利用这样的方法，可以调整导线中圆弧的方向、角度和半径。如图 10-24（c）所示即为调整过程中的圆弧的情况。

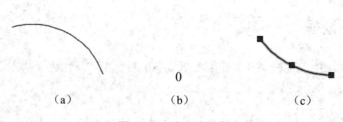

（a）　　　　　　　　　（b）　　　　　　　　　（c）

图 10-24　夹点编辑命令

如图 10-25 所示即为绘制完成的导线的变电站断面图。

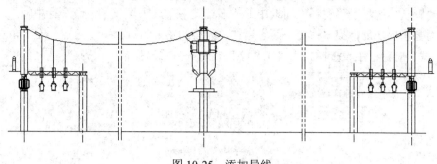

图 10-25　添加导线

10.2.7　标注尺寸和图例

利用"线性"和"多行文字"命令标注尺寸和文字。

1．标注尺寸

（1）单击"默认"选项卡"注释"面板中的"标注样式"按钮，弹出"标注样式管理器"对话框，单击"新建"按钮，弹出"创建新标注样式"对话框。样式名称为"变电站断面图标注样式"，设置"超出尺寸线"为 50，"起点偏移量"为 50；"箭头"为倾斜，"箭头大小"为 100；"文字高度"为 300；"精度"为 0。

（2）单击"默认"选项卡"注释"面板中的"线性"按钮和"连续"按钮，为图形标注尺寸，结果如图 10-26 所示。

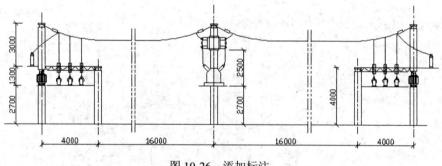

图 10-26　添加标注

2．标注电气图形符号

（1）单击"默认"选项卡"注释"面板中的"文字样式"按钮或者在命令行中输入 STYLE 命令，弹出"文字样式"对话框。

（2）在"文字样式"对话框中单击"新建"按钮，然后输入样式名"工程字"，并单击"确定"按钮，设置如图 10-27 所示。

（3）在"字体名"下拉列表框中选择"仿宋_GB2312"。

（4）"高度"保持默认值 400。

（5）"宽度因子"设置为 0.7，"倾斜角度"保持默认值为 0。

（6）检查预览区文字外观，如果合适，单击"应用"按钮。

（7）单击"默认"选项卡"注释"面板中的"多行文字"按钮 **A** 或者在命令行中输入 MTEXT 命令。

（8）调用对象捕捉功能捕捉"核定"两字所在单元格的左上角点为第一角点，右下角点为对角点，在弹出的"文字样式"对话框中设置样式为"工程字"，对齐方式选择正中对齐。

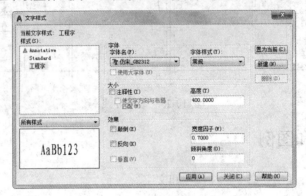

图 10-27　"文字样式"对话框

（9）输入需要输入的文字，单击"确定"按钮。

（10）用同样的方法，输入其他文字。

如图 10-1 所示为绘制完成的变电站断面图。

10.3　电杆安装三视图

本实例绘制的电杆安装三视图如图 10-28 所示。

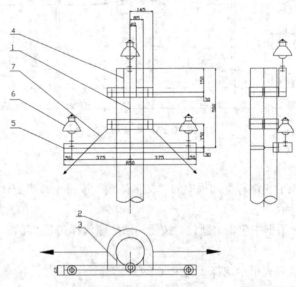

图 10-28　电杆安装三视图

首先根据三视图中各部件的位置确定图纸布局，得到各个视图的轮廓线；然后绘制出图中出现较多的针式绝缘子，将其保存为块；接着分别绘制主视图、俯视图和左视图的细节部分，最后进行标注。

图中各部件的名称如下。

1——电杆　　　　2——U 形抱箍　　　3——M 形抱铁　　　4——杆顶支座抱箍

5——横担　　　　6——针式绝缘子　　　7——拉线

【预习重点】

☑　了解电杆安装三视图的绘制思路。

☑　掌握电杆安装三视图的绘制技巧。

【操作步骤】

10.3.1　设置绘图环境

设置电路图的绘图环境，包括文件的创建、保存、设置缩放比例、图形界限的设定及图层的管理等。

1．新建文件

启动 AutoCAD 2017 应用程序，单击快速访问工具栏中的"新建"按钮，以"无样板打开-公制"创建一个新的文件，将新文件命名为"电杆安装三视图.dwg"并保存。

2．设置缩放比例

选择菜单栏中的"格式"→"比例缩放列表"命令，弹出"编辑图形比例"对话框，如图 10-29 所示。在"比例列表"列表框中选择"1:4"选项，单击"确定"按钮，将图纸比例放大 4 倍。

3．设置图形界限

选择菜单栏中的"格式"→"图形界限"命令，设置图形界限的左下角点坐标为（0,0），右上角点坐标为（1700,1400）。

4．设置图层

单击"默认"选项卡"图层"面板中的"图层特性"按钮，打开"图层特性管理器"选项板，设置"轮廓线层""中心线层""实体符号层"和"连接导线层"4 个图层，各图层的颜色、线型如图 10-30 所示。

图 10-29　"编辑图形比例"对话框

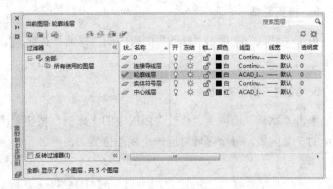

图 10-30　图层设置

10.3.2 图纸布局

该图纸的布局主要包括主视图、俯视图和左视图，完整地表达了该电路图的安装过程。

1．绘制水平直线

将"轮廓线层"设置为当前图层，单击"默认"选项卡"绘图"面板中的"直线"按钮 ╱，单击状态栏中的"正交模式"按钮 ᄂ，绘制一条横贯整个图纸的水平直线1，并通过点（200,1400）。

2．偏移水平直线

单击"默认"选项卡"修改"面板中的"偏移"按钮 ⊘，将直线1依次向下偏移120mm、30mm、30mm、140mm、30mm、30mm、90mm、30mm、30mm、625mm、85mm、30mm和30mm，绘制13条水平直线，结果如图10-31所示。

3．绘制竖直直线

单击"默认"选项卡"绘图"面板中的"直线"按钮 ╱，绘制竖直直线2{（1300,100），（1300,1400）}。

4．偏移竖直直线

单击"默认"选项卡"修改"面板中的"偏移"按钮 ⊘，将直线2依次向右偏移50mm、230mm、60mm、85mm、85mm、60mm、230mm、50mm、350mm、85mm、85mm、60mm和355mm，绘制13条竖直直线，结果如图10-32所示。

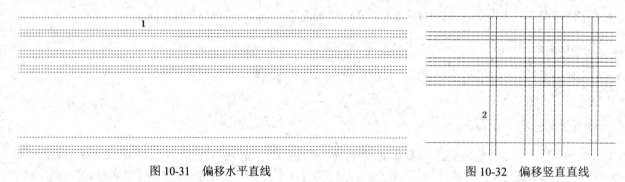

图 10-31　偏移水平直线　　　　　　　　　　　　图 10-32　偏移竖直直线

5．修剪直线

单击"默认"选项卡"修改"面板中的"修剪"按钮 ⊬，修剪掉多余直线，得到图纸布局，如图10-33所示。

6．绘制三视图布局

单击"默认"选项卡"修改"面板中的"修剪"按钮 ⊬ 和"删除"按钮 ✎，将图10-33修剪为图10-34所示的3个区域，每个区域对应一个视图位置。

10.3.3　绘制主视图

首先利用"修剪"和"删除"命令修剪主视图，得到主视图的轮廓线，然后利用前面学到的知识绘制抱箍固定条等剩余图形，完成主视图绘制。

1. 修剪主视图

单击"默认"选项卡"修改"面板中的"修剪"按钮—和"删除"按钮，将图 10-34 中的主视图图形修剪为如图 10-35 所示的图形，得到主视图的轮廓线。

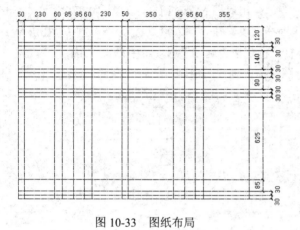

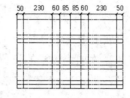

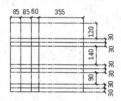

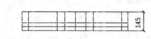

图 10-33　图纸布局　　　　　　　　　　　图 10-34　绘制三视图布局

2. 修改图形的图层属性

选择图 10-35 中的矩形 1 和矩形 2，单击"默认"选项卡"图层"面板中的"图层特性"下拉列表框的"实体符号层"图层，将其图层属性设置为实体层。

注意　在 AutoCAD 2017 中，更改图层属性的另一种方法为：在图形对象上右击，在弹出的快捷菜单中选择"特性"命令，再在弹出的"特性"选项板中更改其图层属性。

3. 绘制抱箍固定条

单击"默认"选项卡"修改"面板中的"偏移"按钮，选择矩形 1 的左竖直边，向右偏移 105mm，选择矩形 1 的右竖直边，向左偏移 105mm。单击"默认"选项卡"修改"面板中的"拉长"按钮，将偏移得到的两条竖直直线向上拉长 120mm，将其端点落在顶杆的顶边上。

4. 拉长顶杆

单击"默认"选项卡"修改"面板中的"拉长"按钮，选择顶杆的两条竖直边，分别向下拉长 300mm，结果如图 10-36 所示。

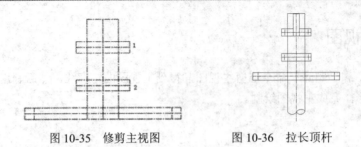

图 10-35　修剪主视图　　　　　图 10-36　拉长顶杆

5. 插入绝缘子图块

单击"默认"选项卡"块"面板中的"插入"按钮，弹出"插入"对话框，如图 10-37 所示。单击"浏览"按钮，选择在本章中保存的"绝缘子"图块作为插入块，在"插入点"选项组中选中"在屏幕上指定"复选框，在"比例"选项组中选中"统一比例"复选框，在"旋转"选项组中设置"角度"为 0，单击"确定"按钮，在绘图区选择添加绝缘子的位置，将图块插入到视图中。

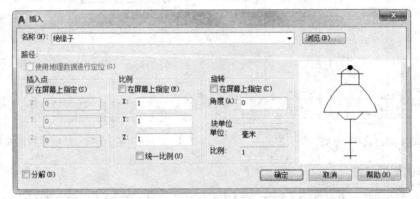

图 10-37　"插入"对话框

6. 绘制拉线

（1）绘制斜线。单击"默认"选项卡"绘图"面板中的"直线"按钮，开启"极轴追踪"和"对象捕捉"模式，捕捉中间矩形的左下角点作为直线的起点，绘制一条长度为 400mm，与竖直方向成 135°角的斜线作为拉线。

（2）绘制箭头。绘制一个小三角形，并用 SOLID 图案进行填充。

（3）修剪拉线。单击"默认"选项卡"修改"面板中的"修剪"按钮，修剪拉线。

（4）镜像拉线。单击"默认"选项卡"修改"面板中的"镜像"按钮，选择拉线作为镜像对象，以中心线为镜像线进行镜像操作，得到右半部分的拉线，如图 10-38 所示为绘制完成的主视图。

10.3.4　绘制俯视图

利用"圆""多段线""镜像""修剪"和"删除"命令绘制俯视图。

1. 修剪俯视图轮廓线

单击"默认"选项卡"修改"面板中的"修剪"按钮和"删除"按钮，将图 10-34 中的俯视图图线修剪为如图 10-39 所示的图形，得到俯视图的轮廓线。

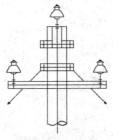

图 10-38　绘制完成的主视图

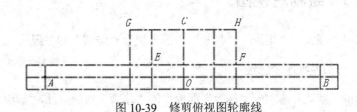

图 10-39　修剪俯视图轮廓线

2. 修改图形的图层属性

选择图 10-39 中的所有边界线，单击"默认"选项卡"图层"面板中的"图层特性"下拉列表框处的"实体符号层"图层，将其图层属性设置为实体层。

3. 绘制同心圆

单击"默认"选项卡"绘图"面板中的"圆"按钮 ⊙，在"对象捕捉"模式下，捕捉图 10-39 中的 A 点为圆心，分别绘制半径为 15mm 和 30mm 的同心圆。将绘制的同心圆向 B 点和 O 点复制，并将复制到 O 点的同心圆适当向上移动。

4. 绘制同心圆

单击"默认"选项卡"绘图"面板中的"圆"按钮 ⊙，在"对象捕捉"模式下，捕捉 C 点为圆心，分别绘制半径为 90mm 和 145mm 的同心圆。

5. 绘制直线

以图 10-39 中的 E 点和 F 点为起点，绘制两条与 R90 圆相交的直线。

6. 绘制拉线与箭头

单击"默认"选项卡"绘图"面板中的"多段线"按钮 ⊃，绘制拉线与箭头，命令行提示与操作如下：

```
命令:_pline
指定起点:（捕捉图 10-39 中的 G 点）
当前线宽为 0.0000
指定下一个点或 [圆弧(A)/半宽(H)/长度(L)/放弃(U)/宽度(W)]:（在 G 点左侧适当位置选取一点）
指定下一点或 [圆弧(A)/闭合(C)/半宽(H)/长度(L)/放弃(U)/宽度(W)]: W↙
指定起点宽度 <0.0000>: 30↙
指定端点宽度 <30.0000>: 0↙
指定下一点或 [圆弧(A)/闭合(C)/半宽(H)/长度(L)/放弃(U)/宽度(W)]:（在左侧适当位置单击，确定箭头的大小）
指定下一点或 [圆弧(A)/闭合(C)/半宽(H)/长度(L)/放弃(U)/宽度(W)]: ↙
```

7. 镜像并修剪图形

单击"默认"选项卡"修改"面板中的"镜像"按钮 ⚖，选择绘制的拉线及箭头为镜像对象，以竖直中心线为镜像线，在 H 点处镜像一个同样的拉线和箭头。单击"默认"选项卡"修改"面板中的"修剪"按钮，修剪图中多余的直线与圆弧，得到如图 10-40 所示的俯视图图形。

10.3.5 绘制左视图

利用"圆弧""矩形""拉长""插入块""修剪"和"删除"命令绘制左视图。

1. 修剪左视图轮廓线

单击"默认"选项卡"修改"面板中的"修剪"按钮和"删除"按钮，将图 10-34 中的左视图图线修剪为如图 10-41 所示的图形，得到左视图的轮廓线。

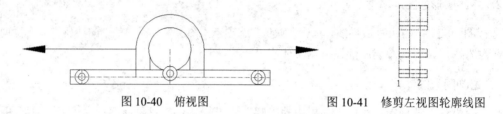

图 10-40　俯视图　　　　　　　　　　　图 10-41　修剪左视图轮廓线图

2. 绘制电杆

单击"默认"选项卡"修改"面板中的"拉长"按钮，选择直线 1 和直线 2，分别向下拉长 300mm，形成电杆轮廓线。

3. 绘制电杆底端

单击"默认"选项卡"绘图"面板中的"圆弧"按钮，选择电杆的两个下端点作为圆弧的起点和终点，绘制半径为 50mm 的圆弧 a；采用同样的方法，分别绘制圆弧 b 和圆弧 c，构成电杆的底端。

4. 绘制矩形

单击"默认"选项卡"绘图"面板中的"矩形"按钮，绘制一个长为 55mm、宽为 35mm 的矩形，并利用 WBLOCK 命令保存为块。

5. 插入矩形块

单击"默认"选项卡"块"面板中的"插入"按钮，将"矩形块"分别插入到图形中的适当位置，如图 10-42 所示。

6. 插入图块

单击"默认"选项卡"块"面板中的"插入"按钮，插入绝缘子图块。

绘制拉线和箭头，得到如图 10-43 所示的左视图。

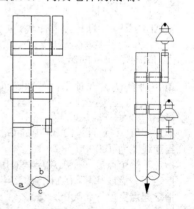

图 10-42　插入矩形块　　图 10-43　左视图

10.3.6　标注尺寸及注释文字

首先设置标注样式，然后利用"线性"和"多行文字"命令标注尺寸和文字说明。

（1）设置标注样式。单击"默认"选项卡"注释"面板中的"标注样式"按钮，弹出"标注样式管理器"对话框，如图 10-44 所示。单击"新建"按钮，弹出"创建新标注样式"对话框，如图 10-45 所示，设置"新样式名"为"变电站断面图标注样式"，"基础样式"为 ISO-25，"用于"为"所有标注"。

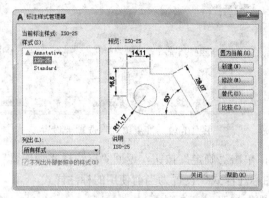

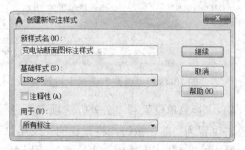

图 10-44　"标注样式管理器"对话框　　　　　图 10-45　"创建新标注样式"对话框

（2）单击"继续"按钮，打开"新建标注样式"对话框。其中有 7 个选项卡，可对新建的"变电站断面图标注样式"的标注样式进行设置。"线"选项卡的设置如图 10-46 所示，设置"基线间距"为 13、"超出尺寸线"为 2.5。在"符号和箭头"选项卡中设置"箭头大小"为 5。

（3）"文字"选项卡的设置如图 10-47 所示，设置"文字高度"为 7、"从尺寸线偏移"为 0.5，"文字对齐"方式为"ISO 标准"。

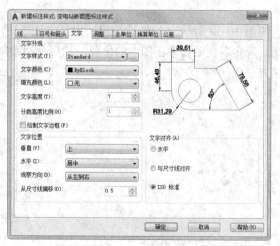

图 10-46　"线"选项卡设置　　　　　　　　　图 10-47　"文字"选项卡设置

（4）"调整"选项卡的设置如图 10-48 所示，在"文字位置"选项组中选中"尺寸线上方，带引线"单选按钮。

（5）"主单位"选项卡的设置如图 10-49 所示，设置"舍入"为 0，选择"小数分隔符"为"'（.）'（句点）"。

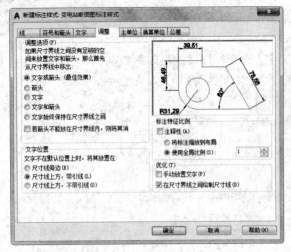

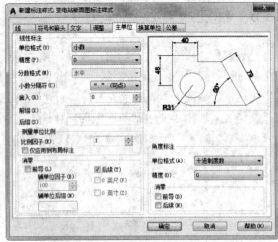

图 10-48　"调整"选项卡设置　　　　　　　图 10-49　"主单位"选项卡设置

（6）"换算单位"和"公差"选项卡不进行设置，单击"确定"按钮，返回"标注样式管理器"对话框，单击"置为当前"按钮，将新建的"变电站断面图标注样式"设置为当前使用的标注样式。

（7）单击"默认"选项卡"注释"面板中的"线性"按钮┤，标注尺寸。

（8）单击"默认"选项卡"注释"面板中的"多行文字"按钮 A，标注文字说明，最终结果如图 10-28 所示。

10.4　变电所主接线图的绘制

如图 10-50 所示为 110kV 变电所电气主接线图，绘制此类电气工程图的大致思路如下：首先设计图样布局，确定各主要部件在图中的位置，然后分别绘制各电气符号，最后把绘制好的电气符号插入到布局图的相应位置。

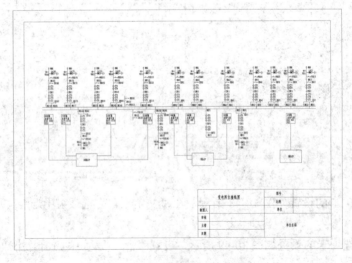

图 10-50　变电所主接线图

【预习重点】

- ☑　了解变电所主接线图的绘制思路。
- ☑　掌握变电所主接线图的绘制技巧。

【操作步骤】

10.4.1　设置绘图环境

在绘制电路图之前，需要进行基本的操作，包括文件的创建、保存及图层的管理。

1．建立新文件

打开 AutoCAD 2017 应用程序，单击快速访问工具栏中的"新建"按钮，以"A4.dwt"样板文件为模板，建立新文件，将新文件命名为"110kV 变电所主接线图.dwg"并保存。

2．设置图层

单击"默认"选项卡"图层"面板中的"图层特性"按钮，设置"图框线层""母线层"和"绘图层"3 个图层，将"母线层"设置为当前图层。设置好的各图层的属性如图 10-51 所示。

图 10-51　图层设置

10.4.2　图样布局

在绘制变电所主接线图时，首先需要对线路进行绘制，方便后面的模块的放置。

1．选择母线层

选择母线层后，注意观察图层状态，状态栏中的 ✔ 表示当前图层，要确认当前图层为打开状态，未冻结，图层线的颜色选为白色，线宽选择 0.2mm。选择结束后，要确定"图层"面板上的状态，如图 10-52 所示即为已选中母线层。

图 10-52　面板中的图层状态

2. 绘制母线

（1）单击"默认"选项卡"绘图"面板中的"直线"按钮 ⁄，绘制适当长度的水平直线，注意状态栏上的"正交模式"按钮处于按下状态。绘制完成后的状态栏如图 10-53 所示。

图 10-53　绘制直线时的状态栏

（2）单击"默认"选项卡"修改"面板中的"偏移"按钮 ⫽，将水平直线偏移适当的距离，命令行提示与操作如下：

```
命令: offset✓
当前设置: 删除源=否　图层=源　offsetgaptype=0
指定偏移距离或 [通过(T)/删除(E)/图层(L)]　通过：(指定适当距离)✓
指定要偏移的那一侧上的点，或 [退出(E)/多个(M)/放弃(U)]<退出>:
选择要偏移的对象，或 [退出(E)/放弃(U)]<退出>:✓
```

10.4.3　绘制图形符号

本图涉及的图形符号很多，图形符号的绘制是本图最主要的内容，下面分别给予说明。读者掌握了绘制方法后，可以把这些图形符号保存为图块，方便以后用到这些相同的符号时加以调用，提高工作效率。

1. 绘制隔离开关

在母线层绘制完成后，选择图层状态栏中的绘图层，在绘图层内进行绘制，整个绘制流程如图 10-54 所示。

（1）绘制两条垂直线。单击"默认"选项卡"绘图"面板中的"直线"按钮 ⁄，绘制一条长度为 8mm 的垂线，并在其左侧绘制一条 1.5mm 的平行线，如图 10-54（a）所示。

（2）旋转直线。选择 1.5mm 的平行线，单击"默认"选项卡"修改"面板中的"旋转"按钮 ○，状态栏上会提示选择基点，本图以平行线的上端点为基点，然后输入旋转角度为-30°，结果如图 10-54（b）所示。

（3）平移直线。选中旋转后的斜线，单击"默认"选项卡"修改"面板中的"移动"按钮 ✛，以斜线的上端点为基点，将斜线的上端点移动到 8mm 的直线上，如图 10-54（c）所示。

（4）绘制垂线。单击"默认"选项卡"绘图"面板中的"直线"按钮 ⁄，以斜线的下端点为顶点绘制一条垂线，如图 10-54（d）所示。

（5）平移垂线。右击状态栏的"对象捕捉"按钮，然后在弹出的快捷菜单中选择"对象捕捉设置"命令，在"草图设置"对话框的"对象捕捉"选项卡中选中"中点"复选框，如图 10-55 所示，单击"默认"选项卡"修改"面板中的"移动"按钮 ✛，将垂直于 8mm 的直线的中点平移到 8mm 直线上，如图 10-54（e）所示。

（6）修剪多余部分。单击"默认"选项卡"修改"面板中的"修剪"按钮 ⌁，将多余的线段删除，结果如图 10-54（f）所示。

（7）复制隔离开关。将如图 10-54（f）所示的图全部选中，单击"默认"选项卡"修改"面板中的"复制"按钮 ⁰₃，复制出图 10-54（g）的一部分，并在两条母线间绘制直线，得到的图形如图 10-54（g）所示。

2．绘制接地刀闸

（1）旋转隔离开关。选中图 10-56（a）中的隔离开关，单击"默认"选项卡"修改"面板中的"旋转"按钮○，选择隔离开关的下端点为基点，然后输入-90°，确定后得到的图形如图 10-56（b）所示。

（2）绘制平行线和斜线。绘制一条长为 1mm 的垂直线，得到如图 10-56（c）所示的垂线 1，单击"默认"选项卡"修改"面板中的"偏移"按钮▣，选择偏移距离为 0.3mm，偏移位置为垂线 1 的右端，得到垂线 2，以同样的方法可得到垂线 3。

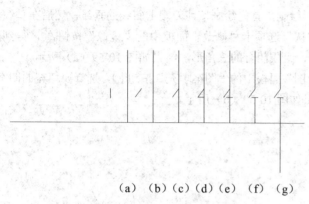

（a）（b）（c）（d）（e）（f）（g）

图 10-54　隔离开关的绘制过程

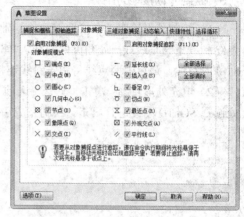

图 10-55　"草图设置"对话框

（3）绘制斜线。单击"默认"选项卡"绘图"面板中的"直线"按钮╱，选择合适的角度绘制一条斜线，如图 10-56（c）所示。

（4）镜像斜线。选择要镜像的斜线，单击"默认"选项卡"修改"面板中的"镜像"按钮△，接着选择中心线上的两点来确定对称轴，确定后可得到如图 10-56（d）所示的图形。

（5）去除多余线段。单击"默认"选项卡"修改"面板中的"修剪"按钮╱，将图中的多余线段删除，最终得到的图形如图 10-56（e）所示。

3．绘制电流互感器

单击"默认"选项卡"绘图"面板中的"直线"按钮╱，绘制一条竖直直线；单击"默认"选项卡"绘图"面板中的"圆"按钮◎，以直线上一点作为圆心，绘制圆 1，半径为 1mm；接着选中圆 1，单击"默认"选项卡"修改"面板中的"复制"按钮％，开启状态栏中的"正交模式"，将光标的位置放在圆 1 的上方，距离为 3mm，即可得到圆 2；按照同样的做法，得到圆 3，结果如图 10-57 所示。

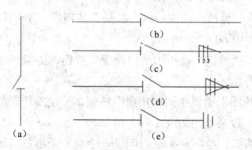

图 10-56　绘制接地刀闸过程图

图 10-57　电流互感器

4．绘制断路器

（1）镜像全部线条。在隔离开关的基础上，单击"默认"选项卡"修改"面板中的"镜像"按钮，将图中的水平线以其与竖线交点为基点旋转45°，如图10-58（a）所示。

（2）镜像旋转线。单击"默认"选项卡"修改"面板中的"镜像"按钮，将旋转后的线以竖线为轴进行镜像处理，结果如图10-58（b）所示，即为断路器。

5．绘制手动接地刀闸

（1）绘制外形轮廓。在接地刀闸的基础上进行绘制，首先绘制接地刀闸上斜线的垂线，然后在垂线的一侧绘制一条与垂线成一定角度的斜线，单击"默认"选项卡"修改"面板中的"镜像"按钮，得到两条对称的斜线，最后用两点线将两条斜线连接起来，组成闭合的三角形，结果如图10-59（a）所示。

（2）填充外形轮廓。单击"默认"选项卡"绘图"面板中的"图案填充"按钮，选择要填充的图案，此处选择 SOLID 图案进行填充。绘制完成后的效果如图10-59（b）所示。

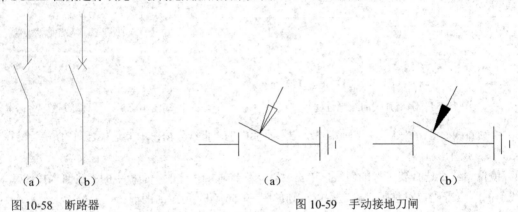

（a）　　　　（b）　　　　　　　　　　　（a）　　　　　　　　　　（b）

图 10-58　断路器　　　　　　　　　　图 10-59　手动接地刀闸

6．绘制避雷器符号

（1）绘制竖直直线。单击"默认"选项卡"绘图"面板中的"直线"按钮，绘制竖直直线 1，长度为 12mm。

（2）绘制水平直线。单击"默认"选项卡"绘图"面板中的"直线"按钮，在"正交"绘图方式下，以直线 1 的端点 O 为起点绘制水平直线段 2，长度为 1mm，如图10-60（a）所示。

（3）偏移水平直线。单击"默认"选项卡"修改"面板中的"偏移"按钮，以直线 2 为起始，绘制直线 3 和直线 4，偏移量均为 1mm，结果如图10-60（b）所示。

（4）拉长水平直线。单击"默认"选项卡"修改"面板中的"拉长"按钮，分别拉长直线 3 和直线 4，拉长长度分别为 0.5mm 和 1mm，结果如图10-60（c）所示。

（5）镜像水平直线。单击"默认"选项卡"修改"面板中的"镜像"按钮，镜像直线 2、直线 3 和直线 4，镜像线为直线 1，效果如图10-60（d）所示。

（6）绘制矩形。单击"默认"选项卡"绘图"面板中的"矩形"按钮，绘制一个宽度为 2mm、高度为 4mm 的矩形，并将其移动到合适的位置，效果如图10-60（e）所示。

（7）加入箭头。在矩形的中心位置加入箭头，绘制箭头时，可以先绘制一个小三角形，然后填充即可得到，如图10-60（e）所示。

（8）修剪竖直直线。单击"默认"选项卡"修改"面板中的"修剪"按钮 ✂，修剪掉多余直线，得到的图形如图 10-60（f）所示，即为避雷器符号。

7. 绘制电压互感器符号

（1）单击"默认"选项卡"绘图"面板中的"圆"按钮 ⊘，绘制直径为 1mm 的圆，过圆心绘制圆的水平直径，单击"默认"选项卡"修改"面板中的"旋转"按钮 ○，将水平直径以圆心为基点旋转 45°，如图 10-61（a）所示，重复"旋转"命令，绘制旋转后的线的垂线，如图 10-61（b）所示。

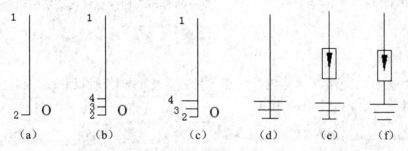

图 10-60　绘制避雷器符号

（2）单击"默认"选项卡"绘图"面板中的"直线"按钮 ╱，以圆的右端点为顶点绘制直线，然后再绘制直线的垂线，如图 10-61（c）所示。

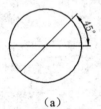  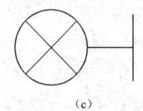

图 10-61　电压互感器符号

10.4.4　组合图形符号

将以上各部分图形符号放置到适当的位置并进行简单的修改，即可得到局部部件图，如图 10-62 所示。

10.4.5　添加注释文字

电气元件与线路的完美结合虽然可以达到相应的作用，但是对于图纸的使用者来说，对元件的名称添加注释有助于对图纸的理解。

1. 创建文字样式

单击"默认"选项卡"注释"面板中的"文字样式"按钮 A，打开"文字样式"对话框，创建一个样式名为"标注"的文字样式。"字体名"为"仿宋_GB2312"，"字体样式"为"常规"，"高度"为 1.5，"宽度因子"为 1，

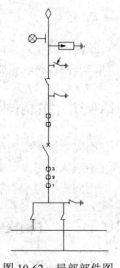

图 10-62　局部部件图

如图 10-63 所示。

2．添加注释文字

单击"默认"选项卡"注释"面板中的"多行文字"按钮 A ，一次输入几行文字，调整其位置，以对齐文字。调整位置时，结合使用"正交"命令。

3．编辑文字

选择菜单栏中的"修改"→"对象"→"文字"→"编辑"命令，使用文字编辑命令修改文字以得到需要的文字。

4．绘制文字框线

单击"默认"选项卡"绘图"面板中的"直线"按钮 ／ 及"修改"面板中的"复制"按钮 和"偏移"按钮 。添加文字后的效果如图 10-64 所示。

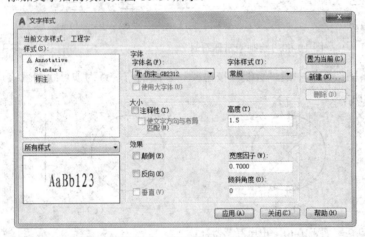

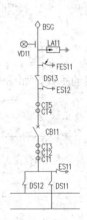

图 10-63　"文字样式"对话框　　　　　图 10-64　添加注释后的局部部件图

5．组合图形

单击"默认"选项卡"修改"面板中的"复制"按钮 、"镜像"按钮 和"移动"按钮 ，进行适当的组合即可得到想要的主体图。

10.4.6　绘制间隔室图

间隔室图的绘制相对比较简单，只需要绘制几个矩形，用直线或折线将矩形的相对关系连接起来，然后在矩形的内部添加文字，绘制结果如图 10-65 所示。

用同样的方法绘制其他两部分间隔室图，然后将这 3 部分间隔室图插入到主图的适当位置。

10.4.7　绘制图框线层

在整个图样绘制完成后，需要在其边缘加上图框，可以调用已有的模板图框，也可以自行绘制图框，下面介绍自行绘制图框的方法。图形的尺寸可由 GB/T 14689—2008 确定。首先进入"图框线层",在"图框线层"绘制矩形。绘制完成后需要在图框的右下角绘制标题栏,标题栏可以根据自己的需要绘制,本图的标题栏如图 10-66 所示。

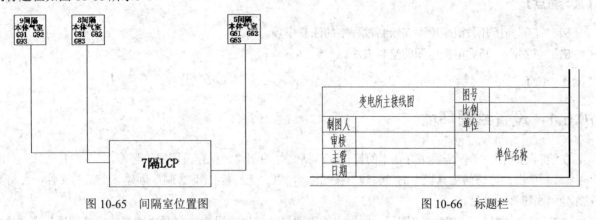

图 10-65　间隔室位置图　　　　　　　　　　图 10-66　标题栏

至此,一幅完整的 110kV 变电所主接线图的工程图绘制完毕。

10.5　高压开关柜配电图

如图 10-67 所示为 HXGN26-12 高压开关柜配电图,在绘制过程中要注意各柜间的相对位置与实际排列位置应一致。

柜编号	1	2	3（1#变压器）	4（2#变压器）
HXGN26-12				
柜宽	500	650	500	500

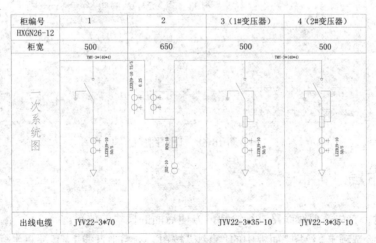

| 出线电缆 | JYV22-3*70 | | JYV22-3*35-10 | JYV22-3*35-10 |

图 10-67　HXGN26-12 高压开关柜配电图

分析本图纸,有如下两个特点:

（1）本图有其特殊性,因为整个图纸的框架是按照表格来排列的,所以一定要注意各个表格的位置和表格内的内容。

（2）本图也有和普通电气图类似的地方,那就是表格中和表格之间通过普通的电气符号和连线连接起来。

基于以上分析，本图的绘制思路是先绘制表格，然后分别绘制各部分的电气符号，接着把绘制好的电气符号插入表格中，最后加上文字注释等，完成图纸绘制。

【预习重点】

☑ 了解高压开关柜配电图在绘制过程中的注意事项。

☑ 掌握高压开关柜配电图的绘制方法。

【操作步骤】

10.5.1　设置绘图环境

在绘制电路图之前，需要进行基本的操作，包括文件的创建、保存及图层的管理。

（1）单击快速访问工具栏中的"新建"按钮，以"无样板打开-公制"创建一个新的文件，并将其另存为"高压开关柜"。

（2）单击"默认"选项卡"图层"面板中的"图层特性"按钮，打开"图层特性管理器"选项板，设置"标注层""图框层"和"图形符号层"3个图层，各图层的颜色、线型及线宽分别如图10-68所示。将"图框层"设置为当前图层。

图 10-68　设置图层

10.5.2　图纸布局

在绘制配电图时，首先需要对线路进行绘制，方便后面的模块的放置。

（1）单击"默认"选项卡"绘图"面板中的"直线"按钮，绘制直线1，其端点坐标分别为{（100,100），（465,100）}，如图10-69所示。

（2）单击"默认"选项卡"修改"面板中的"缩放"按钮，将视图调整到易于观察的程度。

（3）单击"默认"选项卡"修改"面板中的"偏移"按钮，以直线1为起始，依次向下偏移13mm、13mm、13mm、160mm和22mm，得到一组水平直线。

（4）单击"默认"选项卡"绘图"面板中的"直线"按钮，并启动"对象追踪"功能，用鼠标分别捕捉直线1和最下面一条水平直线的左端点连接起来，得到一条竖直直线。

（5）单击"默认"选项卡"修改"面板中的"偏移"按钮，以竖直直线为起始，依次向右偏移 50mm、70mm、80mm、80mm 和 85mm，得到一组竖直直线。前述绘制的水平直线和竖直直线构成了如图 10-70 所示的表格，即为高压开关柜配电图的图纸布局。

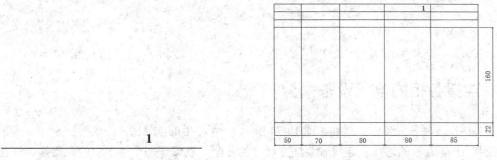

图 10-69 水平直线

图 10-70 图纸布局

10.5.3 绘制电气符号

在图纸的绘制过程中，首先绘制主要电气符号备用，在连线绘制过程中，再进行查漏补缺。

1. 绘制接地线

（1）将"图形符号层"设置为当前图层，单击"默认"选项卡"绘图"面板中的"直线"按钮，绘制直线 1{（20,20），（22,20）}，如图 10-71（a）所示。

（2）单击"默认"选项卡"修改"面板中的"偏移"按钮，以直线 1 为起始，依次向上绘制直线 2 和直线 3，偏移量依次为 1mm、1mm，如图 10-71（b）所示。

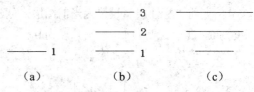

图 10-71 绘制水平线

（3）将直线 2 向左右两端分别拉长 0.5mm，将直线 3 分别向两端拉长 1mm，结果如图 10-71（c）所示。

（4）单击"默认"选项卡"绘图"面板中的"直线"按钮，在"对象捕捉"和"正交"绘图方式下，用鼠标捕捉直线 3 的左端点，并以其为起点，绘制长度为 7mm 的竖直直线 4，如图 10-72（a）所示。

（5）单击"默认"选项卡"修改"面板中的"移动"按钮，将直线 4 向右平移 2mm，得到如图 10-72（b）所示的结果。

（6）单击"默认"选项卡"绘图"面板中的"直线"按钮，在"对象捕捉"和"正交模式"模式下，用鼠标捕捉直线 4 的上端点，并以其为起点，向右绘制长度为 11mm 的水平直线 5，如图 10-72（c）所示，即为绘制完成的接地线的图形符号。

2. 绘制双绕组变压器

（1）单击"默认"选项卡"绘图"面板中的"圆"按钮，绘制一个半径为 3mm 的圆 O，如图 10-73（a）所示。

（2）单击"默认"选项卡"修改"面板中的"复制"按钮，复制圆 O，并以圆 O 的圆心为基点，将复制后的圆向上平移 5mm，结果如图 10-73（b）所示。

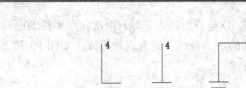

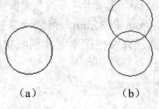

图 10-72　完成绘制　　　　　　　图 10-73　绘制双绕组变压器

10.5.4　连接各柜内电气设备

根据设备情况连接各元器件，得到如图 10-74 所示 1～4 号柜的电气图。

然后连接 1～4 号柜的连线。连线时要注意尺寸的分配，以保证每个柜对应的元器件刚好在对应的方格内。

10.5.5　添加注释及文字

电路图中文字的添加大大解决了图纸复杂、难懂的问题，根据文字，读者能更好地理解图纸的意义。

1．添加注释

（1）将"标注层"设置为当前图层，创建一个文字样式，样式名为"注释文字"，字体为"宋体"，高度为 3，宽度比例为 1，倾斜角度为 0。

（2）使用多行文字命令输入文字，然后将文字旋转 90°，移动到合适的位置，如果 10-75 所示。

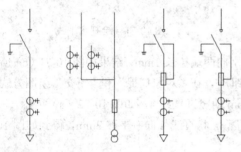

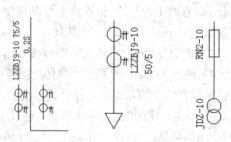

图 10-74　1～4 号柜的电气图　　　　　　　图 10-75　添加注释

2．添加文字

（1）创建一个文字样式，样式名为"表格文字"，字体为"宋体"，"高度"为 6，"宽度比例"为 1，"倾斜角度"为 0。

（2）在各表格内添加文字，除了"一次系统图"之外，其他文字都为水平。

（3）创建一个文字样式，样式名为"竖直文字"，设置效果为"垂直"，字体为"txt.shx"，并选中"使用大字体"复选框，设置大字体为"hztxt.shx"，"高度"为 10，"宽度比例"为 1，"倾斜角度"为 0。在"竖直文字"样式下，在左边第 4 格输入"一次系统图"。

10.6　上 机 实 验

【练习1】绘制如图 10-76 所示的输电工程图。

1. 目的要求

按照上面章节中的绘制步骤与绘制技巧，绘制输电工程图，通过本练习重点掌握"直线"和"标注"命令的运用。

2. 操作提示

（1）绘制基本图。

（2）标注基本图。

【练习2】绘制如图 10-77 所示的绝缘端子装配图。

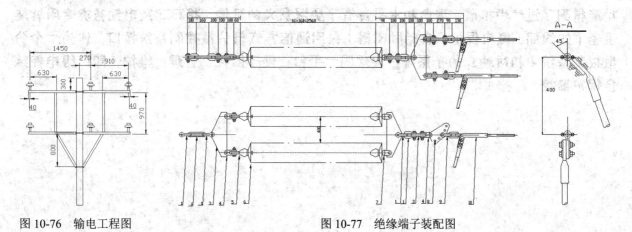

图 10-76　输电工程图　　　　　　　　　图 10-77　绝缘端子装配图

1. 目的要求

本练习看上去比较复杂，整个视图是由许多部件组成的，每个部件都是一个块，将某一部分绘制成块的优点在于，以后再使用这个零件时就可以直接调用原来的模块，或是在原来模块的基础上进行修改，这样就可以提高绘图效率，通过本练习重点掌握"块"命令的运用。

2. 操作提示

（1）设置绘图环境。

（2）绘制绝缘端子。

（3）绘制剖视图。

控制电气设计

随着电厂生产管理的要求及电气设备智能化水平的不断提高，电气控制系统（ECS）功能得到了进一步扩展，理念和水平都有了更深意义的延伸。将ECS及电气各类专用智能设备（如同期、微机保护、自动励磁等）采用通信方式与分散控制系统接口，作为一个分散控制系统中相对独立的子系统，实现同一平台，便于监控、管理、维护，即厂级电气综合保护监控。

11.1 控制电气简介

【预习重点】

☑ 了解控制电路的基本内容。

☑ 了解控制电路图的分类及其基本结构。

11.1.1 控制电路简介

从研究电路的角度来看，一个实验电路一般可分为电源、控制电路和测量电路 3 部分。测量电路是事先根据实验方法确定好的，可以把它抽象地用一个电阻 R 来代替，称为负载。根据负载所要求的电压值 U 和电流值 I 即可选定电源，一般电学实验对电源并不苛求，只要选择电源的电动势 E 略大于 U，电源的额定电流大于工作电流即可。负载和电源都确定后，就可以安排控制电路，使负载能获得所需的各个不同的电压和电流值。一般来说，控制电路中电压或电流的变化都可用滑线式可变电阻来实现。控制电路有制流和分压两种最基本接法，两种接法的性能和特点可由调节范围、特性曲线和细调程度来表征。

一般在安排控制电路时，并不一定要求设计出一个最佳方案，只要根据现有的设备设计出既安全又省电，且能满足实验要求的电路就可以了。设计方法一般也不必做复杂的计算，可以边实验边改进。先根据负载的阻值 R 要求调节的范围，确定电源电压 E，然后综合比较采用分压还是制流；确定了 R 后，估计一下细调程度是否足够，然后做一些初步试验，看看在整个范围内细调是否满足要求；如果不能满足，则可以加接变阻器，分段逐级细调。

控制电路可分为开环控制系统和闭环控制系统（也称为反馈控制系统）。其中，开环控制系统包括前向控制、程控（数控）、智能化控制等（如录音机的开、关机，自动录放，程序工作等）。闭环控制系统则是反馈控制，受控物理量会自动调整到预定值。

反馈控制是最常用的一种控制电路，下面介绍 3 种常用的反馈控制方式。

（1）自动增益控制 AGC（AVC）。反馈控制量为增益（或电平），以控制放大器系统中某级（或几级）的增益大小。

（2）自动频率控制 AFC。反馈控制量为频率，以稳定频率。

（3）自动相位控制 APC（PLL）。反馈控制量为相位，PLL 可实现调频、鉴频、混频、解调、频率合成等。

如图 11-1 所示是一种常见的反馈控制系统的模式。

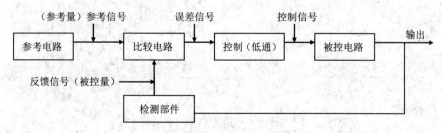

图 11-1 常见的反馈控制系统的模式

11.1.2 控制电路图简介

控制电路大致可以包括下面几种类型的电路：自动控制电路、报警控制电路、开关电路、灯光控制电路、定时控制电路、温控电路、保护电路、继电器控制电路、晶闸管控制电路、电机控制电路、电梯控制电路等。下面对其中几种控制电路的典型电路图进行举例。

如图 11-2 所示的电路是报警控制电路中的一种典型电路，即汽车多功能报警器电路图。其功能要求为：当系统检测到汽车出现各种故障时进行语音提示报警。

如图 11-3 所示的电路就是温控电路中的一种典型电路。该电路是由双 D 触发器 CD4013 中的一个 D 触发器组成，电路结构简单，具有上、下限温度控制功能。控制温度可通过电位器预置，当超过预置温度后，自动断电电路中将 D 触发器连接成一个 RS 触发器，以工业控制用的热敏电阻 MF51 作为温度传感器。

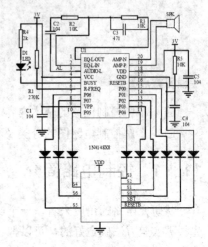

图 11-2 汽车多功能报警器电路图

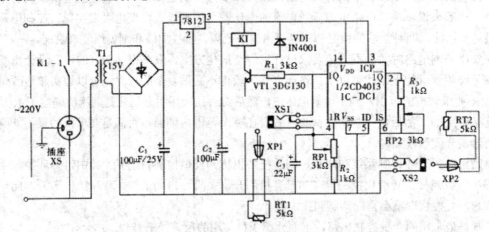

图 11-3 高低温双限控制器（CD4013）电路图

如图 11-4 所示的电路图是继电器电路中的一种典型电路。图 11-4（a）中，集电极为负，发射极为正，对于 PNP 型管而言，这种极性的电源是正常的工作电压；图 11-4（b）中，集电极为正，发射极为负，对于 NPN 型管而言，这种极性的电源是正常的工作电压。

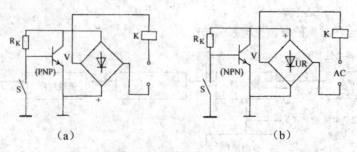

（a） （b）

图 11-4 交流电子继电器电路图

11.2 水位控制电路

本实例绘制的水位控制电路图如图 11-5 所示。水位控制电路是一种典型的自动控制电路，首先要观察并分析图纸的结构，绘制出主要的电路图导线，然后绘制出各个电子元件，接着将各个电子元件插入到结构图中相应的位置，最后在电路图适当的位置添加相应的文字和注释说明，即可完成电路图的绘制。绘制水位控制电路图时可以分为供电线路、控制线路和负载线路 3 部分进行。

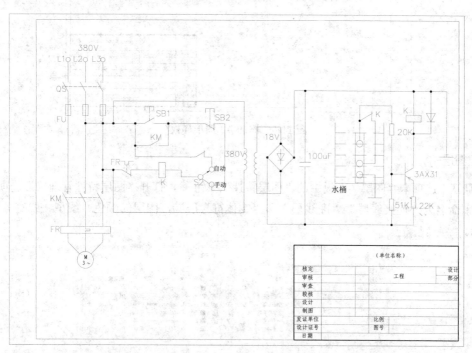

图 11-5 水位控制电路图

【预习重点】

☑ 了解水位控制电路图的基本结构。
☑ 掌握水位控制电路图的绘制方法。

【操作步骤】

11.2.1 设置绘图环境

参数设置是绘制任何一幅电气图都要进行的预备工作，这里主要设置样板图和图层。

1. 新建文件

启动 AutoCAD 2017 应用程序，在命令行中输入 NEW 命令，或单击快速访问工具栏中的"新建"按钮，系统弹出"选择样板"对话框，在该对话框中选择需要的样板图。单击"打开"按钮，添加图形样板，其中，图形样板左下角端点的坐标为（0,0）。本实例选用 A3 图形样板，如图 11-6 所示。

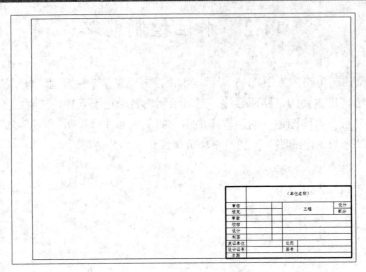

图 11-6　添加 A3 图形样板

2. 新建图层

单击"默认"选项卡"图层"面板中的"图层特性"按钮，打开"图层特性管理器"选项板，新建 3 个图层，分别命名为"连接线层""虚线层"和"实体符号层"，图层的颜色、线型、线宽等属性设置如图 11-7 所示。

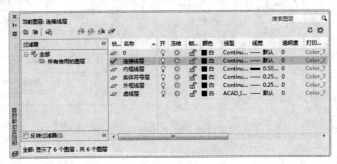

图 11-7　新建图层

11.2.2　绘制供电线路结构图

利用"直线""圆""偏移"和"修剪"命令绘制供电线路结构图。

1. 绘制竖直直线

单击"默认"选项卡"绘图"面板中的"直线"按钮，开启"正交模式"，在绘图区绘制一条长度为 180mm 的竖直直线 AB，命令行提示与操作如下：

```
命令: _line
指定第一个点:（在任意位置单击）
指定下一点或 [放弃(U)]: 180✓
指定下一点或 [放弃(U)]: ✓
```

2. 偏移直线

单击"默认"选项卡"修改"面板中的"偏移"按钮⊜，选择直线 AB 作为偏移对象，输入偏移距离为 16mm，在 AB 的右侧生成竖直直线 CD；采用同样的方法，在直线 CD 右侧绘制一条直线，与直线 CD 的距离为 16mm，命令行提示与操作如下：

```
命令: _offset
当前设置: 删除源=否  图层=源  OFFSETGAPTYPE=0
指定偏移距离或 [通过(T)/删除(E)/图层(L)] <10.0000>: 16✓
选择要偏移的对象，或 [退出(E)/放弃(U)] <退出>:（选择直线 AB）
指定要偏移的那一侧上的点，或 [退出(E)/多个(M)/放弃(U)] <退出>:（在直线 AB 右侧单击）
选择要偏移的对象，或 [退出(E)/放弃(U)] <退出>:（选择直线 CD）
指定要偏移的那一侧上的点，或 [退出(E)/多个(M)/放弃(U)] <退出>:（在直线 CD 右侧单击）
选择要偏移的对象，或 [退出(E)/放弃(U)] <退出>:✓
```

绘制的偏移直线如图 11-8 所示。

3. 绘制圆

单击"默认"选项卡"绘图"面板中的"圆"按钮⊘，开启"对象捕捉"模式，捕捉直线 AB 的端点 A 作为圆心，如图 11-9 所示。绘制半径为 2mm 的圆，命令行提示与操作如下：

```
命令: _circle
指定圆的圆心或 [三点(3P)/两点(2P)/切点、切点、半径(T)]:（捕捉直线 AB 的端点）
指定圆的半径或 [直径(D)]: 2✓
```

重复"圆"命令，分别捕捉直线 CD 的端点 C 和直线 EF 的端点 E 作为圆心，绘制半径为 2mm 的圆，绘制结果如图 11-10 所示。

4. 修剪圆内直线

单击"默认"选项卡"修改"面板中的"修剪"按钮⊁，将圆内的直线进行修剪，修剪结果如图 11-11 所示。

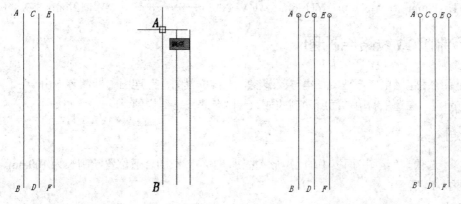

图 11-8　偏移竖直直线　　图 11-9　捕捉端点　　图 11-10　绘制圆　图 11-11　修剪圆内直线

11.2.3　绘制控制线路结构图

控制线路结构图主要由水平直线和竖直直线构成，开启"正交模式"和"对象捕捉"模式，可以有效提高绘图效率。

1. 绘制矩形

单击"默认"选项卡"绘图"面板中的"矩形"按钮 ▭，绘制一个长为 120mm、宽为 100mm 的矩形，命令行提示与操作如下：

```
命令: _rectang
指定第一个角点或 [倒角(C)/标高(E)/圆角(F)/厚度(T)/宽度(W)]:
指定另一个角点或 [面积(A)/尺寸(D)/旋转(R)]: D✓
指定矩形的长度 <100.0000>: 120✓
指定矩形的宽度 <80.0000>: 100✓
指定另一个角点或 [面积(A)/尺寸(D)/旋转(R)]: ✓
```

2. 分解矩形

单击"默认"选项卡"修改"面板中的"分解"按钮 ▱，将矩形进行分解，命令行提示与操作如下：

```
命令: _explode
选择对象: 找到 1 个
选择对象: ✓
```

分解结果如图 11-12 所示。

3. 绘制直线

单击"默认"选项卡"修改"面板中的"偏移"按钮 ⬜，在图 11-12 内部绘制水平直线和竖直直线，单击"默认"选项卡"修改"面板中的"修剪"按钮 ⁄ 和"删除"按钮 ✎，编辑如图 11-13 所示的图形。其中，GK=20mm，KL=20mm，LM=30mm，MN=52mm，LO＝20mm，MP＝20mm，OP=30mm，OQ=PR=10mm，RS=32mm，TH=38mm，TY=62mm，YU=6mm，UV=20mm，SV=18mm，VW=12mm，NX=60mm。

11.2.4　绘制负载线路结构图

电气控制系统图包括电气原理图、电气安装图、电器位置图、互连图和框图等。由于它们的用途不同，绘制原则也有差别，在这里利用前面所学到的知识绘制负载线路结构图。

1. 绘制矩形

单击"默认"选项卡"绘图"面板中的"矩形"按钮 ▭，在图纸的合适位置绘制长为 100mm、宽为 120mm 的矩形，如图 11-14 所示。

2. 分解矩形

单击"默认"选项卡"修改"面板中的"分解"按钮 ▱，将矩形进行分解。

3. 偏移直线

单击"默认"选项卡"修改"面板中的"偏移"按钮，选择直线 B1D1 作为偏移对象，输入偏移距离为 20mm，在直线 B1D1 的左侧绘制偏移直线 E1F1；按照同样的方法，在直线 E1F1 左侧 30mm 处绘制直线 G1H1。选择直线 A1C1 为偏移对象，输入偏移距离为 10mm，在直线 A1C1 的左侧绘制直线 I1J1，绘制结果如图 11-15 所示。

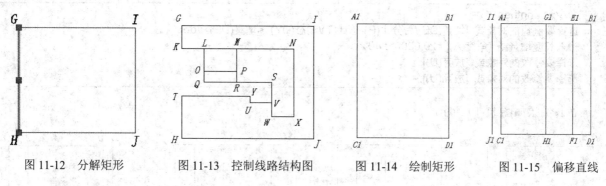

图 11-12　分解矩形　　　图 11-13　控制线路结构图　　　图 11-14　绘制矩形　　　图 11-15　偏移直线

4. 绘制连接直线

单击"默认"选项卡"绘图"面板中的"直线"按钮，开启"对象捕捉"模式，绘制直线 I1A1 和直线 J1C1，如图 11-16 所示。

5. 绘制正四边形

单击"默认"选项卡"绘图"面板中的"多边形"按钮，开启"正交模式"，输入正多边形的边数为 4，捕捉直线 I1J1 的中点 K1 作为边的一个端点，捕捉直线 I1J1 上的另一点作为该边的另外一个端点，绘制一个正方形，命令行提示与操作如下：

```
命令: _polygon
输入侧面数 <4>: ↙
指定正多边形的中心点或 [边(E)]: E↙
指定边的第一个端点：（捕捉直线 I1J1 的中点）
指定边的第二个端点: <正交 开>（捕捉直线 I1J1 上的另外一点）
```

绘制结果如图 11-17 所示。

6. 旋转正四边形

单击"默认"选项卡"修改"面板中的"旋转"按钮，选择正四边形为旋转对象，指定 K1 点为旋转基点，输入旋转角度为 225°，命令行提示与操作如下：

```
命令: _rotate
UCS 当前的正角方向:  ANGDIR=逆时针  ANGBASE=0
选择对象: 找到 1 个
选择对象: ↙
指定基点:  <对象捕捉 开>（捕捉 K1 点）
指定旋转角度，或 [复制(C)/参照(R)] <0>: 225↙
```

旋转结果如图 11-18 所示。

7. 拉长直线

单击"默认"选项卡"修改"面板中的"拉长"按钮，选择直线 C1J1 作为拉长对象，输入拉长的增量为 40mm，将 C1J1 向左侧拉长，命令行提示与操作如下：

```
命令:_lengthen
选择要测量的对象或 [增量(DE)/百分比(P)/总计(T)/动态(DY)] <增量(DE)>: de↙
输入长度增量或 [角度(A)] <20.0000>: 40↙
选择要修改的对象或 [放弃(U)]:
选择要修改的对象或 [放弃(U)]: ↙
```

拉长结果如图 11-19 所示。

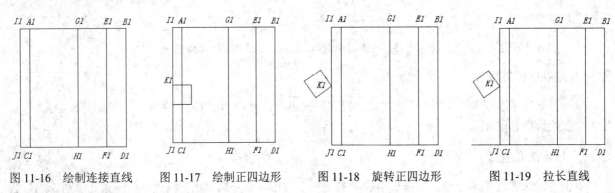

图 11-16　绘制连接直线　　图 11-17　绘制正四边形　　图 11-18　旋转正四边形　　图 11-19　拉长直线

8. 绘制多段线

单击"默认"选项卡"绘图"面板中的"多段线"按钮，开启"正交模式"模式，分别捕捉四边形两个对角上的顶点作为多段线的起点和终点，使得 L1M1=15mm，M1N1=22mm，N1O1=60mm，O1P1=22mm，P1Q1=15mm，命令行提示与操作如下：

```
命令: _pline
指定起点:（捕捉正四边形的一个顶点）
当前线宽为 0.0000
指定下一个点或 [圆弧(A)/半宽(H)/长度(L)/放弃(U)/宽度(W)]: 15↙
指定下一点或 [圆弧(A)/闭合(C)/半宽(H)/长度(L)/放弃(U)/宽度(W)]: 22↙
指定下一点或 [圆弧(A)/闭合(C)/半宽(H)/长度(L)/放弃(U)/宽度(W)]: 60↙
指定下一点或 [圆弧(A)/闭合(C)/半宽(H)/长度(L)/放弃(U)/宽度(W)]: 22↙
指定下一点或 [圆弧(A)/闭合(C)/半宽(H)/长度(L)/放弃(U)/宽度(W)]:（捕捉正四边形的另外一个顶点）
指定下一点或 [圆弧(A)/闭合(C)/半宽(H)/长度(L)/放弃(U)/宽度(W)]: ↙
```

绘制的多段线如图 11-20 所示。

9. 绘制直线

单击"默认"选项卡"绘图"面板中的"直线"按钮，捕捉四边形的端点 R1 作为直线的端点，捕捉端点 R1 到直线 J1D1 的垂足作为直线的另一个端点，绘制结果如图 11-21 所示。

10．修剪图形

单击"默认"选项卡"修改"面板中的"修剪"按钮 ⁄，选择需要修剪的对象，修剪掉多余的直线，修剪结果如图 11-22 所示。

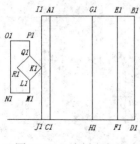

图 11-20　绘制多段线

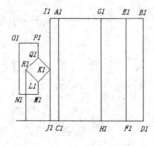

图 11-21　绘制垂直直线

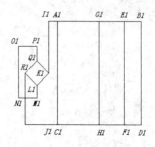

图 11-22　修剪图形

11．绘制矩形

单击"默认"选项卡"绘图"面板中的"矩形"按钮 ▭，以直线 G1H1 为对称中心，绘制一个长为 8mm、宽为 45mm 的矩形，如图 11-23 所示。

12．绘制圆形

单击"默认"选项卡"绘图"面板中的"圆"按钮 ⊙，在矩形范围内的直线 G1H1 上捕捉圆心，绘制 3 个半径为 3mm 的圆，绘制结果如图 11-24 所示。

13．修剪图形

单击"默认"选项卡"修改"面板中的"修剪"按钮 ⁄，对图形进行修剪，修剪结果如图 11-25 所示。

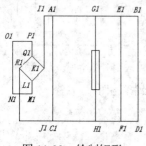

图 11-23　绘制矩形

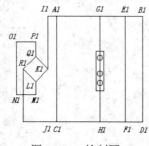

图 11-24　绘制圆

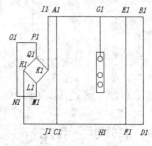

图 11-25　修剪图形

14．绘制水平直线

单击"默认"选项卡"绘图"面板中的"直线"按钮 ╱，开启"正交模式"和"对象捕捉"模式，捕捉直线 G1H1 上半段的一个点作为直线的起点，捕捉该点到直线 E1F1 的垂足作为直线的终点，绘制结果如图 11-26 所示。

15．绘制多段线

单击"默认"选项卡"绘图"面板中的"多段线"按钮 ⌐，捕捉中间圆的圆心作为起点，绘制多段线，如图 11-27 所示。

16．修剪图形

单击"默认"选项卡"修改"面板中的"修剪"按钮 ⊬，将多余的直线修剪掉，修剪结果如图 11-28 所示。

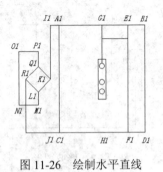
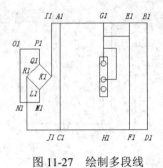
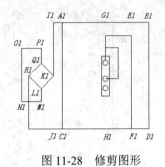

图 11-26　绘制水平直线　　　　图 11-27　绘制多段线　　　　图 11-28　修剪图形

17．绘制其他图形

按照同样的方法，绘制线路结构图中的其他图形，生成的负载线路结构图如图 11-29 所示。

18．组合图形

将供电线路结构图、控制线路结构图和负载线路结构图进行组合，生成的线路结构图如图 11-30 所示。

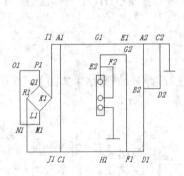
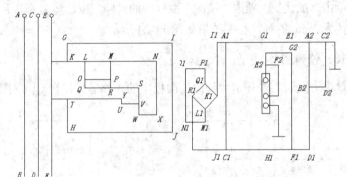

图 11-29　负载线路结构图　　　　　　　　图 11-30　线路结构图

11.2.5　绘制电气元件

电路图中实际发挥作用的是电气元件，不同的元件实现不同的功能，将这些电气元件组合起来就能达到所需作用。

1．绘制熔断器

（1）绘制矩形。单击"默认"选项卡"绘图"面板中的"矩形"按钮 ▢，绘制一个长为 10mm、宽为 5mm 的矩形。

（2）分解矩形。单击"默认"选项卡"修改"面板中的"分解"按钮 ⌗，将矩形分解。

（3）绘制直线。开启"对象捕捉"模式，单击"默认"选项卡"绘图"面板中的"直线"按钮 ╱，捕捉直线 2 和直线 4 的中点作为直线 5 的起点和终点，如图 11-31 所示。

（4）拉长直线。单击"默认"选项卡"修改"面板中的"拉长"按钮，将直线 5 分别向左和向右拉长 5mm，得到的熔断器符号如图 11-32 所示。

2．绘制开关

（1）绘制直线。单击"默认"选项卡"绘图"面板中的"直线"按钮，开启"正交模式"和"对象捕捉"模式，依次绘制 3 条长度均为 8mm 的直线，绘制结果如图 11-33 所示。

（2）旋转直线。单击"默认"选项卡"修改"面板中的"旋转"按钮，关闭"正交模式"模式，选择直线 2 并将其旋转，如图 11-34 所示。

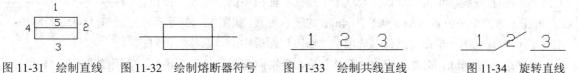

图 11-31 绘制直线   图 11-32 绘制熔断器符号   图 11-33 绘制共线直线   图 11-34 旋转直线

（3）拉长直线。单击"默认"选项卡"修改"面板中的"拉长"按钮，选择直线 2 作为拉长对象，输入拉长增量为 2mm，拉长结果如图 11-35 所示。

3．绘制接触器

（1）绘制圆。复制图 11-35 中图形，单击"默认"选项卡"绘图"面板中的"圆"按钮，选择"两点(2P)"方式，捕捉直线 3 上的左端点绘制圆，如图 11-36 所示。

（2）修剪图形。单击"默认"选项卡"修改"面板中的"修剪"按钮，将圆的下半部分修剪掉，修剪结果如图 11-37 所示，完成接触器符号的绘制。

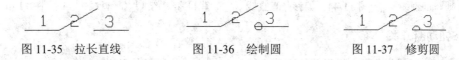

图 11-35 拉长直线   图 11-36 绘制圆   图 11-37 修剪圆

4．绘制热继电器驱动器件

（1）绘制矩形。单击"默认"选项卡"绘图"面板中的"矩形"按钮，绘制长为 14mm、宽为 6mm 的矩形。

（2）分解矩形。单击"默认"选项卡"修改"面板中的"分解"按钮，将矩形分解。

（3）绘制直线。单击"默认"选项卡"绘图"面板中的"直线"按钮，开启"正交模式"和"对象捕捉"模式，绘制竖直中线，如图 11-38 所示。

（4）绘制多段线。单击"默认"选项卡"绘图"面板中的"多段线"按钮，在直线 5 上捕捉多段线的起点和终点，绘制的多段线如图 11-39 所示。

（5）拉长直线。单击"默认"选项卡"修改"面板中的"拉长"按钮，选择直线 5 作为拉长对象，输入拉长增量为 4mm，分别单击直线 5 的上端点和下端点，将直线 5 向上和向下分别拉长 4mm，如图 11-40 所示。

（6）修剪图形。单击"默认"选项卡"修改"面板中的"修剪"按钮和"打断"按钮，对直线 5 的多余部分进行修剪和打断，绘制的热继电器驱动器件如图 11-41 所示。

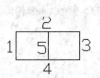
图 11-38　绘制竖直中线

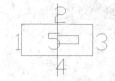
图 11-39　绘制多段线

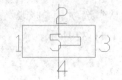
图 11-40　拉长直线

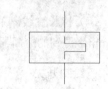
图 11-41　热继电器驱动器件

5. 绘制按钮开关（不闭锁）

（1）绘制开关。按照前面绘制开关的方法绘制如图 11-42 所示的开关。

（2）绘制竖直直线。单击"默认"选项卡"绘图"面板中的"直线"按钮

图 11-42　绘制开关

，在开关正上方的中央位置绘制一条长为 4mm 的竖直直线，如图 11-43 所示。

（3）偏移竖直直线。单击"默认"选项卡"修改"面板中的"偏移"按钮
，输入偏移距离为 4mm，选择直线 4 为偏移对象，分别向两侧进行等距偏移，等距结果如图 11-44 所示。

（4）绘制水平直线。单击"默认"选项卡"绘图"面板中的"直线"按钮，开启"对象捕捉"模式，分别捕捉直线 5 和直线 6 的上端点作为直线的起点和终点，绘制的水平直线如图 11-45 所示。

（5）绘制虚线。将线型设为虚线，单击"默认"选项卡"绘图"面板中的"直线"按钮，开启"正交模式"，捕捉直线 4 的下端点作为虚线的起点，捕捉直线 2 上的点作为虚线的终点，绘制虚线，绘制完成的按钮开关如图 11-46 所示。

图 11-43　绘制竖直直线　　　图 11-44　偏移竖直直线　　　图 11-45　绘制水平直线　　　图 11-46　按钮开关

6. 绘制按钮动断开关

（1）绘制开关。按照前面绘制开关的方法，绘制如图 11-42 所示的开关。

（2）绘制直线。单击"默认"选项卡"绘图"面板中的"直线"按钮，开启"对象捕捉"和"正交模式"模式，捕捉图 11-42 中的直线 3 的左端点作为直线的起点，绘制一条长度为 6mm 的竖直直线，如图 11-47 所示。

（3）按照绘制按钮开关的方法绘制按钮动断开关，如图 11-48 所示。

7. 绘制热继电器触点

（1）绘制动断开关。按照上面绘制按钮动断开关的方法，绘制如图 11-49 所示的动断开关。

（2）绘制直线。单击"默认"选项卡"绘图"面板中的"直线"按钮，开启"正交模式"模式，在如图 11-49 所示图形的正上方绘制一条长为 12mm 的水平直线，如图 11-50 所示。

图 11-47　绘制竖直直线　　　　　图 11-48　按钮动断开关

（3）绘制正方形。单击"默认"选项卡"绘图"面板中的"多边形"按钮⬡，输入侧面数 4，在水平直线上捕捉起点和终点绘制正方形，如图 11-51 所示。

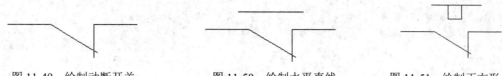

图 11-49　绘制动断开关　　　图 11-50　绘制水平直线　　　图 11-51　绘制正方形

（4）修剪直线。单击"默认"选项卡"修改"面板中的"修剪"按钮✂，将多余的直线修剪掉，修剪结果如图 11-52 所示。

（5）绘制虚线。将线型设为虚线，单击"默认"选项卡"绘图"面板中的"直线"按钮╱，绘制虚线，完成热继电器触点的绘制，如图 11-53 所示。

8．绘制水箱

（1）绘制矩形。单击"默认"选项卡"绘图"面板中的"矩形"按钮▭，绘制一个长为 45mm、宽为 55mm 的矩形。

（2）分解矩形。单击"默认"选项卡"修改"面板中的"分解"按钮🗗，将矩形进行分解，如图 11-54 所示。

（3）删除直线。单击"默认"选项卡"修改"面板中的"删除"按钮🖉，将直线 2 删除，结果如图 11-55 所示。

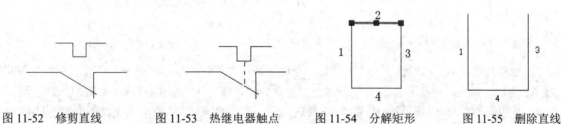

图 11-52　修剪直线　　　图 11-53　热继电器触点　　　图 11-54　分解矩形　　　图 11-55　删除直线

（4）绘制多段虚线。选择菜单栏中的"格式"→"多线样式"命令，系统弹出"多线样式"对话框，如图 11-56 所示，新建一个名为"虚线"的多线样式。单击"继续"按钮，弹出如图 11-57 所示的"新建多线样式"对话框，单击"添加"按钮，添加新的多线属性，条数设计为 5 条，分别设计每条直线的线型。选择菜单栏中的"绘图"→"多线"命令，在直线 1 和直线 3 上分别捕捉一个合适的点作为多段虚线的起点和终点，完成水箱的绘制，如图 11-58 所示。

9．插入交流电动机

需要将如图 11-59 所示的交流电动机符号插入到如图 11-60 所示的导线上，使圆形符号的圆心与导线的端点 D 重合。

（1）平移图形。单击"默认"选项卡"修改"面板中的"移动"按钮✥，开启"对象捕捉"模式，选择交流电动机的图形符号为平移

图 11-56　"多线样式"对话框

对象，按 Enter 键，捕捉圆心作为移动的基点，捕捉导线的端点 D 作为插入点。

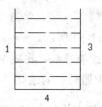

图 11-57 "新建多线样式"对话框   图 11-58 水箱

（2）绘制直线。单击"默认"选项卡"绘图"面板中的"直线"按钮 ╱，开启"正交模式"模式，在水平方向上分别绘制直线 DB'和 DF'，长度均为 25mm，绘制结果如图 11-61 所示。

图 11-59 交流电动机   图 11-60 导线   图 11-61 绘制直线

（3）旋转直线。单击"默认"选项卡"修改"面板中的"旋转"按钮 ○，关闭"正交模式"模式，选择直线 DF 为旋转对象，捕捉 D 点作为旋转基点，输入旋转角度为 45°，旋转结果如图 11-62 所示。

（4）按照同样的方法，将另外一条直线 DB'旋转-45°（顺时针旋转 45°），得到的图形如图 11-63 所示。

（5）修剪图形。单击"默认"选项卡"修改"面板中的"修剪"按钮 ╱，将图 11-63 模中多余的直线修剪掉，完成电动机插入操作，结果如图 11-64 所示。

10. 插入三极管

将如图 11-65 所示的三极管插入到如图 11-66 所示的导线中。

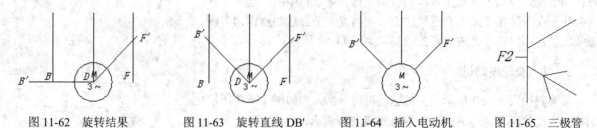

图 11-62 旋转结果   图 11-63 旋转直线 DB'   图 11-64 插入电动机   图 11-65 三极管

（1）平移图形。单击"默认"选项卡"修改"面板中的"移动"按钮 ✛，开启"对象捕捉"模式，捕捉如图 11-65 所示的点 F2 作为移动基点，选择三极管符号作为移动对象，将其移动到如图 11-66 所示的导线处，移动结果如图 11-67 所示。

（2）继续平移图形。单击"默认"选项卡"修改"面板中的"移动"按钮 ✥，开启"正交模式"模式，选择三极管为移动对象，捕捉 F2 点作为移动基点，输入位移为（-5,0,0），将三极管向左平移 5mm，命令行提示与操作如下：

```
命令: _move
选择对象: 指定对角点: 找到 6 个
选择对象: ✓
指定基点或 [位移(D)] <位移>: D✓
指定位移 <0.0000, 0.0000, 0.0000>: -5,0,0✓
```

平移结果如图 11-68 所示。

（3）修剪图形。单击"默认"选项卡"修改"面板中的"修剪"按钮 ✁，将多余的直线修剪掉，完成三极管的插入，如图 11-69 所示。

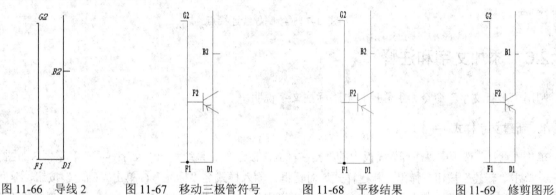

图 11-66　导线 2　　　　图 11-67　移动三极管符号　　　　图 11-68　平移结果　　　　图 11-69　修剪图形

（4）按照同样的方法，将其他元器件符号一一插入到线路结构图中，得到如图 11-70 所示的图形。

（5）如图 11-71 所示的电路图不够完整，因为没有标出导线之间的连接情况。下面以如图 11-72 所示的连接点 A1 为例，介绍导线连接实心点的绘制步骤。

（6）单击"默认"选项卡"绘图"面板中的"圆"按钮 ⊘，开启"对象捕捉"模式，捕捉点 A1 为圆心，绘制一个半径为 1mm 的圆，如图 11-72 所示。单击"默认"选项卡"绘图"面板中的"图案填充"按钮 ▨，在圆中填充 SOLID 图案，填充结果如图 11-73 所示。

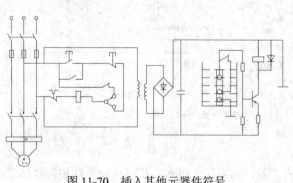

图 11-70　插入其他元器件符号

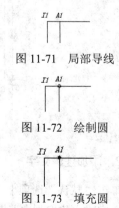

图 11-71　局部导线

图 11-72　绘制圆

图 11-73　填充圆

（7）按照同样的方法，在其他导线节点处绘制导线连接点，绘制结果如图 11-74 所示。

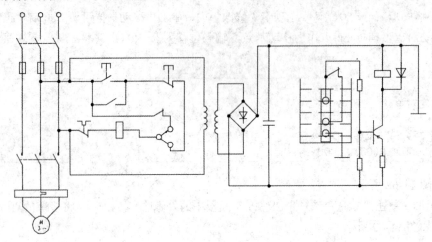

图 11-74　绘制导线连接点

11.2.6　添加文字和注释

利用"多行文字"命令为水位控制电路标注文字说明。

1．新建文字样式

单击"默认"选项卡"注释"面板中的"文字样式"按钮 **A**，系统弹出"文字样式"对话框，如图 11-75 所示。单击"新建"按钮，弹出"新建样式"对话框，输入样式名"标注"，单击"确定"按钮，返回"文字样式"对话框。在"字体名"下拉列表框中选择"宋体"，设置"宽度因子"为 1，"倾斜角度"为 0，将"注释"样式置为当前文字样式，单击"应用"按钮返回绘图窗口。

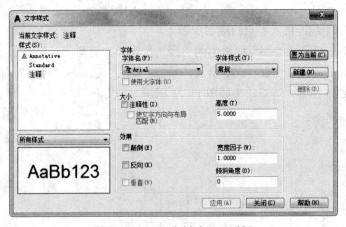

图 11-75　"文字样式"对话框

2．添加注释文字

单击"默认"选项卡"注释"面板中的"多行文字"按钮 **A**，在目标位置添加注释文字，如图 11-76 所示，完成水位控制电路图的绘制。

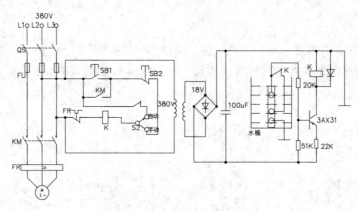

图 11-76　添加注释文字

11.3　车床主轴传动控制电路

如图 11-77 所示的电路控制三相电源实现正反转，共有 4 组反向并联晶闸管开关。由于笼型电动机启动电流很大，为了限制电流上升率，在电动机启动时串入电抗器 L，启动完毕后由接触器 KM 将其短接。

C650 车床主轴传动无触点正反转控制电路的大体绘制思路：合上总电源开关 QF，按正转启动开关 SB2，继电器 KA1 线圈得电吸合并自保，其两对常开触点闭合，晶闸管 VT1～VT4 的门极电路被接通，VT1～VT4 导通，电动机 M 经电抗器 L 正转启动。同时继电器 KA1 的另一对常开触点闭合，使时间继电器 KT 得电吸合，经过适当延时，其常开延时闭合触点闭合，使接触器 KM 得电吸合并自保，其主触头闭合，将电抗器 L 短路，启动完毕。同时接触器 KM 的辅助常闭触点断开，使时间继电器 KT 失电释放。按停止开关 SB1，电动机停转。反转控制与正转控制相似。

绘制本图的大致思路如下：首先绘制各个元器件图形符号，然后按照线路的分布情况绘制结构图，将各个元器件插入到结构图中，最后添加文字注释完成本图的绘制。

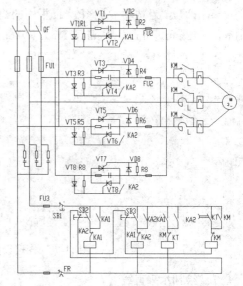

图 11-77　C650 车床主轴传动无触点
正反转控制电路

【预习重点】

☑　了解车床主轴传动电路图的基本结构。

☑　掌握水位控制电路图的绘制技巧。

【操作步骤】

11.3.1　设置绘图环境

参数设置是绘制任何一幅电气图都要进行的预备工作，这里主要设置图层。

1．建立新文件

打开 AutoCAD 2017 应用程序，单击快速访问工具栏中的"新建"按钮 ，以"无样板打开-公制"创建一个新的文件，将新文件命名为"C650 车床主轴传动无触点正反转控制电路.dwg"并保存。

2．设置图层

设置以下 3 个图层："连接线层""实体符号层"和"虚线层"，将"实体符号层"设置为当前图层。设置好的各图层的属性如图 11-78 所示。

11.3.2　绘制结构图

本节利用"直线"命令精确绘制线路，以方便后面电气元件的放置。

1．绘制竖直直线

单击"默认"选项卡"绘图"面板中的"直线"按钮 ，选择屏幕上合适的位置，以其为起点竖直向下绘制长度为 210mm 的直线 1，效果如图 11-79（a）所示。

2．偏移直线

单击"默认"选项卡"修改"面板中的"偏移"按钮 ，将图 11-79（a）中的直线 1 依次向右偏移 10mm、10mm、12mm、3mm、86mm、5mm 和 46mm，得到 7 条竖直直线，结果如图 11-79（b）所示。

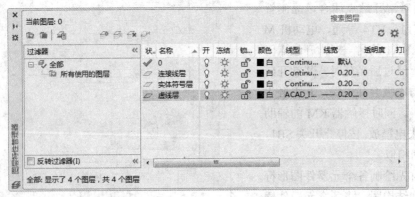

图 11-78　图层设置

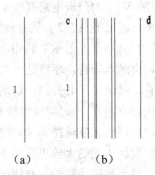

（a）　　　　　（b）

图 11-79　绘制竖直直线

3．绘制水平直线

单击"默认"选项卡"绘图"面板中的"直线"按钮 ，连接图 11-79（b）中的 c 与 d 两点，效果如图 11-80（a）所示。

4．偏移水平直线

单击"默认"选项卡"修改"面板中的"偏移"按钮 ，将图 11-80（a）中的直线 cd 依次向下偏移 10mm、40mm、20mm、20mm、40mm、25mm 和 55mm，得到 7 条水平直线，结果如图 11-80（b）所示。

5. 修剪图形

单击"默认"选项卡"修改"面板中的"修剪"按钮 ✂ 和"删除"按钮 ✎，对图形进行修剪，结果如图 11-81 所示。

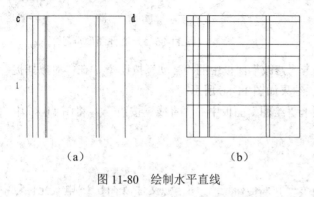

图 11-80　绘制水平直线

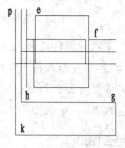

图 11-81　结构图

11.3.3　将元器件符号插入到结构图

将绘制好的各图形符号插入线路结构图，注意各图形符号的大小可能有不协调的情况，可以根据实际需要利用"缩放"功能来即使调整。插入过程当中，结合使用"对象追踪""对象捕捉"等功能。

1. 组合图形 1

（1）复制图形。单击快速访问工具栏中的"打开"按钮 📂，将"源文件\第 11 章\电气元件"中的二极管图形符号、电阻器图形符号、电容器图形符号、晶闸管图形符号、熔断器图形符号、继电器常开触点图形符号复制到当前绘图环境中，结果如图 11-82 所示。

（2）平移元器件符号。单击"默认"选项卡"修改"面板中的"移动"按钮 ✛，在"对象捕捉"绘图方式下，将各个元器件符号摆放到适当的位置，结果如图 11-83 所示。

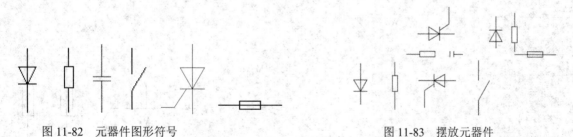

图 11-82　元器件图形符号

图 11-83　摆放元器件

（3）连接元器件符号。单击"默认"选项卡"绘图"面板中的"直线"按钮 ✏，将图 11-82 中的元器件符号连接起来，结果如图 11-84 所示。

2. 组合图形 2

（1）复制图形。单击"快速访问"工具栏中的"打开"按钮 📂，将"源文件\第 11 章\电气元件"中的接触器图形符号、电抗器图形符号、交流电动机图形符号等复制到当前绘图环境中，结果如图 11-85 所示。

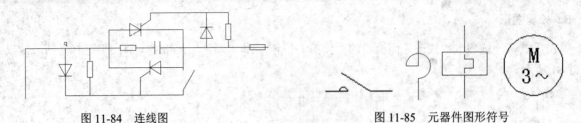

图 11-84 连线图   图 11-85 元器件图形符号

（2）平移元器件符号。单击"默认"选项卡"修改"面板中的"移动"按钮，在"对象捕捉"绘图方式下，将各个元器件符号摆放到适当的位置，结果如图 11-86 所示。

（3）连接元器件符号。单击"默认"选项卡"绘图"面板中的"直线"按钮，将图 11-86 中的元器件符号连接起来，结果如图 11-87 所示。

3. 组合图形 3

（1）复制图形。单击快速访问工具栏中的"打开"按钮，将"源文件\第 11 章\电气元件"中的总电源开关图形符号、熔断器图形符号复制到当前绘图环境中，结果如图 11-88 所示。

（2）连接元器件符号。单击"默认"选项卡"修改"面板中的"移动"按钮，在"对象捕捉"绘图方式下，将各个元器件符号摆放到适当的位置。单击"默认"选项卡"绘图"面板中的"直线"按钮，将图 11-88 中的元器件符号连接起来，结果如图 11-89 所示。

4. 组合图形 4

（1）复制图形。单击快速访问工具栏中的"打开"按钮，将"源文件\第 11 章\电气元件"中的电容器图形符号、电阻器图形符号复制到当前绘图环境中，结果如图 11-90 所示。

（2）平移元器件符号。单击"默认"选项卡"修改"面板中的"移动"按钮，在"对象捕捉"绘图方式下，将各个元器件符号摆放到适当的位置，结果如图 11-91 所示。

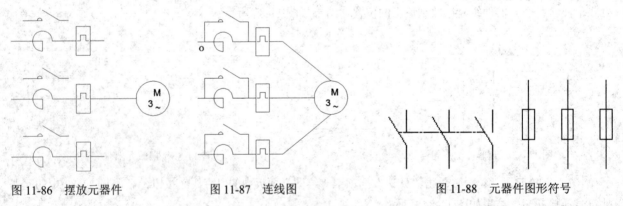

图 11-86 摆放元器件   图 11-87 连线图   图 11-88 元器件图形符号

（3）连接元器件符号。单击"默认"选项卡"绘图"面板中的"直线"按钮，将图 11-91 中的元器件符号连接起来，结果如图 11-92 所示。

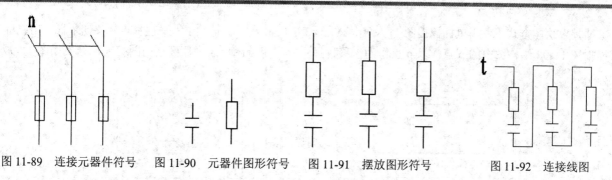

图 11-89　连接元器件符号　　图 11-90　元器件图形符号　　图 11-91　摆放图形符号　　图 11-92　连接线图

5. 组合图形

（1）复制图形。单击快速访问工具栏中的"打开"按钮 📂，将"源文件\第 11 章\电气元件"中的接触器常开触点图形符号、接触器常闭触点、启动按钮图形符号等复制到当前绘图环境中，如图 11-93 所示。

（2）平移元器件符号。单击"默认"选项卡"修改"面板中的"移动"按钮 ✥，在"对象捕捉"绘图方式下，将各个元器件符号摆放到适当的位置，如图 11-94 所示。

（3）连接元器件符号。单击"默认"选项卡"绘图"面板中的"直线"按钮 ／，将图 11-94 中的元器件符号连接起来，结果如图 11-95 所示。

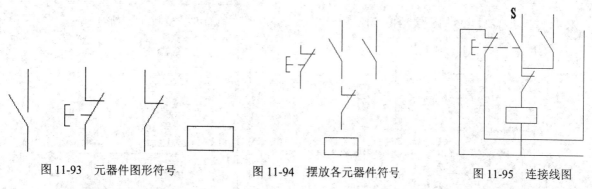

图 11-93　元器件图形符号　　　　图 11-94　摆放各元器件符号　　　　图 11-95　连接线图

6. 将组合图形插入到结构图中

（1）将组合图形 1 插入到结构图中。单击"默认"选项卡"修改"面板中的"移动"按钮 ✥，在"对象捕捉"绘图方式下，用鼠标捕捉组合图形 1 中的 q 点（如图 11-84 所示），以 q 点作为平移基点，移动鼠标，用鼠标捕捉图 11-96 结构图中的 e 点，以 e 点作为平移目标点，将组合图形 1 平移到结构图中，结果如图 11-96 所示。

单击"默认"选项卡"修改"面板中的"复制"按钮 🍃，将前面插入的组合图形 1 依次向下复制 40mm、40mm、40mm 和 40mm，单击"默认"选项卡"修改"面板中的"修剪"按钮 ✂，修剪掉多余的直线，结果如图 11-97 所示。

（2）将组合图形 2 插入到结构图中。单击"默认"选项卡"修改"面板中的"移动"按钮 ✥，在"对象捕捉"绘图方式下，用鼠标捕捉图 11-87 中组合图形 2 中的 O 点，以 O 点作为平移基点，移动鼠标，用鼠标捕捉图 11-97 结构图中的 f 点，以 f 点作为平移目标点，将组合图形 2 平移到结构图中来，单击"默认"选项卡"修改"面板中的"修剪"按钮 ✂，修剪掉多余的直线，结果如图 11-98 所示。

（3）将组合图形 3 插入到结构图中。单击"默认"选项卡"修改"面板中的"移动"按钮 ✥，在"对象捕捉"绘图方式下，用鼠标捕捉图 11-89 组合图形 3 中的 n 点，以 n 点作为平移基点，移动鼠标，用鼠标捕捉图 11-98 结构图中的 p 点，以 p 点作为平移目标点，将组合图形 3 平移到结构图中来，结果如图 11-99 所示。

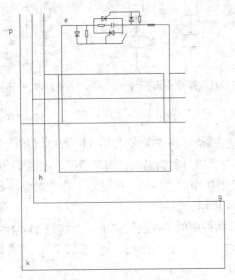

图 11-96　插入组合图形 1

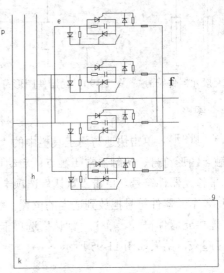

图 11-97　复制组合图形 1

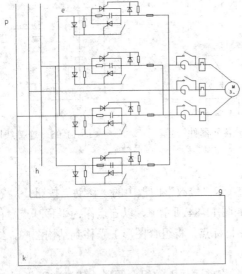

图 11-98　插入组合图形 2

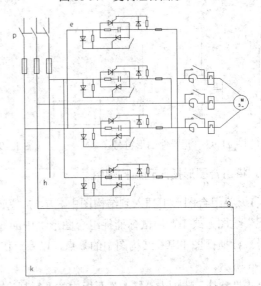

图 11-99　插入组合图形 3

　　（4）将组合图形 4 插入到结构图中。单击"默认"选项卡"修改"面板中的"移动"按钮 ，在"对象捕捉"绘图方式下，用鼠标捕捉图 11-92 组合图形 4 中的 t 点，以 t 点作为平移基点，移动鼠标，用鼠标捕捉图 11-99 结构图中的 k 点，以 k 点作为平移目标点，将组合图形 4 平移到结构图中来。单击"默认"选项卡"修改"面板中的"移动"按钮 ，将刚插入的组合图形 4 向上移动 110mm，结果如图 11-100 所示。

　　（5）将组合图形 5 插入到结构图中。单击"默认"选项卡"修改"面板中的"移动"按钮 ，在"对象捕捉"绘图方式下，用鼠标捕捉图 11-95 组合图形 5 中的 s 点，以 s 点作为平移基点，移动鼠标，用鼠标捕捉图 11-100 中的 h 点，以 h 点作为平移目标点，将组合图形 5 平移到结构图中来。单击"默认"选项卡"修改"面板中的"移动"按钮 ✣，将刚插入的组合图形 5 向右移动 51mm，结果如图 11-101 所示。

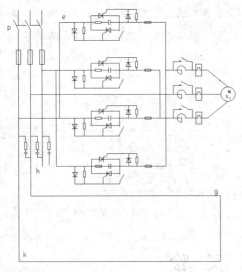

图 11-100　插入组合图形 4

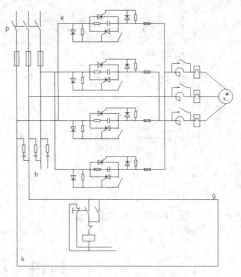

图 11-101　插入组合图形 5

再单击"默认"选项卡"修改"面板中的"复制"按钮 ％，将前面插入的组合图形 5 向右复制 40mm，单击"默认"选项卡"修改"面板中的"修剪"按钮 ╱，修剪掉多余的直线，结果如图 11-102 所示。

7. 将其他图形符号插入到结构图中

采用相同的方法，单击"默认"选项卡"修改"面板中的"移动"按钮 ✣，将其他的元器件图形符号插入到结构图中，结果如图 11-103 所示。

11.3.4　添加注释

本实例主要对元件的名称一一对应注释，以方便读者快速读懂图纸。

1. 创建文字样式

单击"默认"选项卡"注释"面板中的"文字样式"按钮 A，打开"文字样式"对话框，创建一个样式名为"车床主轴传动控制电路图"的文字样式。设置"字体名"为 txt，"字体样式"为"常规"，"高度"为 4，"宽度因子"为 0.7。

2. 添加注释文字

单击"默认"选项卡"注释"面板中的"文字样式"按钮 A，输入几行文字，然后调整其位置，以对齐文字。调整位置时，结合使用"正交"命令。

3. 使用文字编辑命令修改文字来得到需要的文字

添加注释文字后，即完成了整张图的绘制，如图 11-77 所示。

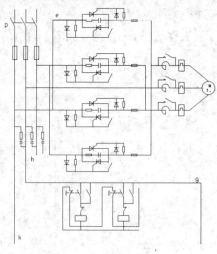

图 11-102　复制组合图形 5

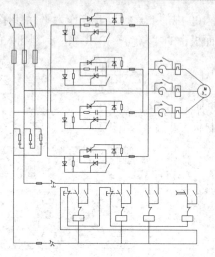

图 11-103　完成绘制

11.4　上机实验

【练习 1】绘制如图 11-104 所示的恒温烘房电气控制图。

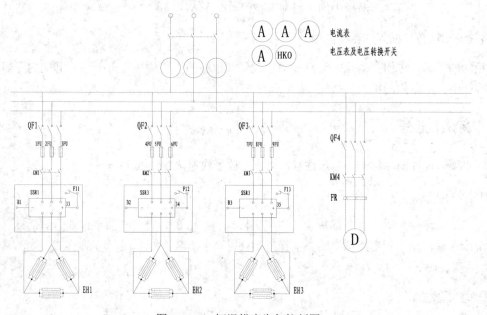

图 11-104　恒温烘房电气控制图

1. 目的要求

恒温烘房电气控制图主要由供电线路、3 个加热区及风机组成。通过本练习，重点掌握恒温烘房电气控制图的详细绘制方法。

2．操作提示

（1）绘制主要的连接线。

（2）绘制各主要电气元件。

（3）插入各电气元件。

（4）添加文字说明。

【练习 2】绘制如图 11-105 所示的数控机床控制系统图设计。

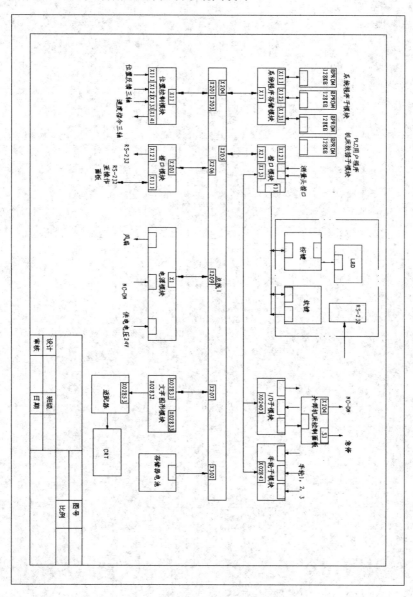

图 11-105　数控机床控制系统图设计

1．目的要求

本练习绘制 SINUMERIK820 系统的系统图设计，包括调用绘图模板、设置文件图层、布局系统模块、注释系统模块、设计模块接口、注释模块接口、添加文字说明和填写标题栏等具体步骤。通过本练习，使读者明白数控机床控制系统图的一般设计过程，该设计流程也可类推到其他型号的数控机床上。

2．操作提示

（1）配置绘图环境。

（2）绘制及注释模块。

（3）连接模块。

（4）添加文字说明。

第 12 章

通信电气设计

与传统的电气图不同，通信工程图是一类比较特殊的电气图，是新发展起来的一类电气图，主要应用于通信领域。本章将介绍通信系统的相关基础知识，并通过几个通信工程的实例来学习绘制通信工程图的一般方法。

12.1　通信工程图简介

【预习重点】

☑　了解通信的含义以及通信系统工作流程。

通信就是信息的传递与交流。通信系统是传递信息所需要的一切技术设备和传输媒介，其过程如图 12-1 所示。通信工程主要分为移动通信和固定通信，但无论是移动通信还是固定通信，其原理都是相同的。通信的核心是交换机，在通信过程中，数据通过传输设备传输到交换机上，在交换机上进行交换，选择目的地，这就是通信的基本过程。

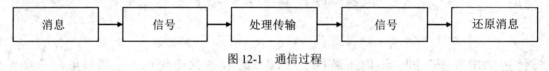

图 12-1　通信过程

通信系统工作流程如图 12-2 所示。

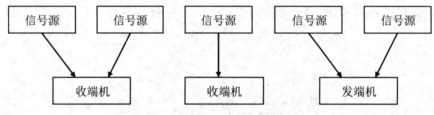

图 12-2　通信系统工作流程

12.2　程控交换机系统图

本实例绘制的程控交换机系统图如图 12-3 所示。随着通信网和综合业务数字网（ISDN）的快速发展，用户对通信提出了更高的要求。而了解这一领域有代表性的程控交换机尤为重要。本节将通过介绍如图 12-3 所示的 HJC-SDS 数字程控用户交换机系统图的绘制方法，帮助读者了解这种交换机。

主要的电路板介绍如下。

☑　ATI：话务台控制电路板。

☑　DLC：数字式用户电路。

☑　MEM：存储器电路板。

☑　DTD：拨号音检测器。

☑　LLC：远距离用户板。

☑　DIT：直入拨号中继。

☑　LDT：环路拨号中继。

☑　ODT：4 线 E 和 M 中继。

☑ EMT：2 线 E 和 M 中继。

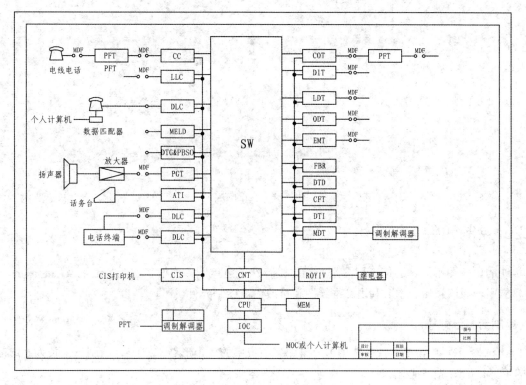

图 12-3 程控交换机系统图

【预习重点】

☑ 掌握程控交换机系统图的绘制方法。

【操作步骤】

12.2.1 设置绘图环境

参数设置是绘制任何一幅电气图都要进行的预备工作，这里主要设置样板图和图层。

1. 新建文件

启动 AutoCAD 2017 应用程序，在命令行中输入 NEW 命令，或单击快速访问工具栏中的"新建"按钮
，系统弹出"选择样板"对话框，在其中选择所需的样板，单击"打开"按钮添加图形样板，其中图形
样板左下端点的坐标为（0,0）。本实例选用 A3 图形样板。

2. 设置图层

单击"默认"选项卡"图层"面板中的"图层特性"按钮，弹出"图层特性管理器"选项板，新建
图层并设置参数，如图 12-4 所示。

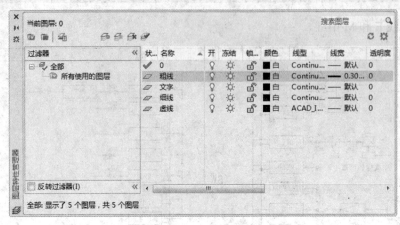

图 12-4　设置图层

12.2.2　绘制元件

与传统的电气图不同，通信工程图是一类比较特殊的电气图，通信工程图是最近发展起来的一类电气图，主要应用于通信领域。本节利用二维绘图和修改命令绘制元件。

1．绘制话务台符号

（1）绘制矩形。单击"默认"选项卡"绘图"面板中的"矩形"按钮▢，绘制一个长为 50mm、宽为 35mm 的矩形，如图 12-5 所示。

（2）绘制斜线。单击"默认"选项卡"绘图"面板中的"直线"按钮╱，关闭"正交模式"模式，绘制一条斜线，如图 12-6 所示。

图 12-5　绘制矩形

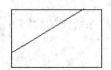

图 12-6　绘制斜线

（3）修剪矩形。单击"默认"选项卡"修改"面板中的"修剪"按钮╱，以斜线为剪切线，对矩形进行修剪，修剪结果如图 12-7 所示。

2．绘制放大器符号

（1）绘制矩形。单击"默认"选项卡"绘图"面板中的"矩形"按钮▢，绘制一个长为 60mm、宽为 30mm 的矩形，如图 12-8 所示。

（2）绘制斜线。单击"默认"选项卡"绘图"面板中的"直线"按钮╱，捕捉矩形的角点和短边的中点绘制斜线，如图 12-9 所示。

（3）镜像图形。单击"默认"选项卡"修改"面板中的"镜像"按钮⚏，以绘制的斜线为镜像对象，捕捉矩形宽边的中点为镜像轴，镜像结果如图 12-10 所示。

（4）生成块。单击"默认"选项卡"块"面板中的"创建"按钮▭，将以上绘制的芯片放大器符号生成块并保存，以方便后面绘制数字电路系统时调用。

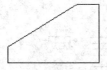

图 12-7　修剪矩形

图 12-8　绘制矩形

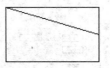

图 12-9　绘制斜线

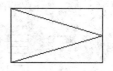

图 12-10　镜像结果

3．绘制扬声器符号

（1）绘制矩形。单击"默认"选项卡"绘图"面板中的"矩形"按钮▢，绘制长为 18mm、宽为 45mm 的矩形，如图 12-11 所示。

（2）绘制斜线。单击"默认"选项卡"绘图"面板中的"直线"按钮╱，以矩形的左上角点为起点，绘制与 X 轴夹角为 135°的斜线，如图 12-12 所示。

（3）镜像斜线。单击"默认"选项卡"修改"面板中的"镜像"按钮⚏，选择矩形两宽边的中点为镜像轴，将斜线进行镜像，如图 12-13 所示。

（4）连接两斜线端点。单击"默认"选项卡"绘图"面板中的"直线"按钮╱，连接两条斜线的端点，完成扬声器符号的绘制，如图 12-14 所示。

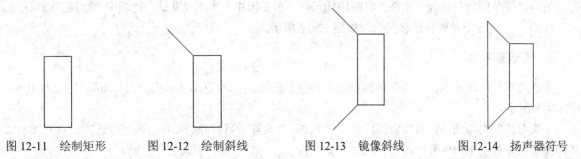

图 12-11　绘制矩形　　　　图 12-12　绘制斜线　　　　图 12-13　镜像斜线　　　　图 12-14　扬声器符号

（5）生成块。单击"默认"选项卡"块"面板中的"创建"按钮🗔，将绘制的扬声器符号生成块并保存，以方便后面绘制数字电路系统时调用。

12.2.3　绘制 HJC-SDS 系统框图

本实例首先利用"矩形"命令绘制矩形框，然后利用"直线"和"圆"命令绘制连接线和圆，接着利用"插入块"命令将外围设备插入到图形中，并将各个元件连接起来，最后利用"圆环"和"多行文字"命令绘制实心圆环和标注文字。

1．绘制矩形框

将"粗线"图层设为当前图层，单击"默认"选项卡"绘图"面板中的"矩形"按钮▢，绘制定位设备的矩形框，如图 12-15 所示。

2．绘制连接线和圆

将"细线"图层设为当前图层，单击"默认"选项卡"绘图"面板中的"直线"按钮╱，将矩形框用直线连接起来。单击"默认"选项卡"绘图"面板中的"圆"按钮⊘，在直线的端点处绘制圆，如图 12-16 所示。

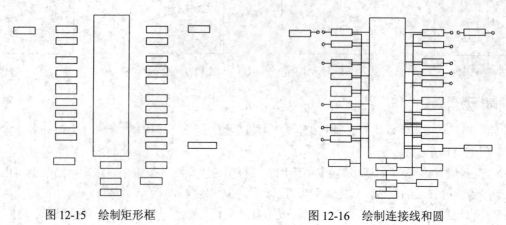

图 12-15　绘制矩形框　　　　　　　　　　图 12-16　绘制连接线和圆

3. 插入块

单击"默认"选项卡"块"面板中的"插入"按钮，打开随书光盘"源文件\第 12 章\话务台、放大器和扬声器等外围设备.dwg"文件，将图块插入到当前图形中。单击"默认"选项卡"绘图"面板中的"直线"按钮，将各个元器件连接起来，如图 12-17 所示。

4. 绘制圆环

单击"默认"选项卡"绘图"面板中的"圆环"按钮◎，设置圆环的内径为 5mm，外径为 10mm，如图 12-18 所示。

如果要绘制实心圆环，只要将圆环内径设为 0，再设置适当的外径即可。在连接线的交点处绘制实心圆环，图形显示如图 12-19 所示。

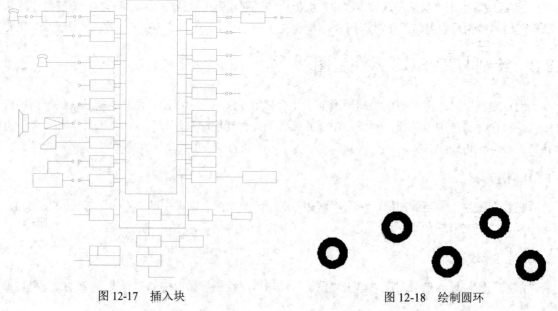

图 12-17　插入块　　　　　　　　　　　　图 12-18　绘制圆环

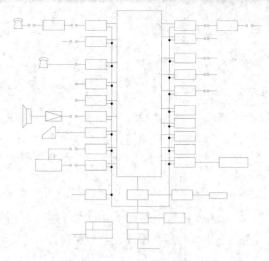

图 12-19 绘制实心圆环

5. 标注文字

将"文字"图层设为当前图层，单击"默认"选项卡"注释"面板中的"多行文字"按钮 **A**，设置字体为"宋体"，在图形中添加标注文字，最后调整图形的大小，将其放置在 A3 图框中，完成 HJC-SDS 数字程控交换机系统图的绘制。

12.3 无线寻呼系统图

本实例绘制的无线寻呼系统图如图 12-20 所示。先根据需要绘制一些基本图例，然后绘制机房区域示意模块以及设备图形，接着绘制连接线路，最后添加文字和注释，完成图形的绘制。

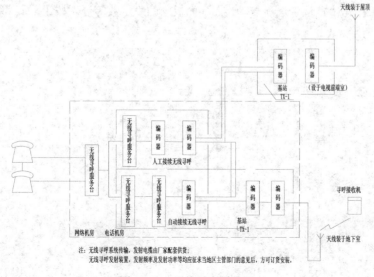

图 12-20 无线寻呼系统图

【预习重点】

☑ 掌握无线寻呼系统图的绘制方法。

【操作步骤】

12.3.1 设置绘图环境

电路图绘图环境需要进行基本的操作，包括文件的创建、保存及图层的管理。

1．新建文件

启动 AutoCAD 2017 应用程序，单击快速访问工具栏中的"新建"按钮，以"无样板打开-公制"创建一个新的文件，将新文件命名为"无线寻呼系统图.dwg"并保存。

2．设置图层

单击"默认"选项卡"图层"面板中的"图层特性"按钮，在弹出的"图层特性管理器"选项板中新建图层，各图层的颜色、线型、线宽等设置如图 12-21 所示。将"虚线"图层设置为当前图层。

12.3.2 绘制电气元件

下面简要讲述无线寻呼系统图中用到的一些电气元件的绘制方法。

1．绘制机房区域模块

（1）绘制矩形。单击"默认"选项卡"绘图"面板中的"矩形"按钮，绘制一个长度为 70mm、宽度为 40mm 的矩形，并将线型比例设置为 0.3，如图 12-22 所示。

（2）分解矩形。单击"默认"选项卡"修改"面板中的"分解"按钮，将矩形分解。

（3）分隔区域。单击"默认"选项卡"绘图"面板中的"定数等分"按钮，将底边 5 等分，用辅助线分隔，如图 12-23 所示。

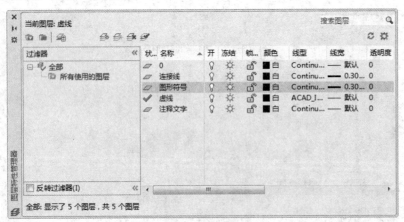

图 12-21　设置图层

图 12-22　绘制矩形

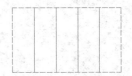

图 12-23　分隔区域

（4）绘制内部区域。单击"默认"选项卡"绘图"面板中的"矩形"按钮⬜，绘制两个矩形，删除辅助线，如图 12-24 所示。

（5）绘制前端室。单击"默认"选项卡"绘图"面板中的"矩形"按钮⬜，在大矩形的右上角绘制一个长度为 20mm、宽度为 15mm 的小矩形，作为前端室的模块区域，如图 12-25 所示。

2．绘制设备

（1）修改线宽。将"图形符号"图层设置为当前图层，将线型设为 ByLayer，线宽设为 0.3mm。

（2）绘制设备标志框。单击"默认"选项卡"绘图"面板中的"矩形"按钮⬜，分别绘制 4mm×15mm 和 4mm×10mm 的矩形，作为设备的标志框，如图 12-26 所示。

（3）添加文字。单击"默认"选项卡"注释"面板中的"多行文字"按钮 A，以刚绘制的标志框为区域输入文字，如图 12-27 所示。

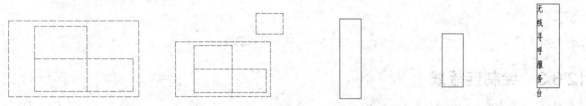

图 12-24　绘制内部区域　　图 12-25　绘制前端室　　　图 12-26　绘制设备标志框　　图 12-27　输入文字

（4）可以看到，文字的间距太大，而且位置不是正中。可以选择文字并右击，在弹出的快捷菜单中选择"特性"命令，弹出"特性"选项板，如图 12-28 所示，将"行间距"设置为 1.8，将文字的位置设置为"正中"，修改后的效果如图 12-29 所示。

（5）单击"默认"选项卡"修改"面板中的"复制"按钮，将绘制的图形复制并移动到相应的机房区域内，结果如图 12-30 所示。

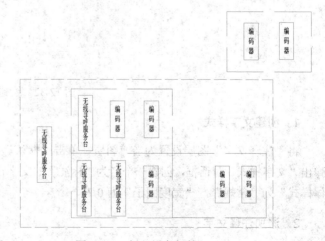

图 12-28　"特性"选项板　图 12-29　修改后的效果　　　图 12-30　插入设备标签

（6）插入图块。将"电话"图块插入到图形左侧适当位置，按照同样的方法将"天线"和"寻呼接收机"图块插入到图形右侧适当位置，如图 12-31 所示。

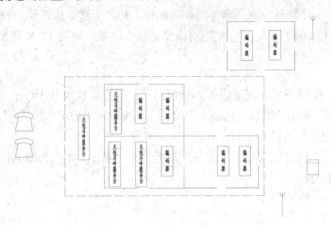

图 12-31　插入其他图块

12.3.3　绘制连接线

将图层转换为"连接线"图层，单击"默认"选项卡"绘图"面板中的"直线"按钮 ，绘制设备之间的线路，"电话"模块之间的线路用虚线进行连接，如图 12-32 所示。

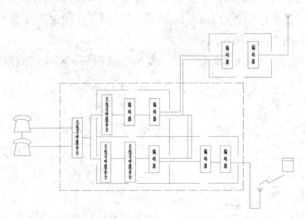

图 12-32　绘制线路

1．创建文字样式

将"注释文字"图层设置为当前图层，单击"默认"选项卡"注释"面板中的"文字样式"按钮 ，弹出"文字样式"对话框，创建一个名为"标注"的文字样式。设置"字体名"为"仿宋 GB_2312"，"字体样式"为"常规"，"宽度因子"为 0.7。

2．添加注释文字

单击"默认"选项卡"注释"面板中的"多行文字"按钮 ，在图形中添加注释文字，完成无线寻呼系统的绘制。

12.4　绘制通信光缆施工图

本实例介绍通信光缆施工图的绘制，如图 12-33 所示。首先还是要设计图纸布局，确定各主要部件在图中的位置，然后绘制各种示意图，最后把绘制好的示意图插入到布局图的相应位置。

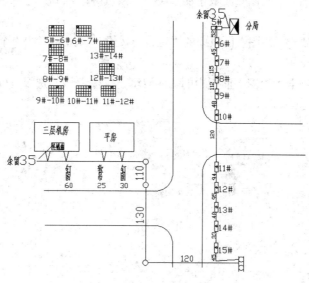

图 12-33　通信光缆施工图

【预习重点】

☑　掌握通信光缆施工图的绘制方法。

【操作步骤】

12.4.1　设置绘图环境

通信光缆电路图主要指在公路下铺设的电路示意图，在绘制过程中，需要区别显示出公路线与光缆线。下面首先设置绘图环境。

1. 建立新文件

打开 AutoCAD 2017 应用程序，单击快速访问工具栏中的"新建"按钮，以"无样板打开-公制"创建一个新的文件，将新文件命名为"通信光缆施工图.dwg"并保存。

2. 设置图层

单击"默认"选项卡"图层"面板中的"图层特性"按钮，弹出"图层特性管理器"选项板，设置"公路线层"和"部件层"两个图层，并将"部件层"设置为当前图层，设置好的各图层属性如图 12-34 所示。

12.4.2　绘制部件符号

公路下铺设的部件包括井盖符号、光配架、用户机房等，这里单独绘制，方便后期在对应的位置放置。

1．绘制分局示意图

（1）单击"默认"选项卡"绘图"面板中的"矩形"按钮□，绘制一个长为 20mm、宽为 60mm 的矩形，结果如图 12-35 所示。

（2）单击"默认"选项卡"绘图"面板中的"直线"按钮╱，过矩形的 4 个端点绘制两条对角线，结果如图 12-36 所示。

（3）单击"默认"选项卡"绘图"面板中的"图案填充"按钮▨，选择 SOLID 填充图案，填充两直线相交的部分，结果如图 12-37 所示。

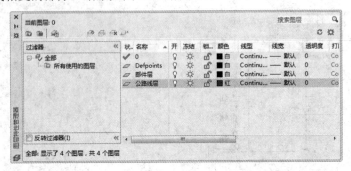

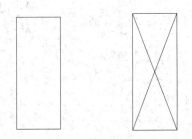

图 12-34　图层设置　　　　　　　　　图 12-35　绘制矩形　　图 12-36　绘制直线

2．绘制井盖示意图

（1）单击"默认"选项卡"绘图"面板中的"矩形"按钮□，绘制一个长为 30mm、宽为 10mm 的矩形。

（2）单击"默认"选项卡"注释"面板中的"多行文字"按钮 **A**，在矩形内添加文字"小"，设置字体的高度为 6，结果如图 12-38 所示。

（3）单击"默认"选项卡"修改"面板中的"旋转"按钮↻，将图形逆时针旋转 90°，结果如图 12-39 所示，完成井盖示意图的绘制。

3．绘制光配架示意图

（1）单击"默认"选项卡"绘图"面板中的"圆"按钮⊙，绘制两个圆，圆的直径为 10，两个圆心之间的距离为 12mm。

（2）单击"默认"选项卡"绘图"面板中的"直线"按钮╱，绘制两个圆的切线，结果如图 12-40 所示，完成光配架示意图的绘制。

4．绘制用户机房示意图

（1）单击"默认"选项卡"绘图"面板中的"矩形"按钮□，先绘制两个矩形，大矩形的尺寸为 100mm×60mm，小矩形的尺寸为 40mm×20mm。

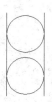

图 12-37　填充图案　　　图 12-38　绘制矩形并输入文字　　　图 12-39　旋转图形　　图 12-40　绘制光配架示意图

（2）单击"默认"选项卡"注释"面板中的"多行文字"按钮 **A**，在矩形内添加文字"3 层机房"和"终端盒"，"字体高度"分别为 10 和 8，结果如图 12-41 所示，完成用户机房示意图的绘制。

5．绘制井内电缆占用位置图

（1）单击"默认"选项卡"绘图"面板中的"矩形"按钮 ，绘制一个长为 10mm、宽为 10mm 的矩形。

（2）单击"默认"选项卡"修改"面板中的"矩形阵列"按钮 ，将刚绘制的矩形进行阵列，设置行数为 4，列数为 6，行间距和列间距均为 10。

（3）单击"默认"选项卡"绘图"面板中的"圆"按钮 ，绘制 3 个圆，圆的直径均为 5mm，3 个圆的位置如图 12-42 所示。

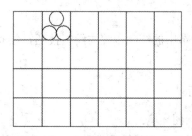

图 12-41　绘制用户机房示意图　　　　　图 12-42　井内电缆占用位置图

12.4.3　绘制主图

先将图层更换至"公路线层"，绘制公路线，确定各部件的大概位置，公路线的绘制结果如图 12-43 所示。绘制完公路线后，将已经绘制好的部件添加到公路线中适当的位置，完成图形的绘制。

图 12-43　公路线图

12.5　上机实验

【练习1】绘制如图 12-44 所示的天线馈线系统图。

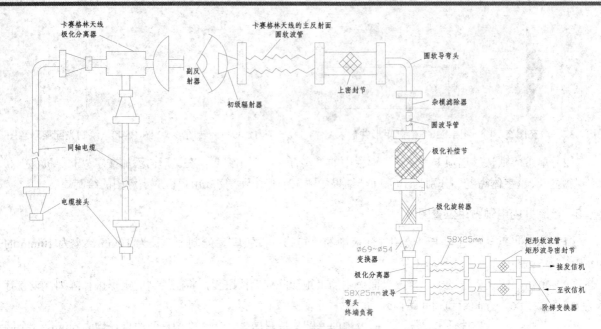

图 12-44 天线馈线系统图

1. 目的要求

按照前面章节中的绘制步骤与绘制技巧，绘制天线馈线系统图，主要练习"直线"、"样条曲线"和"图案填充"命令。

2. 操作提示

（1）设置绘图环境。
（2）绘制同轴电缆天线馈线系统。
（3）绘制圆波导天线馈线系统。
（4）添加文字说明。

【练习 2】绘制如图 12-45 所示的数字交换机系统图。

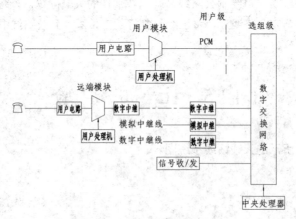

图 12-45 数字交换机系统图

1．目的要求

按照前面章节中的绘制步骤与绘制技巧，绘制数字交换机系统图，主要练习"矩形""圆弧"和"多行文字"命令。

2．操作提示

（1）设置绘图环境。
（2）绘制图形。
（3）添加连接线。
（4）添加文字说明。

建筑电气设计

电气设施是建筑中必不可少的一部分，无论是现代工业生产还是日常生活，都与电器设备息息相关。因此，建筑电气工程图就变得极为重要。本章主要以办公楼为例讲述建筑电气平面图、配电平面图、低压配电干线系统图和照明系统图的绘制。

13.1　建筑电气工程图简介

建筑系统电气图是电气工程的重要图纸，是建筑工程的重要组成部分，提供了建筑内电气设备的安装位置、安装接线、安装方法以及设备的有关参数。根据建筑物的功能不同，电气图也不相同，主要包括建筑电气安装平面图、电梯控制系统电气图、照明系统电气图、中央空调控制系统电气图、消防安全系统电气图、防盗保安系统电气图以及建筑物的通信、电视系统，防雷接地系统的电气平面图等。

【预习重点】

☑　了解建筑电气工程图的分类。

建筑电气工程图是应用非常广泛的电气图之一。建筑电气工程图可以表明建筑电气工程的构成规模和功能，详细描述电气装置的工作原理，提供安装技术数据和使用维护方法。随着建筑物的规模和要求不同，建筑电气工程图的种类和图纸数量也不同，常用的建筑电气工程图主要有以下几类。

1．说明性文件

（1）图纸目录：内容有序号、图纸名称、图纸编号和图纸张数等。

（2）设计说明（施工说明）：主要阐述电气工程设计依据、工程的要求和施工原则、建筑特点、电气安装标准、安装方法、工程等级、工艺要求及有关设计的补充说明等。

（3）图例：即图形符号和文字代号，通常只列出本套图纸中涉及的一些图形符号和文字代号所代表的意义。

（4）设备材料明细表（零件表）：列出该项电气工程所需要的设备和材料的名称、型号、规格和数量，供设计概算、施工预算及设备订货时参考。

2．系统图

系统图是表现电气工程的供电方式、电力输送、分配、控制和设备运行情况的图纸。从系统图中可以粗略地看出工程的概貌。系统图可以反映不同级别的电气信息，如变配电系统图、动力系统图、照明系统图和弱电系统图等。

3．平面图

电气平面图是表示电气设备、装置与线路平面布置的图纸，是进行电气安装的主要依据。电气平面图是以建筑平面图为依据，在图上绘出电气设备、装置及线路的安装位置、敷设方法等。常用的电气平面图有变配电所平面图、室外供电线路平面图、动力平面图、照明平面图、防雷平面图、接地平面图和弱电平面图等。

4．布置图

布置图是表现各种电气设备和器件的平面与空间的位置、安装方式及其相互关系的图纸。通常由平面图、立面图、剖面图及各种构件详图等组成。一般来说，设备布置图是按三视图原理绘制的。

5. 接线图

安装接线图在现场常被称为安装配线图，主要用来表示电气设备、电气元件和线路的安装位置、配线方式、接线方法、配线场所特征的图纸。

6. 电路图

现场常称作电气原理图，主要用来表现某一电气设备或系统的工作原理，是按照各个部分的动作原理图采用分开表示法展开绘制的。通过对电路图的分析，可以清楚地看出整个系统的动作顺序。电路图可以用来指导电气设备和器件的安装、接线、调试、使用与维修。

7. 详图

详图是表现电气工程中设备的某一部分的具体安装要求和做法的图纸。

13.2　乒乓球馆照明平面图

本实例绘制乒乓球馆照明平面图，如图 13-1 所示。此图的绘制思路为：先绘制轴线和墙线，然后绘制门洞和窗洞，即可完成电气图所需建筑图的绘制；接着在建筑图的基础上绘制电路图，其中包括灯具、开关、插座等电器元件，每类元件分别安装在不同的场合。

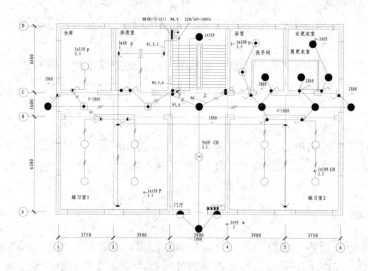

图 13-1　乒乓球馆照明平面图

【预习重点】

　☑　了解乒乓球馆照明平面图的绘制思路。
　☑　掌握乒乓球馆照明平面图的绘制方法。

【操作步骤】

操作步骤如下文所述。

13.2.1 设置绘图环境

参数设置是绘制任何一幅电气图都要进行的预备工作，这里主要设置图层。

1. 新建文件

启动 AutoCAD 2017 应用程序，单击快速访问工具栏中的"新建"按钮 ，以"无样板打开-公制"创建一个新的文件，将新文件命名为"乒乓球馆照明平面图.dwg"并保存。

2. 设置图层

新建图层的名称默认为"图层 1"，将其修改为"轴线层"。单击"轴线层"的色块，弹出"选择颜色"对话框，如图 13-2 所示，选择红色为轴线图层的默认颜色。在"图层特性管理器"选项板的"线型"栏中单击，弹出"选择线型"对话框，如图 13-3 所示。

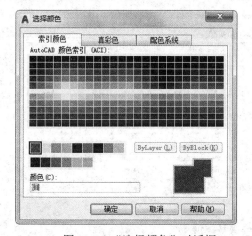

图 13-2　"选择颜色"对话框

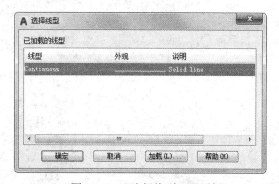

图 13-3　"选择线型"对话框

3. 加载线型

单击"加载"按钮，弹出"加载或重载线型"对话框，如图 13-4 所示。

图 13-4　"加载或重载线型"对话框

4．选择线型

在"可用线型"列表框中选择 CENTER 线型，单击"确定"按钮，返回"选择线型"对话框。选择刚刚加载的线型，单击"确定"按钮，完成线型设置。

5．设置其他图层

按照相同的方法设置其他图层，如图 13-5 所示，各图层的属性如下所示。

- ☑ 轴线层：颜色为红色，线型为 CENTER，线宽为默认。
- ☑ 墙体层：颜色为白色，线型为实线，线宽为 0.3mm。
- ☑ 元件符号层：颜色为白色，线型为实线，线宽为默认。
- ☑ 文字说明层：颜色为绿色，线型为实线，线宽为默认。
- ☑ 尺寸标注层：颜色为绿色，线型为实线，线宽为默认。
- ☑ 标号层：颜色为绿色，线型为实线，线宽为默认。
- ☑ 连线层：颜色为白色，线型为实线，线宽为默认。

将"轴线层"设为当前图层，关闭"图层特性管理器"选项板。

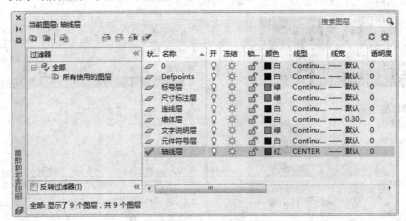

图 13-5　设置其他图层

13.2.2　绘制墙体和楼梯

墙体和楼梯都是建筑的重要组成部分，本实例中利用二维绘图和修改命令绘制墙体和楼梯。

1．绘制轴线

单击"默认"选项卡"绘图"面板中的"直线"按钮，绘制一条长度为 192mm 的水平直线，再绘制一条长度为 123mm 的竖直直线，如图 13-6 所示。

2．偏移轴线

单击"默认"选项卡"修改"面板中的"偏移"按钮，将竖直直线依次向右偏移，偏移距离分别为 37.5mm、39mm、39mm、39mm 和 37.5mm，再将水平直线依次向上偏移 63mm、79mm 和 123mm，结果如图 13-7 所示。

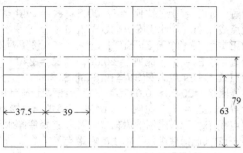

图 13-6　绘制轴线　　　　　　　　　　　　图 13-7　偏移轴线

3．将"墙体层"设置为当前图层

选择菜单栏中的"格式"→"多线样式"命令，打开"多线样式"对话框，如图 13-8 所示。

图 13-8　"多线样式"对话框

4．新建多线样式

单击"新建"按钮，弹出"创建新的多线样式"对话框，如图 13-9 所示。在"新样式名"文本框中输入 240，单击"继续"按钮，弹出"新建多线样式"对话框，如图 13-10 所示，在该对话框中设置多线样式的参数。

继续新建 wall_1 和 wall_2 多线样式，参数设置如图 13-11 所示。

5．绘制墙线

选择菜单栏中的"绘图"→"多线"命令，或在命令行中输入 MLINE 命令，命令行提示与操作如下：

命令：_mline
当前设置：对正 = 上，比例 = 20.00，样式 = STANDARD
指定起点或 [对正(J)/比例(S)/样式(ST)]：st✓（设置多线样式）
输入多线样式名或 [?]：240✓（多线样式为 240）

当前设置: 对正 = 上, 比例 = 20.00, 样式 = 240
指定起点或 [对正(J)/比例(S)/样式(ST)]: J✓
输入对正类型 [上(T)/无(Z)/下(B)] <上>: Z✓ （设置对正模式为无）
当前设置: 对正 = 无, 比例 = 20.00, 样式 = 240
指定起点或 [对正(J)/比例(S)/样式(ST)]: S✓
输入多线比例 <20.00>: 0.0125✓ （设置线型比例为0.0125）
当前设置: 对正 = 无, 比例 = 0.0125, 样式 = 240
指定起点或 [对正(J)/比例(S)/样式(ST)]:（选择底端水平轴线的左端点）
指定下一点:（选择底端水平轴线的右端点）
指定下一点或 [放弃(U)]:✓

按照相同的方法绘制其他外墙墙线，如图 13-12 所示。

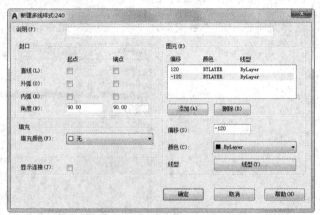

图 13-9　"创建新的多线样式"对话框　　　　图 13-10　"新建多线样式"对话框

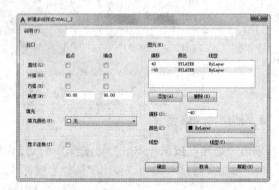

（a）wall_1 多线样式参数设置　　　　　　（b）wall_2 多线样式参数设置

图 13-11　新建多线样式

6. 编辑墙线

单击"默认"选项卡"修改"面板中的"分解"按钮，将绘制的多线分解。单击"默认"选项卡"绘图"面板中的"直线"按钮，以距离上边框左端点 7.75mm 处为起点绘制竖直线段，长度为 3mm；以距离左边框上端点 11mm 处为起点绘制水平线段，长度为 3mm，如图 13-13 所示。

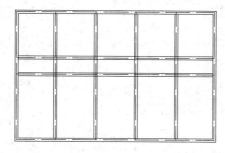

图 13-12　绘制墙线

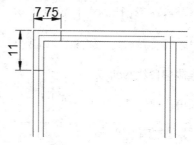

图 13-13　编辑墙线

7. 偏移墙线

单击"默认"选项卡"修改"面板中的"偏移"按钮 ，对图 13-13 进行如下操作。

将绘制的竖直线段向右偏移，并将偏移后的线段进行偏移，偏移距离分别为 25mm、13.25mm、25mm、14mm、25mm、14mm、25mm、14mm 和 25mm；将绘制的水平线段向下偏移，并将偏移后的线段进行偏移，偏移距离分别为 25mm、12mm、10mm、21mm 和 25mm。

8. 绘制偏移墙线

在多线 2 中间距离左边框 12.75mm 处绘制竖直直线，将绘制的竖直线段向右偏移，并将偏移后的线段进行偏移，偏移距离分别为 15mm、22.5mm、15mm、56mm、10mm、5mm、10mm、19mm、10mm、5mm 和 10mm。

9. 继续绘制偏移墙线

在多线 1 中间距离左边框 6mm 处绘制竖直直线，将绘制的竖直线段向右偏移，并将偏移后的线段进行偏移，偏移距离分别为 20mm、27.5mm、20mm、48mm、20mm、27.5mm 和 20mm，结果如图 13-14 所示。

10. 修剪墙线

单击"默认"选项卡"修改"面板中的"修剪"按钮 ，对墙线进行修剪，如图 13-15 所示。

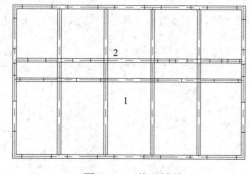

图 13-14　偏移墙线

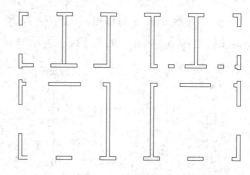

图 13-15　修剪墙线

11. 绘制多段线 wall_1

选择菜单栏中的"绘图"→"多线"命令，命令行提示与操作如下：

输入多线样式名或 [?]: wall_1（多线样式为 wall_1）

在墙线之间绘制多线，如图 13-16 所示。

12．绘制多段线 wall_2

选择菜单栏中的"绘图"→"多线"命令，命令行提示与操作如下：

输入多线样式名或 [?]: wall_2（多线样式为 wall_2）

以墙线的中点为起点，绘制高为 20mm 的多线，如图 13-17 所示。

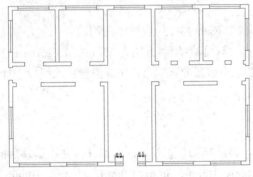
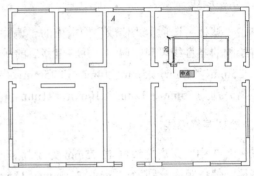

图 13-16　绘制多线 1　　　　　　　　　　　　图 13-17　绘制多线 2

13．绘制楼梯

（1）绘制矩形。单击"默认"选项卡"绘图"面板中的"矩形"按钮▭，以图 13-17 中的 A 点为起始点，绘制一个长度为 4mm、宽度为 30mm 的矩形。单击"默认"选项卡"修改"面板中的"移动"按钮✥，将矩形向右移动 16mm，然后向下移动 10mm，结果如图 13-18 所示。

（2）偏移矩形。单击"默认"选项卡"修改"面板中的"偏移"按钮⬱，将矩形向内侧偏移复制一份，偏移距离为 1mm，结果如图 13-19 所示。

（3）绘制直线。单击"默认"选项卡"绘图"面板中的"直线"按钮╱，以矩形右侧边的中点为起点，水平向右绘制长度为 16mm 的直线，如图 13-20 所示；单击"默认"选项卡"修改"面板中的"移动"按钮✥，将直线向上移动 14mm，如图 13-21 所示。

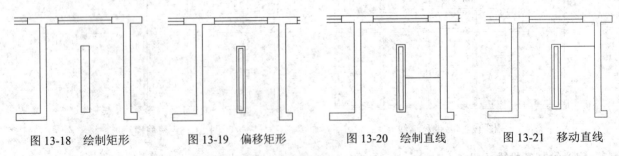

图 13-18　绘制矩形　　　　图 13-19　偏移矩形　　　　图 13-20　绘制直线　　　　图 13-21　移动直线

（4）阵列直线。单击"默认"选项卡"修改"面板中的"矩形阵列"按钮▦，将步骤（3）绘制的直线进行阵列，设置行数为 15，列数为 2，行间距为-2，列间距为-20，结果如图 13-22 所示。

13.2.3　绘制元件

电路图中实际发挥作用的是电气元件，不同的元件实现不同的功能，将这些电气元件组合起来就能达到所需作用。

1. 绘制照明配电箱

（1）绘制矩形。将"元件符号层"图层设置为当前图层，单击"默认"选项卡"绘图"面板中的"矩形"按钮□，绘制一个长为 2mm、宽为 6mm 的矩形，如图 13-23 所示。

（2）绘制直线。开启"对象捕捉"模式，捕捉矩形短边的中点，单击"默认"选项卡"绘图"面板中的"直线"按钮／，绘制一条竖直直线，将矩形平分。

（3）填充矩形。单击"默认"选项卡"绘图"面板中的"图案填充"按钮▨，用 SOLID 图案填充图形，如图 13-24 所示。

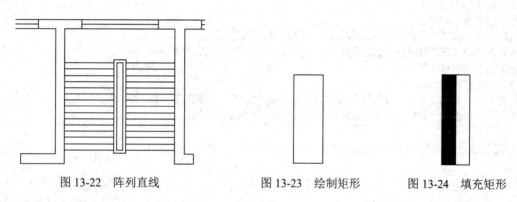

图 13-22　阵列直线　　　　图 13-23　绘制矩形　　　图 13-24　填充矩形

2. 绘制单极暗装开关与防爆暗装开关

（1）绘制圆。单击"默认"选项卡"绘图"面板中的"圆"按钮⊙，绘制半径为 1mm 的圆。

（2）绘制折线。单击"默认"选项卡"绘图"面板中的"直线"按钮／，开启"对象捕捉"和"正交模式"模式，捕捉圆心作为起点，绘制长度为 5mm，且与水平方向成 30° 夹角的斜线。继续单击"默认"选项卡"绘图"面板中的"直线"按钮／，以刚绘制的斜线的终点为起点，绘制长度为 2mm，与前一斜线成 90° 夹角的另一斜线，如图 13-25（a）所示。

（3）填充圆形。单击"默认"选项卡"绘图"面板中的"图案填充"按钮▨，用 SOLID 图案填充圆形，如图 13-25（b）所示，完成单极暗装开关符号的绘制。

（4）绘制直线。单击"默认"选项卡"修改"面板中的"复制"按钮％，将图 13-25（a）所示的图形复制一份，然后单击"默认"选项卡"绘图"面板中的"直线"按钮／，绘制圆的竖直直径，如图 13-26（a）所示。

（5）填充半圆。单击"默认"选项卡"绘图"面板中的"图案填充"按钮▨，用 SOLID 图案填充图 13-26（a）中的右侧半圆形，如图 13-26（b）所示，完成防爆暗装开关符号的绘制。

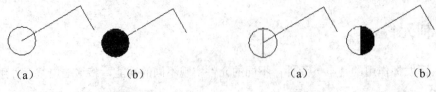

图 13-25　绘制单极暗装开关　　　　　　　图 13-26　绘制防爆暗装开关

3. 绘制单极暗装拉线开关

（1）绘制圆。单击"默认"选项卡"绘图"面板中的"圆"按钮，在单极暗装开关的下部绘制一个半径为 1mm 的圆，然后单击"默认"选项卡"绘图"面板中的"图案填充"按钮，用 SOLID 图案填充此圆，如图 13-27（a）所示。

（2）绘制多段线。单击"默认"选项卡"绘图"面板中的"多段线"按钮，命令行提示与操作如下：

```
命令：_pline
指定起点：（捕捉圆心）
当前线宽为：0.0000
指定下一个点或 [圆弧(A)/半宽(H)/长度(L)/放弃(U)/宽度(W)]: @3<30↙
指定下一个点或 [圆弧(A)/闭合(C)/半宽(H)/长度(L)/放弃(U)/宽度(W)]: W↙
指定起点宽度<0.0000>: 1↙
指定端点宽度<1.0000>: 0↙
指定下一个点或 [圆弧(A)/闭合(C)/半宽(H)/长度(L)/放弃(U)/宽度(W)]: @3<30↙
指定下一个点或 [圆弧(A)/闭合(C)/半宽(H)/长度(L)/放弃(U)/宽度(W)]: ↙
```

完成上述操作，即可形成单极暗装拉线开关，如图 13-27（b）所示。

4. 绘制暗装插座

（1）绘制直线。单击"默认"选项卡"绘图"面板中的"直线"按钮，绘制一条长度为 2mm 的竖直直线，以此直线的端点为起点，分别绘制长度为 3mm，且与水平方向成 30°夹角的两条斜线，如图 13-28（a）所示。

（2）偏移直线。单击"默认"选项卡"修改"面板中的"偏移"按钮，将竖直直线向左偏移 1mm。

（3）延伸直线。单击"默认"选项卡"修改"面板中的"延伸"按钮，以两条斜线为延伸边界，将偏移得到的直线进行延伸，如图 13-28（b）所示。

（4）绘制圆弧。单击"默认"选项卡"绘图"面板中的"圆弧"按钮，以右侧直线的中点为圆心，绘制与左侧直线相切的圆弧，如图 13-28（c）所示。

（5）填充图形。单击"默认"选项卡"绘图"面板中的"图案填充"按钮，用 SOLID 图案填充半圆，如图 13-28（d）所示，完成暗装插座符号的绘制。

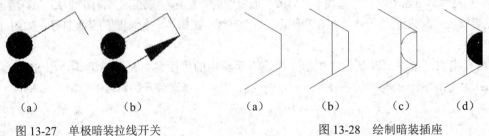

图 13-27　单极暗装拉线开关　　　　　　　图 13-28　绘制暗装插座

5．绘制灯具符号

（1）绘制圆。单击"默认"选项卡"绘图"面板中的"圆"按钮⊙，绘制半径为 2.5mm 的圆。

（2）偏移圆。单击"默认"选项卡"修改"面板中的"偏移"按钮⊜，将绘制的圆向内偏移 1.5mm，结果如图 13-30（a）所示。

（3）绘制直线。单击"默认"选项卡"绘图"面板中的"直线"按钮╱，以圆心为起点水平向右绘制大圆的半径线，如图 13-29（b）所示。

（4）阵列直线。单击"默认"选项卡"修改"面板中的"环形阵列"按钮❖，将绘制的半径线环形阵列 4 份，阵列效果如图 13-29（c）所示。

（5）填充圆。单击"默认"选项卡"绘图"面板中的"图案填充"按钮▨，用 SOLID 图案填充内圆，如图 13-30（d）所示，完成防水防尘灯符号的绘制。

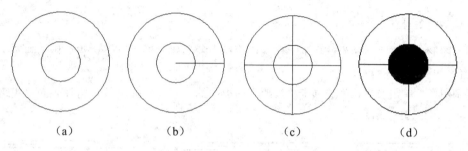

|（a）|（b）|（c）|（d）|

图 13-29　绘制防水防尘灯

（6）绘制其他灯具符号。其他灯具符号的绘制过程在此不再赘述，如图 13-30 所示依次为普通吊灯、壁灯、球形灯、花灯和日光灯符号。

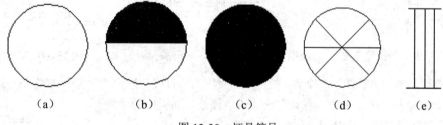

|（a）|（b）|（c）|（d）|（e）|

图 13-30　灯具符号

13.2.4　插入元件符号

本实例将详细讲述将元件符号插入到乒乓球馆照明平面图中，完成电气元件的布置。

1．插入照明配电箱符号

单击"默认"选项卡"修改"面板中的"移动"按钮✛，捕捉前面绘制的配电箱端点为移动基准点，如图 13-31 所示，以如图 13-32 所示的 A 点为目标点进行移动，结果如图 13-33 所示。单击"默认"选项卡"修改"面板中的"移动"按钮✛，将配电箱符号垂直向下移动 1mm，结果如图 13-34 所示。

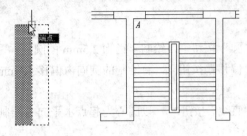

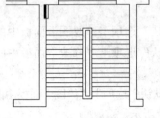

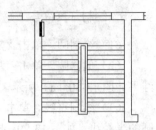

图 13-31　捕捉端点　　　图 13-32　捕捉目标点　　　图 13-33　插入照明配电箱　　图 13-34　向下移动配电箱图

2．插入单极暗装拉线开关

单击"默认"选项卡"修改"面板中的"移动"按钮✛，插入单极暗装拉线开关，插入位置如图 13-35 所示。

3．插入单极暗装开关

（1）移动图形。单击"默认"选项卡"修改"面板中的"移动"按钮✛，将单极暗装开关插入到右下方的墙角位置，如图 13-36 所示。

（2）复制图形。单击"默认"选项卡"修改"面板中的"复制"按钮，将插入的单极暗装开关向下垂直复制一份，如图 13-37 所示。

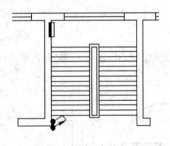

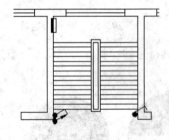

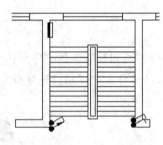

图 13-35　插入单极暗装拉线开关　　　图 13-36　插入单击暗装开关　　　图 13-37　复制图形

（3）绘制直线。单击"默认"选项卡"绘图"面板中的"直线"按钮，绘制如图 13-38 所示的折线。

（4）复制单级暗装开关。单击"默认"选项卡"修改"面板中的"复制"按钮，将单极暗装开关复制到其他位置，如图 13-39 所示。

4．插入防爆暗装开关

单击"默认"选项卡"修改"面板中的"移动"按钮✛，将防爆暗装开关放置到危险品仓库、化学实验室门旁边和门厅、浴室等位置，效果如图 13-40 所示。

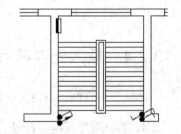

5．插入灯具符号

（1）局部放大图像。单击"视图"选项卡"导航"面板中的"范围"下拉菜单中的"窗口"按钮，局部放大墙线的左上部，如图 13-41 所示。

图 13-38　绘制折线

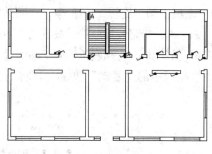
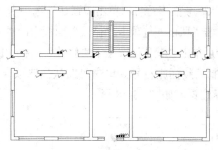

图 13-39　复制单极暗装开关　　　　图 13-40　插入防爆暗装开关

（2）插入灯具符号 1。单击"默认"选项卡"修改"面板中的"复制"按钮，将日光灯、防水防尘灯、普通吊灯符号放置到如图 13-42 所示的位置。

（3）局部放大图像。单击"视图"选项卡"导航"面板中的"范围"下拉菜单中的"窗口"按钮，局部放大墙线的中下部，如图 13-43 所示。

（4）插入灯具符号 2。单击"默认"选项卡"修改"面板中的"复制"按钮，将球形灯、壁灯和花灯图形符号放置到如图 13-44 所示的位置。

（5）复制图形。单击"默认"选项卡"修改"面板中的"复制"按钮，将球形灯、日光灯、防水防尘灯、普通吊灯、花灯的图形符号进行复制，放置位置如图 13-45 所示。

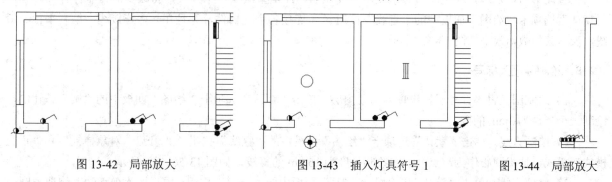

图 13-42　局部放大　　　　图 13-43　插入灯具符号 1　　　　图 13-44　局部放大

6．插入暗装插座

（1）局部放大图像。单击"视图"选项卡"导航"面板中的"范围"下拉菜单中的"窗口"按钮，局部放大墙线的左下部，如图 13-46 所示。

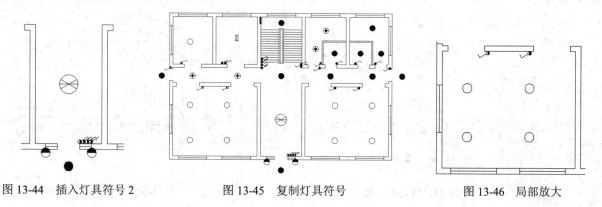

图 13-44　插入灯具符号 2　　　　图 13-45　复制灯具符号　　　　图 13-46　局部放大

（2）插入暗装插座符号。单击"默认"选项卡"修改"面板中的"旋转"按钮 ○，将暗装插座符号旋转90°；然后单击"默认"选项卡"修改"面板中的"复制"按钮 ○，将暗装插座符号放置到如图13-47所示的中点位置；最后单击"默认"选项卡"修改"面板中的"移动"按钮 ✛，将插座符号向下移动适当的距离。

（3）复制暗装插座符号。单击"默认"选项卡"修改"面板中的"复制"按钮 ○，将暗装插座图形符号复制到目标位置，如图13-48所示。

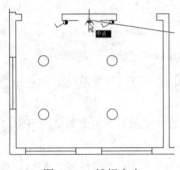

图13-47 捕捉中点

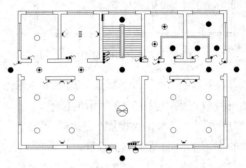

图13-48 复制暗装插座

7. 绘制连接线

检查图形可以发现，配电箱旁边缺少一个变压器，配电室缺少一个开关，将缺少的元器件补齐。单击"默认"选项卡"绘图"面板中的"直线"按钮 ／，连接各个元器件，并且在一些连接线上绘制平行的斜线，表示其相数，效果如图13-49所示。

8. 绘制并插入标号

（1）绘制圆。将"标号层"设置为当前图层，单击"默认"选项卡"绘图"面板中的"圆"按钮 ○，绘制一个半径为3mm的圆。

（2）绘制直线。单击"默认"选项卡"绘图"面板中的"直线"按钮 ／，开启"对象捕捉"和"正交模式"模式，捕捉圆心作为起点，向右绘制长度为15mm的直线，如图13-50（a）所示。

（3）修剪直线。单击"默认"选项卡"修改"面板中的"修剪"按钮 ⊬，以圆为剪切边，修剪掉圆内的直线。

（4）单击"默认"选项卡"注释"面板中的"多行文字"按钮 A，在圆的内部添加文字，如图13-50（b）所示。

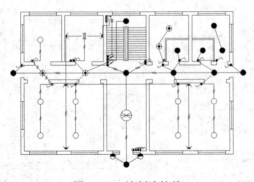

图13-49 绘制连接线

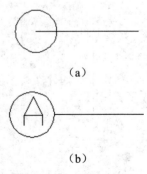

（a）

（b）

图13-50 绘制横向标号

（5）复制图形。单击"默认"选项卡"修改"面板中的"复制"按钮 ，将横向标号向上复制 3 份，距离分别为 63mm、82mm 和 126mm，如图 13-51 所示。

（6）旋转图形。单击"默认"选项卡"修改"面板中的"旋转"按钮 ，将横向标号旋转 90°，如图 13-52（a）所示。

（7）修改文字。单击"默认"选项卡"修改"面板中的"删除"按钮 ，删除圆内的字母"A"。单击"默认"选项卡"注释"面板中的"多行文字"按钮 A，在圆的内部填写数字"1"，调整其位置，生成竖向标号，如图 13-52（b）所示。

图 13-51　复制横向标号

（8）复制图形。单击"默认"选项卡"修改"面板中的"复制"按钮 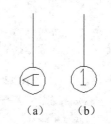，将竖向标号向右复制 5 份，相邻两符号间的距离分别为 37.5mm、39mm、39mm、39mm 和 37.5mm，如图 13-53 所示。

（9）修改文字。单击"文字"工具栏中的"编辑"按钮 ，将标号圆圈中的文字进行修改，如图 13-54 所示。

（a）　　　（b）

图 13-52　生成竖向标号

（10）插入标号。将"轴线层"设为当前图层，将标号移动至图中与中线对齐的位置，结果如图 13-55 所示。

图 13-53　复制竖向标号

图 13-54　修改文字

13.2.5　添加文字和标注

利用"多行文字"和"线性"标注命令为乒乓球馆照明平面图标注尺寸和文字。

（1）添加文字。将"文字说明层"设为当前图层，单击"默认"选项卡"注释"面板中的"多行文字"按钮 A，添加各个房间的文字代号及元器件符号，如图 13-56 所示。

（2）添加标注。单击"默认"选项卡"注释"面板中的"标注样式"按钮 ，系统弹出"标注样式管理器"对话框，如图 13-57 所示。

（3）单击"新建"按钮，系统弹出"创建新标注样式"对话框。在"新样式名"文本框中输入"照明平面图"，选择"基础样式"为"ISO-25"，在"用于"下拉列表框中选择"所有标注"选项，如图 13-58 所示。

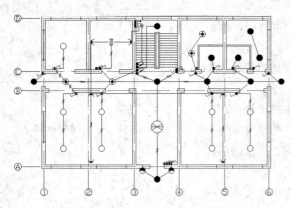

图 13-55　插入标号

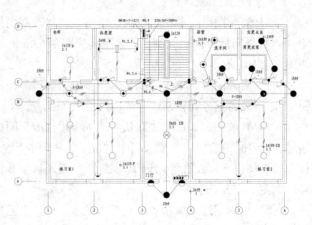

图 13-56　添加文字

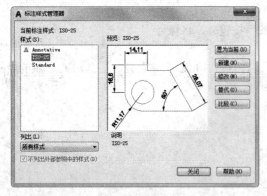

图 13-57　"标注样式管理器"对话框

图 13-58　"创建新标注样式"对话框

（4）单击"继续"按钮，弹出"新建标注样式"对话框，设置"符号和箭头"选项卡中的选项，如图 13-59 所示。

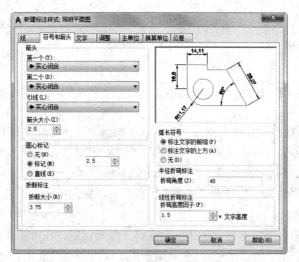

图 13-59　"符号和箭头"选项卡

（5）设置完毕后，返回"标注样式管理器"对话框，单击"置为当前"按钮，将"照明平面图"样式设置为当前使用的标注样式。

（6）单击"默认"选项卡"注释"面板中的"线性"按钮⊢⊣，标注轴线间的尺寸，完成图形的绘制。

13.3　餐厅消防报警平面图

本实例在配电图绘制的基础上绘制消防报警系统的平面图。消防报警系统属于弱电工程的系统，需要利用许多以前的弱电图例。如图 13-60 所示为某单位厨房及餐厅的消防报警平面图。首先绘制建筑结构的平面图，然后绘制一些基本设施。将重点介绍消防报警系统的线路和装置的布置和绘制方法，并对部分专业知识进行讲解。

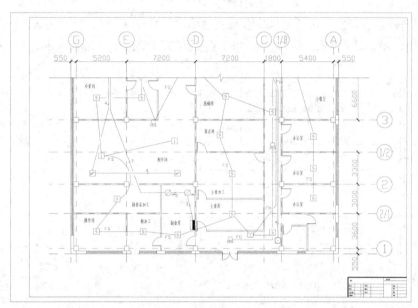

图 13-60　餐厅消防报警平面图

【预习重点】

　　☑　掌握餐厅消防报警平面图的绘制思路及方法技巧。

【操作步骤】

13.3.1　绘图准备

首先新建文件并设置图形界限，然后设置图层，再绘制轴线，最后绘制轴线标号。

以无样板方式新建 CAD 文件，命名为"消防报警平面图"。利用 LIMITS 命令将图形的界限定位在 42000mm×29700mm 的范围内。新建"轴线""墙线""门窗""弱电""标注"和"消防"6 个图层，具体参数如图 13-61 所示。

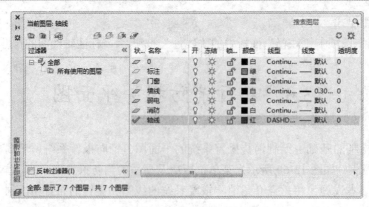

图 13-61　图层设置

　　按照前几章的方法进行绘制，水平轴线分别为 1、2/1、2、1/2、3，竖直轴线为 A、1/B、C、D、E、G。间距如图 13-62 所示；然后插入如图 13-63 所示的轴线标号，其中，圆半径为 800mm，文字高度设置为 800。

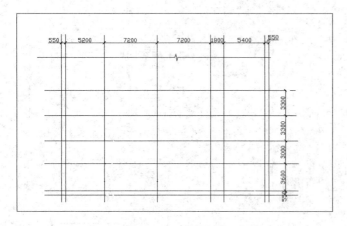

图 13-62　轴线布置

图 13-63　轴线标号

注意　当绘制轴线编号时，有些编号（如 1/B、1/2 等），用高度 800 的文字，会出现文字宽度太大而不能放入圆内的情况，如图 13-64 所示。这时双击文字，打开"文字编辑器"选项卡，在"格式"面板中，将"宽度因子"设置为 0.5，如图 13-65 所示。

图 13-64　宽度过大的文字

图 13-65　"文字编辑器"选项卡

全部插入标号后，如图 13-66 所示。选择所有轴线，右击"特性"选项板，然后将线型比例设置为 100。改变之后，轴线呈点画线的形态，如图 13-67 所示。

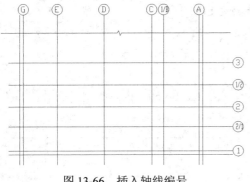

图 13-66　插入轴线编号

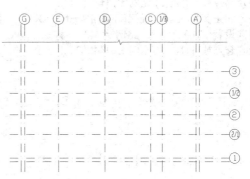

图 13-67　轴线绘制

13.3.2　绘制结构平面图

首先根据轴线利用多线绘制墙体，然后插入柱子和门窗，最后利用"多线"命令绘制走线。

1．绘制墙线

（1）将"墙线"图层设置为当前图层，墙线的绘制和前面相同，利用"多线"命令，改变墙体宽度，进行绘制。注意墙线与轴线的对应关系。

（2）选择菜单栏中的"格式"→"多线样式"命令，打开"多线样式"对话框，单击"新建"按钮，弹出"创建新的多线样式"对话框，如图 13-68 所示。在"新样式名"文本框中输入 wq，单击"继续"按钮，打开"新建多线样式"对话框，将多线偏移量设置为 150 和-150，如图 13-69 所示，单击"确定"按钮。

图 13-68　编辑多线名称

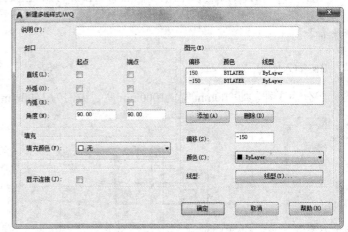

图 13-69　编辑多线偏移量

（3）选择菜单栏中的　"绘图"→"多线"命令，绘制墙线，命令行提示与操作如下：

```
命令: _mline
当前设置: 对正 = 无，比例 = 1.00，样式 = WQ
指定起点或 [对正(J)/比例(S)/样式(ST)]:  ST↙（选择多线样式）
```

输入多线样式名或 [?]: wq✓ （输入外墙多线的名称）
当前设置: 对正 = 无, 比例 = 1.00, 样式 = WQ
指定起点或 [对正(J)/比例(S)/样式(ST)]: J✓
输入对正类型 [上(T)/无(Z)/下(B)] <无>: B✓ （选择多线起点为上端）
当前设置: 对正 = 下, 比例 = 1.00, 样式 = WQ
指定起点或 [对正(J)/比例(S)/样式(ST)]: （由左向右, 开始绘制）

结果如图 13-70 所示。

（4）用同样的方法绘制内墙，将内墙的多线偏移量设置为 60 和-60，内墙绘制完成后，如图 13-71 所示。

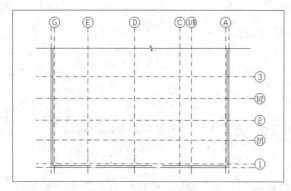

图 13-70 绘制外墙

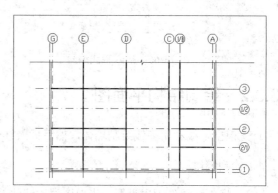

图 13-71 绘制墙线

2. 插入柱子

柱子截面大小为 500mm×500mm。插入后对墙线进行修建和延伸操作，完成后如图 13-72 所示。

内墙和外墙的交接处以及内墙和内墙的交接处可以通过选择菜单栏中的"修改"→"对象"→"多线"命令来进行修改，也可以通过将多线利用"分解"命令打散，并用"剪切"命令进行修改，前一种方法比较简便。

3. 插入门窗

门分为 3 种，即 900mm 宽、1000mm 宽、大门为 1600mm 宽，门模块如图 13-73 所示。

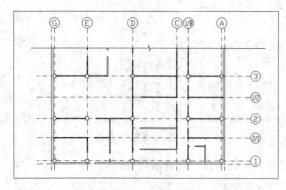

图 13-72 插入柱子

图 13-73 绘制门模块

将门插入后如图 13-74 所示。

4．绘制走线

窗户和外墙走线的绘制方法与配电图相同，利用多线进行绘制，同样，这时可以设定 3 根墙线，偏移量分别设置为 60、0 和-60，绘制时将起始位置设置在中间，如图 13-75 所示，命令行提示与操作如下：

命令: mline
当前设置: 对正 = 无，比例 = 1.00，样式 = WQ
指定起点或 [对正(J)/比例(S)/样式(ST)]: ST↙（选取多线样式）
输入多线样式名或 [?]: zx（输入"走线"多线的名称）
当前设置: 对正 = 无，比例 = 1.00，样式 = WQ↙
指定起点或 [对正(J)/比例(S)/样式(ST)]: J↙
输入对正类型 [上(T)/无(Z)/下(B)] <无>: Z↙（选取多线起点为无）
当前设置: 对正 = 下，比例 = 1.00，样式 = WQ
指定起点或 [对正(J)/比例(S)/样式(ST)]:（选取窗户中点为起点，进行绘制）

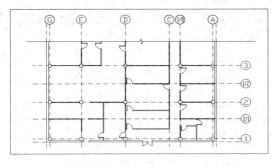

图 13-74　插入门

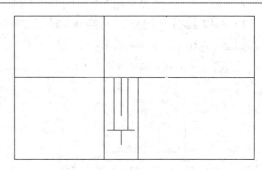

图 13-75　多线的绘制

此时，结构平面图绘制完成，如图 13-76 所示，然后添加消防报警系统。

13.3.3　绘制消防报警系统

首先绘制弱电符号，然后插入需要的模块，最后利用"直线"命令连接各个符号。

1．绘制弱电符号

本实例需要用到弱电报警系统的一些图例，由于图例库中未包含这些符号，需要自己绘制。需要的符号如图 13-77 所示。绘制完成后可以将这些符号添加到"弱电布置图例"中，以备以后绘图中使用。

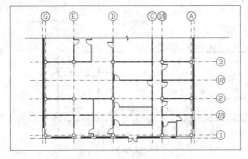

图 13-76　绘制走线

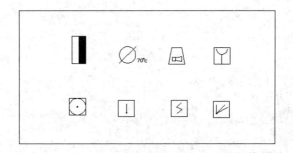

图 13-77　消防报警系统图例

（1）将文件的当前图层转换为"消防层"，然后绘制"电力配电箱"的图例，如图 13-78 所示，绘制一个 500mm×1000mm 的矩形，捕捉短边中点绘制其中心线。利用"图案填充"命令将右半个矩形填充。

（2）绘制感烟探测器和气体探测器。绘制一个 600mm×600mm 的矩形，然后利用 LINE 命令在矩形中部绘制一个电符号，如图 13-79 所示；再绘制一个同样的矩形，在矩形中心绘制 3 条直线，在直线的交点处绘制一小直径的圆，并利用 HATCH 命令进行填充，如图 13-80 所示。

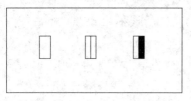
图 13-78　绘制电力配电箱

图 13-79　感烟探测器

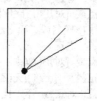
图 13-80　气体探测器

（3）利用上述同样的方法，绘制手动报警按钮＋消防电话插孔、感温探测器、消火栓按钮和扬声器的图例，如图 13-81～图 13-84 所示。

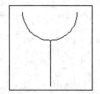
图 13-81　手动报警按钮＋消防电话插孔

图 13-82　感温探测器

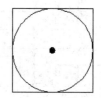
图 13-83　消火栓按钮

（4）绘制防火阀，在图中绘制一个半径为 300mm 的圆，利用捕捉工具栏和旋转功能，通过圆心绘制一条 45°的斜线，在圆的右下角输入 70℃，如图 13-85 所示。

（5）绘制好各个符号后，将其利用"创建块"命令保存为模块，然后将绘制的模块补充到"弱电布置图例"模块库中，以便以后绘图时调用。

2．插入模块

（1）切换到"餐厅消防报警平面图"文件中，将各个模块插入到"消防报警系统平面图"中。注意位置的摆放，如图 13-86 所示。

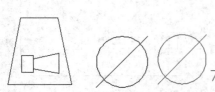
图 13-84　扬声器　　图 13-85　防火阀的绘制

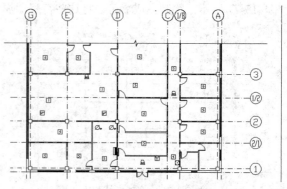
图 13-86　插入模块图

（2）将"弱电"图层设置为当前图层，单击"默认"选项卡"绘图"面板中的"直线"按钮 ，绘制线路，注意在线路的交叉处要断开一条线，利用 BREAK 命令或者单击"默认"选项卡"修改"面板中的"打断"按钮 ，断点如图 13-87 所示。

线路输入完成后，如图 13-88 所示。

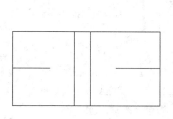

图 13-87　线路交点

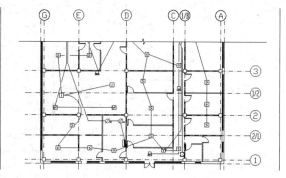

图 13-88　插入线路

（3）将"标注"图层设置为当前图层，在线路旁边注明线路的名称和编号，分别为 FS、FG 和 FH。标注编号时主要在线路上绘制一条倾斜的小短线，如图 13-89 所示。

（4）插入编号后，消防报警图例基本插入完成，如图 13-90 所示。注意这里只是平面图的局部，具体绘制过程应按照设计方案绘制。

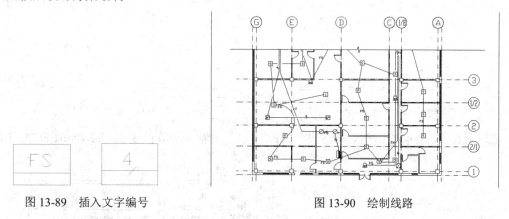

图 13-89　插入文字编号

图 13-90　绘制线路

13.3.4　尺寸标注及文字说明

电气平面图的尺寸标注和文字说明是绘制电气平面图的重要组成部分，除必须将图中所涉及的设备、元件和线路采用图形符号绘制之外，还要在图形符号旁加标注文字，用以说明其功能和特点。

（1）单击"默认"选项卡"注释"面板中的"多行文字"按钮 A，进行文字标注，然后利用连续标注功能进行尺寸标注。标注样式设置为："文字高度"为 500，"从尺寸线偏移"为 100，"箭头样式"为"建筑标记"，"箭头大小"为 300，"起点偏移量"为 500，标注后平面图如图 13-91 所示。

（2）绘制 A3 图纸的图幅和图框，大小分别为 42000mm×29700mm 和 39500mm×28700mm，如图 13-92 所示。

（3）利用"插入块"命令，将"源文件\图库"中的标题栏模块插入到图框的右下角，如图 13-93 所示。

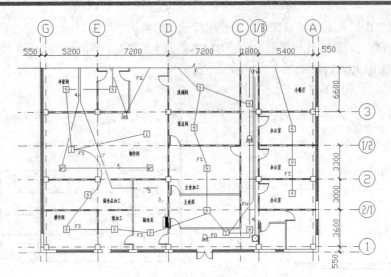

图 13-91 尺寸标注

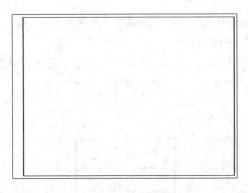

图 13-92 绘制图框

图 13-93 插入标题栏

（4）选取所有图形，单击"默认"选项卡"修改"面板中的"移动"按钮 ✛，移动到图框中，如图 13-94 所示。

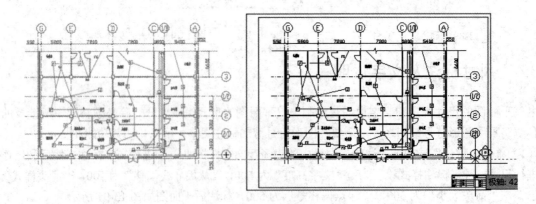

图 13-94 移动图形

注意图形位置要居中。填写标题栏，完成绘图。最终完成的图形如图 13-60 所示。

13.4　MATV 及 VSTV 电缆电视及闭路监视系统图

如图 13-95 所示，本实例分为两个部分，分别讲解某综合楼 MATV 及 VSTV 电缆电视和闭路监视系统图的绘制方法。电视系统和监视系统的绘制方法类似，具有与电气系统图相同的特点，即重复图形比较多，因此阵列和复制的应用十分重要。本节将绘制某综合楼的 MATV 及 VSTV 电缆电视系统图和其闭路监视系统图。某综合楼为地上 10 层和地下 2 层，绘制过程中可以分为 3 个阶段，地下的 2 层为第一阶段，第二阶段为地上 1～5 层，地上 6～10 层为第三阶段。这里进一步学习阵列和复制类命令的应用，并且可以进一步扩充"弱电布置图例"模块库的内容。

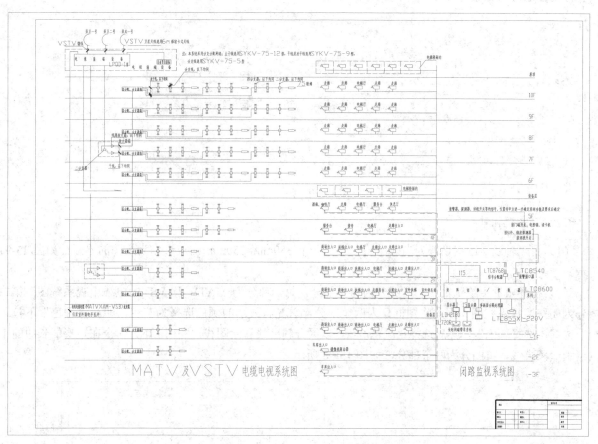

图 13-95　电视及监视系统图

【预习重点】

☑　掌握 MATV 及 VSTV 电缆电视和闭路监视系统图的绘制思路及方法技巧。

【操作步骤】

操作步骤如下文所述。

13.4.1 设置绘图环境

参数设置是绘制任何一幅电气图都要进行的预备工作，这里主要设置图层、图框和轴线。

1. 新建文件

启动 AutoCAD 2017 应用程序，单击快速访问工具栏中的"新建"按钮，以"无样板打开-公制"方式创建一个新的文件，将新文件命名为"MATV 及 VSTV 电缆电视及闭路监视系统图.dwg"并保存。

2. 设置图层

将图层分为"轴线""线路""设备""标注"和"图签"5 个图层，如图 13-96 所示。

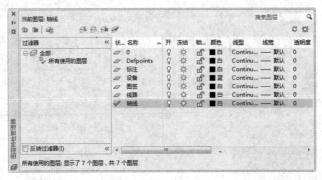

图 13-96　图层设置

3. 绘制图框和轴线

（1）将"轴线"图层设置为当前图层，绘制一个 350mm×250mm 的矩形作为绘图的界限，如图 13-97 所示。

（2）在界限框中绘制轴线。本图分为两个部分，第一部分为 MATV 及 VSTV 电缆电视系统图；第二部分为闭路监视系统图。因此将图框分为两个部分，首先将线形的颜色选择为灰色，即在"颜色"下拉菜单中选择"选择颜色"，然后选择"颜色 8"，以区分辅助线和绘图线，利用 LINE 命令在矩形的长边的中点绘制一条直线，将图分为两个部分，如图 13-98 所示。

图 13-97　绘制绘图界限框

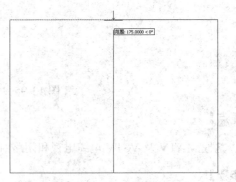

图 13-98　分割绘图区域

（3）利用 DIVIDE 命令将底边左半部分 5 等分，并用辅助线分割，如图 13-99 所示。

（4）利用 LINE 命令绘制楼层线。本工程为地上 10 层和地下 2 层的建筑，所以需要绘制包括设备层在内的 13 条楼层线，楼层间距取 15mm，"设备"层和 1 层之间取 10mm，如图 13-100 所示。

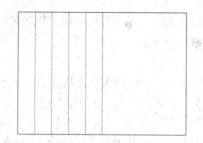

图 13-99　分割绘图区

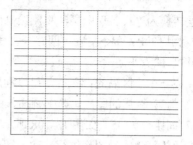

图 13-100　绘制楼层线

13.4.2　绘制 MATV 及 VSTV 电缆电视系统图

首先绘制第 10 层的图例、分支线以及总线，其他层可以通过阵列或复制完成；然后绘制电视前端室；最后标注文字。

1．绘制图例

（1）将"设备"图层设置为当前图层。要对图中的图例继续进行绘制补充。首先绘制"放大器"，利用 POLYGON 命令绘制一个正三角形，然后在三角形的顶点和底边中心分别引出直线代表走线，如图 13-101 所示。保存为"放大器"模块，并保存到"弱电布置图例"模块库中。

（2）绘制分支线。首先绘制一个小圆，然后在小圆底部绘制直线作为导线，如图 13-102 所示。同样保存为"分支线"模块。

（3）从"弱点布置图例"模块库中调入如图 13-103 所示的模块。

图 13-101　绘制放大器　　　　图 13-102　绘制分支线　　　　图 13-103　"二路分配器"和"二路分支器"模块

（4）将"二路分支器"和"分支线"模块组合，形成新的"二路分支线"和"四路分支线"模块，如图 13-104 所示。

（5）绘制如图 13-105 所示的"终端电阻"模块。

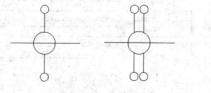

图 13-104　"二路分支线"和"四路分支线"模块

图 13-105　"终端电阻"模块

2．绘制分支线

（1）将当前图层转换为"轴线"图层，在图框的第 3 个分支区域内绘制辅助线，然后将其 4 等分，如图 13-106 所示。

（2）将图层转换为"设备"图层，将刚绘制的"四路分支线"和"终端电阻"模块分别插入到左端点和第三等分点，利用 COPY 命令复制"四路分支线"，连续复制两次，如图 13-107 所示。注意调整模块的比例，使其适合图形的大小。

（3）绘制完成一个小区隔的设备后，可以利用"矩形阵列"命令将其他区隔的图形绘制出来。首先要进行修改，然后绘制第 10 层的图形。选中刚插入的"四路分支线"和"终端电阻"模块，将行数设为 1 行，列数设为 3 列，列间距设为 35，如图 13-108 所示。

（4）将最右边的区隔内的图形进行修改，即删除最后一个四路分支线，用二路分支线代替。插入二路分支线时，为了定位方便，可以先插入，再将四路分支线删除。插入后效果如图 13-109 所示。

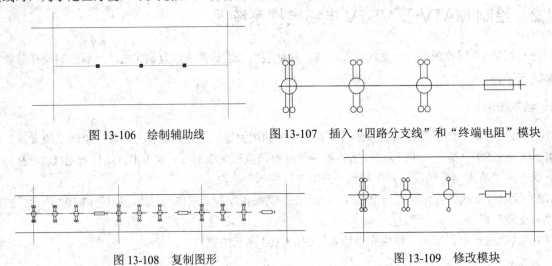

图 13-106　绘制辅助线　　　　图 13-107　插入"四路分支线"和"终端电阻"模块

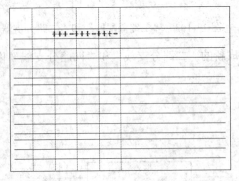
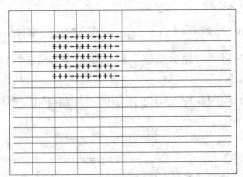

图 13-108　复制图形　　　　　　　　图 13-109　修改模块

（5）将模块修改后完成了第 10 层模块的插入工作，如图 13-110 所示。

（6）第 10 层模块绘制完成后，将第 10 层的模块复制到其他各层，继续利用 ARRAYRECT 命令操作。将行数设为 5，列数设为 1，行间距设为-15，阵列命令完成后，如图 13-111 所示。

图 13-110　插入第 10 层模块　　　　图 13-111　复制第 6～10 层设备

由于所要复制的图形位于图幅的上侧，所以行偏移设置应为负数。同理，在进行列的复制时默认为向左为负，向右为正。

本楼第 6～10 层的设备是相同的，因此阵列命令仅设置为 5 行，-2～5 层将在下面另行绘制。

（7）绘制第 1～5 层的设备。首先从第 6 层中复制一个单元格的设备，如图 13-112 所示。

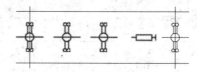

图 13-112　复制模块

（8）将其复制到第 5 层相应的单元格，复制时可以选择左边缘的中心点为基点进行复制，或者在命令行中输入"@0,-30"，即可复制到正确的位置，如图 13-113 所示，命令行提示与操作如下：

```
命令: COPY↙
选择对象: 指定对角点: 找到 4 个（选择图形）
选择对象: ↙
当前设置: 复制模式 = 多个
指定基点或 [位移(D)/模式(O)] <位移>:
指定第二个点或 [阵列(A)] <使用第一个点作为位移>:@0,-30↙
指定第二个点或 [阵列(A)/退出(E)/放弃(U)] <退出>:↙
```

（9）利用"阵列"命令绘制第 1～5 层的设备模块。选中第 5 层的模块，然后利用 ARRAY 命令复制，行数设为 5，列数设为 1，行偏移设为 15，单击"确定"按钮，复制完成后效果如图 13-114 所示。

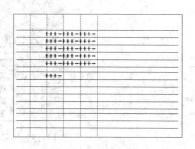

图 13-113　复制图形

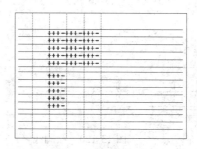

图 13-114　复制完成的图形

（10）将第 4、5 层的设备复制到右边的单元格中，然后进行修改，如图 13-115 所示。

（11）利用 COPY 命令将第 5 层右边单元格内的模块复制到-1 层和-2 层，如图 13-116 所示。

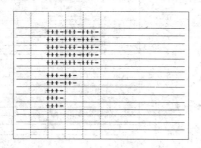

图 13-115　复制图形

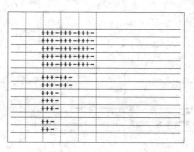

图 13-116　复制图形

（12）各层的分支线上的模块基本插入完毕，继续绘制分支线。分支线路同样可以先绘制一层，利用 ARRAYRECT 或者 COPY 命令进行复制。首先在第 10 层进行绘制。将"线路"图层设为当前图层，利用 LINE 命令进行绘制，将各个单元格中的元件用直线连接，如图 13-117 所示。

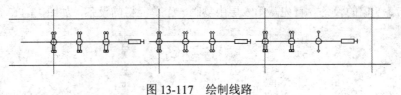

图 13-117　绘制线路

（13）在左端向下绘制一条折线，如图 13-118 所示。

（14）利用 OFFSET 命令将折线复制，间距设为 1，如图 13-119 所示。注意此时为了选择复制的方向，要把"对象捕捉"模式关掉。

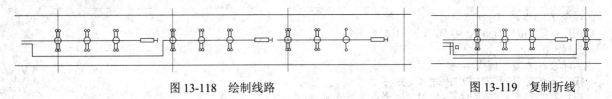

图 13-118　绘制线路　　　　　　　　　　　　　　　图 13-119　复制折线

（15）利用 TRIM 和 EXPEND 命令将其修剪和延伸，并补齐其余线路，最后结果如图 13-120 所示。

（16）打开图层管理菜单，将"设备"图层关闭，如图 13-121 所示。

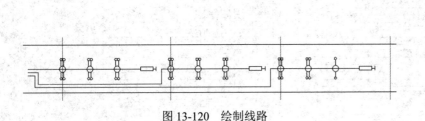

图 13-120　绘制线路　　　　　　　　　　　图 13-121　冻结"设备"图层

（17）选择所有的线路，如图 13-122 所示。利用"矩形阵列"命令进行复制，复制行数为 5，列数为 1，行偏移设为 15，复制后的图形如图 13-123 所示。

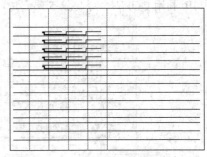

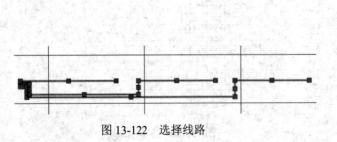

图 13-122　选择线路　　　　　　　　　　　图 13-123　复制线路

（18）将"设备"图层复原，用同样的方法绘制其他各层的线路，绘制完成后效果如图 13-124 所示。

3．绘制总线

（1）在第一、二分隔列内绘制 4 条竖直直线，间距分别为 10mm、5mm 和 10mm，如图 13-125 所示。

（2）将当前图层转换为"设备"图层，绘制层分配、分支器箱。绘制一个 15mm×3mm 的矩形，在其中输入文字。文字为"仿宋体"，"高度"为 1.5，如图 13-126 所示。

（3）利用 BLOCK 命令将其保存为模块，插入到第 10 层的分支线左端点，利用 ARRAYRECT 命令将其复制到各层分支线端点处，如图 13-127 所示。

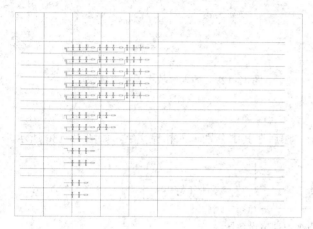

图 13-124　绘制分支线

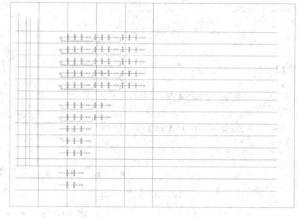

图 13-125　绘制总线

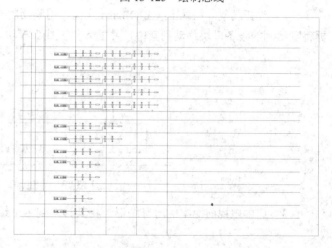

图 13-127　插入各层的层分配、分支器箱

层分配、分支器箱

图 13-126　层分配、分支器箱

（4）绘制两种"放大器箱"模块以及"天线"模块，如图 13-128 所示。具体做法比较简单，不再详细讲解。

（5）将"放大器箱"模块分别插入到第 7 层和第 2 层，并修改总线布置，如图 13-129 所示。

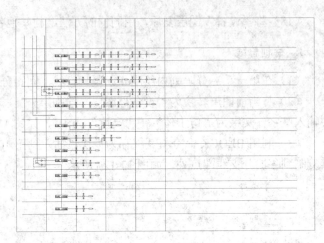

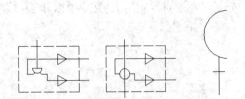

图 13-128　"放大器箱"及"天线"模块

图 13-129　插入"放大器箱"模块

4．绘制电视前端室

（1）绘制 40mm×8mm 和 10mm×3mm 的两个矩形，然后在其中分别输入相应文字，如图 13-130 所示。

图 13-130　绘制电视前端室设备图

（2）改变线型，加载虚线 ISO dash 线型，用其绘制一个 80mm×15mm 的矩形，线型比例设置为 0.3。再将刚绘制的设备模块移动到其中，并插入"天线"模块。最终结果如图 13-131 所示。

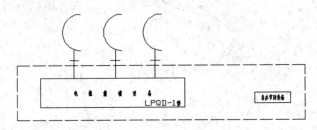

图 13-131　电视前端室的绘制

（3）选中电视前端室的所有图形，将其移动到主干线的顶端，如图 13-132 所示。

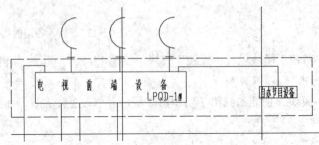

图 13-132　插入电视前端室图形

（4）将总线延长并修改，与电视前端室相连，最终图形如图 13-133 所示。

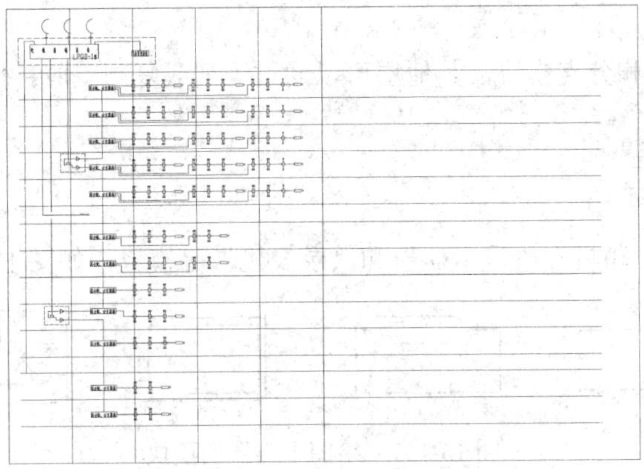

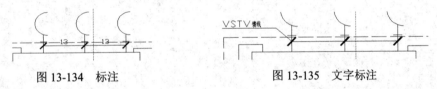

图 13-133 修改总线

5. 文字标注

（1）将"标注"图层设置为当前图层，打开"文字样式"对话框，将文字格式修改为"样式 1"。然后在各个总线的位置添加文字标注。下面以电视前端室的标注方法为例进行讲解。单击"默认"选项卡"注释"面板中的"标注样式"按钮，将"箭头"设置为"建筑标记"，"箭头大小"设置为2。

（2）沿电视前端室的天线底部进行连续标注，如图 13-134 所示。

（3）利用 EXPLODE 命令将标注分解，删除标注文字，并利用 LINE 命令在左侧延长出一条标注线，将文字样式设为"样式 1"，利用 TEXT 命令输入标注文字，如图 13-135 所示。

图 13-134 标注　　　　　　　　　　图 13-135 文字标注

将所有文字标注后如图 13-136 所示。

图 13-136 文字标注

13.4.3　绘制闭路监视系统图

首先绘制第10层的图例和分支模块，其他层可以通过阵列或复制完成；然后绘制控制器模块；最后标注文字。

1. 绘制图例

绘制"电视摄像机""打印机""显示器"和"录像机"等模块，如图13-137所示。

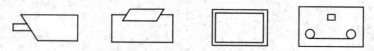

图13-137　绘图中需要的模块

2. 绘制分支模块

将"电视摄像机"模块插入到图框的右半部分的第10层中，采用与13.4.2节相同的方法，利用"阵列"和"复制"等命令将其复制到其他各层，如图13-138所示。

图13-138　插入"电视摄像机"模块

3. 绘制主线

（1）将"线路"图层设置为当前图层，在刚插入的各层"电视摄像机"模块的右边，利用LINE命令绘制垂直的总线，由地下2层贯通到顶层，如图13-139所示。

图 13-139　绘制总线

（2）在顶楼处将总线与"电视摄像机"模块用水平线路相连，如图 13-140 所示。

（3）将分支线连接好后，用"复制"和"阵列"命令将图中的分支线复制到以下的各层，并按照摄像机数目的不同进行调整。可以利用移动等功能，各层皆按照图 13-140 所示的方式进行连接。

（4）单击"默认"选项卡"特性"面板中的"线型"下拉列表，选择"其他"选项，打开"线型管理器"，加载需要的点画线。在线型中加载 ISO dash 线型，如图 13-141 所示。

图 13-140　连接分支线　　　　　　　　　　　图 13-141　加载点画线线型

（5）关闭"线型管理器"，将点画线设置为当前线型，用 LINE 命令绘制第 3～5 层的另外一条主线路，如图 13-142 所示。

（6）在有两个分支线路接入的"电视摄像机"底部绘制如图 13-143 所示的摄像机驱动器，进行复制。

4．绘制控制器模块

监视系统的核心就是其控制模块，需单独绘制。

（1）将当前线型设定为加载的 ISO dash 线型，即虚线，将当前图层设置为"设备"图层。在 1～3 层中图形右侧空白处，单击"默认"选项卡"绘图"面板中的"矩形"按钮□，绘制一个 70mm×60mm 的矩形，并利用 LINE 命令截断其中的楼层线，如图 13-144 所示。

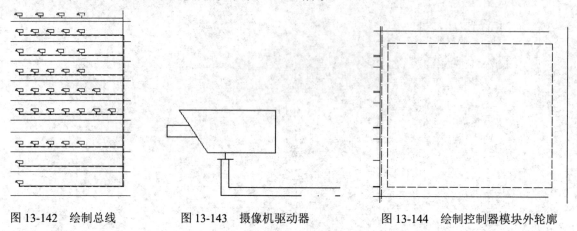

图 13-142 绘制总线　　　　图 13-143 摄像机驱动器　　　　图 13-144 绘制控制器模块外轮廓

（2）在矩形的中心绘制一个 60mm×10mm 的矩形，并且将开始时绘制的"显示器"和"录像机"等模块插入到适当的位置，如图 13-145 所示。单击"默认"选项卡"绘图"面板中的"直线"按钮，绘制控制器内部的线路，注意中间矩形上部的左侧小矩形用点划线绘制其连接的线路。绘制完成后如图 13-146 所示。

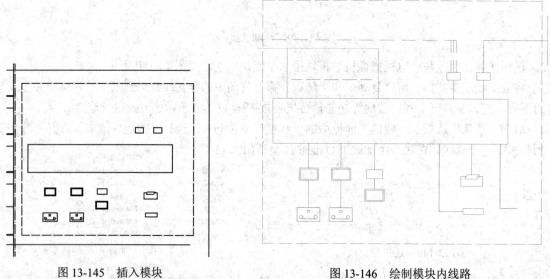

图 13-145 插入模块　　　　　　　　图 13-146 绘制模块内线路

5．文字标注

（1）将"标注"图层设置为当前图层，文字的"高度"设置为 1.5，字体为"仿宋体"。这里可以将相同的文字进行"复制"和"阵列"操作，可以节省绘图步骤和时间。标注之后的结果如图 13-147 所示。

（2）在各个层线的右端插入层号，如图 13-148 所示。

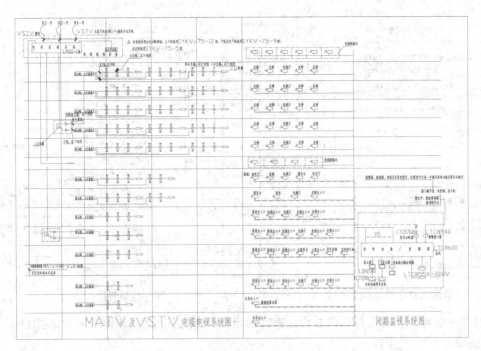

图 13-147 文字标注

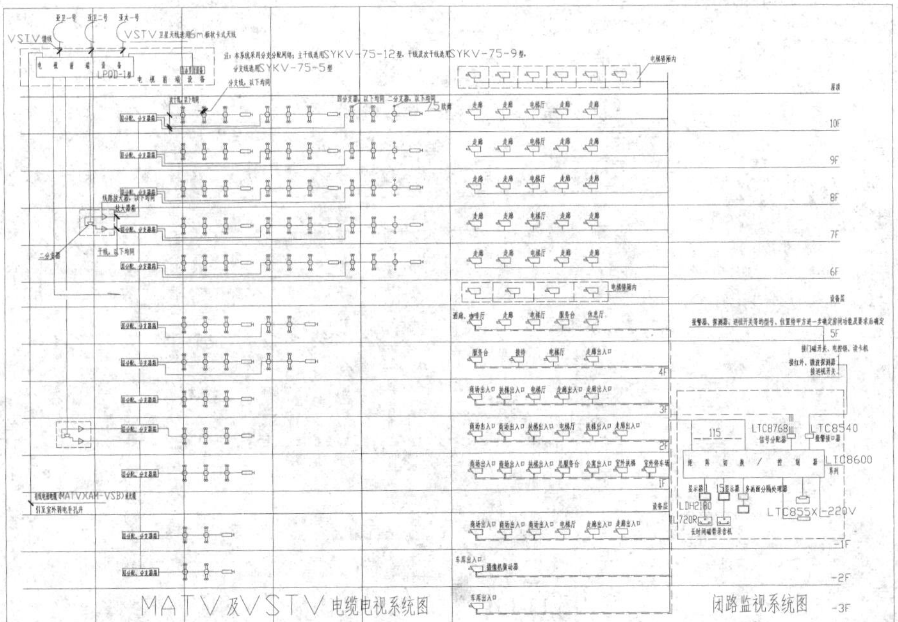

图 13-148 插入层号

（3）删除多余的辅助线，可以利用"快速选择"命令，弹出"快速选择"对话框，在"特性"列表框中选择颜色，在"值"下拉列表框中选择"颜色 8"，如图 13-149 所示。单击"确定"按钮后，如图 13-150所示。

图 13-149　"快速选择"对话框

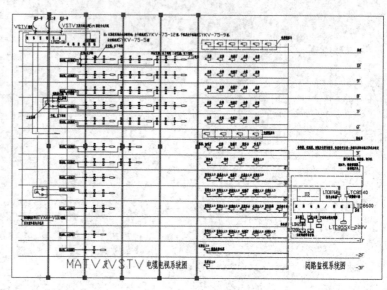

图 13-150　选择辅助线

（4）按 Delete 键或者输入 DELETE 命令将辅助线和部分图形删除，删除后图形如图 13-151 所示，图形基本绘制完成。

图 13-151　完成基本图形

13.4.4　插入图签

首先绘制 A3 图纸的图幅和图框，然后插入标题栏，最后将所有图形移动到图框中并填写标题栏。

（1）将当前图层转换到"图签"图层，然后绘制 A3 图纸的图幅和图框，大小分别为 420mm×297mm

和 395mm×287mm，如图 13-152 所示。

（2）打开"图库"，插入标题栏模块，如图 13-153 所示。

（3）选择所有图形，移动到图框中（移动的方法同 13.3 节，这里不再赘述）移动后，填写标题栏，完成绘图，如图 13-96 所示。

图 13-152 绘制图框

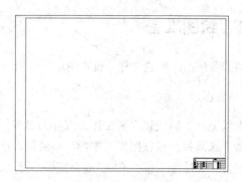

图 13-153 插入标题栏

13.5 餐厅消防报警系统图和电视、电话系统图

本实例将详细讲解餐厅消防报警系统图及电视、电话系统图的绘制方法，同时讲述相关的知识。电气系统图的绘制有一个普遍的特点，就是重复的图形比较多，且多为分层、分块绘制。可以利用等分的方法进行绘制。消防报警系统图和其他电气系统图相似，应分层进行绘制，而且需要复制的部分比较多。结合"等分"和"复制"等命令可以使绘图简便，而且可使图形整洁、清晰。餐厅共分两层，绘制时分为两个部分，即消防报警系统图和电视、电话系统图，如图 13-154 所示。

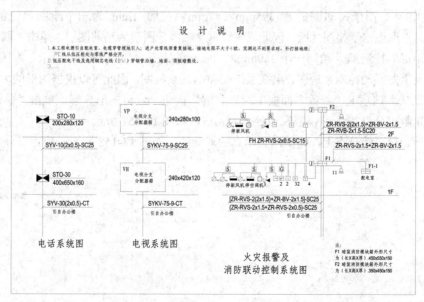

图 13-154 餐厅消防报警系统图和电视、电话系统图

【预习重点】

☑ 掌握餐厅消防报警系统图和电视、电话系统图的绘制思路及方法技巧。

【操作步骤】

13.5.1 绘图准备

绘图准备包括：新建文件，设置图层，利用"矩形"命令规定绘图区域，并将绘图区域分成 3 个部分。

1. 设置图层

首先以无样板模式建立新文件，保存为"餐厅消防报警系统图和电视、电话系统图"，打开"图层特性管理器"选项板，设置图层。本图为系统图，所涉及的图形样式比较少，仅建立"轴线""墙线""线路""设备""标注"和"消防" 6 个图层，并利用颜色区分不同的层，如图 13-155 所示。

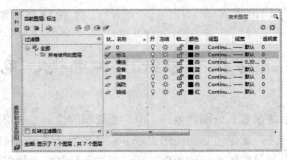

图 13-155　图层设置

2. 绘制轴线

绘制时，使用 A3 图纸，即图框为 395mm×287mm，按照 1mm 为一个绘图单位的原则，用一个 350mm×250mm 的矩形规定了绘图区域，因此，先设置"轴线"图层为当前图层，单击"默认"选项卡"绘图"面板中的"矩形"按钮□，绘制一个 350mm×250mm 的矩形，如图 13-156 所示。本图包括 3 个部分，分别是火灾报警及消防联动控制系统图、电视系统图和电话系统图，因此可以根据图形的大小将图形分为 3 个部分。单击"默认"选项卡"修改"面板中的"分解"按钮，将矩形分解，单击"默认"选项卡"绘图"面板中的"定数等分"按钮，将底边等分为 4 份，如图 13-157 所示。

在矩形的第一、第二等分点上，绘制两条垂直的辅助线，如图 13-158 所示。将矩形分为 3 个部分，分别进行绘制。

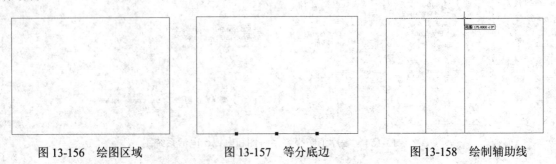

图 13-156　绘图区域　　　　图 13-157　等分底边　　　　图 13-158　绘制辅助线

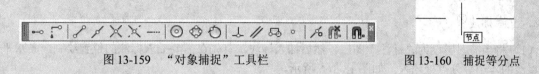

注意 在绘制直线时，由于等分点不容易捕捉到，可以打开捕捉工具栏，即选择菜单栏中的"工具"→"工具栏"→AutoCAD→"对象捕捉"命令，打开"对象捕捉"工具栏，如图 13-159 所示，在绘制直线时，先输入"LINE"命令，再单击"对象捕捉"工具栏中的 按钮，即可捕捉到刚才利用 DIVIDE 命令等分的等分点，如图 13-160 所示。另外，可以事先打开窗口下面的"正交"按钮，这样有助于绘制垂直线。

图 13-159　"对象捕捉"工具栏　　　　　　　　图 13-160　捕捉等分点

13.5.2　绘制电话系统图

本实例利用二维绘图和修改命令绘制电话系统图。

1. 绘制层线

（1）在图中定位楼层的分界线。本楼为二层的餐厅，单击"默认"选项卡"绘图"面板中的"直线"按钮 ，绘制 3 条水平线，分别表示底面和一层楼盖和二层楼盖，间距分别为 50mm 和 30mm，如图 13-161 所示。

（2）单击"默认"选项卡"修改"面板中的"打断"按钮 ，将楼层线沿着垂直的分隔线截断，如图 13-162 所示。

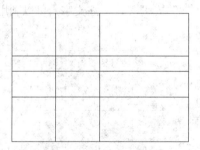

图 13-161　绘制楼层线

图 13-162　截断楼层线

2. 插入设备

（1）将"线路"图层设为当前图层，在左侧区域内绘制一条垂直线，如图 13-163 所示。注意直线稍稍偏向左边，因为要在直线的右边添加文字标注。

（2）转换到"设备"图层，利用"插入块"命令，插入"交接箱"模块，如图 13-164 所示。

（3）在图形的左一区域，单击"默认"选项卡"绘图"面板中的"定数等分"按钮 ，将竖直线等分为 4 等份，将"交接箱"模块按中点为基点插入到直线的第一和第三等分点，可以按照图幅大小调节模块比例，如图 13-165 所示。

图 13-163　绘制电话系统线路

图 13-164　插入"交接箱"模块

3．文字标注

（1）将当前图层设为"标注"图层，然后插入标注，首先在需要插入标注的位置绘制一条水平线，即在垂直线的 4 个等分点处插入，如图 13-166 所示。

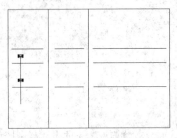

图 13-165　插入"交接箱"模块

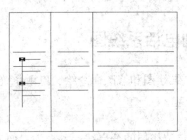

图 13-166　插入标注线

（2）单击"默认"选项卡"注释"面板中的"文字样式"按钮 ，打开"文字样式"对话框，单击"新建"按钮，默认名称为"样式 1"，单击"确定"按钮，然后在下面的"字体名"下拉列表框中选择 Arial Narrow 字体，文字"高度"设置为 6，单击"确定"按钮，便创建了需要的字体，如图 13-167 所示。

（3）单击"默认"选项卡"注释"面板中的"多行文字"按钮 A，标注文字，可以利用复制等功能简化操作，这里不作详细介绍，结果如图 13-168 所示。

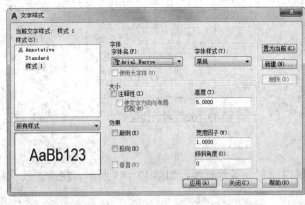

图 13-167　"文字样式"对话框

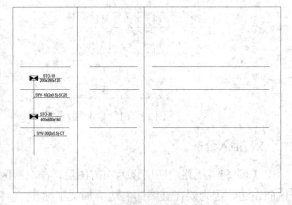

图 13-168　插入文字标注

（4）在第二、第四条标注线与垂直线相交处，应插入一条 45°的倾斜线，打开"文字样式"对话框，新建一种文字样式，默认为"样式 2"，在"字体"下拉列表框中选择"仿宋_GB2312"，然后将当前字体切换为"样式 2"，将文字"高度"设为 3，单击"确定"按钮。在最后一条标注线下输入中文，如图 13-169 所示。

（5）打开"文字样式"对话框，建立"样式 3"，文字的字体仍然用仿宋体，将文字"高度"设置为6，然后插入标题，如图 13-170 所示。

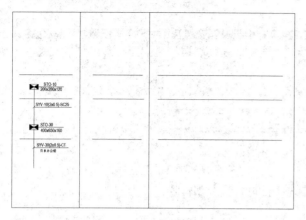

图 13-169　插入中文标注

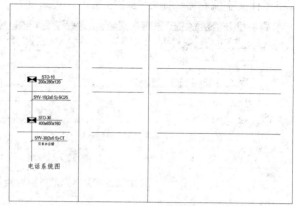

图 13-170　插入标题

> **注意**　文字标注比较繁琐，可以利用复制的方法，将一行文字复制到另一处，然后双击，打开"文字编辑"对话框，进行修改，这样可以提高速度。

13.5.3　绘制电视系统图

电视系统图和电话系统图类似，但是需要在绘制过程中学习一下多行文字的输入。

（1）将电话系统图的图形复制到图框中的第二个区域内，删除"交接箱"模块和文字标注，如图 13-171 所示。

（2）单击"默认"选项卡"特性"面板中的"线型"下拉列表，选择"其他"选项，打开"线型管理器"对话框，单击"加载"按钮，将 ISO dash 线型加载到"线型管理器"中，然后关闭"线型管理器"。确认"设备"图层为当前图层，将 ISO dash 线型设为当前线型，然后在图中绘制一个 40mm×25mm 的矩形，并移动到线路的上端点和第二等分点，如图 13-172 所示。

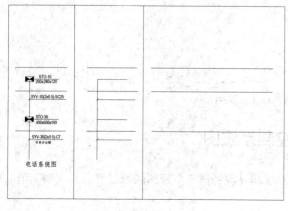

图 13-171　复制图形

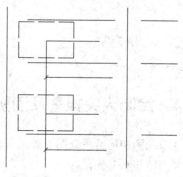

图 13-172　绘制矩形框

（3）利用 TRIM 命令将矩形内部的线截断，将文字样式设为"样式 2"，单击"默认"选项卡"注释"面板中的"多行文字"按钮 **A**，提示输入指定左上角点和右下角点，此时，系统出现"文字编辑器"选项卡和多行文字编辑器，如图 13-173 所示，输入文字。

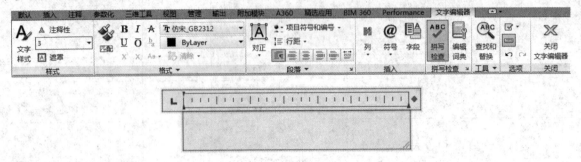

图 13-173 "文字编辑器"选项卡和多行文字编辑器

此时命令行提示与操作如下：

```
命令: mtext✓
当前文字样式:"样式 2"  当前文字高度:3
指定第一个角点:（选择矩形左上角）
指定对角点或 [高度(H)/对正(J)/行距(L)/旋转(R)/样式(S)/宽度(W)]:（选择矩形右下角）
（输入文字，单击"确定"按钮）
```

（4）按照上述方法，输入文字标注，注意不同类型的文字要用不同的样式，输入后如图 13-174 所示。

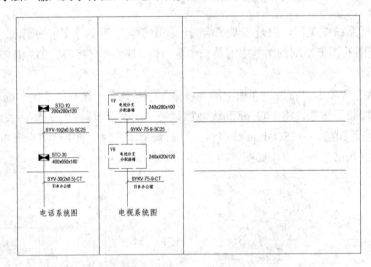

图 13-174 插入电视系统图

13.5.4 绘制火灾报警及消防联动控制系统图

电视系统图和电话系统图类似，所以将电视系统图复制到消防报警图区域，然后插入暗装消防模块箱，最后绘制消防线和其他设备。

1. 复制图形

（1）按照上面绘制电视系统图的方法，将电话系统图复制到图框的右边区域，然后删除"交接箱"模块和文字标注，如图 13-175 所示。

（2）将"线路"图层设为当前图层，延长直线上端，然后利用 OFFSET 命令对其进行偏移，间距为 2mm，如图 13-176 所示。

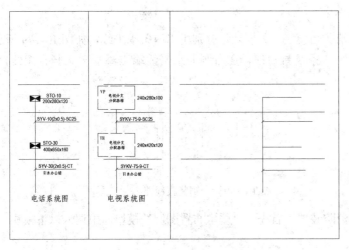

图 13-175　复制图形

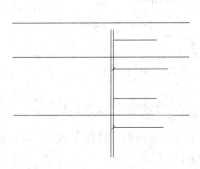

图 13-176　偏移线路

2. 插入"暗装消防箱"模块

（1）将"设备"图层设置为当前图层，单击"默认"选项卡"绘图"面板中的"矩形"按钮口，绘制一个 8mm×4mm 的矩形，利用中点捕捉的功能，分别连接其长边与短边的中位线，如图 13-177 所示。

（2）单击"默认"选项卡"块"面板中的"创建"按钮，将其保存为模块，命名为"暗装消防箱"。

（3）将"暗装消防箱"模块插入到两条平行的垂直线路端点和第二等分点的上部，如图 13-178 所示。

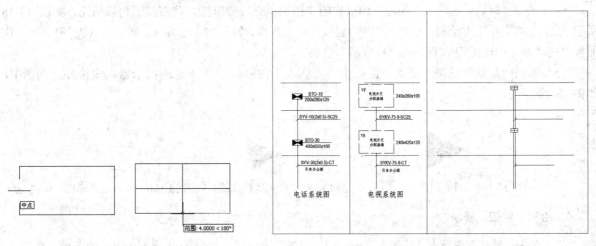

图 13-177　"暗装消防箱"模块

图 13-178　插入"暗装消防箱"模块

注意 由于消防箱和平行线的位置不易确定，这时可以在平行线的端点和第二等分点的上部分别添加一条水平的直线，利用"中点捕捉"命令进行定位。

（4）单击"默认"选项卡"修改"面板中的"修剪"按钮，将模块箱内多余的线条剪切掉。

3．绘制"检修阀"和"水流指示器"模块

（1）切换到"线路"图层，在"暗装消防箱模块"处向两边分别引出两条水平线，如图 13-179 所示。在二层的"模块箱"处左侧的水平线上绘制 4 条竖直短线，在右侧的水平线端点添加一条竖直短线，如图 13-180 所示。

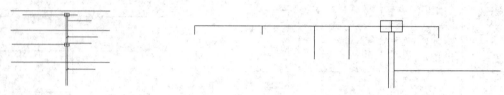

图 13-179　插入水平线路　　　　　　图 13-180　绘制竖直线路

（2）切换到"设备"图层，添加各个消防装置。首先从"弱电布置图例"模块库中调入以下模块，如图 13-181 所示。

（3）补充几个模块库中没有的模块。首先绘制"检修阀"模块，打开"暖通与空调图例"模块库，然后调入"截止阀"模块，如图 13-182 所示。然后单击"默认"选项卡"修改"面板中的"分解"按钮，将其分解，删除两端的直线，如图 13-183 所示。

图 13-181　调入模块　　　　　　图 13-182　"截止阀"模块　图 13-183　分解模块

（4）单击"默认"选项卡"绘图"面板中的"图案填充"按钮，将右侧三角形填充，如图 13-185 所示，最后，在其中上方绘制一小矩形，并用直线与中心连接，如图 13-185 所示。单击"默认"选项卡"块"面板中的"创建"按钮，保存为"检修阀"模块。

（5）单击"默认"选项卡"块"面板中的"插入"按钮，将"水流指示器"模块插入到图中，如图 13-186 所示。

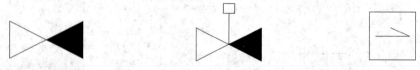

图 13-184　填充图形　　　　图 13-185　绘制"检修阀"　　图 13-186　"水流指示器"模块

4．绘制"监控"模块

（1）单击"默认"选项卡"绘图"面板中的"矩形"按钮，绘制一个 4mm×4mm 的矩形。打开"文字样式"对话框，再创建一个新型字体"样式 4"，将字体设置为 Times New Roman，文字"高度"设置为 3，如图 13-187 所示。

图 13-187　设置字体"样式 4"

（2）单击"默认"选项卡"注释"面板中的"多行文字"按钮 **A**，在刚绘制的矩形中填充标识，如图 13-188 所示。并单击"默认"选项卡"块"面板中的"创建"按钮，将其保存为模块。

（3）模块绘制完成后，将各个模块摆放在如图 13-189 所示的位置。然后单击"默认"选项卡"绘图"面板中的"直线"按钮，将元件与主线路相连，连接时可以打开"捕捉"工具栏，利用"中点"及"交点"捕捉功能进行摆放，同时打开窗口下方的"正交"功能，以便绘制水平及竖直线路。

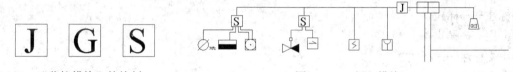

图 13-188　"监控模块"的绘制　　　　　　　　　　图 13-189　插入模块

5. 绘制分支线路

注意　绘制分支线路需要一定的技巧，这里要用到"等分"命令、"镜像"命令及点的捕捉功能。

（1）设置"线路"图层为当前图层，单击"默认"选项卡"修改"面板中的"分解"按钮，将"集线箱"S 模块分解，单击"默认"选项卡"绘图"面板中的"定数等分"按钮，将矩形底边等分为 8 份，如图 13-190 所示。单击"默认"选项卡"绘图"面板中的"直线"按钮，在第一个等分点处绘制一条分支线路，可以单击"捕捉到节点"按钮，捕捉等分点，如图 13-191 所示。

（2）单击"默认"选项卡"修改"面板中的"镜像"按钮，将第一条分支线路镜像，镜像的参考线为矩形的中心线，如图 13-192 所示。

图 13-190　等分底边　　　　　图 13-191　绘制分支线路　　　　　图 13-192　镜像分支线路

（3）利用同样的方法，将中心的两条分支线路绘制出来，如图 13-193 所示。

（4）利用直线的定位点调整直线的长度和位置，并插入模块，即成为如图 13-189 所示的图形。

（5）用同样的方法，绘制一层的设备及线路，最终结果如图 13-194 所示。

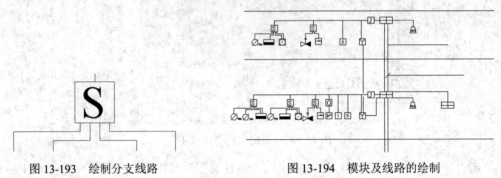

图 13-193　绘制分支线路　　　　　　　　图 13-194　模块及线路的绘制

13.5.5　文字标注

用绘制电视、电话系统图过程中的方法进行文字标注。为了简便起见，可以将电视、电话系统图中的部分标注复制到此图合适的位置，然后进行修改。具体的应用字体的形式如下。

线路标注——样式 1

元件标注——样式 4

线路中文标注——样式 2

标题——样式 3

注释——样式 2

标注后如图 13-195 所示。

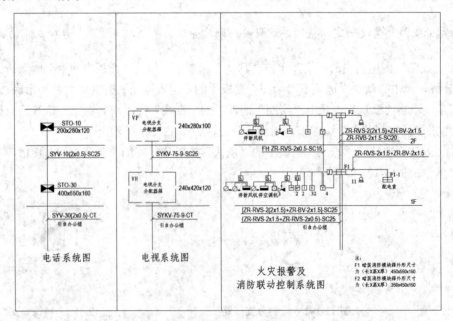

图 13-195　插入文字标注

删除图框的分隔线，然后在顶部空白处添加设计说明，最终效果如图 13-154 所示。

13.6 上机实验

【练习 1】绘制如图 13-196 所示的办公楼配电平面图设计。

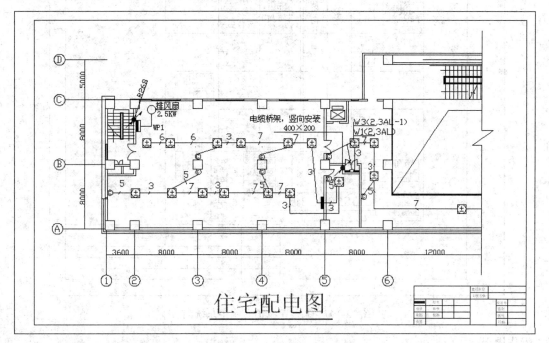

图 13-196 某办公楼配电平面图设计

1. 目的要求

通过本练习，重点掌握办公楼配电平面图设计的详细绘制方法。

2. 操作提示

（1）设置绘图环境。

（2）图纸布局。

（3）绘制柱子、墙体及门窗。

（4）绘制楼梯及室内设施。

（5）绘制配电干线设施。

（6）标注尺寸及文字说明。

（7）生成图签。

【练习2】绘制如图 13-197 所示的某建筑物消防安全系统图。

1. 目的要求

通过本练习，重点掌握建筑物消防安全系统图的详细绘制方法。

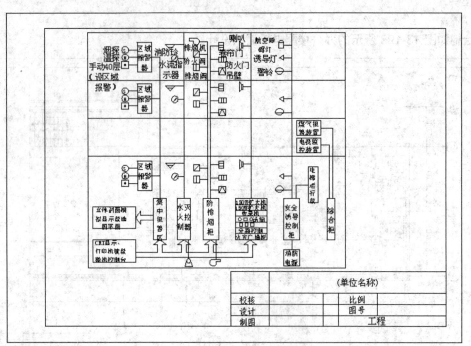

图 13-197 某建筑物消防安全系统图

2. 操作提示

（1）设置绘图环境。

（2）图纸布局。

（3）绘制各个元件和设备。

（4）标注文字。

（5）生成图签。

▶▶ 第 3 篇

建筑电气设计综合实例篇

本篇主要结合实例讲解利用 AutoCAD 2017 进行各种建筑电气设计的操作步骤、方法技巧等，包括建筑电气系统图和建筑电气平面图以及建筑电气弱电工程图等知识。

本篇内容通过住宅电气设计实例加深读者对 AutoCAD 2017 功能的理解和掌握，使读者熟悉各种类型住宅电气设计的方法。

▶▶┃ **建筑电气工程基础**
▶▶┃ **住宅电气平面图**
▶▶┃ **住宅电气系统图**
▶▶┃ **住宅弱电工程图**

第 **14** 章

建筑电气工程基础

　　本章将结合电气工程专业的简要专业知识，介绍建筑电气工程图的相关理论基础，以及在 AutoCAD 2017 中进行建筑电气设计的一些基础知识。通过本章的概要性叙述，帮助读者建立一种将专业知识与工程制图技巧相联系的思维模式，初步掌握建筑电气 CAD 的一些基础知识。

14.1　概　　述

现代工业与民用建筑中，为满足一定的生产生活需求，需要安装许多不同功能的电气设施，如照明灯具、电源插座、电视、电话、消防控制装置、各种工业与民用的动力装置、控制设备、智能系统、娱乐电气设施及避雷装置等。电气工程或设施都要经过专业人员专门设计表达在图纸上，这些相关图纸可称为电气施工图（也称电气安装图）。在建筑施工图中，与给排水施工图、采暖通风施工图一起，统称为设备施工图。其中电气施工图按"电施"编号。

各种电气设施需表达在图纸中，其主要涉及的内容，一是供电、配电线路的规格与敷设方式，二是各类电气设备与配件的选型、规格与安装方式。而导线、各种电气设备及配件等本身在图纸中多数并不是采用其投影制图，而是用国际或国内统一规定的图例、符号及文字表示，可参见相关标准规程的图例说明，亦可于图纸中予以详细说明，并标绘在按比例绘制的建筑结构的各种投影图中（系统图除外），这也是电气施工图的一个特点。

【预习重点】

☑　了解建筑电气工程施工图纸的分类。

☑　了解建筑电气工程项目的分类。

☑　了解建筑电气工程图的基本规定。

☑　了解建筑电气工程图的特点。

14.1.1　建筑电气工程施工图纸的分类

依据某建筑电气工程项目的规模大小、功能不同，其图纸的数量、类别是有差异的，常用的建筑电气工程图大致可分为以下几类，注意每套图纸的各类型图纸的排放顺序。一套完整优秀的施工图应非常方便施工人员阅读和识图，且必须遵循一定的顺序。

1. 目录、设计说明、图例、设备材料明细表

图纸目录应表达有关序号、图纸名称、图纸编号、图纸张数、篇幅和设计单位等。

设计说明（施工说明）主要阐述电气工程的设计基本概况，如设计的依据、工程的要求和施工原则、建筑功能特点、电气安装标准、安装方法、工程等级、工艺要求及有关设计的补充说明等。

图例即为各种电气装置，为便于表达简化而成的图形符号，通常只列出本套图纸中涉及的一些图形符号，一些常见的标准通用图例可省略，相关图形符号可参见《GB4728 电气图用图形符号》有关解释。

设备材料明细表则应列出该项电气工程所需的各种设备和材料的名称、型号、规格和数量，可供进一步设计概算和施工预算时参考。

2. 电气系统图

电气系统图是用于表达该项电气工程的供电方式及途径、电力输送、分配及控制关系和设备运转等情况的图纸。从电气系统图应可看出该电气工程的概况。电气系统图又包括变配电系统图、动力系统图、照

明系统图、弱电系统图等子项。

3. 电气平面图

电气平面图是表示电气设备、相关装置及各种管线路平面布置位置关系的图纸，是进行电气安装施工的依据。电气平面图以建筑总平面图为依据，在建筑图上绘出电气设备、相关装置及各种线路的安装位置、敷设方法等。常用的电气平面图有变配电所平面图、动力平面图、照明平面图、防雷平面图、接地平面图和弱电平面图。

4. 设备平面布置图

设备平面布置图是表达各种电气设备或器件的平面与空间的位置、安装方式及其相互关系的图纸，通常由平面图、立面图、剖面图及各种构件详图等组成。设备布置图是按三视图原理绘制的，类似于建筑结构制图方法。

5. 安装接线图

安装接线图又可称为安装配线图，是用来表示电气设备、电气元件和线路的安装位置、配线方式、接线方法、配线场所特征等的图纸。

6. 电气原理图

电气原理图是表达某一电气设备或系统工作原理的图纸，是按照各个部分的动作原理采用展开法来绘制的。通过分析电气原理图可以清楚地看出整个系统的动作顺序。电气原理图可以用来指导电气设备和器件的安装、接线、调试、使用与维修。

7. 详图

详图是表达电气工程中设备的某一部分、某一节点的具体安装要求和工艺的图纸，可参照标准图集或单独制图予以表达。

工程人员的识图时一般应按如下顺序阅读：

标题栏及图纸说明——总说明——系统图——电路图与接线图——平面图——详图——设备材料明细表。

14.1.2 建筑电气工程项目的分类

建筑电气工程满足了不同的生产生活以及安全等方面的功能，这些功能的实现又涉及了多项更详细具体的功能项目，这些项目环节共同组建以满足整个建筑电气的整体功能。例如，建筑电气工程一般可包括以下项目。

1. 外线工程

室外电源供电线路、室外通信线路等，涉及强电和弱电，如电力线路和电缆线路。

2. 变配电工程

由变压器、高低压配电框、母线、电缆、继电保护与电气计量等设备组成的变配电所。

3. 室内配线工程

主要有线管配线、桥架线槽配线、瓷瓶配线、瓷夹配线和钢索配线等。

4. 电力工程

各种风机、水泵、电梯、机床、起重机以及其他工业与民用、人防等动力设备（电动机）和控制器与动力配电箱。

5. 照明工程

照明电器、开关按钮、插座和照明配电箱等相关设备。

6. 接地工程

各种电气设施的工作接地、保护接地系统。

7. 防雷工程

建筑物、电气装置和其他构筑物、设备的防雷设施，一般需经由有关气象部门防雷中心检测。

8. 发电工程

各种发电动力装置，如风力发电装置、柴油发电机设备。

9. 弱电工程

智能网络系统、通信系统（广播、电话和闭路电视系统）、消防报警系统和安保检测系统等。

14.1.3 建筑电气工程图的基本规定

工业与民用建筑的各个环节均离不开图纸的表达，建筑设计单位设计、绘制图纸，建筑施工单位按图纸组织工程施工，图纸成为双方信息表达交换的载体，所以图纸必须由设计和施工等部门共同遵守的一定的格式及标准来进行绘制与阅读。这些规定包括建筑电气工程自身的规定，另外也可能涉及机械制图、建筑制图等相关工程方面的一些规定。

建筑电气制图一般可主要参见《房屋建筑制图统一标准》（GB/T 50001—2010）及《电气工程 CAD 制图规则》（GB/T 18135—2008）等。

电气制图中涉及的图例、符号、文字符号及项目代号可参照标准《GB 4728 电气图用图形符号》、《GB/T 5465 电气设备用图形符号》和《GB/T 5094 工业系统、装置与设备以及工业产品结构原则与参照代号》等。

同时，对于电气工程中的一些常用术语应认识理解，方便识图，我国的相关行业标准、国际上通用的IEC 标准中都比较严格地规定了电气图的有关名词术语概念。这些名词术语是电气工程图制图及阅读中所必需的，读者可查阅相关文献资料，详细认识了解。

14.1.4 建筑电气工程图的特点

建筑电气工程图的内容主要通过如下图纸表达，即系统图、位置图（平面图）、电路图（控制原理图）、接线图、端子接线图、设备材料表等。建筑电气工程图不同于机械图、建筑图，掌握了解建筑电气工程图的特点，对建筑电气工程制图及识图会有很大帮助。其特点如下。

（1）建筑电气工程图大多是在建筑图上采用统一的图形符号，并加注文字符号绘制出来的。绘制和阅读建筑电气工程图，首先必须明确和熟悉这些图形符号、文字符号及项目代号所代表的内容和物理意义，以及它们之间的相互关系，关于图形符号、文字符号及项目代号，可查阅相关标准的解释，如《GB 4728 电气简图用图形符号》和《工业系统、装置与设备以及工业产品结构原则与参照代号》（GB/T 5094—2005）。

（2）任何电路均为闭合回路，一个合理的闭合回路一定包括 4 个基本元素，即电源、用电设备、导线和开关控制设备。正确理解图纸，还必须了解各种设备的基本结构、工作原理、工作程序、主要性能和用途，以便于对设备进行安装及运行时的了解。

（3）电路中的电气设备、元件等，彼此之间都是通过导线连接，构成一个整体。识图时，可将各有关的图纸联系起来，相互参照，应通过系统图、电路图联系，通过布置图、接线图查找位置，交叉查阅，可达到事半功倍的效果。

（4）建筑电气工程施工通常是与土建工程及其他设备安装工程（给排水管道、工艺管道、采暖通风管道、通信线路、消防系统及机械设备等设备安装工程）相互配合进行的，故识读建筑电气工程图时应与有关的土建工程图、管道工程图等对应、参照起来阅读，仔细研究电气工程的各施工流程，提高施工效率。

（5）有效识读电气工程图也是编制工程预算和施工方案必须具备的一个基本能力，才能有效指导施工、指导设备的维修和管理。同时在识图时，还应熟悉有关规范、规程及标准的要求，才能真正读懂、读通图纸。

（6）电气图是采用图形符号绘制表达的，表现的是示意图（如其电路图、系统图等），不必按比例绘制。但电气工程平面图一般是在建筑平面图的基础上表示相关电气设备位置关系的图纸，故位置图一般采用与建筑平面图同比例绘制，其缩小比例可取如下几种：1：10、1：20、1：50、1：100、1：200 和 1：500 等。

14.2 电气工程施工图的设计深度

本节为摘录建设部颁发的文件《建筑工程设计文件编制深度规定》（2009 年版）中电气工程部分施工图设计的有关内容，供读者学习参考。

14.2.1 总则

（1）民用建筑工程一般应分为方案设计、初步设计和施工图设计 3 个阶段；对于技术要求简单的民用建筑工程，经有关主管部门同意，并且合同中有不做初步设计的约定，可在方案设计审批后直接进入施工图设计。

（2）各阶段设计文件编制深度应按以下原则进行：

① 方案设计文件，应满足编制初步设计文件的需要。

注意 对于投标方案，设计文件深度应满足标书要求；若标书无明确要求，设计文件深度可参照本规定的有关条款。

② 初步设计文件，应满足编制施工图设计文件的需要。

③ 施工图设计文件，应满足设备材料采购、非标准设备制作和施工的需要。对于将项目分别发包给几个设计单位或实施设计分包的情况，设计文件相互关联处的深度应当满足各承包或分包单位设计的需要。

【预习重点】

☑　掌握民用建筑工程施工设计的 3 个阶段。

14.2.2　方案设计

建筑电气设计说明：

1．设计范围

本工程拟设置的电气系统。

2．变、配电系统

（1）确定负荷级别：1、2、3 级负荷的主要内容。
（2）负荷估算。
（3）电源：根据负荷性质和负荷量，要求外供电源的回路数、容量、电压等级。
（4）变、配电所：位置、数量、容量。

3．应急电源系统

确定备用电源和应急电源形式。

4．其他相关系统

照明、防雷、接地、智能建筑设计的相关系统内容。

14.2.3　初步设计

1．初步设计阶段

建筑电气专业设计文件应包括设计说明书、设计图纸、主要电气设备表、计算书（供内部使用及存档）。

2．设计说明书

（1）设计依据。
① 建筑概况：应说明建筑类别、性质、面积、层数、高度等。
② 相关专业提供给本专业的工程设计资料。
③ 建设方提供的有关职能部门（如供电部门、消防部门、通信部门和公安部门等）认定的工程设计资料，建设方设计要求。
④ 本工程采用的主要标准及法规。

（2）设计范围。

① 根据设计任务书和有关设计资料说明本专业的设计工作内容和分工。

② 本工程拟设置的电气系统。

（3）变、配电系统。

① 确定负荷等级和各类负荷容量。

② 确定供电电源及电压等级，电源由何处引来，电源数量及回路数、专用线或非专用线。电缆埋地或架空、近远期发展情况。

③ 备用电源和应急电源容量确定原则及性能要求，有自备发电机时，说明启动方式及与市电网关系。

④ 高、低压供电系统接线形式及运行方式：正常工作电源与备用电源之间的关系；母线联络开关运行和切换方式；变压器之间低压侧联络方式；重要负荷的供电方式。

⑤ 变、配电站的位置、数量、容量（包括设备安装容量、计算有功、无功、视在容量、变压器台数、容量）及形式（户内、户外或混合）；设备技术条件和选型要求。

⑥ 继电保护装置的设置。

⑦ 电能计量装置：采用高压或低压；专用柜或非专用柜（满足供电部门要求和建设方内部核算要求）；监测仪表的配置情况。

⑧ 功率因数补偿方式：说明功率因数是否达到供用电规则的要求，应补偿容量和采取的补偿方式和补偿前后的结果。

⑨ 操作电源和信号：说明高压设备操作电源和运行信号装置配置情况。

⑩ 工程供电：高、低压进出线路的型号及敷设方式。

（4）配电系统。

① 电源由何处引来、电压等级、配电方式；对重要负荷和特别重要负荷及其他负荷的供电措施。

② 选用导线、电缆、母干线的材质和型号，敷设方式。

③ 开关、插座、配电箱、控制箱等配电设备选型及安装方式。

④ 电动机启动及控制方式的选择。

（5）照明系统。

① 照明种类及照度标准。

② 光源及灯具的选择、照明灯具的安装及控制方式。

③ 室外照明的种类（如路灯、庭园灯、草坪灯、地灯、泛光照明和水下照明等）、电压等级、光源选择及其控制方法等。

④ 照明线路的选择及敷设方式（包括室外照明线路的选择和接地方式）。

（6）热工检测及自动调节系统。

① 按工艺要求说明热工检测及自动调节系统的组成。

② 自动化仪表的选择。

③ 仪表控制盘、台选型及安装。

④ 线路选择及敷设。

⑤ 仪表控制盘、台的接地。

（7）火灾自动报警系统。

① 按建筑性质确定保护等级及系统组成。

② 消防控制室位置的确定和要求。

③ 火灾探测器、报警控制器、手动报警按钮、控制台（柜）等设备的选择。

④ 火灾报警与消防联动控制要求，控制逻辑关系及控制显示要求。

⑤ 火灾应急广播及消防通信概述。

⑥ 消防主电源、备用电源供给方式，接地及接地电阻要求。

⑦ 线路选型及敷设方式。

⑧ 当有智能化系统集成要求时，应说明火灾自动报警系统与其他子系统的接口方式及联动关系。

⑨ 应急照明的电源形式、灯具配置、线路选择及敷设方式、控制方式等。

（8）通信系统。

① 对工程中不同性质的电话用户和专线，分别统计其数量。

② 电话站总配线设备及其容量的选择和确定。

③ 电话站交、直流供电方案。

④ 电话站站址的确定及对土建的要求。

⑤ 通信线路容量的确定及线路网络组成和敷设。

⑥ 对市话中继线路的设计分工、线路敷设和引入位置的确定。

⑦ 室内配线及敷设要求。

⑧ 防电磁脉冲接地、工作接地方式及接地电阻要求。

（9）有线电视系统。

① 系统规模、网络组成、用户输出口电平值的确定。

② 节目源选择。

③ 机房位置、前端设备配置。

④ 用户分配网络、导体选择及敷设方式、用户终端数量的确定。

（10）闭路电视系统。

① 系统组成。

② 控制室的位置及设备的选择。

③ 传输方式、导体选择及敷设方式。

④ 电视制作系统组成及主要设备选择。

（11）有线广播系统。

① 系统组成。

② 输出功率、馈送方式和用户线路敷设的确定。

③ 广播设备的选择，并确定广播室位置。

④ 导体选择及敷设方式。

（12）扩声和同声传译系统。

① 系统组成。

② 设备选择及声源布置的要求。

③ 确定机房位置。

④ 同声传译方式。

⑤ 导体选择及敷设方式。

（13）呼叫信号系统。

① 系统组成及功能要求（包括有线或无线）。

② 导体选择及敷设方式。

③ 设备选型。

（14）公共显示系统。

① 系统组成及功能要求。

② 显示装置安装部位、种类、导体选择及敷设方式。

③ 显示装置规格。

（15）时钟系统。

① 系统组成、安装位置、导体选择及敷设方式。

② 设备选型。

（16）安全技术防范系统。

① 系统防范等级、组成和功能要求。

② 保安监控及探测区域的划分、控制、显示及报警要求。

③ 摄像机、探测器安装位置的确定。

④ 访客对讲、巡更、门禁等子系统配置及安装。

⑤ 机房位置的确定。

⑥ 设备选型、导体选择及敷设方式。

（17）综合布线系统。

① 根据工程项目的性质、功能、环境条件和近、远期用户要求确定综合布线的类型及配置标准。

② 系统组成及设备选型。

③ 总配线架、楼层配线架及信息终端的配置。

④ 导体选择及敷设方式。

⑤ 建筑设备监控系统及系统集成，包括系统组成、监控点数及其功能要求、设备选型等。

（18）信息网络交换系统。

① 系统组成、功能及用户终端接口的要求。

② 导体选择及敷设要求。

（19）车库管理系统。

① 系统组成及功能要求。

② 监控室设置。

③ 导体选择及敷设要求。

（20）智能化系统集成。

① 集成形式及要求。

② 设备选择。

（21）建筑物防雷。

① 确定防雷类别。

② 防直接雷击、防侧击雷、防雷击电磁脉冲、防高电位侵入的措施。

③ 当利用建（构）筑物混凝土内钢筋做接闪器、引下线、接地装置时，应说明采取的措施和要求。

（22）接地及安全。

① 本工程各系统要求接地的种类及接地电阻要求。

② 总等电位、局部等电位的设置要求。

③ 接地装置要求，当接地装置需作特殊处理时应说明采取的措施、方法等。

④ 安全接地及特殊接地的措施。

（23）需提请在设计审批时解决或确定的主要问题。

3. 设计图纸

（1）电气总平面图（仅有单体设计时，可无此项内容）。

① 标示建（构）筑物名称、容量，高、低压线路及其他系统线路走向，回路编号，导线及电缆型号规格，架空线杆位，路灯、庭园灯的杆位（路灯、庭园灯可不绘线路），重复接地点等。

② 变、配电站位置、编号和变压器容量。

③ 比例、指北针。

（2）变、配电系统。

① 高、低压供电系统图：注明开关柜编号、型号及回路编号、一次回路设备型号、设备容量、计算电流、补偿容量、导体型号规格、用户名称、二次回路方案编号。

② 平面布置图：应包括高、低压开关柜、变压器、母干线、发电机、控制屏、直流电源及信号屏等设备平面布置和主要尺寸，图纸应有比例。

③ 标示房间层高、地沟位置、标高（相对标高）。

（3）配电系统（一般只绘制内部作业草图，不对外出图）。

主要干线平面布置图，竖向干线系统图（包括配电及照明干线、变配电站的配出回路及回路编号）。

（4）照明系统。

对于特殊建筑（如大型体育场馆和大型影剧院等），有条件时应绘制照明平面图。该平面图应包括灯位（含应急照明灯）、灯具规格，配电箱（或控制箱）位，不需连线。

（5）热工检测及自动调节系统。

① 需专项设计的自控系统需绘制热工检测及自动调节原理系统图。

② 控制室设备平面布置图。

（6）火灾自动报警系统。

① 火灾自动报警系统图。

② 消防控制室设备布置平面图。

（7）通信系统。

① 电话系统图。

② 站房设备布置图。

（8）防雷系统、接地系统。

一般不出图纸，特殊工程只出详规平面图、接地平面图。

（9）其他系统。

① 各系统所属系统图。

② 各控制室设备平面布置图（若在相应系统图中说明清楚时，可不出此图）。

4．主要设备表

注明设备名称、型号、规格、单位和数量。

5．设计计算书（供内部使用及存档）

（1）用电设备负荷计算。
（2）变压器选型计算。
（3）电缆选型计算。
（4）系统短路电流计算。
（5）防雷类别计算及避雷针保护范围计算。
（6）各系统计算结果应标示在设计说明或相应图纸中。
（7）因条件不具备不能进行计算的内容，应在初步设计中说明，并应在施工图设计时补算。

14.2.4　施工图设计

1．施工图设计阶段

建筑电气专业设计文件应包括图纸目录、施工设计说明、设计图纸主要设备表、计算书（供内部使用及存档）。

2．图纸目录

先列新绘制图纸，后列重复使用图。

3．施工设计说明

（1）工程设计概况：应将经审批定案后的初步设计说明书（或方案）中的主要指标录入。
（2）各系统的施工要求和注意事项（包括布线、设备安装等）。
（3）设备订货要求（亦可附在相应图纸上）。
（4）防雷及接地保护等其他系统有关内容（亦可附在相应图纸上）。
（5）本工程选用标准图图集编号、页号。

4．设计图纸

（1）施工设计说明、补充图例符号、主要设备表可组成首页，当内容较多时，可分设专页。
（2）电气总平面图（仅有单体设计时，可无此项内容）。
① 标注建（构）筑物名称或编号、层数或标高、道路、地形等高线和用户的安装容量。
② 标注配电站位置、编号；变压器台数、容量；发电机台数、容量；室外配电箱的编号、型号；室外照明灯具的规格、型号、容量。
③ 架空线路应标注：线路规格及走向、回路编号、杆位编号、档数、档距、杆高、拉线、重复接地、避雷器等（附标准图集选择表）。
④ 电缆线路应标注：线路走向、回路编号、电缆型号及规格、敷设方式（附标准图集选择表）、人（手）孔位置。

⑤ 比例、指北针。

⑥ 图中未表达清楚的内容可附图做统一说明。

（3）变、配电站。

① 高、低压配电系统图（一次线路图）

图中应标明母线的型号、规格；变压器、发电机的型号、规格；标明开关、断路器、互感器、继电器、电工仪表（包括计量仪表）等的型号、规格和整定值。

图下方表格标注：开关柜编号、开关柜型号、回路编号、设备容量、计算电流、导体型号及规格、敷设方法、用户名称、二次原理图方案号（当选用分格式开关柜时，可增加小室高度或模数等相应栏目）。

② 平、剖面图

按比例绘制变压器、发电机、开关柜、控制柜、直流及信号柜、补偿柜、支架、地沟、接地装置等平、剖面布置、安装尺寸等，当选用标准图时，应标注标准图编号、页次；标注进出线回路编号、敷设安装方法，图纸应有比例。

③ 继电保护及信号原理图

继电保护及信号二次原理方案，应选用标准图或通用图。当需要对所选用标准图或通用图进行修改时，只需绘制修改部分并说明修改要求。

控制柜、直流电源及信号柜、操作电源均应选用企业标准产品，图中标示相关产品型号、规格和要求。

④ 竖向配电系统图

以建（构）筑物为单位，自电源点开始至终端配电箱止，按设备所处相应楼层绘制，应包括变、配电站变压器台数、容量、发电机台数、容量、各处终端配电箱编号，自电源点引出回路编号（与系统图一致），接地干线规格。

⑤ 相应图纸说明

图中表达不清楚的内容，可随图作相应说明。

（4）配电、照明。

① 配电箱（或控制箱）系统图中应标注配电箱编号、型号，进线回路编号；标注各开关（或熔断器）型号、规格、整定值；配电回路编号、导线型号规格（对于单相负荷应标明相别），对有控制要求的回路应提供控制原理图；对重要负荷供电回路宜标明用户名称。上述配电箱（或控制箱）系统内容在平面图上标注完整的，可不单独出配电箱（或控制箱）系统图。

② 配电平面图应包括建筑门窗、墙体、轴线、主要尺寸、工艺设备编号及容量；布置配电箱、控制箱，并注明编号、型号及规格；绘制线路始、终位置（包括控制线路），标注回路规模、编号、敷设方式，图纸应有比例。

③ 照明平面图，应包括建筑门窗、墙体、轴线、主要尺寸、标注房间名称、绘制配电箱、灯具、开关、插座、线路等平面布置，标明配电箱编号、干线、分支线回路编号、相别、型号、规格、敷设方式等；凡需二次装修的部位，其照明平面图随二次装修设计，但配电或照明平面上应相应标注预留的照明配电箱，并标注预留容量；图纸应有比例。

④ 图中表达不清楚的，可随图作相应说明。

（5）热工检测及自动调节系统。

① 普通工程宜选定型产品，仅列出工艺要求。

② 需专项设计的自控系统中需绘制：热工检测及自动调节原理系统图、自动调节方框图、仪表盘及台

面布置图、端子排接线图、仪表盘配电系统图、仪表管路系统图、锅炉房仪表平面图、主要设备材料表和设计说明。

（6）建筑设备监控系统及系统集成。

① 监控系统方框图、绘至 DDC 站止。

② 随图说明相关建筑设备监控（测）要求、点数和位置。

③ 配合承包方了解建筑情况及要求，审查承包方提供的深化设计图纸。

（7）防雷、接地及安全。

① 绘制建筑物顶层平面，应有主要轴线号、尺寸、标高、标注避雷针、避雷带、引下线位置。注明材料型号规格、所涉及的标准图编号、页次，图纸应标注比例。

② 绘制接地平面图（可于防雷顶层平面声明），绘制接地线、接地极、测试点、断接卡等的平面位置，标明材料型号、规格、相对尺寸等及涉及的标准图编号、页次（当利用自然接地装置时，可不出此图），图纸应标注比例。

③ 当利用建筑物（或构筑物）钢筋混凝土内的钢筋作为防雷接闪器、引下线、接地装置时，应标注连接点、接地电阻测试点、预埋件位置及敷设方式，注明所涉及的标准图编号、页次。

④ 随图说明包括：防雷类别和采取的防雷措施（包括防侧击雷、防击电磁脉冲、防高电位引入）；接地装置型式，接地极材料要求、敷设要求、接地电阻值要求；当利用桩基、基础内钢筋作接地极时，应采取的措施。

⑤ 除防雷接地外的其他电气系统的工作或安全接地的要求（例如，电源接地型式，直流接地，局部等电位、总等电位接地等），如果采用共用接地装置，应在接地平面图中叙述清楚，交代不清楚的应绘制相应图纸（如局部等电位平面图等）。

（8）火灾自动报警系统。

① 火灾自动报警及消防联动控制系统图、施工设计说明、报警及联动控制要求。

② 各层平面图，应包括设备及器件布点、连线，线路型号、规格及敷设要求。

（9）其他系统。

① 各系统的系统框图。

② 说明各设备定位安装、线路型号规格及敷设要求。

③ 配合系统承包方了解相应系统的情况及要求，审查系统承包方提供的深化设计图纸。

5. 主要设备表

注明主要设备名称、型号、规格、单位和数量。

6. 计算书（供内部使用及归档）

施工图设计阶段的计算书只补充初步设计阶段时应进行计算而未进行计算的部分，修改因初步设计文件审查变更后，需重新进行计算的部分。

14.3 职业法规及规范标准

规范或标准是工程设计的依据，一名合格的专业人员应首先熟悉专业规范的各相关条文，规范或标准贯穿于整体工程设计过程。本节归纳列出一些建筑电气工程设计中的常用规范标准，读者可选用查询。

【预习重点】

☑　掌握我国电气工程设计中法律法规强制执行的概念。

☑　了解电气工程设计相关的基础知识。

电气工程设计人员在设计过程中严格执行相关条文，保证工程设计的合理、安全，符合相关质量要求，特别是对于一些强制性条文，更应提高警惕，严格遵守，职业工作中应注意以下几点：

（1）掌握我国电气工程设计中法律法规强制执行的概念。

（2）了解电气工程设计中强制执行法律法规文件的名称。

（3）了解我国电气工程设计相关法律法规的归口管理、编制、颁布、等级、分类、版本的基本概念。

（4）了解我国电气工程中工程管理、工程经济、环境保护、监理、咨询、招标、施工、验收，试运行、达标投产、交付运行等环节执行有关法律法规的基本要求。

（5）了解 IEC、IEEE、ISO 的基本概念和在我国电气工程勘察设计中的使用条件及与我国各种法律法规的关系。

表 14-1 列出了电气工程设计中的常用法律法规及标准规范目录，读者可自行查阅，便于工程设计之用。其中涉及了建设法规、高压供配电、低压配电、建筑物电气装置、职能建筑与自动化、公共部分、电厂与电网等相关法规及各类规范标准，包含了全国勘察设计注册电气工程师复习推荐用法律、规程和规范。

表 14-1　相关职业法规及标准

序　号	文 件 编 号	文 件 名 称
1	GB/T 50062-2008	电力装置的继电保护和自动装置设计规范
2	GB 50217-2007	电力工程电缆设计规范
3	GB 50056-1993	电热设备电力装置设计规范
4	GB 50016-2014	建筑设计防火规范
5	GB/T 50314-2015	智能建筑设计标准
6	GB/T 50311-2007	综合布线系统工程设计规范
7	GB 50052-2009	供配电系统设计规范
8	GB 50053-2013	20kV 及以下变电所设计规范
9	GB 50054-2011	低压配电设计规范
10	GB 50227-2008	并联电容器装置设计规范
11	GB 50060-2008	3-110kV 高压配电装置设计规范
12	GB 50055-2011	通用用电设备配电设计规范
13	GB 50057-2010	建筑物防雷设计规范
14	JGJ 16-2008	民用建筑电气设计规范
15	GB 50260-2013	电力设施抗震设计规范
16	GB 50150-2006	电气装置安装工程电气设备交接试验标准
17	DL 5454-2012	火力发电厂职业卫生设计规程

序　号	文件编号	文件名称
18	GB 50116-2013	火灾自动报警系统设计规范
19	GB 50174-2008	电子信息系统机房设计规范
20	GB 50038-2005	人民防空地下室设计规范
21	GB 50034-2013	建筑照明设计标准
22	GB 50200-1994	有线电视系统工程技术规范
23	GB/T 4728	电气简图用图形符号
24	GB/T 5465	电气设备用图形符号
25	GB/T 6988	电气技术用文件的编制
26	GB/T 16571-2012	博物馆和文物保护单位安全防范系统要求
27	GB/T 16676-2010	银行安全防范报警监控联网系统技术要求
28	GB 50168-2006	电气装置安装工程电缆线路施工及验收规范
29	GB 50147-2010	电气装置安装工程 高压电器施工及验收规范
30	GB 50173-2014	电气装置安装工程 66kV 及以下架空电力线路施工及验收规范
31	GB 50254-2014	电气装置安装工程 低压电器施工及验收规范
32	GB/T 19000-2008	质量管理体系 基础与术语
33	GB 16895.1-2008	低压电气装置 第 1 部分：基本原则、一般特性评估和定义
34	GB 16895.21-2011	低压电气装置 第 4-41 部分：安全防护 电击防护
35	GB 16895.2-2012	建筑物电气装置第 4-42 部分：安全防护 热效应保护
36	GB 16895.5-2000	低压电气装置 第 4-43 部分：安全防护 过电流保护
37	GB 16895.6-2014	低压电气装置 第 5-52 部分：电气设备的选择和安装　布线系统
38	GB 16895.4-1997	建筑物电气装置 第 5 部分：电气设备的选择和安装　第 53 章：开关设备和控制设备
39	GB 16895.3-2004	建筑物电气装置 第 5-53 部分：电气设备的选择和安装——接地配置、保护导体和保护联结导体
40	GB 16895.8-2010	低压电气装置 第 7-706 部分：特殊装置或场所的要求　活动受限制的可导电场所
41	GB/T 16895.9-2000	建筑物电气装置 第 7 部分：特殊装置或场所的要求　第 707 节：数据处理设备用电气装置的接地要求
42	GB/T 18379-2001	建筑物电气装置的电压区段
43	GB/T 13869-2008	用电安全导则
44	GB 14050-2008	系统接地的型式及安全技术要求
45	GB 13955-2005	剩余电流动作保护装置安装和运行
46	GB/T 13870.1-2008	电流对人和家畜的效应 第 1 部分：通用部分
47	GB/T 13870.2-1997	电流通过人体的效应 第二部分：特殊情况

续表

序　号	文件编号	文件名称
48	JGJ 36-2005	宿舍建筑设计规范
49	JGJ 57-2000	剧场建筑设计规范
50	JGJ /T 60-2012	交通客运站建筑设计规范
51	CESC 31-2006	钢制电缆桥架工程设计规范
52	GB 50222-1995	建筑内部装修设计防火规范
53	GB 50263-2007	气体灭火系统施工及验收规范
54	GB 50067-2014	汽车库、修车库、停车场设计防火规范
55	GB 50166-2007	火灾自动报警系统施工及验收规范
56	GB 50284-2008	飞机库设计防火规范
57	GB 50326-2006	建筑工程项目管理规范
58	GB/T 50001-2010	房屋建筑制图统一标准
59	GB/T 50016-2006	建筑设计防火规范
60	GB/T 50311-2007	综合布线系统工程设计规范
61	GB 50099-2011	中小学校设计规范
62	GB 50198-2011	民用闭路监视电视系统工程技术规范
63	GB 50096-2011	住宅设计规范
64	GB 50059-2011	35kV-110kV 变电站设计规范
65	GB 50061-2010	66kV 及以下架空电力线路设计规范
66	GB 50303-2002	建筑电气工程施工质量验收规范
67	GBJ 143-1990	架空电力线路，变电所对电视差转台，转播台无线电干扰防护间距标准
68	GB 50063-2008	电力装置的电测量仪表装置设计规范
69	GB 50073-2001	洁净厂房设计规范
70	GB 50300-2013	建筑工程施工质量验收统一标准
71	GB 6988	电气技术用文件的编制
72	GB 50156-2012	汽车加油加气站设计与施工规范
73	GA/T 308-2001	安全防范系统验收规则
74	GA/T 367-2001	视频安防监控系统技术要求
75	GA/T 368-2001	入侵报警系统技术要求
76	YDJ 9-1990	市内通信全塑电缆线路工程设计规范
77	YD/T 2008-1993	城市住宅区和办公楼梯电话通信设施设计标准
78	YD 5010-1995	城市居住区建筑电话通信设计安装图集
79	YD/T 5033-2005	会议电视系统工程验收规范
80	YD 5040-2005	通信电源设备安装工程设计规范
81	CECS 45-1992	地下建筑照明设计标准
82	CECS 37-1991	工业企业通信工程设计图形及文字符号标准

续表

序　号	文件编号	文　件　名　称
83	CECS: 115-2000	干式电力变压器选用、验收、运行及维护规程
84	GB 50333-2002	医院洁净手术部建筑技术规范
85	GB 51039-2014	综合医院建筑设计规范
86	JGJ 57-2000	剧场建筑设计规范(附条文说明)
87	GB 17945-2010	消防应急照明和疏散指示系统
88	GB/T 14549-1993	电能质量 公用电网谐波
89	GB 50034-2013	建筑照明设计标准

14.4　住宅电气设计说明

本节将围绕某 6 层住宅电气工程图设计为核心展开讲述。下面将电气工程图设计的有关说明简要介绍如下。

【预习重点】

☑　　了解住宅电气设计的设计依据与设计范围。

☑　　掌握住宅电气设计各部分的说明。

14.4.1　设计依据

（1）建筑概况。

本工程为绿荫水岸名家 5 号多层住宅楼工程，地下一层为储藏室，地上 6 层为住宅。总建筑面积为 $3972.3m^2$，建筑主体高度为 20.85m，预制楼板，局部为现浇楼板。

（2）建筑、结构等专业提供的其他设计资料。

（3）建设单位提供的设计任务书及相关设计说明。

（4）中华人民共和国现行主要规程规范及设计标准。

（5）中华人民共和国现行主要规范。

《民用建筑电气设计规范》（JGJ/T 16—2008）

《建筑设计防火规范》（GB 50016—2014）

《住宅设计规范》（GB 50096—2011）

《住宅建筑规范》（GB 50368—2005）

《建筑物防雷设计规范》（GB 50057—2010）

14.4.2　设计范围

（1）主要设计内容：供配电系统、建筑物防雷和接地系统、电话系统、有线电视系统、宽带网系统和可视门铃系统等。

（2）多功能可视门铃系统应该根据甲方选定的产品要求进行穿线，系统的安装和调试由专业公司负责。

（3）有线电视、电话和宽带网等信号来源应由甲方与当地主管部门协商解决。

14.4.3　供配电系统

（1）本建筑为普通多层建筑，其用电均为三级负荷。

（2）楼内电气负荷及容量如下。

三级负荷：安装容量 234.0kW；计算容量：140.4kW。

（3）楼内低压电源均为室外变配电所采用三相四线铜芯铠装绝缘体电缆埋地引入，系统采用 TN-C-S 制，放射式供电，电源进楼处采用-40×4 镀锌扁钢重复接地。

（4）计量：在各单元一层集中设置电表箱进行统一计量和抄收。

（5）用电指标：根据工程具体情况及甲方要求，用电指标为每户单相 6kW/8kW。

（6）照明插座和空调插座采用不同的回路供电，普通插座回路均设漏电保护装置。

14.4.4　线路敷设及设备安装

（1）线路敷设：室外强弱干线采用铠装绝缘电缆直接埋地敷设，进楼后穿厚墙壁电线管暗敷设，埋深为室外地坪下 0.8m。所有直线均穿厚墙壁电线管或阻燃硬质 PVC 管沿墙、楼板或屋顶保温层暗敷设。

（2）设备安装：除平面图中特殊注明外，设备均为靠墙、靠门框或居中均匀布置，其安装方式及安装高度均参见"主要电气设备图例表"，若位置与其他设备或管道位置发生冲突，可在取得设计人员认可后根据现场实际情况做相应调整。

（3）电气平面图中，除图中已注明的之外，灯具回路为 2 根线，插座回路均为 3 根线，穿管规格分别为：BV-2.5 线路 2～3 根 PVC26，4 根 PVC20。

（4）图中所有配电箱尺寸应与成套厂配合后确定，嵌墙安装箱据此确定其留洞大小。

14.4.5　建筑物防雷和接地系统及安全设施

（1）根据《建筑物防雷设计规范》（GB 50057—2010），本建筑应属于第三类防雷建筑物，采用屋面避雷网、防雷引下线和自然接地网组成建筑物防雷和接地系统。

（2）本楼防雷装置采用屋脊、屋檐避雷带和屋面暗敷避雷线形成避雷网，其避雷带采用 φ10 镀锌圆钢，支高 0.15m，支持卡子间距 1.0m 固定（转角处 0.5m）；其他突出屋面的金属构件均应与屋面避雷网作可靠的电气连接。

（3）本楼防雷引下线利用结构柱中 4 根上下焊通的 φ10 以上的主筋充当，上下分别与屋面避雷网和接地网做可靠的电气连接，建筑物四角和其他适当位置的引下线在室外地面上 0.8m 处设置接地电阻测试卡子。

（4）接地系统为建筑物地圈梁内下两层钢筋中各两根主筋相互形成的地网。

（5）在室外部分的接地装置相互焊接处均应刷沥青防腐。

（6）本楼采用强弱电联合接地系统，接地电阻应不小于 1Ω，若实测结果不满足要求，应在建筑物外增设人工接地极或采取其他降阻措施。

（7）配电箱外壳等正常情况下不带电的金属构件均应与防雷接地系统作可靠的电气连接。

（8）本楼应做总等电位联结，总等电位板由紫铜板制成，应将建筑物内保护干线、设备进线总管及进出建筑物的其他金属管道进行等电位联结，总等电位联结线采用 BV-25、PVC32，总等电位联结均采用等电位卡子，禁止在金属管道上焊接。

（9）卫生间作局部等电位联结，采用-25×4 热镀扁钢引至局部等电位箱（LEB）。局部等电位箱底边距地 0.3m 嵌墙安装，将卫生间内所有金属管道和金属构件联结。具体做法参见《等电位联结安装》（02D5016-2）。

14.4.6　电话系统、有线电视、网络系统

（1）每户按两对电话系统考虑，在客厅、卧室等处设置插座由一层电话分线箱引两对电话线至住户集中布线箱，由住户集中布线箱引至每个电话插座。

（2）在客厅、主卧设置电视插座，电视采用分配器—分支器系统，图像清晰度不低于 4 级。

（3）在一层楼梯间设置网络交换机，每户在书房设置一个网络插座。

（4）室内电话线采用 RVS-2×0.5，电视线采用 SYWV-75-5，网线采用超五类非屏蔽双绞线。所有弱电分支线路均穿硬质 PVC 管沿墙或楼板暗敷。

14.4.7　可视门铃系统

（1）本工程采用总线制多功能可视门铃系统，各单元主机可通过电缆相互联成一个系统，并将信号接入小区管理中心。

（2）在每户住户门厅附近挂墙设置户内分机。

（3）每户住宅内的燃气泄露报警、门磁报警、窗磁报警、紧急报警按键等信号均引入对讲分机，再由对讲分机引出，通过总线引致小区管理中心。

14.4.8　其他内容

图中有关做法及未尽事宜均应参照《国家建筑标准设计——电气部分》和国家其他规程规范执行，有关人员应密切合作，避免漏埋或漏焊。

第15章

住宅电气平面图

建筑电气平面图是建筑设计单位提供给施工单位、使用单位的从事电气设备、安装和电气设备维护管理的电气图，是电气施工图中的最重要图样之一。电气平面工程图描述表达的对象是照明设备及其供电线路。

本章将以住宅地下层电气平面图和一层供电干线平面图为例，详细讲述电气平面图的绘制过程。在讲述过程中，将逐步带领读者完成电气平面图的绘制，并讲述关于电气平面图的相关知识和技巧。本章包括电气平面图绘制，灯具的绘制，文字标注等内容。

15.1　电气平面图基础

本节将简要介绍电气平面图的一些基本理论知识。

【预习重点】

☑　了解电气平面图概述。

☑　了解常用照明线路分析。

☑　文字标注及相关必要的说明。

15.1.1　电气平面图概述

1. 电气平面图表示的主要内容

电气平面图一般包含以下内容：

（1）配电箱的型号、数量、安装位置、安装标高、配电箱的电气系统。

（2）电气线路的配线方式、敷设位置、线路的走向、导线的型号、规格及根数，导线的连接方法。

（3）灯具的类型、功率、安装位置、安装方式及安装标高。

（4）开关的类型、安装位置、离地高度、控制方式。

（5）插座及其他电器的类型、容量、安装位置、安装高度等。

2. 图形符号及文字符号的应用

电气施工平面图是简图，采用图形符号和文字符号来描述图中的各项内容。电气线路、其相关的电气设备的图形符号及其相关标注的文字符号所表征的意义，将于后续文字中作相关介绍。

3. 电气线路及设备位置的确定方法

电气线路及其设备一般采用图形符号和标注文字相结合的方式来表示，在电气施工平面图中不表示线路及设备本身的尺寸、形状，但必须确定其敷设和安装的位置。其平面位置是根据建筑平面图的定位轴线和某些构筑物的平面位置来确定照明线路和设备布置的位置，而垂直位置（即安装高度），一般采用标高、文字符号等方式来表示。

4. 电气平面图的绘制步骤

（1）绘制房屋平面（外墙、门窗、房间和楼梯等）。

（2）电气工程 CAD 制图中，对于新建结构往往会由建筑专业提供建筑施工图，对于改建改造建筑则需重新绘制其建筑施工图。

（3）绘制配电箱、开关及电力设备。

（4）绘制各种灯具、插座、吊扇等。

（5）绘制进户线及各电气设备、开关、灯具间的连接线。

（6）对线路、设备等附加文字标注。

（7）附加必要的文字说明。

15.1.2　常用照明线路分析

在一个建筑物内，有许多灯具和插座，一般有两种连接方法：一种是直接接线法，灯具、插座、开关直接从电源干线上引接，导线中间允许有接头，如瓷夹配线和瓷柱配线等；另一种是共头接线法，导线的连接只能在开关盒、灯头盒、接线盒引线，导线中间不允许有接头。这种接线法耗用导线多，但接线可靠，是目前工程广泛应用的安装接线方法，如线管配线和塑料护套配线等。当灯具和开关的位置改变、进线方向改变时，都会使导线根数变化。所以，要真正看懂照明平面图，就必须了解导线数的变化规律，掌握照明线路设计的基本知识。下面介绍开关与灯具的控制关系。

1. 一个开关控制一盏灯

一个开关控制一盏灯是最简单的照明平面布置，这种一个开关控制一盏灯的配线方式，可采用共头接线法或直接接线法。如图 15-1 所示的接线图中所采用的导线根数是与实际接线的导线根数一致的。

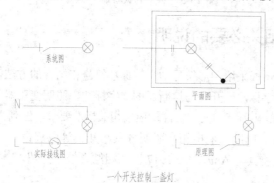

图 15-1　一个开关控制一盏灯

2. 多个开关控制多盏灯

如图 15-2 所示，图中有一个照明配电箱、3 盏灯、一个单控双联开关和一个单控单联开关，采用线管配线，共头接线法。

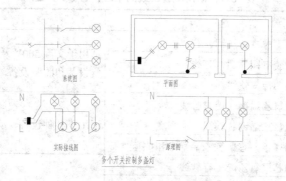

图 15-2　多个开关控制多盏灯

3. 两个开关控制一盏灯

如图 15-3 所示，图中两个双控开关在两处控制一盏灯，这种控制模式通常用于楼梯灯——楼上、楼下分别控制，走廊灯——走廊两端进行控制。

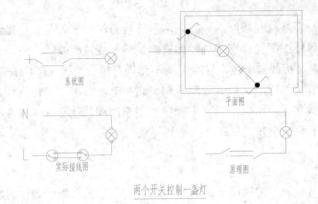

图 15-3　两个开关控制一盏灯

15.1.3　文字标注及相关必要的说明

建筑电气施工图的表达，一般采用图形符号与文字标注符号相结合的方法，文字标注包括相关尺寸、线路的文字标注、用电设备的文字标注、开关与熔断器的文字标注、照明变压器的文字标注、照明灯具的文字标注以及相关的文字特别说明等，所有的文字标注均应按相关标准要求，做到文字表达规范、清晰明了。

以下为读者简要介绍导线、电缆、配电箱、照明灯具、开关等电气设备的文字标注表示方法，电气专业书籍中也有叙述，本节主要将其与 AutoCAD 2017 制图相结合统一介绍。

1．绝缘导线

低压供电线路及电气设备的连接线多采用绝缘导线。按绝缘材料分为橡皮绝缘导线与塑料绝缘导线等。按线芯材料分为铜芯和铝芯，其中还有单芯和多芯的区别。导线的标准截面面积有 $0.2m^2$、$0.3m^2$、$0.4m^2$ 和 $0.5m^2$ 等。表 15-1 中列出了常见绝缘导线的型号、名称和用途。

表 15-1　常用绝缘导线的型号、名称、用途

型　　号	名　　称	用　　途
BXF（BLXF）	氯丁橡皮铜（铝）芯线	适用于交流 500V 及以下，直流 1000V 及以下的电气设备和照明设备
BX（BLX）	橡胶皮铜（铝）芯线	
BXR	铜芯橡皮软线	
BV（BLV）	聚氯乙烯铜（铝）芯线	适用于各种设备、动力、照明的线路固定敷设
BVR	聚氯乙烯铜芯软线	
BVV（BLVV）	铜（铝）芯聚氯乙烯绝缘和护套线	
RVB	铜芯聚氯乙烯平行软线	适用于各种交直流电器、电工仪器、小型电动工具、家用电器装置的连接
RVS	铜芯聚氯乙烯绞型软线	
RV	铜芯聚氯乙烯软线	
RX,RXS	铜芯、橡皮棉纱编织软线	

注：B—绝缘电线，平行；R—软线；V—聚氯乙烯绝缘，聚氯乙烯护套；X—橡皮绝缘；L—铝芯（铜芯不表示）；S—双绞；XF-氯丁橡皮绝缘。

2. 电缆

电缆按用途分为电力电缆、通用（专用）电缆、通信电缆、控制电缆和信号电缆等。按绝缘材料可分为纸绝缘电缆、橡皮绝缘电缆、塑料绝缘电缆等。电缆的结构主要有 3 个部分，即线芯、绝缘层和保护层，保护层又分为内保护层和外保护层。

电缆的型号表示，应表达出电缆的结构、特点及用途。表 15-2 所列包括了电缆型号字母含义。表 15-3 表示电缆外护层数字代号含义。

表 15-2　电缆型号字母代号

类　别	绝缘种类	线芯材料	内护层	其他特征	外护层
电力电缆（不表示）	Z——纸绝缘	T——铜	Q——铅套	D——不滴流	两个数字，代号如表 15-3 所示
K——控制电缆	X——橡皮绝缘	（不表示）	L——铝套	F——分相护套	
P——信号电缆	V——聚氯乙烯		H——橡套	P——屏蔽	
Y——移动式软电缆	Y——聚乙烯	L——铝	V——聚氯乙烯套	C——重型	
H——市内电话电缆	YJ——交联聚乙烯		Y——聚乙烯套		

表 15-3　电缆外护层数字代号

第一个数字		第二个数字	
代　号	铠装层类型	代　号	外被层类型
0	无	0	无
1	—	1	纤维绕包
2	双钢带	2	聚氯乙烯护套
3	细圆钢丝	3	聚乙烯护套
4	粗圆钢丝	4	—

例如：

（1）VV—10000—3X50+2X25 表示聚氯乙烯绝缘，聚氯乙烯护套电力电缆，额定电压为 10000V，3 根 50m^2 铜芯线及两根 25m^2 铜芯线。

（2）YJV22——3X75+1X35 表示交联聚乙烯绝缘，聚氯乙烯护套内钢带铠装，3 根 75m^2 铜芯线及一根 35m^2 铜芯线。

15.2　住宅地下层电气平面图

本实例绘制的地下层电气平面图如图 15-4 所示。为了绘图方便快捷，可以将地下层平面图不必要的图形删除整理后，在其上布置灯具和线路，最后标注文字即可得到电气平面图。

【预习重点】

☑　掌握住宅地下层电气平面图的绘制方法及技巧。

【操作步骤】

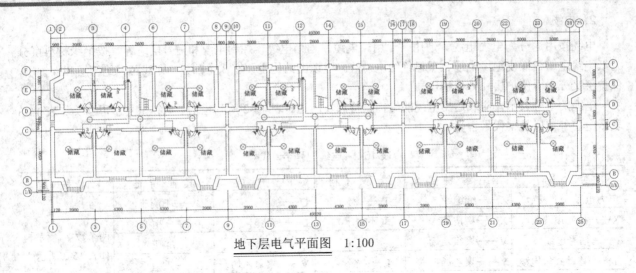

地下层电气平面图　　1:100

图 15-4　地下层电气平面图

15.2.1　整理地下层平面图

本实例主要是为住宅地下层电气平面图做的基础，只需将源文件中的住宅地下层平面图打开进行整理即可。

（1）单击快速访问工具栏中的"打开"按钮 📂，打开"源文件\第 15 章\住宅地下层平面图"文件。

（2）单击"默认"选项卡"图层"面板中的"图层特性"按钮，弹出"图层特性管理器"选项板，关闭"轴线""文字"和"标注"图层，将"楼梯"图层设置为蓝色。

（3）单击"默认"选项卡"修改"面板中的"删除"按钮 和"修剪"按钮，删除平面图中不需要的图形，整理后的地下室平面图如图 15-5 所示。

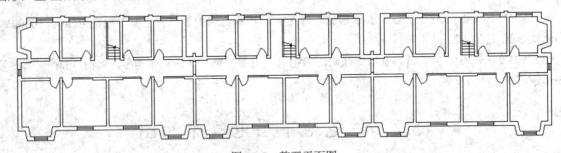

图 15-5　整理平面图

（4）单击快速访问工具栏中的"另存为"按钮，保存文件，输入文件名称为"住宅地下层电气平面图"。

15.2.2　绘制灯具

在住宅地下层电气平面图中，占主导地位的应该是电气元件和照明灯具设备等。

本实例利用二维绘图和修改命令绘制灯具。

1. 绘制白炽灯

（1）单击"默认"选项卡"图层"面板中的"图层特性"按钮，打开"图层特性管理器"选项板，新建"灯具"图层，并将其设为当前图层。

（2）单击"默认"选项卡"绘图"面板中的"多段线"按钮，在空白处绘制一个适当大小的圆，如图 15-6 所示。命令行提示与操作如下：

```
命令: _pline
指定起点:
当前线宽为 0.0000
指定下一个点或 [圆弧(A)/半宽(H)/长度(L)/放弃(U)/宽度(W)]: W↙
指定起点宽度 <0.0000>: 20↙
指定端点宽度 <20.0000>:↙
指定下一个点或 [圆弧(A)/半宽(H)/长度(L)/放弃(U)/宽度(W)]: A↙
指定圆弧的端点(按住 Ctrl 键以切换方向)或 [角度(A)/圆心(CE)/方向(D)/半宽(H)/直线(L)/半径(R)/第二个点(S)/放
弃(U)/宽度(W)]: @0,-516↙
指定圆弧的端点(按住 Ctrl 键以切换方向)或 [角度(A)/圆心(CE)/闭合(CL)/方向(D)/半宽(H)/直线(L)/半径(R)/第二
个点(S)/放弃(U)/宽度(W)]: A↙
指定夹角: 180↙
指定圆弧的端点(按住 Ctrl 键以切换方向)或 [圆心(CE)/半径(R)]: （拾取圆弧起点）
指定圆弧的端点(按住 Ctrl 键以切换方向)或 [角度(A)/圆心(CE)/闭合(CL)/方向(D)/半宽(H)/直线(L)/半径(R)/第二
个点(S)/放弃(U)/宽度(W)]:↙
```

（3）单击"默认"选项卡"绘图"面板中的"直线"按钮，在步骤（2）绘制的圆图形内绘制两条交叉的斜向直线，完成普通白炽灯的绘制，如图 15-7 所示。

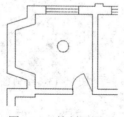

图 15-6　绘制圆图形　　　　　　　图 15-7　直线

2. 绘制声光控顶灯

（1）单击"默认"选项卡"绘图"面板中的"多段线"按钮，在空白处绘制一个半径与白炽灯同样大小的圆，设置线宽为 20，结果如图 15-8 所示。

（2）单击"默认"选项卡"绘图"面板中的"多段线"按钮，在步骤（1）绘制的圆内绘制一条宽度为 20mm 的水平直线，完成的声光控顶灯如图 15-9 所示。

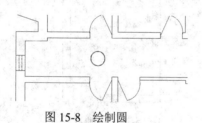
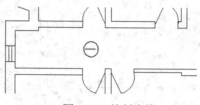

图 15-8　绘制圆　　　　　　　图 15-9　绘制直线

3．绘制单联单控翘板开关

（1）单击"默认"选项卡"绘图"面板中的"圆"按钮 ⊙，在图形空白处绘制一个半径为 110mm 的圆，如图 15-10 所示。

（2）单击"默认"选项卡"绘图"面板中的"图案填充"按钮 ，对步骤（1）绘制的圆进行填充。填充图案为 SOLID，如图 15-11 所示。

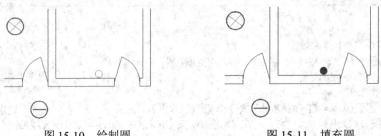

图 15-10　绘制圆　　　　　　　　　图 15-11　填充圆

（3）单击"默认"选项卡"绘图"面板中的"直线"按钮 ，以填充的圆上任选一点为起点，绘制一条斜向直线，如图 15-12 所示。重复"直线"命令，选取步骤（2）绘制的直线上端点为起点向下绘制一条直线，最终完成单联单控翘板开关的绘制，如图 15-13 所示。

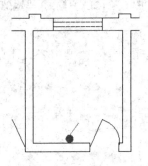 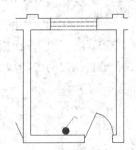

图 15-12　绘制斜向直线　　　　　　　图 15-13　绘制直线

4．二三级双联安全插座

（1）单击"默认"选项卡"绘图"面板中的"圆弧"按钮 ，在图形空白处绘制一段圆弧，如图 15-14 所示。

（2）单击"默认"选项卡"绘图"面板中的"直线"按钮 ，在圆弧上端绘制一条水平直线，如图 15-15 所示。

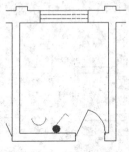 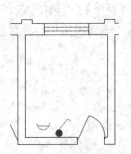

图 15-14　绘制圆弧　　　　　　　　图 15-15　绘制直线

（3）单击"默认"选项卡"绘图"面板中的"图案填充"按钮，选取步骤（2）绘制的直线下半段圆弧为填充区域。填充图案为 SOLID，如图 15-16 所示。

（4）单击"默认"选项卡"绘图"面板中的"直线"按钮，在圆弧的下方绘制一条水平和竖直的直线。完成二三级双联安全插座的绘制，如图 15-17 所示。

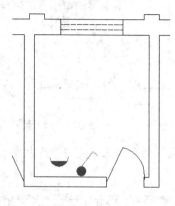

图 15-16　填充圆弧

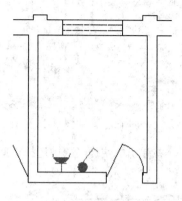

图 15-17　绘制直线

15.2.3　布置灯具

利用二维绘图和修改命令为 15.2.1 节绘制的灯具进行布置。

（1）单击"默认"选项卡"绘图"面板中的"直线"按钮，绘制一条水平直线和一条垂直直线，如图 15-18 所示。

（2）单击"默认"选项卡"修改"面板中的"移动"按钮，选取绘制的白炽灯图形的圆心，将其移动到步骤（1）绘制直线的交点，如图 15-19 所示。

（3）单击"默认"选项卡"修改"面板中的"删除"按钮，删除绘制直线，如图 15-20 所示。

（4）选取白炽灯图形并右击，在弹出的快捷菜单中选择"剪贴板"→"带基点复制"命令，如图 15-21 所示，选择左边墙线上端点为复制基点，如图 15-22 所示。

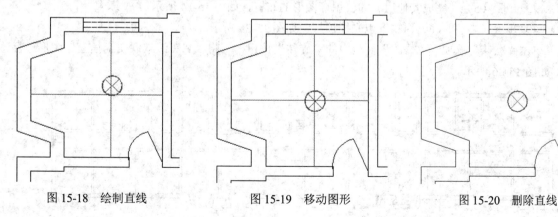

图 15-18　绘制直线　　　　图 15-19　移动图形　　　　图 15-20　删除直线

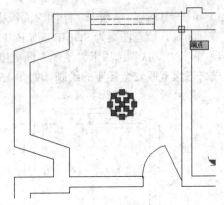

图 15-21　快捷菜单　　　　　　　　　图 15-22　复制基点

（5）右击，在弹出的快捷菜单中选择"剪贴板"→"粘贴"命令，选择左边墙线上端点为复制基点，完成复制，如图 15-23 所示。

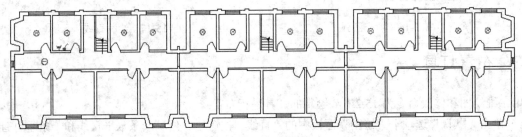

图 15-23　复制图形

🎓 **高手支招**

在图 15-21 中右击并执行"带基点复制"与"粘贴"命令，也可使用"编辑"→"带基点复制"/"粘贴"命令，或者单击"修改"工具栏中的"复制"按钮，读者在绘制过程中可自行练习。

（6）重复步骤（5），完成其他房间的白炽灯图形的布置，如图 15-24 所示。

（7）重复步骤（4）和（6），布置声光控顶灯，如图 15-25 所示。

（8）单击"默认"选项卡"修改"面板中的"旋转"按钮⟲，将"二三级双联安全插座"图形进行适当旋转，如图 15-26 所示。

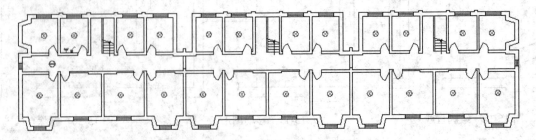

图 15-24　布置图形

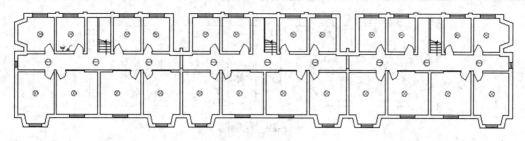

图 15-25　布置声光控顶灯

（9）单击"默认"选项卡"修改"面板中的"移动"按钮，将"二三级双联安全插座"图形移动到适当位置，如图 15-27 所示。

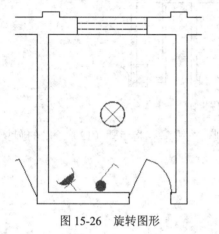

图 15-26　旋转图形

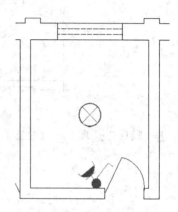

图 15-27　移动图形

（10）重复步骤（4）和（5），将"单联单控翘板开关"和"二三级双联安全插座"布置到其他房间，如图 15-28 所示。

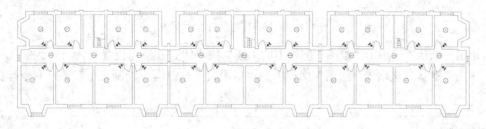

图 15-28　布置图形

🔧 贴心小帮手

复制"单联单控翘板开关"和"二三级双联安全插座"时，可交替使用"复制"和"镜像"命令，调整插座方向。

（11）单击"默认"选项卡"绘图"面板中的"圆"按钮，在图形适当位置绘制一个圆，如图 15-29 所示。

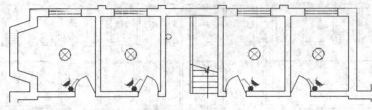

图 15-29　绘制圆

（12）单击"默认"选项卡"绘图"面板中的"图案填充"按钮，对圆进行填充，填充图案为 SOLID，结果如图 15-30 所示。

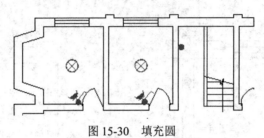

图 15-30　填充圆

（13）单击"默认"选项卡"修改"面板中的"复制"按钮，将步骤（12）绘制的圆复制到适当位置，如图 15-31 所示。

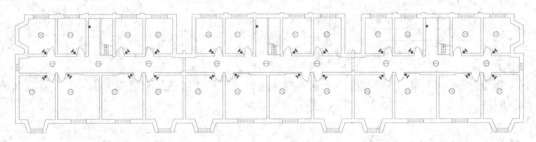

图 15-31　复制圆

（14）单击"默认"选项卡"绘图"面板中的"圆"按钮，在适当位置绘制一个小圆。

（15）单击"默认"选项卡"绘图"面板中的"多段线"按钮，绘制一个箭头，命令行提示与操作如下：

```
命令: _pline
指定起点:
当前线宽为  20.0000
指定下一个点或 [圆弧(A)/半宽(H)/长度(L)/放弃(U)/宽度(W)]: W↙
指定起点宽度 <20.0000>: 0↙
指定端点宽度 <0.0000>: 50↙
指定下一个点或 [圆弧(A)/半宽(H)/长度(L)/放弃(U)/宽度(W)]:（在圆上捕捉一点）
指定下一个点或 [圆弧(A)/闭合(C)/半宽(H)/长度(L)/放弃(U)/宽度(W)]: W↙
指定起点宽度 <50.0000>: 0↙
指定端点宽度 <0.0000>:↙
指定下一点或 [圆弧(A)/闭合(C)/半宽(H)/长度(L)/放弃(U)/宽度(W)]: ↙
```

结果如图 15-32 所示。

（16）单击"默认"选项卡"绘图"面板中的"图案填充"按钮，填充步骤（13）绘制的圆，填充图案为 SOLID，如图 15-33 所示。

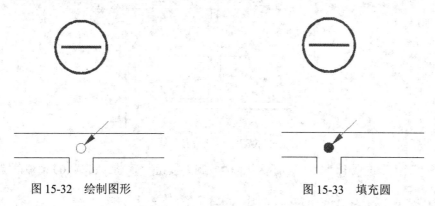

图 15-32 绘制图形   图 15-33 填充圆

（17）单击"默认"选项卡"绘图"面板中的"多段线"按钮，指定多段线的起点宽度和端点宽度为 30，绘制连接灯具和开关的多段线，如图 15-34 所示。

（18）单击"默认"选项卡"绘图"面板中的"直线"按钮，在线路上适当位置绘制一条竖直直线，如图 15-35 所示。

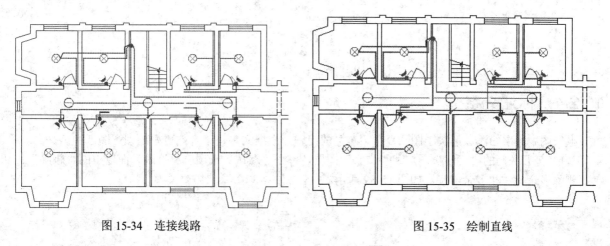

图 15-34 连接线路   图 15-35 绘制直线

（19）单击"默认"选项卡"修改"面板中的"复制"按钮，将绘制完的线路复制到其他单元，如图 15-36 所示。

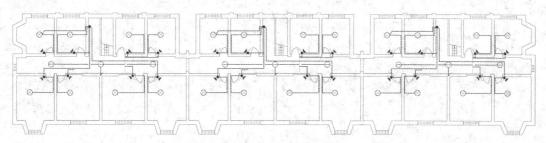

图 15-36 复制线路

（20）单击"默认"选项卡"绘图"面板中的"直线"按钮 ✐，在线路上绘制一段斜直线，如图 15-37 所示。

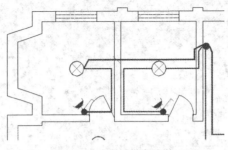

图 15-37　绘制斜向直线

（21）单击"默认"选项卡"修改"面板中的"复制"按钮 ❀，将步骤（20）绘制的斜线复制到其他单元线路上，如图 15-38 所示。

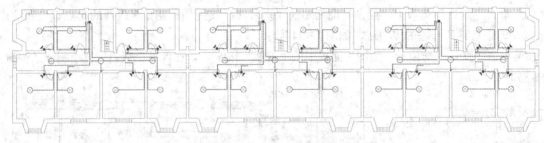

图 15-38　复制斜向直线

15.2.4　标注文字

电气图中文字的添加解决了图纸复杂、难懂的问题，根据文字，读者能更好地理解图纸的意义。

（1）打开关闭的"标注"图层和"文字"图层，单击"默认"选项卡"修改"面板中的"删除"按钮 ✐，删除多余标注和多余文字，如图 15-39 所示。

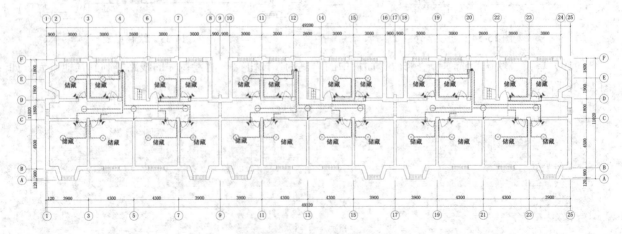

图 15-39　删除文字及标注

（2）单击"默认"选项卡"注释"面板中的"多行文字"按钮 **A**，为图形添加缺少的文字，完成地下层电气平面图的绘制，最终结果如图15-4所示。

15.3 住宅一层供电干线平面图

本实例绘制的一层电气平面图如图15-40所示。为了绘图方便快捷，可以将一层平面图不必要的图形删除整理后，在其上布置电表箱和分配器箱等，最后标注文字即可得到电气平面图。

【预习重点】

☑ 掌握住宅一层供电干线平面图的绘制方法及技巧。

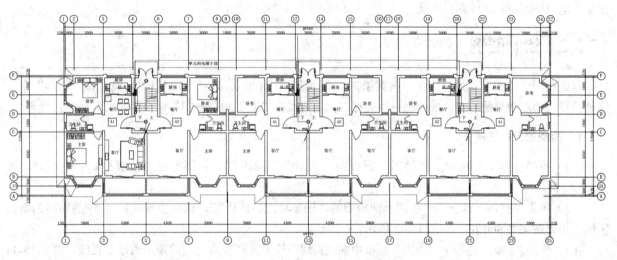

图15-40 一层供电干线平面图

【操作步骤】

15.3.1 整理一层平面图

本实例主要是为住宅一层供电干线平面图做的基础，只需将源文件中的住宅一层平面图打开进行整理即可。

（1）单击快速访问工具栏中的"打开"按钮 📂，打开"源文件\第15章\住宅一层平面图"文件。

（2）单击"默认"选项卡"图层"面板中的"图层特性"下拉列表框，关闭"轴线""文字"和"标注"图层。

（3）单击"默认"选项卡"修改"面板中的"删除"按钮 ✍ 和"修剪"按钮 ╱，删除平面图中不需要的图形，整理后的地下室平面图如图15-41所示。

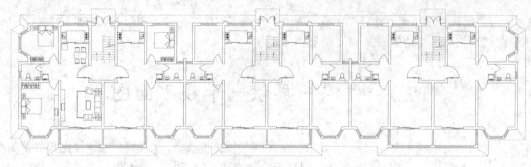

图 15-41　整理一层平面图

（4）单击快速访问工具栏中的"另存为"按钮🖫，保存文件，输入文件名称为"住宅一层电气平面图"。

（5）单击"默认"选项卡"图层"面板中的"图层特性"按钮🗐，弹出"图层特性管理器"选项板，新建"电气"图层和"线路"图层。

15.3.2　绘制图例

首先利用"直线""矩形"和"图案填充"命令绘制单元电表箱，然后利用"直线"和"矩形"命令绘制可视门铃层间分配器箱，最后利用"矩形""多段线""圆"和"复制"命令绘制有线电视接线箱。

1．绘制单元电表箱

（1）单击"默认"选项卡"绘图"面板中的"矩形"按钮▭，在图形适当位置绘制一个矩形，如图 15-42 所示。

（2）单击"默认"选项卡"绘图"面板中的"图案填充"按钮▨，选取步骤（1）绘制的矩形为填充区域，填充图案为 SOLID，如图 15-43 所示。

（3）单击"默认"选项卡"绘图"面板中的"直线"按钮╱，在填充完的矩形内绘制直线，如图 15-44 所示。

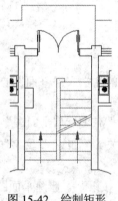　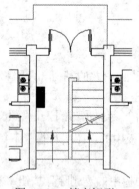　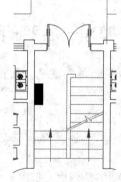

图 15-42　绘制矩形　　　图 15-43　填充矩形　　　图 15-44　绘制直线

2．可视门铃层间分配器箱

（1）单击"默认"选项卡"绘图"面板中的"矩形"按钮▭，在适当位置绘制一个矩形，如图 15-45

所示。

（2）单击"默认"选项卡"绘图"面板中的"直线"按钮 ✎，在步骤（1）绘制的矩形内绘制对角线，如图 15-46 所示。

3．有线电视接线箱

（1）单击"默认"选项卡"绘图"面板中的"矩形"按钮 ▭ 和"直线"按钮 ✎，绘制图形，如图 15-47 所示。

（2）单击"默认"选项卡"绘图"面板中的"多段线"按钮 ⤵，指定起点宽度和端点宽度为 30，绘制声光控顶灯，如图 15-48 所示。

（3）单击"默认"选项卡"修改"面板中的"复制"按钮 ⅋，复制步骤（2）绘制的声光控顶灯到适当位置，如图 15-49 所示。

（4）单击"默认"选项卡"绘图"面板中的"圆"按钮 ⊘ 和"图案填充"按钮 ▨，绘制图形，如图 15-50 所示。

（5）单击"默认"选项卡"修改"面板中的"复制"按钮 ⅋，复制步骤（4）绘制的图形到适当位置，如图 15-51 所示。

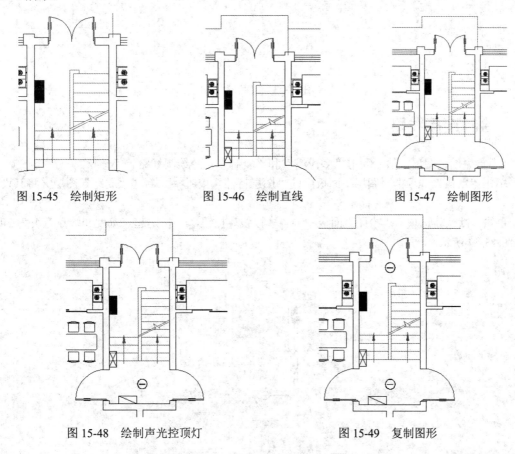

图 15-45　绘制矩形　　　　图 15-46　绘制直线　　　　图 15-47　绘制图形

图 15-48　绘制声光控顶灯　　　　　　图 15-49　复制图形

（6）单击"默认"选项卡"绘图"面板中的"多段线"按钮 ⤵，绘制剩余图形，指定箭头起点宽度和端点宽度为 80 和 0，结果如图 15-52 所示。

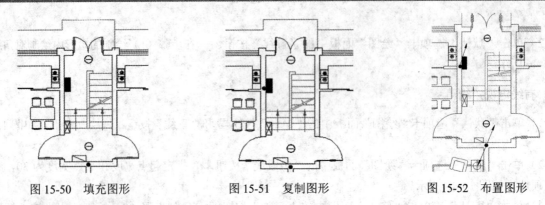

图 15-50　填充图形　　　　　图 15-51　复制图形　　　　　图 15-52　布置图形

（7）单击"默认"选项卡"修改"面板中的"复制"按钮 ，选取布置好的图例复制到其他单元，如图 15-53 所示。

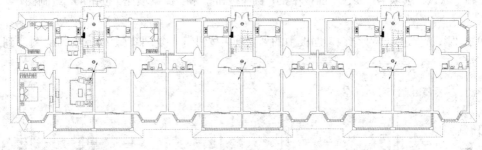

图 15-53　复制图例

15.3.3　绘制连接线路

本实例中首先创建图层，然后利用"多段线"和"复制"命令绘制线路。

（1）单击"默认"选项卡"图层"面板中的"图层特性"按钮 ，新建"线路"图层并将其设为当前图层。

（2）单击"默认"选项卡"绘图"面板中的"多段线"按钮 ，指定起点宽度和端点宽度为 20，连接图例，如图 15-54 所示。

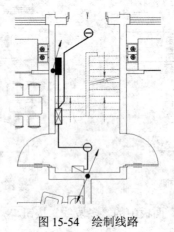

图 15-54　绘制线路

（3）单击"默认"选项卡"修改"面板中的"复制"按钮，复制步骤（2）绘制的线路到适当位置，如图 15-55 所示。

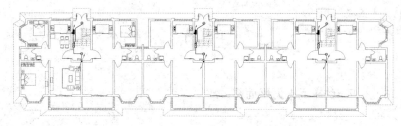

图 15-55 复制线路

（4）单击"默认"选项卡"绘图"面板中的"多段线"按钮，绘制单元间电源干线，如图 15-56 所示。

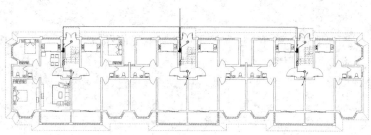

图 15-56 绘制电源干线

15.3.4 添加标注

线路连接完毕后，需要给整个图形标注必要的文字。

（1）打开关闭的"文字"图层和"标注"图层，单击"默认"选项卡"修改"面板中的"删除"按钮，删除多余文字和多余标注，如图 15-57 所示。

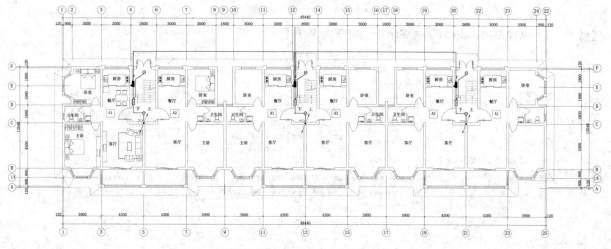

图 15-57 删除多余文字及标注

（2）将"文字"图层设为当前图层。单击"默认"选项卡"注释"面板中的"多行文字"按钮 **A** 和"直线"按钮✎，为图形添加缺少的文字说明，结果如图 15-40 所示。

15.4 上机实验

【练习1】绘制图 15-58 所示的车间电力平面图。

1．目的要求

本练习可在平面图的基础上添加电气符号，最后绘制线路、主要练习观察元件布置能力，不仅需要细心与耐心，同时考察读者的绘图速度。

2．操作提示

（1）利用"圆""图案填充"和"矩形"等命令绘制电气符号。
（2）利用"直线"命令绘制线路。
（3）文字标注原理图。

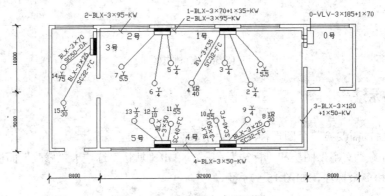

图 15-58　某车间电力平面图

【练习2】绘制如图 15-59 所示的跳水馆照明干线系统图。

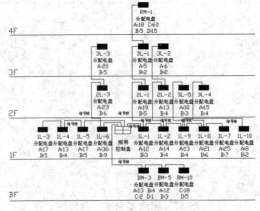

图 15-59　某跳水馆照明干线系统图

1．目的要求

按照前面介绍的干线平面图绘制的方法技巧，绘制跳水馆照明干线系统图。主要练习使用"复制"命令和编辑"多行文字"命令，尽快使读者熟练地掌握绘制方法。

2．操作提示

（1）利用"直线"命令绘制干线。

（2）利用"多行文字"命令标注视图。

（3）复制修改干线图。

第16章

住宅电气系统图

本章将以住宅电气系统图为例，详细讲述电气系统图的绘制过程。在讲述过程中，将逐步带领读者完成电气系统图的绘制，并讲述关于电气系统图的相关知识和技巧。

16.1　建筑电气系统图基础

电气系统图是用图形符号、文字符号绘制的，用来概略表示该建筑内电气系统或分系统的基本组成、相互关系及主要特征的一种简图，具有电气系统图的基本特点，能集中反映动力及照明的安装容量、计算容量、计算电流、配电方式、导线或电缆的型号、规格、数量、敷设方式及穿管管径、开关及熔断器的规格型号等。

建筑电气系统图主要包括建筑物内的配电系统的组成和连接示意图。主要表示电源的引进设置总配电箱、干线分布，分配电箱、各相线分配、计量表和控制开关等。

【预习重点】

- ☑　了解电气系统图概述。
- ☑　了解建筑电气系统的组成。
- ☑　了解常用电气系统分类。
- ☑　了解常用电气配电系统图分类。

16.1.1　电气系统图概述

1. 电气系统图的特点

《电气技术用文件的编制》（GB/T 69883—1997）对系统图的定义，准确描述了系统图或框图的基本特点。

（1）系统图或框图描述的对象是系统或分系统。

（2）描述的内容是系统或分系统的基本组成和主要特征，而不是全部组成和全部特征。

（3）对内容的描述是概略的而不是详细的。

（4）用来表示系统或分系统基本组成的是图形符号和带注释的框。

2. 电气系统图的表示方法

电气系统图的表示方法有以下两种。

（1）多线表示法。

多线表示法是每根导线在简图上都分别有一条线表示的方法。

一般使用细实线表示每一根导线，即一条图线代表一根导线，这种表示法表达清晰、细微，缺点是对于复杂的图样，线条可能过于密集，而导致表达烦琐，这种表示方法一般用于控制原理图等。

（2）单线表示法。

单线表示法是指两根或两根以上的导线，在简图上只用一条图线表示的方法。一般使用中粗实线来代表一束导线，这种表示方法比多线法简练，制图工作量较小，一般用于系统图的绘制等。

在同一幅图中，根据图样表达的需要，必要时也可以使用多线表示法与单线表示法组合共同使用。

绘制电气系统图时，一般可按系统图表达的内容由左及右绘制，大体遵循如图 16-1 所示的绘制顺序。

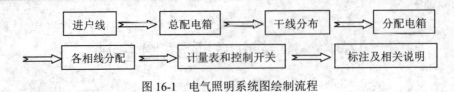

图 16-1　电气照明系统图绘制流程

3．系统图或框图的功能意义

对于图样主要用带注释的框绘制的系统图，习惯上一般称其为框图。实际上从表达内容上看，系统图与框图没有原则上的差异。

系统图和框图在电气图中整套电气施工图纸的编排是首位的，其在整套图纸中占据的位置是重要的，阅读电气施工图也首先应从系统图起始。原因在于系统图往往是某一系统、某一装置、某一设备成套设计图纸中的第一张图纸。因为其从总体上描述了电气系统或分系统，是系统或分系统设计的汇总，是依据系统或分系统功能依次分解的层次绘制的。有了系统图或框图，就为下一步编制更为详细的电气图或编制其他技术文件等提供了基本依据。根据系统图可以从整体上确定该项电气工程的规模，为设计其他电气图、编制其他技术文件以及进行有关的电气计算、选择导线及开关等设备、拟定配电装置的布置和安装位置等提供了主要依据，进而可为电气工程的工程概预算、施工方案文件的编制提供基本依据。

另外，电气系统图还是电气工程施工操作、技术培训及技术维修不可缺少的图纸，因为只有首先通过阅读系统图，对系统或分系统的总体情况有所了解认识后，才能在有所依据的前提下进行电气操作或维修等，如一个系统或分系统发生故障时，维修人员即可借助系统图初步确定故障产生部位，进而阅读电路图和接线图确定故障的具体位置。

4．系统图及框图的绘制方法

首先，系统图及框图的绘制必须遵守《电气制图》（GB 6988）、电气工程 CAD 制图等电气标准的有关规定，以及其他国标或地方标准，个别地方适当加以补充说明，应当尽量简化图纸、方便施工，既详细而又不琐碎地表示设计者的设计目的，图纸中各部分应分清主次，表达清晰、准确。

（1）图形符号的使用。

前面章节已介绍了许多关于电气工程制图中涉及的图形符号，另外读者也可参考电气工程各相关技术规范标准等，进行深入学习。绘制系统图或框图应采用《电气技术中的项目代号》（GB 5094）标准中规定的图形符号（包括方框符号），由于系统图或框图描述的对象层次较高，因此多数情况下都采用带注释的框。框内的注释可以是文字，也可以是有关符号，还可以是文字加符号。而框的形式可以是实线框，也可以是点划框。有时还会用到一些表示元器件的图形符号，这些符号只是用来表示某一部分的功能，并非与实际的元器件一一对应。

（2）层次划分。

对于较复杂的电气工程系统图，可根据技术深度及系统图原理进行适当的层次划分，由表及里地绘制电气工程图，这样为了更好地描述对象（系统、成套装置、分系统和设备）的基本组成及其相互之间的关系和各部分的主要特征，往往需要在系统图或框图上反映出对象的层次。通常，对于一个比较复杂的对象，往往可以用逐级分解的方法来划分层次，按不同的层次单独绘制系统图或者框图。较高层次的系统图主要反映对象的概况，较低层次的系统图可将对象表达得较为详细。

（3）项目代号标注。

项目代号的有关知识，前面章节也有所涉及，读者也可查阅相关资料，多加了解。系统图或框图中表示系统基本组成的各个框，原则上均应标注项目代号，因为系统图、框图和电路图、接线图是前后呼应的，标注项目代号为图纸的相互查找提供了方便。通常在较高层次的系统图上标注高层代号，在较低层次的系统图上一般只标注种类代号。通过标注项目代号，使图上的项目与实物之间建立起一一对应的关系，并反映出项目的层次关系和从属关系。若不需要标注时，也可不标注。由于系统图或框图不具体表示项目的实际连接和安装位置，所以一般标注端子代号和位置代号。项目代号的构成、含义和标注方法可参见前面章节。

（4）布局。

系统图和框图通常习惯采用功能布局法，必要时还可以加注位置信息。框图布局合理，可使材料、能量和控制信息流向表达得更清楚。

（5）连接线。

在系统图和框图上，采用连接线来反映各部分之间的功能关系。连接线的线型有细实线和粗实线之分。一般电路连接线采用与图中图形符号相同的细实线，必要时，可将表示电源电路和主信号电路的连接线用粗实线表示。反映非电过程流向的连接线也采用比较明显的粗实线。

连接线一般绘到线框为止，当框内采用符号作注释时应穿越框线进入框内，此时被穿越的框线应采用点划线。在连接上可以标注各种必要的注释，如信号名称、电平、频率和波形等。在输入与输出的连接线上，必要时可标注功能及去向。连接线上的箭头一般是开口箭头表示电信号流向，实心箭头表示非电过程和信息的流向。

5．室内电气系统图的主要内容

室内电气系统图描述的主要内容为：其建筑物内的配电系统的组成和连接示意图。主要表示对象为电源的引进设置总配电箱、干线分布，分配电箱、各相线分配、计量表和控制开关等。

16.1.2　建筑电气系统的组成

建筑电气系统一般由以下 4 部分组成。

1．接户线和进户线

从室外的低压架空供电线路的电线杆上引至建筑物外墙的运河架，这段线路称为接户线，是室外供电线路的一部分；从外墙支架到室内配电盘这段线路称为进户线。进户点的位置就是建筑照明供电电源的引入点。进户位置距低压架空电杆应尽可能近一些，一般从建筑物的背面或侧面进户。多层建筑物采用架空线引入电源，一般由二层进户。

2．配电箱

配电箱是接受和分配电能的装置。在配电箱里，一般装有空气开关、断路器、计量表和电源指示灯等。

3．干线

从总配电箱引至分配电箱的一段供电线路称为干线。干线的布置方式有放射式、树干式和链式。

4. 支线

从分配电箱引至电灯等照明设备的一段供电线路称为支线，也称为回路。

一般建筑物的照明供电线路主要是由进户线、总配电箱、计量箱、配电箱、配电线路以及开关插座、电气设备等用电器组成。

16.1.3 常用电气系统分类

1. 放射式配电系统

如图 16-2 所示为放射式配电系统，该类型的配电系统可靠性较高。配电线路故障互不影响，配电设备集中，检修比较方便，缺点是系统灵活性较差，线路投资较大。一般适用于容量大、负荷集中或重要的用电设备或集中控制设备。

2. 树干式配电系统

如图 16-3 所示为树干式配电系统图。该类型配电系统线路投资较少，系统灵活，缺点是配电干线发生故障时影响范围大，一般适用于用电设备布置较均匀、容量不大又没有特殊要求的配电系统。

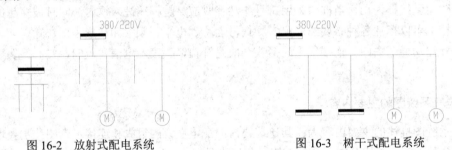

图 16-2　放射式配电系统　　　　　　图 16-3　树干式配电系统

3. 链式配电系统

如图 16-4 所示为链式配电系统图。该类型配电系统的特点与树干式相似，适用于距配电屏距离较远，而彼此相距较近的小容量用电设备，连接的设备一般不超过 3 台或 4 台，容量不大于 10kW，其中一台不超过 5kW。

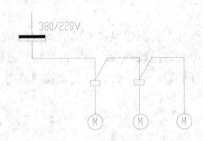

图 16-4　链式配电系统

动力系统图一般采用单线图绘制，但有时也用多线绘制。

16.1.4　常用电气配电系统图分类

电气配电系统常用的有三相四线制、三相五线制和单相两线制，一般都采用单线图绘制，根据照明类别的不同可分为以下几种类型。

1. 单电源照明配电系统

如图 16-5 所示，照明线路与电力线路在母线上分开供电，事故照明线路与正常照明线路分开。

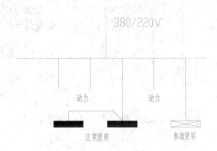

图 16-5　单电源照明配电系统

2. 双电源照明配电系统

如图 16-6 所示，该系统中两段供电干线间设联络开关，当一路电源发生故障停电时，通过联络开关接到另一段干线上，事故照明由两段干线交叉供电。

3. 多高层建筑照明配电系统

（1）如图 16-7 所示，在多高层建筑物内，一般可采用干线式供电，每层均设控制箱，总配电箱设在底层（设备层）。

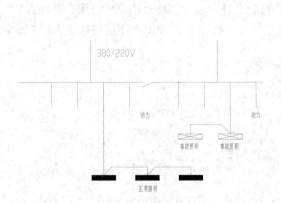

图 16-6　双电源照明配电系统

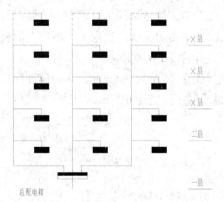

图 16-7　多高层建筑照明配电系统

（2）照明配电系统的设计应根据照明类别，结合供电方式统一考虑，一般照明分支线采用单相供电，照明干线采用三相五线制，并尽量保证配电系统的三相平稳定。

16.2 单元住户接线图

本实例为住宅单元住户接线图,如图 16-8 所示。图中重复的图形比较多,所以可以先绘制单个支线,通过"复制"命令来创建其他支线。

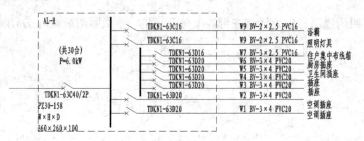

图 16-8 单元住户接线图

【预习重点】

☑ 掌握单元住户接线图的绘制思路及方法。

【操作步骤】

16.2.1 配置绘图环境

要根据绘制图形决定绘图的比例,建议采用 1:1 的比例绘制。

(1)打开 AutoCAD 2017 应用程序,单击快速访问工具栏中的"新建"按钮,弹出"选择样板"对话框,在"打开"下拉列表框中选择"无样板打开-公制"选项,进入绘图文件。

(2)单击快速访问工具栏中的"保存"按钮,将新文件命名为"单元住户接线图"并保存。

(3)单击"默认"选项卡"图层"面板中的"图层特性"按钮,弹出"图层特性管理器"选项板,新建图层,如图 16-9 所示。

电气层:线宽为 0.25mm,其余属性默认。

说明层:线宽为 0.25mm,颜色为红色,其余属性默认。

图 16-9 新建图层

16.2.2 绘制图形外框

本实例重点讲述利用"矩形"命令绘制图形的外框。

（1）将"电气层"设置为当前图层，单击"默认"选项卡"绘图"面板中的"矩形"按钮▢，在图纸中适当位置绘制一个矩形，如图16-10所示。

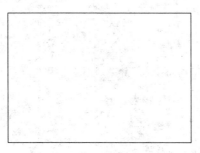

图16-10 绘制矩形

🎀 贴心小帮手

图层中未加载DASHED线型，可以在"图层特性管理器"选项板中加载；也可以在"线型控制"下拉列表框中选择"其他"选项，弹出"线型管理器"对话框，如图16-11所示。单击"加载"按钮，加载线型。

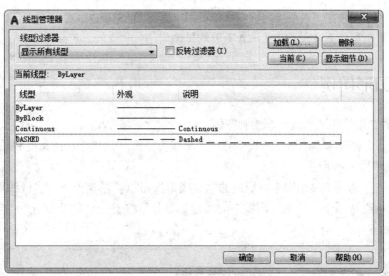

图16-11 "线型管理器"对话框

（2）选择绘制的矩形并右击，在弹出的如图16-12所示的快捷菜单中选择"特性"命令，弹出"特性"选项板，如图16-13所示。选择DASHED线型，修改线型比例，结果如图16-14所示。

图 16-12　快捷菜单　　　　图 16-13　"特性"选项板　　　　图 16-14　修改线型

🎓 高手支招

选择线型时，也可直接在"线型控制"下拉列表框中选择 DASHED 线型。

读者根据所绘制矩形的不同大小，可设置不同线型比例。

16.2.3　绘制图形图例

利用前面所学的二维绘图和修改命令绘制图例。

（1）单击"默认"选项卡"绘图"面板中的"多段线"按钮⤴，指定起点宽度和端点宽度为 10，绘制一条竖直多段线，如图 16-15 所示。

（2）单击"默认"选项卡"绘图"面板中的"直线"按钮╱，绘制一条与多段线重合的竖直线。

（3）单击"默认"选项卡"绘图"面板中的"定数等分"按钮ㄨ，将步骤（2）绘制的竖直线等分，命令行提示与操作如下：

命令: DIVIDE
选择要定数等分的对象:（选取步骤（2）绘制的竖直直线）
输入线段数目或 [块(B)]: 8

（4）单击"默认"选项卡"绘图"面板中的"直线"按钮╱，从直线段上端点处绘制一段水平直线，如图 16-16 所示。

图 16-15　绘制多段线

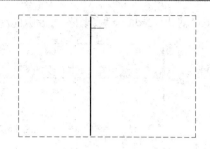

图 16-16　绘制水平线段

（5）单击"默认"选项卡"绘图"面板中的"直线"按钮，开启"对象捕捉"模式，在不按鼠标按键的情况下向右拉伸追踪线，绘制一条水平直线，如图 16-17 所示。

（6）右击"状态"工具栏中的"对象捕捉"按钮，打开"草图设置"对话框，选中"极轴追踪"选项卡中的"启用极轴追踪"复选框，在"增量角"下拉列表框中选择 15，如图 16-18 所示。

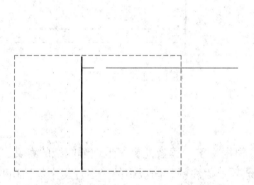

图 16-17　确定起点

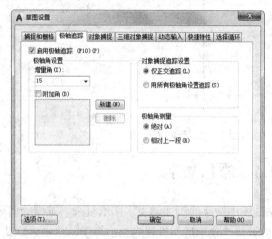

图 16-18　"草图设置"对话框

（7）单击"默认"选项卡"绘图"面板中的"直线"按钮，拾取点 1 为起点，在 135°追踪线上向左移动鼠标，直至 135°追踪线与竖向追踪线出现交点，选此交点为线段的终点，如图 16-19 所示。

（8）单击"默认"选项卡"绘图"面板中的"矩形"按钮，在步骤（4）绘制的水平直线端点处绘制一个正方形，如图 16-20 所示。

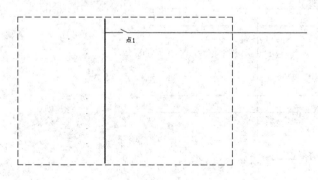

图 16-19　绘制线段

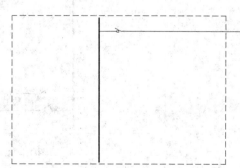

图 16-20　绘制正方形

（9）单击"默认"选项卡"绘图"面板中的"直线"按钮 ⁄ ，绘制正方形的对角线，如图 16-21 所示。

图 16-21　绘制直线

（10）单击"默认"选项卡"修改"面板中的"删除"按钮 ，删除外围正方形，如图 16-22 所示。

（11）单击"默认"选项卡"修改"面板中的"复制"按钮 ，将步骤（4）～（10）绘制的图形复制到等分点处，如图 16-23 所示。

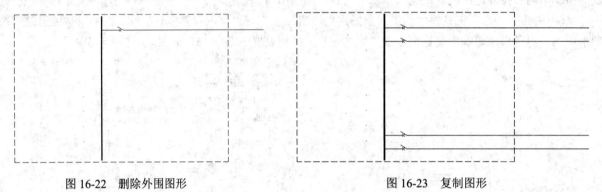

图 16-22　删除外围图形　　　　　　　　　　图 16-23　复制图形

16.2.4　添加文字

系统图中文字的添加解决了图纸复杂、难懂的问题，根据文字，读者能更好地理解图纸的意义。

（1）将"说明层"设置为当前图层。单击"默认"选项卡"注释"面板中的"多行文字"按钮 A，在线段上标注文字，如图 16-24 所示。

（2）单击"默认"选项卡"修改"面板中的"复制"按钮 ，复制步骤（1）中的标注文字到其他位置，双击复制后的文字，打开"文字编辑器"选项卡，如图 16-25 所示。在对应的位置输入新的文字，如图 16-26 所示。

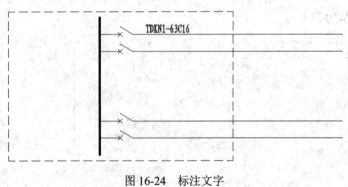

图 16-24　标注文字

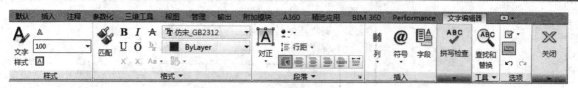

图 16-25 "文字编辑器"选项卡

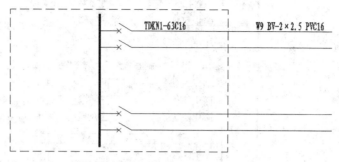

图 16-26 输入文字

（3）利用上述方法继续标注文字，如图 16-27 所示。

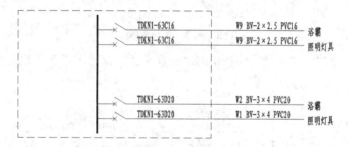

图 16-27 标注文字

（4）单击"默认"选项卡"绘图"面板中的"多段线"按钮 ，在多段线右侧绘制一条宽度为 10 的多段线，如图 16-28 所示。

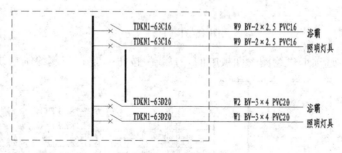

图 16-28 绘制多段线

（5）单击"默认"选项卡"绘图"面板中的"直线"按钮 ，继续绘制多条直线，如图 16-29 所示。

（6）单击"默认"选项卡"修改"面板中的"复制"按钮 ，将步骤（5）绘制的线段复制到适当位置，如图 16-30 所示。

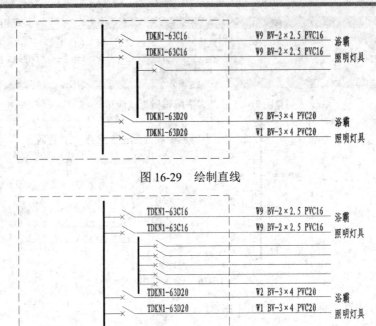

图 16-29　绘制直线

图 16-30　复制线段

（7）单击"默认"选项卡"注释"面板中的"多行文字"按钮**A**，在线段上标注文字，如图 16-31 所示。

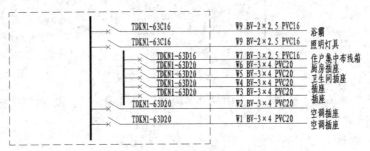

图 16-31　标注文字

（8）单击"默认"选项卡"绘图"面板中的"直线"按钮，在左侧绘制直线，如图 16-32 所示。

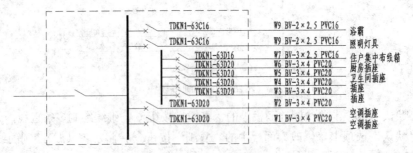

图 16-32　绘制直线

（9）单击"默认"选项卡"修改"面板中的"复制"按钮，复制前面绘制的矩形对角线，如图 16-33 所示。

（10）单击"默认"选项卡"注释"面板中的"多行文字"按钮**A**，继续为图形添加文字，完成单元住户接线图的绘制，最终结果如图 16-8 所示。

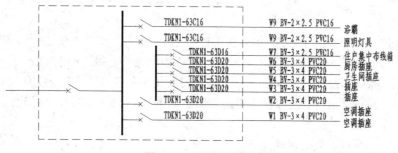

图 16-33　绘制对角线

16.3　供电干线系统图

本实例为供电干线系统图，如图 16-34 所示，该图成对称关系，结合使用"镜像"和"复制"命令，可以使绘图更简便，图形整洁、清晰。绘制时先绘制图例，然后绘制连接线路，最后添加文字。

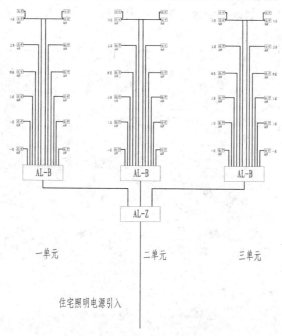

图 16-34　供电干线系统图

【预习重点】

　　☑　掌握供电干线系统图的绘制方法及技巧。

【操作步骤】

16.3.1 配置绘图环境

在系统图的绘制过程中，文件的创建、保存及图层的管理，读者可根据电路设计的情况进行自定义设置。

（1）打开 AutoCAD 2017 应用程序，单击快速访问工具栏中的"新建"按钮□，弹出"选择样板"对话框，在"打开"按钮下拉列表框中选择"无样板打开-公制"命令，进入绘图文件。

（2）单击快速访问工具栏中的"保存"按钮□，将新文件命名为"供电干线系统图"并保存。

（3）单击"默认"选项卡"图层"面板中的"图层特性"按钮□，打开"图层特性管理器"选项板，新建图层，如图 16-9 所示。

电气层：线宽为 0.25mm，其余属性默认。

说明层：线宽为 0.25mm，颜色为红色，其余属性默认。

16.3.2 绘制图例

本实例利用"矩形"和"复制"命令绘制图例。

（1）将"电气层"设置为当前图层。单击"默认"选项卡"绘图"面板中的"矩形"按钮□，在图形空白区域绘制一个矩形，如图 16-35 所示。

（2）单击"默认"选项卡"修改"面板中的"复制"按钮□，将步骤（1）绘制的矩形复制到适当位置，如图 16-36 所示。

（3）单击"默认"选项卡"绘图"面板中的"矩形"按钮□，在步骤（2）复制的矩形下方绘制一个大矩形，如图 16-37 所示。

图 16-35　绘制矩形　　　　　图 16-36　复制矩形　　　　　图 16-37　绘制矩形

16.3.3　绘制连接线路

本实例利用"多段线"和"镜像"命令绘制线路。

（1）单击"默认"选项卡"绘图"面板中的"多段线"按钮 ⤵，指定起点宽度和端点宽度为 30，绘制多段线，如图 16-38 所示。

（2）单击"默认"选项卡"修改"面板中的"镜像"按钮 ⚠，将步骤（1）绘制的多段线以大矩形的中点进行镜像，如图 16-39 所示。

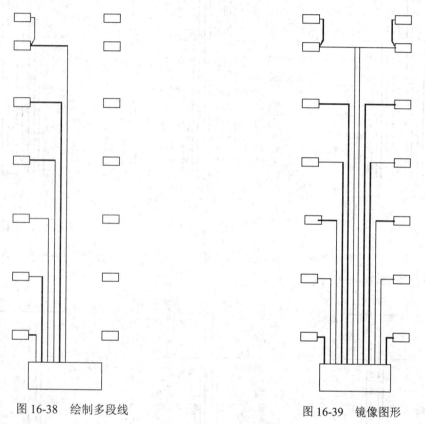

图 16-38　绘制多段线　　　　　图 16-39　镜像图形

16.3.4　添加文字

在完成图例连接后，对图例的功能进行注释，让系统图变得容易理解，有助于后期进行原理图的绘制。

（1）将"说明层"设置为当前图层。单击"默认"选项卡"注释"面板中的"多行文字"按钮 **A**，在 16.3.3 节绘制的矩形内标注文字，如图 16-40 所示。

（2）单击"默认"选项卡"修改"面板中的"复制"按钮 ⛁，将步骤（1）标注的文字复制到其他矩形框内，如图 16-41 所示。

（3）单击"默认"选项卡"注释"面板中的"多行文字"按钮 **A**，标注其他文字，如图 16-42 所示。

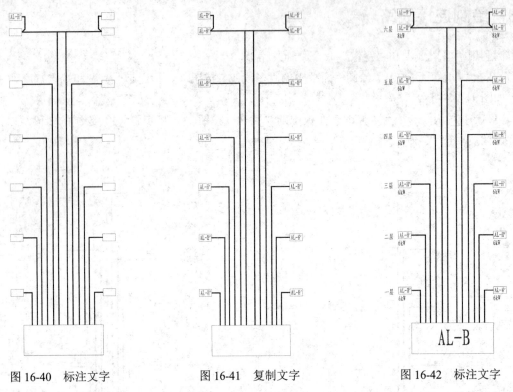

图 16-40　标注文字　　　　　图 16-41　复制文字　　　　　图 16-42　标注文字

（4）单击"默认"选项卡"修改"面板中的"复制"按钮和"镜像"按钮，选取步骤（3）绘制的图形进行复制，如图 16-43 所示。

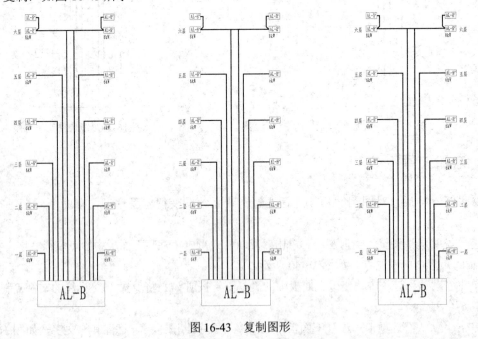

图 16-43　复制图形

（5）单击"默认"选项卡"绘图"面板中的"矩形"按钮和"多行文字"按钮，绘制图形，如图 16-44 所示。

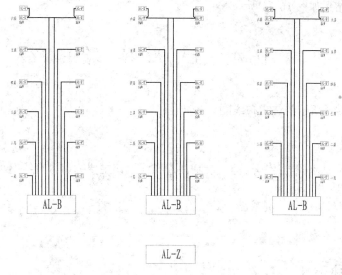

图 16-44　绘制图形

✎ 举一反三

> 步骤（5）也可直接利用"复制"命令，复制大矩形与"AL-B"到对应位置，再修改文字为"AL-Z"。

（6）单击"默认"选项卡"绘图"面板中的"多段线"按钮，绘制多段线连接复制的图形，如图 16-45 所示。

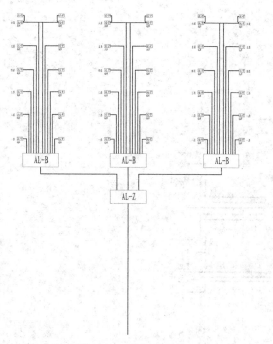

图 16-45　绘制多段线

（7）单击"默认"选项卡"注释"面板中的"多行文字"按钮 **A**，为图形添加剩余文字，完成供电干线系统图的绘制，最终结果如图 16-34 所示。

16.4　上机实验

【练习1】绘制如图 16-46 所示的住户布线图。

1．目的要求

按照前面章节中的绘制步骤与绘制技巧，绘制住户布线图，主要练习"直线""复制"和"多行文字"命令。

2．操作提示

（1）绘制线路图。
（2）绘制元件符号。
（3）利用"修剪"命令，整理线路图。
（4）添加文字说明。

【练习2】绘制如图 16-47 所示的多媒体工作间综合布线系统图。

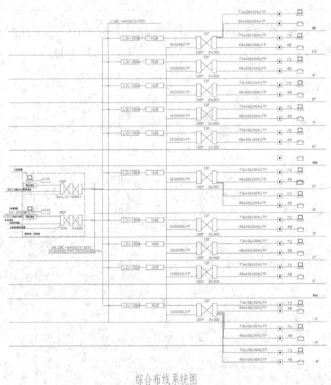

综合布线系统图

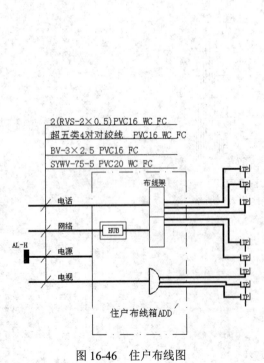

图 16-46　住户布线图　　　　图 16-47　多媒体工作间综合布线系统图

1．目的要求

按照前面章节中的绘制步骤与绘制技巧，练习多媒体工作间综合布线系统图的绘制方法。电气系统图的绘制有一个普遍的特点，就是重复的图形比较多，且多为分层、分块绘制。

2．操作提示

（1）设置绘图环境。

（2）绘制图块。

（3）插入图块。

（4）添加文字说明。

第17章

住宅弱电工程图

　　建筑弱电系统工程是一个复杂的集成的系统工程。建筑弱电系统涉及的专业领域较广，集成了多项电气技术、无线电技术、光电技术、计算机技术等，庞大而复杂。图纸包括弱电平面图、弱电系统图及框图等。

　　本章将以实际建筑弱电工程设计实例为背景，重点介绍弱电工程图的 CAD 制图全过程，由浅及深，从制图理论至相关电气专业知识，尽可能全面详细地描述该工程的制图流程。

17.1　建筑弱电工程图概述

【预习重点】

☑　　了解建筑弱电工程的基本概念。

☑　　了解建筑弱电系统的分类。

建筑弱电工程是建筑电气的重要组成部分。现代科学技术的发展支持了人类对于生活方式的改变，满足了社会发展的需求，建筑物的服务功能及其与外界交换信息的功能得到了扩展与提高，这很大一部分依赖了建筑弱电系统的革新。电子、计算机、通信、光纤、无线电等各种高科技手段促使了建筑弱电技术的迅速发展，智能电气系统为建筑功能的扩展提供了这样一个平台。

弱电工程图与强电工程图相近，常见的图纸内容包括弱电平面图、弱电系统图及框图。弱电平面图是表达弱电设备、元件、线路等平面位置关系的图纸，并与照明平面图类似，是指导弱电工程施工安装调试必需的图纸，也是弱电设备布置安装，信号传输线路敷设的依据。弱电系统图是表示弱电系统中设备和元件的组成，以及元件和器件之间的连接关系，对指导安装施工有着重要的作用。弱电装置原理框图描述弱电设备的功能、作用及原理，其他主要用于系统调试。

弱电系统主要分为以下 7 类。

1. 火灾自动报警与灭火控制系统

以传感技术、计算机技术、电子通信技术等为基础的火灾报警控制系统，是一种集成的高科技应用技术，也是现代消防自动化工程的核心内容之一。该系统既能对火灾发生进行早期探测和自动报警，又能根据火情位置及时输出联动灭火信号，启动相应的消防设施进行灭火。

火灾自动报警控制在智能建筑中通常作为智能三大体系中的 BAS（建筑设备管理系统）的一个非常重要的独立的子系统。整个系统的运作既能通过建筑物中智能系统的综合网络结构来实现，又可以在完全摆脱其他系统或网络的情况下独立工作。

火灾自动报警系统主要由火灾探测器和火灾报警控制器组成。火灾探测器将火灾现场的烟、温度、光转换成电光信号，传送至自动报警控制器；火灾报警控制器将接收的火灾信号，经过芯片逻辑运算处理后认定火灾，输出指令信号。一方面启动火灾报警装置（如声、光报警等）；另一方面启动灭火联动装置，用以驱动各种灭火设备；同时也启动联锁减灾系统，用以驱动各种减灾设备。火灾探测器、火灾报警控制器、报警装置、联动装置、联锁装置等组成了一个实用的自动报警与灭火系统，联动控制器与火灾自动报警控制器配合，用于控制各类消防外控制设备，由联动控制器对不同的设备实施管理。

2. 电话通信系统

电话通信系统是各类建筑必然要配置的主要系统。社会发展已进入了崭新的信息社会，电话通信系统已成为建筑物内不可缺少的一个弱电工程。构成电话通信系统的有 3 个组成部分：一是电信交换设备；二是传输系统；三是用户终端设备（收发设备）。

交换设备主要是电话交换机，是接通电话之间通信线路的专用设备。电话交换机发展很快，已从人工电话交换机发展到自动电话交换机，又从机电式自动电话交换机发展到电子式自动电话交换机，以至最先进的数字程控电话交换机。数字程控电话交换是当今世界上电话交换技术发展的主要方向，在我国已普遍应用。

电话传输系统按传输媒介分为有线传输和无线传输。从建筑弱电工程出发主要采用有线传输方式。有线传输按传输信息工作方式又分为模拟传输和数字传输两种。模拟传输是将信息按数字编码 PCM 方式转换成数字信号进行传输，具有抗干扰能力强、保密性强、电路易集成化等优点。现在的程控电话交换是采用数字传输各种信息。

用户终端设备，以前主要是指电话机，随着通信技术的迅速发展，现在可见到各种现代通信设备，如传真机、计算机终端设备等。

电话通信系统工程图主要有电话通信系统图、电话通信平面图。电话系统图是用来表述各电话平面之间的连接关系以及整个电话系统的基本构成的图纸。电话平面图主要用于表达电话的配线、穿管、敷设方式及相关设备的安装位置等，相对于照明平面图略为简单。电话通信系统图是工程施工的依据，因此，在读懂电话系统图后，还要将电话通信系统平面图读懂，理清线路关系。

3．广播音响系统

广播音响系统是建筑物内（一般指公共建筑如学校、商场、饭店和体育馆等）、企事业单位等企业内部的自有体系的有线广播系统。

广播音响系统工程图主要包括了广播音响系统图、广播音响配线平面图和广播音响设备布置图等图纸。系统图表述了整个系统的组成及功能，平面图则表述了设备的位置关系及线路关系。

4．建筑中安全防范系统

安全防范系统涉及多个技术系统，较为复杂，常见的有防盗报警系统、电视监视系统、出入口控制系统、电子巡更系统、停车库管理系统、访客对话系统等。

防盗报警系统，是在探测到防范区域有入侵者时能发出报警信号的专用电子系统，一般由探测器、传输系统和报警控制器组成。

出入口控制系统，用于实现人员出入控制，又称为门禁管制系统。

访客对话系统，是用来对来访客人与住户之间提供双向通话或可视电话，并由住户操控防盗门的开关及向保安管理中心进行紧急报警的一种安全防范系统。

电子巡更系统，一般用于复杂的大型楼宇中。此类建筑中人员流动复杂，需由专人进行人工巡逻查视，定时定点执行任务，该系统可满足巡逻人员按巡更路线及时间到达指定地点，不能更改路线及到达时间，并按下巡更信号箱的按钮，向控制中心报告，控制中心通过巡更信号箱上的指示灯了解巡更路线的情况。

5．共用天线电视系统

共用天线电视（CATV）系统，即共用一套天线接收电视台电视信号，并通过同轴电缆传输、分配给许多电视机用户的系统。最初的 CATV 系统主要是为了解决远离电视台的边远地区和城市中高层建筑密集地区难以收到信号的问题。随着社会的进步和技术发展，人们不仅要求接收电视台发送的节目，还要求接收卫星电视台节目和自办节目，甚至利用电视进行信息交流沟通等。传输电缆也不再局限于同轴电缆，而是扩展到了光缆等。于是，将通过同轴电缆、光缆或其组合来传输、分配和交换声音和图像信号的电视系统称为电缆电视系统，习惯称之为有线电视系统，这是因为它是以有线闭路形式传送电视信号，不向外界辐射电磁波，以区别于电视台的开路无线电视广播，可节省设备费用，减少干扰，双向有线电视系统还可以上传用户信息到前端。有线电视系统是共用天线电视系统的发展趋势。

CATV 系统的工程图纸包括共用天线电视系统图和设备平面图和设备安装图等。共用天线电视系统图用于表述设备间相互关系及整个系统的形式及系统所需完成的功能。其平面图用于表述配线、穿管、线路敷设方式、设备位置及安装等。其设备安装详图则详细说明了各种设备的具体组成及安装方法等。

6．楼宇自动化系统

楼宇自动化系统（BAS OR BA），是将建筑物内的电力、照明、空调、运输、防灾、保安、广播等设备以集中监视、控制和管理为目的而构成的一个综合系统。一般来说，它包括两个子系统：一是设备自动化管理系统；二是保安监控系统。设备自动化管理系统包括建筑物内所有电气设备、给水、排气设备、空调通风设备的测量、监视及控制。保安监控系统包括火灾报警、消防联动控制、消防广播、消防电话或巡更电话组成的火灾报警系统；防盗报警的红外、双鉴、声控报警与闭路电视监视及访问对讲组成的保安系统。

7．综合布线系统

一幢建筑物中弱电的传统布线相当复杂，用于电话通信的铜芯双绞线、用于保安监控的同轴电缆、控制用的屏蔽线缆、有计算机通信用的粗缆、细缆或屏蔽、非屏蔽型双绞线等，各种线路自成系统、独立设计、独立布线、互不兼容。在建筑物墙面、地面、吊顶内纵横交叉布满了各种线路，而且每个系统的终端插件也各不相同。当建筑物内局部房间需要改变用途，而这些系统的设施也要变化时，那将是一件极为困难的事。因此，能支持语言、数据、图像等的综合布线应运而生。

综合布线系统（POS）也称为结构化布线系统（SCC），于 1985 年由美国电话电报公司贝尔实验室首先推出，是一种模块化的、高度灵活性的智能建筑布线网络，是用于建筑物和建筑群内进行话音、数据、图像信号传输的综合布线系统。此布线系统的出现彻底打破了数据传输的界限，使这两种不同的信号在一条线路中传输，从而为综合业务数据网络的实施提供了传输保证。综合布线的优越性在于具有兼容性、开放性、灵活性、模块化、扩充性和经济性的特点。

17.2　电话系统图

本节绘制如图 17-1 所示的电话系统图，此图中需要复制的部分比较多，可结合使用"镜像"和"复制"命令。本图绘制时先绘制图例，然后绘制连接线路，最后添加文字。

【预习重点】

　　☑　掌握电话系统图的绘制思路及方法。

【操作步骤】

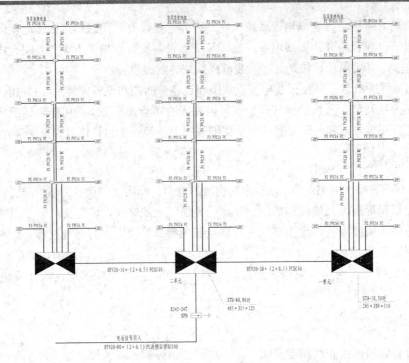

图 17-1　电话系统图

17.2.1　配置绘图环境

在绘制电路图之前，需要进行基本的操作，包括文件的创建、保存、图形界限的设定及图层的管理等，根据不同的需要，读者选择必备的操作，本实例中主要讲述文件的创建、保存与图层的设置。

（1）打开 AutoCAD 2017 应用程序，单击快速访问工具栏中的"新建"按钮，弹出"选择样板"对话框，在"打开"下拉列表框中选择"无样板打开-公制"选项，进入绘图文件。

（2）单击快速访问工具栏中的"保存"按钮，将新文件命名为"电话系统图"并保存。

（3）单击"默认"选项卡"图层"面板中的"图层特性"按钮，打开"图层特性管理器"选项板，新建以下图层。

电气层：线宽为 0.25mm，其余属性默认。

说明层：线宽为 0.25mm，颜色为红色，其余属性默认。

17.2.2　绘制图例

本实例首先利用"直线""矩形"和"复制"命令绘制每层装接线盒，然后利用"直线""矩形"和"图案填充"绘制电话接线箱。

1．绘制每层装接线盒

（1）将"电气层"设置为当前图层。单击"默认"选项卡"绘图"面板中的"矩形"按钮，绘制一个适当大小的矩形，如图 17-2 所示。

（2）单击"默认"选项卡"绘图"面板中的"直线"按钮，选取矩形左上角点为起点、右上角点为终点绘制一条斜向直线，完成每层装接线盒的绘制，如图 17-3 所示。

图 17-2　绘制矩形　　　　　　　　　　　　　图 17-3　绘制直线

（3）单击"默认"选项卡"修改"面板中的"复制"按钮，选取已经绘制完成的层装接线盒向下复制 5 个，如图 17-4 所示。

2．绘制电话接线箱

（1）单击"默认"选项卡"绘图"面板中的"矩形"按钮，在图形的下方绘制一个矩形，如图 17-5 所示。

（2）单击"默认"选项卡"绘图"面板中的"直线"按钮，绘制矩形的对角线，如图 17-6 所示。

（3）单击"默认"选项卡"绘图"面板中的"图案填充"按钮，打开"图案填充和渐变色"对话框，选择 SOLID 图案，对矩形进行图案填充，如图 17-7 所示。

17.2.3　绘制连接线路

本实例利用"多段线"和"矩形"命令将图例进行连接，完成线路的绘制。

（1）单击"默认"选项卡"绘图"面板中的"多段线"按钮，指定起点宽度和端点宽度均为 50，绘制电话连接线，如图 17-8 所示。

图 17-4　复制接线箱　　　　图 17-5　绘制矩形　　　图 17-6　绘制直线　　　图 17-7　填充图形

（2）单击"默认"选项卡"绘图"面板中的"多段线"按钮 ↪，绘制剩余多段线，如图 17-9 所示。

（3）单击"默认"选项卡"绘图"面板中的"矩形"按钮 ▢，在最上端左侧水平连接线端部绘制一个小矩形，如图 17-10 所示。

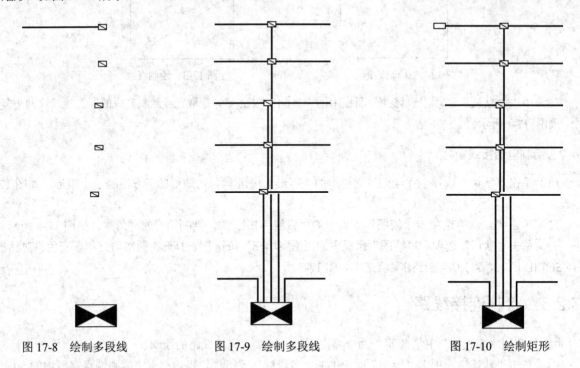

图 17-8　绘制多段线　　　　图 17-9　绘制多段线　　　　图 17-10　绘制矩形

17.2.4　添加文字

为电话系统图添加文字标注说明，使图形更加容易理解。

（1）将"说明层"设置为当前图层。单击"默认"选项卡"注释"面板中的"多行文字"按钮 **A**，在矩形内添加文字，如图 17-11 所示。

图 17-11　添加文字

（2）单击"默认"选项卡"修改"面板中的"复制"按钮 ⅋，将步骤（1）绘制的矩形及矩形内文字复制到水平接线端部，如图 17-12 所示。

（3）单击"默认"选项卡"绘图"面板中的"直线"按钮 ╱，在图形上方绘制直线，如图 17-13 所示。

（4）单击"默认"选项卡"注释"面板中的"多行文字"按钮 **A**，在步骤（3）绘制的直线上方标注文字，如图 17-14 所示。

（5）单击"默认"选项卡"注释"面板中的"多行文字"按钮 **A**，标注文字，如图 17-15 所示。

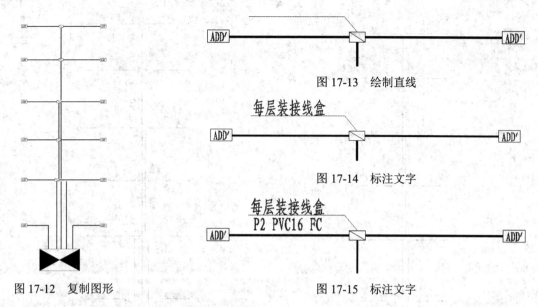

图 17-13 绘制直线

图 17-14 标注文字

图 17-15 标注文字

图 17-12 复制图形

（6）单击"默认"选项卡"修改"面板中的"复制"按钮，复制步骤（5）标注的文字到其他接线上，如图 17-16 所示。

（7）单击"默认"选项卡"注释"面板中的"单行文字"按钮，为图形添加垂直方向文字，如图 17-17 所示。

（8）单击"默认"选项卡"修改"面板中的"复制"按钮，将步骤（7）标注的文字复制到其他接线上，如图 17-18 所示。

（9）单击"默认"选项卡"修改"面板中的"移动"按钮，调整图形的位置，如图 17-19 所示。

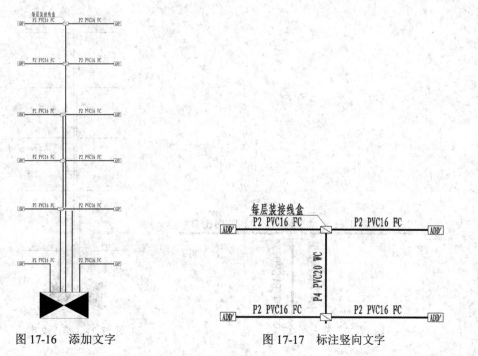

图 17-16 添加文字

图 17-17 标注竖向文字

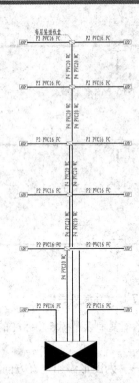

图 17-18 复制竖向文字

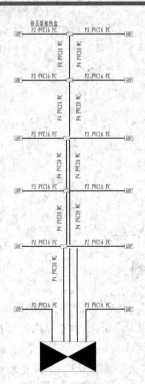

图 17-19 移动图形

（10）双击复制后的竖向文字，如图 17-20 所示。修改文字后如图 17-21 所示。

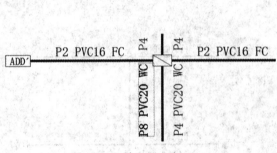

图 17-20 输入新文字

图 17-21 修改文字

（11）单击"默认"选项卡"修改"面板中的"复制"按钮 ⊡，选取图形向右复制两份，如图 17-22 所示。

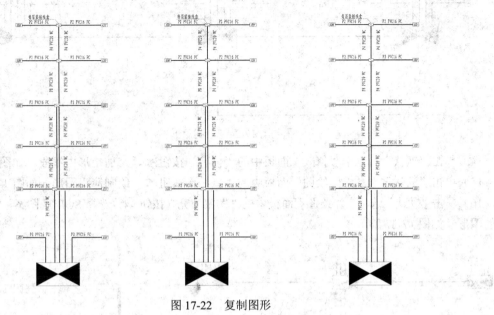

图 17-22　复制图形

（12）单击"默认"选项卡"绘图"面板中的"多段线"按钮 ⌐，绘制宽度为 50 的多段线，连接图形，如图 17-23 所示。

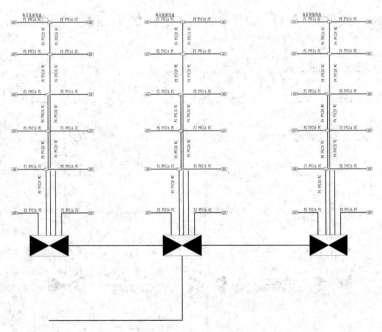

图 17-23　绘制多段线

（13）单击"默认"选项卡"绘图"面板中的"矩形"按钮 □，在下端连接线上绘制一个矩形，如图 17-24 所示。

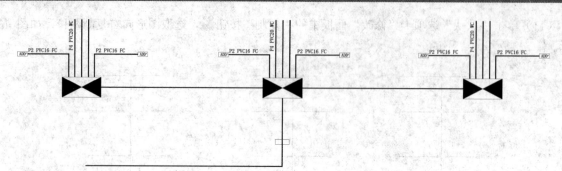

图 17-24　绘制矩形

（14）单击"默认"选项卡"修改"面板中的"修剪"按钮 ⊬，修剪矩形内线段，如图 17-25 所示。

（15）单击"默认"选项卡"绘图"面板中的"直线"按钮 ╱，绘制箭头图形，如图 17-26 所示。

（16）单击"默认"选项卡"绘图"面板中的"图案填充"按钮 ▨，选择 SOLID 图案，填充步骤（15）绘制的图形，如图 17-27 所示。

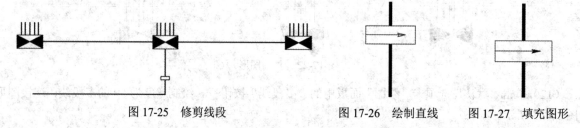

图 17-25　修剪线段　　　　　　　　　图 17-26　绘制直线　　图 17-27　填充图形

（17）单击"默认"选项卡"注释"面板中的"多行文字"按钮 Ａ，为图形添加剩余文字标注，如图 17-28 所示。

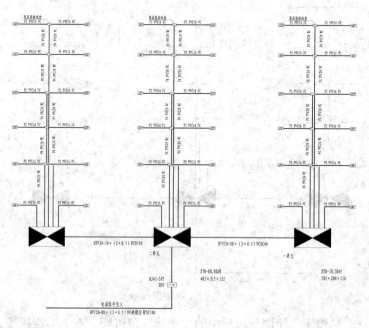

图 17-28　标注文字

（18）单击"默认"选项卡"绘图"面板中的"直线"按钮，绘制直线，最终完成电话系统图的绘制，如图17-29所示。

图 17-29　电话系统图

17.3　上机实验

【练习1】绘制如图17-30所示的可视对讲系统图。

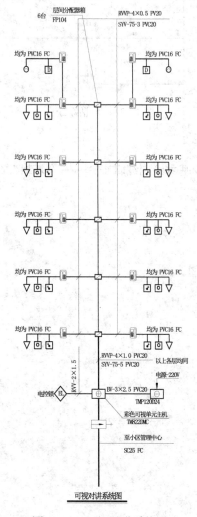

图 17-30　可视对讲系统图

1．目的要求

练习系统图的绘制方法，系统图可以反映不同级别的电气信息。通过本练习，帮助读者深入掌握系统图的绘制方法。

2．操作提示

（1）绘制线路，确定图纸布局。

（2）绘制各个元件和设备。

（3）将元件及设备插入到结构图。

（4）添加注释文字。

【练习2】绘制如图 17-31 所示的电话系统图。

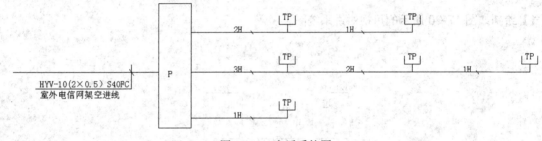

图 17-31　电话系统图

1．目的要求

通过本练习，帮助读者熟练掌握基本绘图编辑工具——"复制"命令的运用，深入掌握系统图的绘制技巧并提高绘图质量。

2．操作提示

（1）绘制元件符号。

（2）将元件及设备插入到结构图。

（3）添加注释文字。

附 录

AutoCAD 认证考试样题（满分 100 分）

一、单项选择题（以下各小题给出的 4 个选项中，只有一个选项符合题目要求，请选择相应的选项，不选、错选均不得分，共 30 题，每题 2 分，共 60 分。）

1. 要创建一张新的图形，应采用哪个命令？（   ）

    A. 打开图纸集　　　　　B. 新建　　　　　C. 新建图纸集　　　　　D. 打开

2. 如图 1 所示，捕捉矩形的中心利用的是（   ）。

    A. 对象捕捉"中点"、对象捕捉追踪　　　　　B. 极轴追踪

    C. 对象捕捉"中心点"　　　　　D. 都有

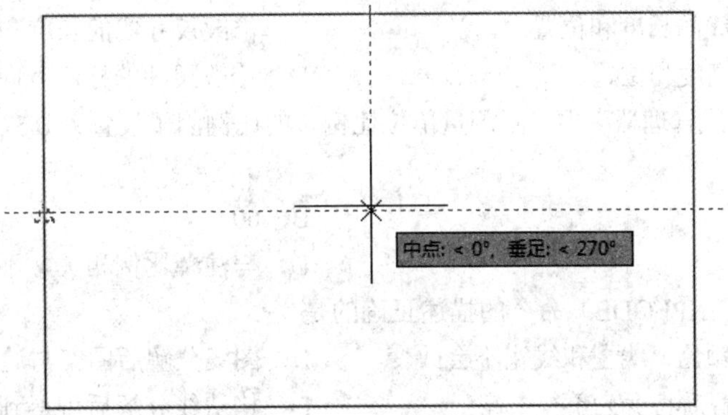

中点: < 0°, 垂足: < 270°

图 1

3. 下列不是自动约束类型的是（   ）。

    A. 共线约束　　　　　B. 固定约束　　　　　C. 同心约束　　　　　D. 水平约束

4. 绘制一条长度为 50mm 的直线，在"标注样式"对话框中设置的比例因子为 2，将被标注为（   ）。

    A. 50　　　　　B. 25　　　　　C. 100　　　　　D. 2

5. 尺寸标注与文本标注中所有尺寸标注共用一条尺寸界线的是（   ）。

    A. 引线标注　　　　　B. 连续标注　　　　　C. 基线标注　　　　　D. 公差标注

6. 使用块的优点有哪些？（   ）

    A. 一个块中可以定义多个属性　　　　　B. 多个块可以共用一个属性

    C. 块必须定义属性　　　　　D. A 和 B

7. 边长为 10mm 的正五边形的外接圆的半径是（   ）。

    A. 8.51mm　　　　　B. 17.01mm　　　　　C. 6.88mm　　　　　D. 13.76mm

8．AutoCAD 为用户提供了屏幕菜单方式，该菜单位于屏幕的（　　）。

    A．上侧　　　　　　　　B．下侧　　　　　　　　C．左侧　　　　　　　　D．右侧

9．重复复制多个图形时，可以选择什么字母命令实现？（　　）

    A．M　　　　　　　　　B．A　　　　　　　　　C．U　　　　　　　　　D．E

10．使用"修剪"命令，首先需定义剪切边，当未选择对象时按空格键，则（　　）。

    A．无法进行操作

    B．退出该命令

    C．所有显示的对象作为潜在的剪切边

    D．提示要求选择剪切边

11．在图纸空间创建长度为 1000mm 的竖直线，设置 DIMLFAC 为 5，视口比例为 1：2，在布局空间进行的关联标注直线长度为（　　）。

    A．500　　　　　　　　B．1000　　　　　　　　C．2500　　　　　　　　D．5000

12．下列绘图与编辑方法中关于样条曲线拟合点说法错误的是（　　）。

    A．可以删除样条曲线的拟合点　　　　　　B．可以添加样条曲线的拟合点

    C．可以阵列样条曲线的拟合点　　　　　　D．可以移动样条曲线的拟合点

13．利用夹点对一个线性尺寸进行编辑，不能完成的操作是（　　）。

    A．修改尺寸界线的长度和位置　　　　　　B．修改尺寸线的长度和位置

    C．修改文字的高度和位置　　　　　　　　D．修改尺寸的标注方向

14．在"尺寸标注样式管理器"中将"测量单位比例"的比例因子设置为 0.5，则 30° 的角度将被标注为（　　）。

    A．15

    C．30

    B．60

    D．与注释比例相关，不定

15．关于"分解"（EXPLODE）命令的描述正确的是（　　）。

    A．对象分解后颜色、线型和线宽不会改变　　　B．图案分解后图案与边界的关联性仍然存在

    C．多行文字分解后将变为单行文字　　　　　　D．构造线分解后可得到两条射线

16．以下哪个方法不能打开多行文本命令（　　）。

    A．单击"绘图"工具栏中的"多行文字"按钮

    B．单击"文字"工具栏中的"多行文字"按钮

    C．单击"标准"工具栏中的"多行文字"按钮

    D．在命令行中输入"MTEXT"

17．边长为 50mm 的正七边形内切圆的半径为（　　）。

    A．45.95mm　　　　　　B．52.27mm　　　　　　C．51.91 mm　　　　　　D．57.62mm

18．创建电子传递时，以下哪种类型文件将不会自动添加到传递包中？（　　）

    A．*.dwg　　　　　　　B．*.dwf　　　　　　　C．*.pc3　　　　　　　D．*.pat

19．要在打印图形中精确地缩放每个显示视图，可以使用以下哪种方法设置每个视图相对于图纸空间的比例？（　　）

    A．"特性"选项板　　　　　　　　　　　　B．ZOOM 命令的 XP 选项

    C．"视口"工具栏更改视口的视图比例　　　D．以上都可以

20. 下列关于快捷菜单的使用不正确的是（　　　）。

    A．在屏幕的不同区域上右击时，可以显示不同的快捷菜单

    B．在执行透明命令过程中不可以显示快捷菜单

    C．AutoCAD 允许自定义快捷菜单

    D．在绘图区域右击时，如果已选定了一个或多个对象，将显示编辑快捷菜单

21. 关于偏移，下列说明错误的是（　　　）。

    A．偏移值为 30

    B．偏移值为-30

    C．偏移圆弧时，既可以创建更大的圆弧，也可以创建更小的圆弧

    D．可以偏移的对象类型有样条曲线

22. 如果误删除了对象 1，接着又绘制了对象 2 和对象 3，现在想恢复对象 1，但又不能影响到对象 2 和对象 3，应如何操作？（　　　）

    A．单击"放弃"按钮　　　　　　　　　　B．输入 UNDO 命令

    C．单击"重做"按钮　　　　　　　　　　D．输入 OOPS 命令

23. 新建图纸，采用"无样板打开-公制"，默认布局图纸尺寸是（　　　）。

    A．A4　　　　　　　B．A3　　　　　　　C．A2　　　　　　　D．A1

24. 坐标（@100,80）表示（　　　）。

    A．该点距原点 X 方向的位移为 100，Y 方向位移为 80

    B．该点相对原点的距离为 100，该点与前一点连线与 X 轴的夹角为 80°

    C．该点相对前一点 X 方向的位移为 100，Y 方向位移为 80

    D．该点相对前一点的距离为 100，该点与前一点连线与 X 轴的夹角为 80°

25. 尺寸标注与文本标注尺寸公差中的上下偏差可以在线性标注的哪个选项中堆叠起来？（　　　）

    A．多行文字　　　　B．文字　　　　　　C．角度　　　　　　D．水平

26. 不能作为多重引线线型类型的是（　　　）。

    A．直线　　　　　　B．多段线　　　　　C．样条曲线　　　　D．以上均可以

27. 在动态输入模式下绘制直线时，当提示指定下一点时输入 80，然后按逗号（,）键，接下来输入的数值是（　　　）。

    A．X 坐标值　　　　B．Y 坐标值　　　　C．Z 坐标值　　　　D．角度值

28. 当用户绘制图形时，需要放弃上一步操作时，下列方法错误的是（　　　）。

    A．单击"标准"工具栏中的"放弃"按钮　　B．删除重新绘制

    C．按 Ctrl+Z 快捷键　　　　　　　　　　D．采用简化命令"U"

29. 绘图与编辑方法按照图 2 中的设置，创建的表格是几行几列？（　　　）

    A．10 行 5 列　　　　B．10 行 1 列　　　C．11 行 5 列　　　D．12 行 1 列

30. 完成一直线绘制，然后直接按两次 Enter 键，其结果是（　　　）。

    A．"直线"命令中断　　　　　　　　　　B．以直线端点为起点绘制圆弧

    C．以直线端点为起点绘制直线　　　　　　D．以圆心为起点绘制直线

图 2

二、操作题。（根据题中的要求逐步完成，每题 20 分，共 2 题，共 40 分。）

1. 绘制如图 3 所示的电气图。

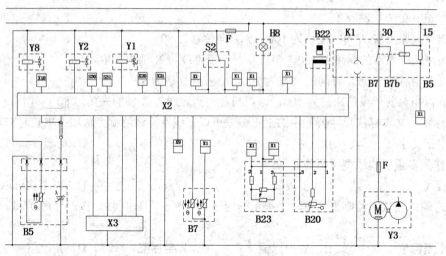

图 3

操作提示：

（1）设置绘图环境。

（2）绘制图样结构图。

（3）绘制各主要电气元件。

（4）组合图形。

（5）添加注释。

2. 绘制如图 4 所示的电气图。

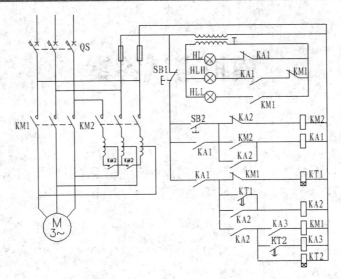

图 4

操作提示：

（1）设置绘图环境。

（2）绘制各元器件图形符号。

（3）绘制结构图。

（4）将元器件图形符号插入到结构图。

（5）添加注释。

单项选择题答案：

1～5　BABCC	6～10　DADAC	11～15　DCCCC	16～20　CCDDB
21～25　BDACA	26～30　BBBCC		

模拟考试答案

第 2 章

| 1. D | 2. C | 3. A | 4. C | 5. C |
| 6. A | 7. A | 8. D | 9. B | |

第 3 章

| 1. B | 2. C | 3. B | 4. D | 5. C |
| 6. D | 7. A | | | |

第 4 章

| 1. A | 2. B | 3. B | 4. A | 5. AD |
| 6. B | 7. A | 8. C | | |

第 5 章

| 1. D | 2. B | 3. B | 4. A | 5. C |
| 6. D | 7. C | 8. C | 9. A | |

第 6 章

| 1. B | 2. A | 3. B | 4. C | 5. A |
| 6. A | 7. A | | | |

第 7 章

| 1. A | 2. B | 3. B | 4. D | 5. ACD |
| 6. C | | | | |